REINHOLD SCHÖNEFELD

HYBRID-SIMULATION

ELEKTRONISCHES RECHNEN UND REGELN

Herausgegeben von

Prof. Dr. HANS FRÜHAUF · Prof. Dr. WILHELM KÄMMERER
Prof. Dr. HELMUT THIELE · Prof. Dr. HORST VÖLZ

Band 13

HYBRID-SIMULATION

von

Prof. Dr. sc. nat. REINHOLD SCHÖNEFELD

HYBRID-SIMULATION

von

Reinhold Schönefeld

Mit 115 Abbildungen und 14 Tabellen

AKADEMIE-VERLAG · BERLIN
1979

Erschienen im Akademie-Verlag, DDR-108 Berlin, Leipziger Straße 3—4
Lektor: Dipl.-Phys. Gisela Lagowitz

Lizenznummer: 202 · 100/400/79
Gesamtherstellung: VEB Druckerei „Thomas Müntzer", 582 Bad Langensalza
Bestellnummer: 762 646 5 (6521) · LSV 1085
Printed in GDR
DDR 38,— M

Vorwort

Meinem Vater
Reinhold Schönefeld
1900–1976
gewidmet

Obwohl die hohe Zeit des klassischen Analogrechners längst vorbei ist, strahlen seine Wirkprinzipien und die Arbeitsweise mit ihm auch auf die heutige Zeit unvermindert aus. Ich denke dabei an die Versuche, das Parallelarbeitsprinzip des Analogrechners auf Mehrprozessorsysteme zu übertragen, oder an die Digitalen Simulationssysteme, die ja das Programmierprinzip des Analogrechners auf den Digitalrechner übertragen haben. Eine andere Weiterentwicklung der Analogrechentechnik liegt uns in Form der hybriden Rechnersysteme vor, die eine Kopplung von Analog- und Digitalrechner darstellen. Dadurch werden vor allem die Vorzüge beider Rechner kombiniert, die sie bei der Lösung von wissenschaftlich-technischen Problemen mit sich bringen.

Der klassische Analogrechner mit seinem engen Mensch-Maschine-Kontakt hat aber auch das heutige Bemühen um die Simulation auf Rechnern generell überaus fruchtbar beeinflußt. Der Begriff Simulation wird nun nicht mehr nur auf sogenannte Monte-Carlo-Techniken angewandt, sondern ganz allgemein gebraucht, wenn es darum geht, mit Hilfe eines Modells auf dem Rechner alle möglichen Experimente auszuführen. Die hybriden Rechnersysteme erlauben zur Zeit gegenüber der rein digitalen Simulation, eine solche Simulation zeit- und kostengünstiger auszuführen. Darin liegt letztendlich der Grund, sich mit der Hybrid-Simulation zu befassen. Wer wirtschaftliche Betrachtungen bei der Durchführung von „Rechenexperimenten“ anstellt, kann nicht an der Hybrid-Simulation vorbeigehen.

Das Buch hat sich zur Aufgabe gestellt, den Leser mit einem hybriden Rechnersystem und den dazugehörigen Systemunterlagen prinzipiell vertraut zu machen. Letztere sind besonders wichtig, damit der bei der Simulation geforderte interaktive Verkehr zwischen Mensch und Rechner größtmöglich unterstützt wird. Das Hauptanliegen wurde jedoch in der Zusammenstellung und Aufbereitung solcher mathematischer Verfahren gesehen, die die Grundlage für eine Hybrid-Simulation bilden. Dabei mußte ein breites Spektrum mathematischer Spezialgebiete überstrichen werden, die jedes für sich betrachtet, bereits einige Bände füllen. Nach der Darlegung einiger Grundlagen ging das Bemühen deshalb auf die Anwendung der Mathematik in solchen Algorithmen hin, die auf einem hybriden Rechnersystem implementiert werden können.

Bei der Abfassung des Manuskriptes konnte ich mich auf einige Ergebnisse der Forschungsgruppe „Hybridrechentechnik“ an der TH Ilmenau stützen. Den Mitgliedern des Kollektivs sei an dieser Stelle der Dank dafür ausgesprochen. Weiterhin gilt der Dank Frau Dipl.-Ing. S. Bergmann, Fräulein Ing. R. Michel und Frau B. Schönefeld, die mich bei der Anfertigung des Manuskriptes unterstützten. Ebenso bedanke ich mich beim Akademie-Verlag für die verständnisvolle Zusammenarbeit.

Ilmenau/Köthen, im Oktober 1977 Re. Schönefeld

Inhaltsverzeichnis

1. Einführung

1.1. Simulation und ihre Bedeutung

Das Bestreben des Menschen ist seit den Anfängen seiner Geschichte darauf ausgerichtet, die ihn umgebende Materie zu erkennen und die ihr innewohnenden Gesetze auszunutzen. Die dabei angewandten Methoden haben sich mit der Entwicklung der menschlichen Gesellschaft selbst ebenfalls verändert, und wir sind heute in der Lage, mit wissenschaftlichen Methoden kompliziertestе Erscheinungsformen der Natur und Gesellschaft abzubilden, sie unserem Verständnis zugänglich zu machen. Beispielsweise gelingt es uns heute, tief in die Bewegungsvorgänge der Elementarteilchen einzudringen, wir beherrschen komplizierte Steuerungs- und Informationsverarbeitungsprozesse in der Flug- und Raumfahrttechnik und wir haben schon eine umfassende Kenntnis der Zusammenhänge, wie sie in lebenden Organismen ablaufen.

Beim Erforschen der hier genannten Problembereiche und bei anderen Fragestellungen hat sich die Simulation als wissenschaftliche Untersuchungsmethode als äußerst brauchbar erwiesen, ja, sie ist in gewissen Fällen das einzige Mittel, die Lösung eines Problems zu ermöglichen.

Der Begriff Simulation wird heute in verschiedenen Zusammenhängen gebraucht, die zwar eine gewisse Ähnlichkeit aufweisen, jedoch ein zu breites Spektrum bilden, um eine einheitliche Definition zu finden. Wir wollen im Rahmen des Buches darunter folgendes verstehen [121]:

Simulation ist die Methode, das Verhalten eines Systems durch ein Modell zu beschreiben, um unter Benutzung des bestätigten Modells durch eine Reihe von Experimenten eine schnellere und tiefere Einsicht in ein bisher unbekanntes Verhalten des Systems zu erhalten.

In dieser Definition sind weitere Begriffe enthalten, deren Inhalt wir zunächst etwas näher betrachten wollen.

1.1.1. Prozesse und Systeme

Grundlegend für die Erscheinungsformen der Materie ist ihre *Bewegung.* Dabei ist nicht nur an die Änderung der Ortskoordinaten eines mechanischen Körpers gedacht, sondern Bewegung soll im allgemeinen Sinne verstanden werden. So können wir dabei an die Temperaturänderung eines Körpers, an die Änderung der Bevölkerung eines Staates oder an die Änderung des Magnetfeldes eines stromdurchflossenen Leiters denken. Für solche sich zeitlich ändernden Qualitäten oder Quantitäten wird im allgemeinen der Begriff *Prozeß* gebraucht. Einen Prozeß beobachten wir dabei gewöhnlich relativ abgegrenzt zu anderen Prozessen, wir lösen diesen Prozeß sozusagen aus seiner Umgebung heraus. Dabei prägen wir den Begriff des *Systems,* indem wir u. U. schon mit einer gewissen Abstraktion, einen solchermaßen abgegrenzten Prozeß zu einem System erklären. Damit ist auch ausgesagt, daß ein System immer ein Teilsystem eines übergeordneten Systems ist, es kommt auf den Beobachter und seine Absichten an, wo er die Systemgrenzen zieht. Durch die Abgrenzung entstehen Ein- und Ausgangsgrößen eines Systems. Die Wechselwirkungen eines Systems zu seiner Umwelt können dabei stark, schwach oder vernachlässigbar klein sein. Dementsprechend unterscheiden wir offene, relativ abgeschlossene und abgeschlossene Systeme.

Für die Teilsysteme eines Systems wird auch der Begriff *Elemente eines Systems* gebraucht. Beispielsweise ist für den Entwickler eines Fernsehgerätes das Gerät selbst das System, die Elemente sind Transistoren, Widerstände, Kondensatoren usw. Wird der Transistor als System betrachtet, so sind die Si- und Fremdatome bzw. die freien Elektronen und Defektelektronen die Elemente dieses Systems.

Es muß im Zusammenhang mit dem Begriff System gesagt werden, daß er wohl heute im wissenschaftlichen Sprachgebrauch mit zu den häufigst benutzten Begriffen gehört und daß seine Bedeutung relativ breit ist. So verstehen wir in der Mathematik unter System auch die Gesamtheit von Gesetzen, wir sprechen von einem Formelsystem u. ä.

Eine wichtige Größe, die das Verhalten eines Systems umfassend beschreibt, ist der *Zustand* eines Systems. Er charakterisiert die Bewegung eines Systems in jedem Zeitpunkt und ist abhängig von der zeitlich vorhergehenden Bewegung, d. h. auch vom Anfangszustand des Systems. Durch den Systemzustand sind unterschiedliche Systeme vergleichbar bzw. ist eine Einschätzung eines Systems zu verschiedenen Zeiten möglich. Zur eindeutigen Fixierung des Systemzustandes ist eine Anzahl voneinander unabhängiger Variablen nötig. Diese n Zustandsvariablen eines Systems spannen einen n-dimensionalen Raum R^n, den sogenannten *Zustandsraum*, auf.

Für den weiteren Gebrauch wollen wir analoge und diskrete Systeme unterscheiden. *Analoge Systeme* sind solche, deren Zustände im Zustandsraum unendlich dicht liegen. So kann z. B. ein Auto in bestimmten Grenzen jede beliebige Wegstrecke zurücklegen und dabei innerhalb seiner Höchstgeschwindigkeit jede beliebige Geschwindigkeit annehmen.

In *diskreten Systemen* nimmt der Zustand nur bestimmte diskrete Werte an, die den Zustandsraum nicht unendlich dicht ausfüllen. Ein Beispiel für ein solches System sei eine Digitalrechenmaschine, deren verarbeitbare Zahlenwerte bekanntlich nicht unendlich dicht beieinanderliegen.

Eine ähnliche Unterscheidung eines Systems ist hinsichtlich der Nichtquantelung oder Quantelung der Zeit zu machen. Bei *kontinuierlichen Systemen* kann der Zustand in jedem beliebigen Zeitpunkt bestimmt werden, bei den *diskontinuierlichen Systemen* nur zu diskreten Zeitpunkten.

Außerdem unterscheiden wir *Systeme mit konzentrierten Parametern* und *Systeme mit verteilten Parametern*. Bei ersteren ist die Wechselwirkung des Systems mit der Umwelt konzentriert auf bestimmte Punkte des Systems, so ist z. B. die Energieumwandlung und -speicherung in einem elektrischen Netzwerk auf die Elemente Widerstände, Induktivitäten und Kapazitäten beschränkt. Bei Systemen mit verteilten Parametern ist die Wechselwirkung des Systems mit der Umwelt auf jeden Punkt des Systems gleichermaßen zu beobachten. Ein solches System liegt z. B. in Form eines elektromagnetischen Feldes vor, wo in jedem Punkt des Raumes ein bestimmter Energiezustand anzutreffen ist.

Letztlich wollen wir uns noch den Unterschied zwischen dynamischen und statischen Systemen klarmachen. Systeme, in denen der Übergang von einem Zustand in einen anderen nicht augenblicklich vor sich geht, sondern in Form eines Übergangsprozesses, heißen *dynamische Systeme.* Streng genommen sind alle Systeme dynamische Systeme. Nur wenn dieser Übergangsprozeß zur weiteren Bewegung des Systems vernachlässigt werden kann, liegt ein *statisches System* vor. Als Beispiel für ein statisches System kann ein elektrisches Gleichstromnetz dienen, in dem sich der Strom in den einzelnen Zweigen augenblicklich nach dem Einschalten der Spannungsquelle einstellt.

1.1.2. Modelle und Analogien

Die Beobachtung einer *Ähnlichkeit* zwischen verschiedenen materiellen Objekten wurde schon seit jeher dahingehend ausgenutzt, daß Erkenntnisse einer materiellen Sphäre auf eine andere übertragen wurden. Dabei sind die Begriffe materielles Objekt und Ähnlichkeit im weitesten Sinne zu verstehen. Materielle Objekte können z. B. Systeme der Physik, Chemie, Technik oder der Mathematik sein, sie können aber auch der Biologie, Medizin oder den Gesellschaftswissenschaften entstammen. Die Ähnlichkeit solcher Systeme kann dabei rein äußerlicher Natur sein, wie sie z. B. bei einem Gipsabdruck zu beobachten ist. Sie kann sich auch auf die innere Struktur von äußerlich sehr unähnlichen Systemen beziehen. Von besonderer Bedeutung jedoch ist die Ähnlichkeit, die im Verhalten zweier Systeme beobachtet werden kann, wobei wir zur Beschreibung des Verhaltens den Zustand eines Systems heranziehen wollen.

Wird nun zwischen zwei Systemen eine Ähnlichkeit beobachtet, so können wir das eine System zum *Original* und das andere zu seinem *Modell* erklären. Genauso gut können wir die Zuordnung vertauschen. Wir sagen dann, zwischen beiden Systemen besteht das Verhältnis Original — Modell. Bei der Simulation wird gerade der Umstand ausgenutzt, daß Original und Modell unter bestimmten Bedingungen das gleiche Verhalten zeigen, obwohl beide ihrer physikalischen Natur nach völlig verschieden sind.

Im Verhältnis Original — Modell sind beide in der Regel nicht immer vertauschbar, da das Modell meist nicht in allen seinen Zustandsvariablen dem Original ähnlich ist. Darauf kommt es auch gar nicht an, es genügt, wenn die interessierenden Zustandsvariablen eine Ähnlichkeit aufweisen. In diesem Fall ist das Modell vereinfacht gegenüber dem Original.

Eine große Rolle im Zusammenhang mit der Simulation spielt der Begriff des *mathematischen Modells.* Es handelt sich hierbei um eine formale Beschreibung des Systemverhaltens in verschiedensten Formen. Durch Anwendung unterschiedlicher mathematischer Verfahren auf diese Beschreibung sind unter bestimmten Voraussetzungen der Systemzustand und daraus abgeleitete Größen zu ermitteln. Mathematische Modelle sind in den meisten Fällen vereinfachte Modelle. Formen von mathematischen Modellen können sein: Gleichungen, Funktionen, Graphen, Blockschaltbilder, Tabellen u. ä. Selbst, wenn mathematische Modelle nicht durch Anwendung mathematisch formaler Verfahren das Systemverhalten ausdrücken lassen, z. B., wenn keine analytische Lösung möglich ist, sind mathematische Modelle eine wichtige Voraussetzung für die Simulation, wenn sie auf Rechnern erfolgen soll.

Eine spezielle Form der Verhaltensähnlichkeit ist die *Analogie.* Bei Systemen, die analog zueinander sind, besteht zwischen mindestens je einer Zustandsvariablen in jedem System und für die Zeiten in beiden Systemen Proportionalität. Bekannte solchermaßen analoge Systeme sind die elektrischen und mechanischen Schwinger. In Abb. 1.1 sind beide dargestellt, dabei sind unter der Annahme der sogenannten widerstandstreuen Analogie folgende Größen analog zueinander:

Zustandsvariable:

Weg x	Ladung q
Geschwindigkeit $v = \dot{x}(t)$	Strom $i = \dot{q}(t)$

(Weitere Analogien, wie z. B. zwischen den mechanischen Kräften und den elektrischen Spannungen, folgen aus den Zustandsvariablen)

Parameter:

Masse m	Induktivität L
Dämpfungsfaktor r	Widerstand R
Federkonstante k	reziproke Kapazität $1/C$

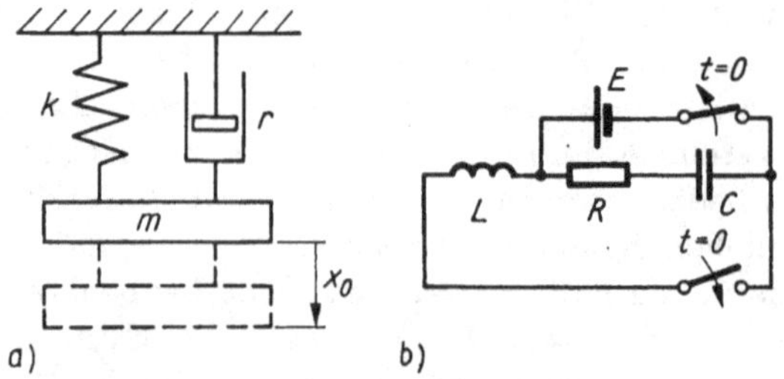

Abb. 1.1. Analoge Systeme:
a) mechanischer Schwinger, b) elektrischer Schwingkreis

Sind zwei Systeme analog zueinander, so sind ihre mathematischen Modelle formal gleich. Für die in Abb. 1.1 dargestellten Schwinger gelten die folgenden mathematischen Modelle in Form von Differentialgleichungen

$$\left.\begin{array}{l} m\ddot{x} + r\dot{x} + kx = 0\,, \\ x(0) = x_0; \qquad \dot{x}(0) = 0; \end{array}\right\} \tag{1.1}$$

$$\left.\begin{array}{l} L\ddot{q} + R\dot{q} + \dfrac{q}{C} = 0\,, \\ q(0) = EC; \qquad \dot{q}(0) = 0\,. \end{array}\right\} \tag{1.2}$$

Es gibt eine Reihe weiterer interessanter Analogien, eine gute Übersicht gibt [64].

1.1.3. Simulation als Methode

Ausgehend von der zu Beginn dieses ersten Kapitels gegebenen Definition der Simulation wollen wir uns im folgenden mit den einzelnen Schritten einer Simulation näher vertraut machen. Bei grober Betrachtung können wir vier Schritte unterscheiden:

1. Problemanalyse
2. Modellentwurf
3. Modellbestätigung
4. Experimentieren mit dem Modell.

Im ersten Schritt der Problemanalyse geht es zunächst um die zeitliche und räumliche Abgrenzung des interessierenden Prozesses von seiner Umwelt. Dabei sind die wesentlichen Ein- und Ausgangsgrößen zu erkennen und die Größen, durch die der Systemzustand eindeutig bestimmt ist. Voraussetzung dafür ist die notwendige Beobachtbarkeit und Beeinflußbarkeit des Prozesses. Die quantitative Beobachtung eines Prozesses kann dabei nur über ein Meßsystem erfolgen, das den Prozeß möglichst wenig beeinflussen soll. Bezeichnen wir den herausgelösten Prozeß mit seinen prinzipiell unendlich vielen Ein- und Ausgangs- bzw. Zustandsgrößen als das Original, so wird durch die Problemanalyse dieses Original natürlich schon vereinfacht. Wir wollen dieses vereinfachte Original jedoch ebenfalls noch als Original bezeichnen, da es uns mit den realen Größen erscheint, die für uns charakteristisch für den Prozeß sind bzw. die wir nur messen können.

Der erste Schritt führt gleitend in den zweiten Schritt, den Modellentwurf, über. Aus der vorhergehenden Analyse heraus wird für das Modell eine Struktur entworfen, die sich aus den Elementen des betrachteten Systems zusammensetzt. Bei mathematischen Modellen, die die häufigste Form bilden, wird der Modellentwurf auf der Basis von allgemein gültigen Grundgesetzen ausgeführt. Solche Grundgesetze sind z. B. das Energie-, das Impuls- oder das Massenerhaltungsgesetz. Für die Elektrotechnik z. B. sind die MAXWELLschen Gleichungen solche Grundgesetze. Die daraus herleitbaren KIRCHHOFFschen Sätze dienen dann als Grundgesetze für die Modellsynthese bei elektrischen Netzwerken. Die Modellstruktur eines mathematischen Modells ist somit durch eine Gleichung bzw. durch ein Gleichungssystem ausgedrückt.

Das mathematische Modell enthält dabei in seiner allgemeinen Form noch eine Reihe freier Größen, die zur Vervollständigung des Modells bestimmt werden müssen. Das können z. B. Anfangs- oder Randbedingungen sein, die bei der Problemanalyse festgelegt werden müssen. Außerdem enthält das Modell meist noch andere allgemeine Parameter, die bei der Modellaufstellung spezifiziert werden müssen. Hierdurch geht der zweite Schritt ebenfalls fließend in den dritten Schritt, die Modellbestätigung, über.

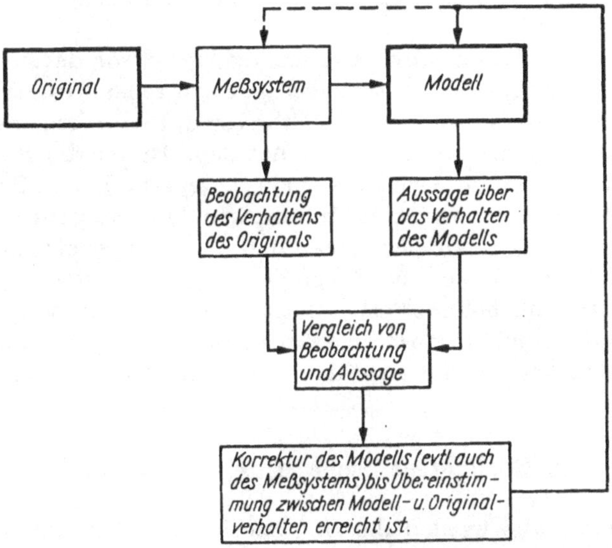

Abb. 1.2. Ablaufplan der Modellbestätigung

Für allgemeine Betrachtungen reicht zuweilen ein Modellentwurf mit allgemeinen Parametern völlig aus. Für die Simulation an einem Rechner muß jedoch für jeden Parameter ein konkreter Wert vorgegeben sein. Die Aufgabe der Modellbestätigung ist es daher, das Modell an das Original für die interessierenden Verhaltensweisen möglichst gut anzupassen. In Abb. 1.2 ist in Blockschaltbildform das Wesentliche der Modellbestätigung dargestellt. Wir erkennen, daß es sich um einen zyklischen Vorgang handelt, der u. U. öfter zu wiederholen ist. Dabei kann der erste Modellentwurf in Struktur und Parametern zum Schluß völlig verworfen sein. Offensichtlich spielt bei der Problemanalyse, beim Modellentwurf und bei der Modellbestätigung der bisherige Erkenntnisstand über einen Prozeß eine entscheidende Rolle. Die große Bedeutung der Erfahrung des Menschen ist hier unverkennbar.

Die Modellbestätigung wird häufig schon mit der Unterstützung durch einen Rechner ausgeführt. Das Original ist dann entweder direkt mit dem Rechner gekoppelt oder das Verhalten des Originals wird gespeichert und in dieser Form dem Rechner übermittelt. Im Rechner selbst wird das mathematische Modell realisiert, womit eine Aussage über das Modellverhalten aus dem Rechner erhalten werden kann. Der Vergleich, wie er in Abb. 1.2 ausgedrückt ist, wird dann auch im Rechner gebildet. Die Korrekturen führt der Mensch über die Ein- und Ausgabemöglichkeiten des Rechners durch, oder sie werden ebenfalls automatisch nach vorgebbaren Algorithmen ausgeführt.

Auch der dritte Schritt verschmilzt mit dem vierten Schritt, dem Experimentieren mit dem Modell. Nur wenn das Modell bestätigt ist, können wir durch Experimente mit dem Modell auf dem Rechner weiterreichende und tiefergehende Aussagen über das Verhalten des Originals erhalten. Das ist der letztliche Sinn der Simulation.

Die Ausführung der Simulation haben wir so zu gestalten und vor allem dann auch in einer ausreichenden Dokumentation festzuhalten, daß andere das notwendige Vertrauen zu den Ergebnissen erhalten und eine Wiederholbarkeit der Simulation gesichert ist. Wir müssen dabei immer die Voraussetzungen und Einschränkungen beachten, die bei der Problemanalyse und der Modellaufstellung bzw. der -bestätigung gemacht wurden.

Der Nutzen der Simulation wird offenkundig, wenn wir daran denken, daß ein Experimentieren am Original zu zeitraubend oder zu teuer wird. Es ist ökonomisch unvertretbar, große verfahrenstechnische Prozesse z. B. für längere Zeit zu Experimenten aus der laufenden Produktion zu nehmen. Durch die Simulation können weiterhin Verhaltensweisen des Originals studiert werden, die am Original direkt viel zu gefährlich für den Menschen würden. Wir denken dabei an gewisse Experimente an Kernreaktoren oder an Raketentriebwerken u. ä. Ganz entscheidend tritt der Vorteil der Simulation zu Tage in Fällen, bei denen das Original nicht real existiert, sondern sich im Entwurfsstadium befindet. Hier liegt exakt betrachtet nur ein Modell des Originals vor, und die Simulation ist das einzige Hilfsmittel, jedenfalls bei komplizierteren Modellen, eine Vorhersage über das Verhalten des zukünftigen Originals zu treffen.

1.2. Rechentechnische Mittel zur Simulation

In der Mehrheit der Fälle werden die zu Experimenten benutzten Modelle mathematische Modelle sein, die größtenteils mit rechentechnischen Mitteln verwirklicht werden. Die Simulationsmethode ist jedoch nicht nur auf Rechner-Modelle beschränkt, sondern umfaßt prinzipiell alle Modellarten.

Bekannt sind die Experimente, bei denen die zu untersuchenden Größen des Originals und des Modells von gleicher physikalischer Natur sind. Ein solches sogenanntes *Echtmodell* zeigt im verkleinerten Maßstab die gleichen Verhaltensweisen wie das Original. Beispiele für derartige Echtmodelle sind Schiffsmodelle, Flugmodelle, elektrische Netzmodelle usw. Nachteilig bei diesen Echtmodellen ist die u. U. aufwendige Parameteränderung, die einen völligen Neuaufbau des Modells nach sich ziehen kann.

Weiterhin bekannt sind Experimente mit Modellen, die auf der Analogie zwischen zwei Systemen basieren. Weit verbreitet ist die *elektrische Analogietechnik*, mit deren Hilfe Systeme der Mechanik, des Wärme- und Stofftransportes, der Optik, der Biologie und Medizin, der Technologie usw. durch ein elektrisches System modelliert werden, mit dem dann die Simulation ausgeführt werden kann. Der Vorteil des elektrischen Systems liegt in seiner einfachen Parameteränderbarkeit und in der einfachen Meßbarkeit der zu beobachtenden Größen. Beim Aufbau eines analogen elektrischen Modells braucht dabei nicht auf ein mathematisches Modell zurückgegriffen zu werden. Deshalb wird in diesem Zusammenhang auch vom Prinzip der *direkten Analogie* gesprochen.

Den Gegensatz dazu bildet das Prinzip der *indirekten Analogie*, bei dem vom Original ausgehend zunächst ein mathematisches Modell aufgestellt wird und für dieses dann wiederum ein physikalisches Modell aus entsprechenden Elementen aufgebaut wird. Diese Elemente sind universeller Natur und realisieren bestimmte mathematische Operatoren. Geräte, die solche Modelle aufzubauen gestatten, werden Analogrechner genannt. Wir sind somit bei den rechentechnischen Mitteln zur Simulation angelangt, die wir zunächst im groben Überblick betrachten wollen, um uns dann den speziellen Möglichkeiten der Hybridrechentechnik zuzuwenden.

1.2.1. Analogrechner

Der Analogrechner ist, wie schon gesagt, ein universelles Modell, das über einen bestimmten Vorrat an Elementen verfügt, den sogenannten *Rechenelementen*. Die Symbole und die Operationen zwischen den Ein- und Ausgangsgrößen der wichtigsten Rechenelemente sind in Tab. 1.1 zusammengestellt. Mit den Rechenelementen wird dann entsprechend dem vorgelegten mathematischen Modell eine *Rechenschaltung* aufgebaut, in der durch Messung die interessierenden Größen beobachtet werden können. Die ersten Analogrechner funktionierten auf mechanischer Grundlage. Heute werden ausschließlich elektronische Analogrechner hergestellt, bei denen die Zeit (Maschinenzeit t^*) als unabhängige Variable und elektrische Gleichspannungen als abhängige Variable fungieren.

Wir können für den Analogrechner zwei Betrachtungsweisen gelten lassen. Einmal fassen wir ihn als elektrisches bzw. elektronisches Modell eines Originals auf, wobei wir dieses physikalische Modell über das mathematische Modell finden, und zum anderen betrachten wir ihn als eine Rechenmaschine, die in der Lage ist, eine bestimmte Klasse von mathematischen Problemen zu lösen. Im letzteren Fall steht die Beziehung mathematisches Modell — physikalisches Modell mehr im Hintergrund.

Tab. 1.1. Symbole und Operationen der wichtigsten elektronischen Rechenelemente

Bezeichnung	Symbol	Operation
Summierer	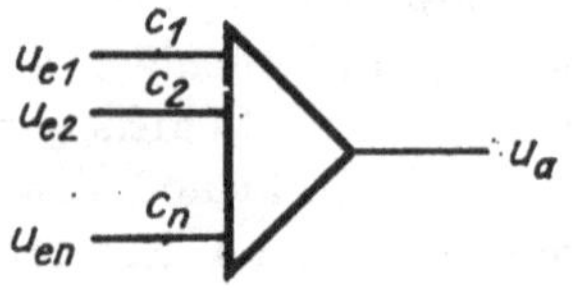	$u_a(t^*) = -\sum_{i=1}^{n} c_i u_{ei}(t^*)$ c_i – Bewertungsfaktor
(Summen-) Integrierer	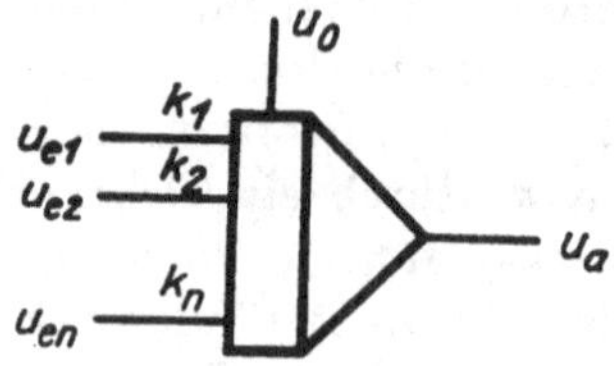	$u_a(t^*) = -\int_0^{t^*} \sum_{i=1}^{n} k_i u_{ei}(t)\,dt - u_0$ k_i – Integrationsfaktor in s^{-1}
Potentiometer		$u_a(t^*) = \alpha u_e(t^*)$ $0 \leqq \alpha \leqq 1$
Multiplizierer		$u_a(t^*) = \frac{u_{e1}(t^*)\, u_{e2}(t^*)}{E}$ E – Maschineneinheit in V
Funktionsgeber	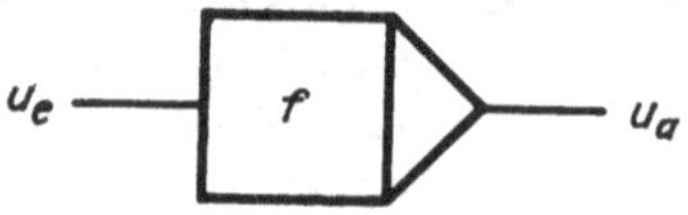	$u_a = f(u_e)$

1.2.1.1. Modellierungs- oder Lösungsprinzip

Der Analogrechner ist prinzipiell zur Lösung von Anfangswertproblemen gewöhnlicher Differentialgleichungen geeignet. Alle anderen mathematischen Probleme, die sich darauf zurückführen lassen, sind somit in die Klasse der durch den Analogrechner lösbaren Probleme einbegriffen.

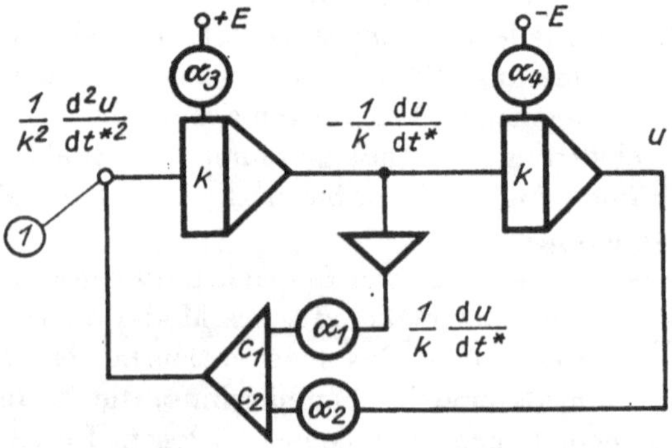

Abb. 1.3. Rechenschaltung zur Gl. (1.1)

Wir betrachten als Beispiel die Gl. (1.1). Mit den Rechenelementen aus Tab. 1.1 ist nach dem THOMSONschen Rückführprinzip (1876) dafür die in Abb. 1.3 gezeigte Rechenschaltung aufzubauen. Gemäß diesem Rückführprinzip wird die Gl. (1.1) nach der höchsten Ableitung aufgelöst und diese höchste Ableitung als existent am Eingang der Integriererkette (in Abb. 1.3 der Punkt 1) vorausgesetzt.

$$\left.\begin{aligned} \ddot{x}(t) &= -\frac{r}{m}\dot{x}(t) - \frac{k}{m}x(t)\,, \quad t \in [0, T]\,, \\ x(0) &= x_0; \qquad \dot{x}(0) = 0\,. \end{aligned}\right\} \tag{1.3}$$

Durch zweimalige Integration in der Integriererkette ist dann die rechte Seite der Gl. (1.3) durch entsprechende Rechenelemente aufbaubar, und da die rechte Seite gleich der vorausgesetzten höchsten Ableitung ist, wird sie an den Eingang der Integriererkette zurückgeführt. Wir beachten jedoch, daß zwischen den Problemvariablen x bzw. t und den Maschinenvariablen u bzw. t^* ein Unterschied besteht. Das durch die Rechenelemente realisierte mathematische Modell (Maschinengleichung) lautet

$$\left.\begin{aligned} \frac{1}{k^2}\ddot{u}(t^*) &= -\frac{c_1\alpha_1}{k}\dot{u}(t^*) - c_2\alpha_2 u(t^*)\,, \\ u(0) &= \alpha_4 E; \qquad \frac{1}{k}\dot{u}(0) = \alpha_3 E\,. \end{aligned}\right\} \tag{1.4}$$

Da Problem- und Maschinenvariable verschiedene Wertevorräte und Maßeinheiten besitzen, ist beim Analogrechnen eine Anpassung der Problem- und Maschinengleichung erforderlich. Das geschieht durch eine *Normierung*, auch Skalierung genannt.

Beziehen wir die abhängige Maschinenvariable auf die Maschineneinheit E, die z. B. 10 Volt oder 100 Volt betragen kann, und führen wir die Substitution $\vartheta = kt^*$ ein, so ergibt sich aus Gl. (1.4) die normierte Maschinengleichung

$$\left.\begin{aligned} \ddot{U}(\vartheta) &= -c_1\alpha_1\dot{U}(\vartheta) - c_2\alpha_2 U(\vartheta)\,, \\ U(0) &= \alpha_4; \qquad \dot{U}(0) = \alpha_3 \end{aligned}\right\} \tag{1.5}$$

mit $U = \dfrac{u}{E}$. Voraussetzung ist dabei, für jeden Integrierer der Integriererkette den gleichen Integrationsfaktor k zu wählen. Die Gl. (1.5) ist hinsichtlich U als auch ϑ maßeinheitslos, und es gilt $|U| \leqq 1$. Die Rechenschaltung in Abb. 1.3 können wir daher auch sofort mit normierten Maschinenvariablen beschriften, da die Normierung

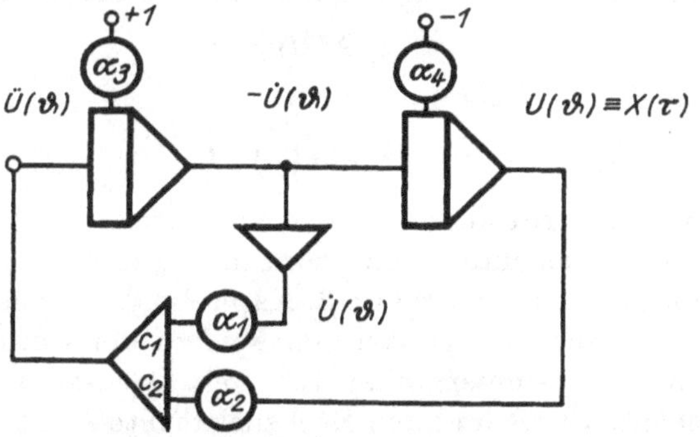

Abb. 1.4. Rechenschaltung zur Gl. (1.1) in normierter Darstellung

nichts an ihrer Struktur ändert. Abb. 1.4 zeigt diese Rechenschaltung. Es ist auch möglich und üblich, die Operationsgleichungen in Tab. 1.1 in normierter Form auszudrücken, so daß die Notierung gemäß Gl. (1.4) völlig im Hintergrund bleiben kann.

Ähnlich ist die Normierung der Problemvariablen auszuführen. Wir beziehen die abhängige Problemvariable im Intervall $0 \leqq t \leqq T$ auf einen abgeschätzten Maximalwert $x_{\mathrm{m}} \geqq |x|_{\max}$ und erhalten $X = x/x_{\mathrm{m}}$. Außerdem wird t durch $\tau = \lambda t$ ersetzt. Aus Gl. (1.3) folgt somit

$$\left.\begin{aligned} \ddot{X}(\tau) &= -\frac{r}{\lambda m}\dot{X}(\tau) - \frac{k}{\lambda^2 m}X(\tau)\,, \\ X(0) &= \frac{x_0}{x_{\mathrm{m}}}\,; \qquad \dot{X}(0) = \frac{0}{\lambda x_{\mathrm{m}}} = 0\,. \end{aligned}\right\} \tag{1.6}$$

Auch Gl. (1.6) ist hinsichtlich X und τ maßeinheitslos, und es gilt $|X| \leqq 1$.

Setzen wir nun

$$\left.\begin{aligned} c_1\alpha_1 &= \frac{r}{\lambda m}\,, \qquad c_2\alpha_2 = \frac{k}{\lambda^2 m}\,, \\ \alpha_3 &= 0\,, \qquad \alpha_4 = \frac{x_0}{x_{\mathrm{m}}} \end{aligned}\right\} \tag{1.7}$$

und $\tau = \lambda t = \vartheta = kt^*$, so ist die am Ausgang der Integriererkette zu messende Größe $U(\vartheta)$ identisch mit der gesuchten Lösung $X(\tau)$ in normierter Form. Gleiches gilt für die ersten und zweiten Ableitungen beider Variablen, die ebenso über entsprechende Auswertegeräte (Oszillograph, x-y-Schreiber) zu messen sind.

Offen ist noch die Wahl des Normierungsparameters λ. Er wird so gewählt, daß die Forderung $0 \leqq \alpha \leqq 1$ aus Tab. 1.1 in den Gl. (1.7) erfüllt werden kann. Die Bewertungsfaktoren c_i können nur feste, für jeden Analogrechner vorgegebene, Werte (z. B. 1, 2, 5 oder 10) annehmen. Mit der λ-Wahl ist auch ein Zeitmaßstab zwischen der Problemzeit t und der Maschinenzeit t^* festgelegt

$$t = \frac{k}{\lambda}t^*\,. \tag{1.8}$$

Ist $k/\lambda > 1$, sprechen wir von Zeitraffung auf dem Analogrechner, ist $k/\lambda < 1$ entsprechend von Zeitdehnung. Im Fall $k/\lambda = 1$ rechnet der Analogrechner in *Echtzeit*.

Die eigentlich interessierende Lösung $x(t)$ bzw. ihre Ableitungen erhalten wir aus $X(\tau)$ und seinen Ableitungen gemäß folgender Entnormierungsbeziehungen

$$\left.\begin{aligned} x(t) &= x_{\mathrm{m}}X(\lambda t)\,, \\ \dot{x}(t) &= x_{\mathrm{m}}\lambda\dot{X}(\lambda t)\,, \\ \ddot{x}(t) &= x_{\mathrm{m}}\lambda^2\ddot{X}(\lambda t)\,. \end{aligned}\right\} \tag{1.9}$$

Der bisher gezeigte Weg zur Normierung führt nicht zwangsläufig auf eine optimale Aussteuerung aller Rechenelemente, darauf wird im Zusammenhang mit den Systemunterlagen für hybride Rechnersysteme im 3. Kapitel näher eingegangen.

Die Genauigkeit der Lösung hängt von den Fehlern der Rechenelemente ab, die etwa 10^{-4} bezogen auf die Maschineneinheit betragen. Der Gesamtfehler einer Lösung setzt sich aus den Fehlern aller benutzten Rechenelemente zusammen und ist bestenfalls von gleicher Größenordnung.

Vorteilhaft beim Analogrechnen ist die einfache und schnelle Änderung der Parameterwerte des Problems r, m und k, bzw. der Anfangsbedingungen $x(0)$ und $\dot{x}(0)$. Sie ist durch Verstellen der Potentiometer α bzw. durch Umstecken der Bewertungsfaktoren c zu erreichen. Der Einfluß der Parameteränderungen ist unmittelbar auf dem Auswertegerät zu beobachten, da die Rechenzeit vom Millisekunden- bis zum Sekundenbereich eingestellt werden kann und deshalb bei repetierender Arbeitsweise des Analogrechners stehende Lösungsbilder auf einem Oszillographenschirm erzeugt werden können. Dieser enge Mensch-Maschine-Kontakt ist für Simulationszwecke besonders zu schätzen.

1.2.2. Digitalrechner

Der Digitalrechner ist bekanntlich hauptsächlich in der Lage, logische und einfache arithmetische Operationen, nämlich die vier Grundrechnungsarten, auszuführen. Die arithmetischen Operationen werden mit Zahlen ausgeführt. Soll am Digitalrechner ein mathematisches Modell abgebildet werden, so muß es in eine solche Form gebracht werden, die durch ihn verarbeitet werden kann. Das bedeutet z. B. im Falle eines kontinuierlichen, analogen Originals, daß es im Digitalrechner nur durch ein diskontinuierliches, diskretes Modell nachgebildet werden kann. Der Digitalrechner ist prinzipiell in der Lage, verschiedenartige mathematische Modelle abzubilden, oder anders ausgedrückt, verschiedenste mathematische Probleme zu lösen. Der Analogrechner ist dagegen auf eine bestimmte Problemklasse beschränkt.

Betrachten wir im folgenden, wie der Digitalrechner zur Simulation eines dynamischen Systems eingesetzt werden kann.

1.2.2.1. Modellierungs- oder Lösungsprinzip

Wir legen als Beispiel wieder die Gl. (1.1) zugrunde.

$$m\ddot{x}(t) + r\dot{x}(t) + kx(t) = 0\,, \qquad t \in [0, T]\,,$$
$$x(0) = x_0; \qquad \dot{x}(0) = 0\,.$$

Generell ist zur digitalen Lösung einer solchen Differentialgleichung ein numerisches Verfahren anzuwenden, das eine spezielle Lösung näherungsweise hervorbringt. Am Analogrechner entsteht übrigens auch nur eine spezielle Lösung. Eine allgemeine Lösung, wie sie durch analytische Verfahren gefunden wird, ist durch rechentechnische Mittel nicht zu gewinnen.

Zur Lösung von Anfangswertproblemen gewöhnlicher Differentialgleichungen stehen eine Vielzahl von numerischen Verfahren zur Verfügung, und es ist dem Anwender überlassen, daraus für das vorliegende Problem nach gewissen Gesichtspunkten ein Verfahren auszuwählen. Nehmen wir z. B. das Runge-Kutta-Verfahren 2. Ordnung aus der Klasse der Einschrittverfahren. Ausgehend von der allgemeinen Differentialgleichung $\dot{x}(t) = f(t, x)$, $x(0) = x_0$ berechnet sich die Lösung nach dem $(n + 1)$-ten Integrationsschritt zu

$$\left.\begin{aligned} x_{n+1} &= x_n + \Delta x\,, \\ \Delta x &= \tfrac{1}{2}(k_1 + k_2)\,, \\ k_1 &= hf(t_n, x_n)\,, \\ k_2 &= hf(t_n + h, x_n + k_1)\,. \end{aligned}\right\} \qquad (1.10)$$

h ist die Schrittweite zwischen zwei nur diskontinuierlich auftretenden Abszissenwerten t_i.

Zur Anwendung des Verfahrens formen wir unsere Differentialgleichung 2. Ordnung um in zwei Differentialgleichungen 1. Ordnung, die simultan zu lösen sind ($x = x^{(1)}$ gesetzt).

$$\left.\begin{aligned} \dot{x}^{(1)}(t) &= x^{(2)}(t) = f_1(t, x^{(1)}, x^{(2)}) \\ \dot{x}^{(2)}(t) &= -\frac{r}{m}\,x^{(2)}(t) - \frac{k}{m}\,x^{(1)}(t) = f_2(t, x^{(1)}, x^{(2)}) \\ x^{(1)}(0) &= x_0; \qquad x^{(2)}(0) = 0\,. \end{aligned}\right\} \tag{1.11}$$

Das Verfahren verlangt dann die aufeinanderfolgende Berechnung der folgenden Terme während eines Integrationsschrittes

$$\left.\begin{aligned} k_1^{(1)} &= hf_1(t_n, x_n^{(1)}, x_n^{(2)}) \\ k_1^{(2)} &= hf_2(t_n, x_n^{(1)}, x_n^{(2)}) \\ k_2^{(1)} &= hf_1(t_n + h, x_n^{(1)} + k_1^{(1)}, x_n^{(2)} + k_1^{(2)}) \\ k_2^{(2)} &= hf_2(t_n + h, x_n^{(1)} + k_1^{(1)}, x_n^{(2)} + k_1^{(2)}) \\ x_{n+1}^{(1)} &= x_n^{(1)} + \tfrac{1}{2}\,(k_1^{(1)} + k_2^{(1)}) \\ x_{n+1}^{(2)} &= x_n^{(2)} + \tfrac{1}{2}\,(k_1^{(2)} + k_2^{(2)})\,. \end{aligned}\right\} \tag{1.12}$$

Außer den Überlegungen zur Auswahl eines numerischen Verfahrens und den gegebenenfalls erforderlichen Vorbereitungsschritten ist anschließend die Programmierung des Verfahrens in einer für den Digitalrechner verständlichen Sprache erforderlich. Unter Benutzung von Algol 60 ergibt sich damit zur Lösung von Gl. (1.1) folgendes Programm, das zwei Funktionsprozeduren und die Prozedur für den Integrationsschritt RKV2 enthält. Ein universelles Programm zur Lösung von Differentialgleichungssystemen ist selbstverständlich allgemeiner aufgebaut.

```
begin real t0, x10, x20, tl, x1l, x2l,
        h, T, k, m, r;
    real procedure f1 (t, x1, x2);
        value t, x1, x2; real t, x1, x2;
        f1 := x2;
    real procedure f2 (t, x1, x2);
        value t, x1, x2; real t, x1, x2;
        f2 := −r/m*x2 − k/m*x1;
    procedure rkv2 (tl, x1l, x2l, h, f, g, tr, x1r, x2r);
        value tl, x1l, x2l, h; real tl, x1l, x2l, h, tr, x1r, x2r;
        real procedure f, g;
        begin real k11, k12, k21, k22;
        k11 := h*f(tl, x1l, x2l);
        k12 := h*g(tl, x1l, x2l);
        k21 := h*f(tl+h, x1l+k11, x2l+k12);
        k22 := h*g(tl+h, x1l+k11, x2l+k12);
```

```
        x1r := x11 + (k11+k21)/2;
        x2r := x2r + (k12+k22)/2;
        tr := t1 + h
        end;
    read (t0, x10, x20, h, T);
    read (k, m, r);
    print (t0, x10, x20);
m:  rkv2 (t0, x10, x20, h, f1, f2, t1, x11, x21);
    print (t1, x11, x21);
    if t0 < T then
        begin t0 := t1;
              x10 := x11; x20 := x21;
              goto m
        end
end
```

Wir beachten, daß jede Parameterveränderung oder die Änderung der Anfangsbedingungen das Einlesen neuer Daten über die entsprechenden Eingabegeräte verlangt. Die Lösungen $x^{(1)}(t)$ bzw. $x^{(2)}(t)$ werden in Tabellenform auf einem Drucker erhalten. Die Genauigkeit ergibt sich einerseits durch die benutzte Stellenzahl im Digitalrechner. Er kann prinzipiell um mehrere Größenordnungen genauer als der Analogrechner rechnen. Andererseits wird die Genauigkeit durch das benutzte numerische Verfahren und die Fehler der Eingangsdaten festgelegt.

Die Rechenzeit hängt natürlich von der Geschwindigkeit des benutzten Digitalrechners ab, ist aber auch abhängig vom Komplexitätsgrad der rechten Seiten in Gl. (1.1). Es sei an dieser Stelle noch einmal erinnert, daß alle Operationen am Digitalrechner prinzipiell nacheinander ausgeführt werden, wodurch sich für die Lösung einer Differentialgleichung im Vergleich zum Analogrechner erheblich längere Rechenzeiten ergeben.

Für die Vorgabe der Schrittweite h gibt es einen optimalen Wert, der jedoch nur experimentell gefunden werden kann. Problematisch ist die numerische Stabilität einer Lösung am Digitalrechner, besonders im Falle nichtlinearer Differentialgleichungen, sie hängt vom gewählten Verfahren, von der gewählten Schrittweite und leider auch von der zu lösenden Differentialgleichung ab. Es ist in der Tat so, daß eine Vorhersage der numerischen Stabilität äußerst kompliziert und in den meisten Fällen unmöglich ist. Die Erfahrung des Nutzers spielt auch hier eine entscheidende Rolle.

1.2.3. Gegenüberstellung von Analog- und Digitalrechner

Diese Gegenüberstellung soll sich nur auf vergleichbare Eigenschaften beider Rechner zur Simulation kontinuierlicher dynamischer Systeme erstrecken, da der Analogrechner nur zur Simulation solcher Systeme geeignet ist. In der Tab. 1.2 sind diese Eigenschaften zusammengestellt, die dick umrandeten sind für die Simulation vorteilhaft zu nennen.

Der hervorzuhebende Vorzug des Analogrechners ist seine hohe Rechengeschwindigkeit, die durch die parallele Arbeitsweise aller Rechenelemente erreicht wird. Dem-

Tab. 1.2. Eigenschaften von Analog- und Digitalrechner zur Simulation kontinuierlicher dynamischer Systeme

	Analogrechner	Digitalrechner
Variablendarstellung	kontinuierlich, analog	diskontinuierlich, diskret
Arbeitsweise	parallel in n Rechenelementen	seriell in einem Rechenwerk
Programmierung	leicht erlernbar	komplizierter
Mensch-Maschine-Kontakt	groß	gering
Genauigkeit	$10^{-3} \ldots 10^{-4}$	$10^{-7} \ldots 10^{-11}$*)
Wertebereich	$10^{-4} \ldots 1$	$10^{-99} \ldots 10^{99}$*)
Normierung	umständlich	bei Gleitkomma nicht nötig
Speichermöglichkeiten	gering	nahezu unbegrenzt
logische Entscheidungen	nur einfache	komplizierte, umfangreiche

*) abhängig von Mantisse und Exponent der Zahlendarstellung

gegenüber werden alle Rechenoperationen im Digitalrechner seriell in einem Rechenwerk ausgeführt. Für die Simulation ist es aber entscheidend, das Systemverhalten in einer für den Menschen „verträglichen" Zeit beobachten zu können, um daran anschließend sofort Entscheidungen und Veränderungen zu treffen. Bei einer digitalen Berechnung im Stapelbetrieb kann faktisch nicht mehr von Simulation gesprochen werden.

Die größte Überlegenheit des Digitalrechners kommt in seinen Speichermöglichkeiten zum Ausdruck. Das bezieht sich sowohl auf das Programm als auch auf die Daten und Ergebnisse. Die damit im Zusammenhang stehende Programmdokumentation ist beim Analogrechner nur in manueller Weise möglich.

Die Genauigkeitsvorteile des Digitalrechners wiegen nicht so schwer, da meist die Eingangsdaten durch technische Meßgeräte ermittelt werden, die in der Regel höchstens die Genauigkeit des Analogrechners haben. Man wird daher auch den Fehler des gewählten numerischen Verfahrens nur so klein machen, daß er kleiner oder gleich der Größenordnung des Eingangsfehlers wird.

Der durch die Gleitkommadarstellung größere Wertebereich des Digitalrechners ist sehr vorteilhaft, da er die am Analogrechner erforderliche Normierung für den Digitalrechner hinfällig macht. Ist die Gleitkommaarithmetik des Digitalrechners nicht gerätemäßig realisiert, sondern durch ein Programm, wird natürlich die Rechenzeit solcher Operationen u. U. beträchtlich verlängert.

Die Programmierung des Digitalrechners ist gegenüber der des Analogrechners trotzdem kompliziert zu nennen, da neben Kenntnissen über numerische Verfahren zur Lösung gewöhnlicher Differentialgleichungen auch Fertigkeiten in der Programmierung eines Digitalrechners, im einfachsten Fall in einer problemorientierten Programmiersprache, vorhanden sein müssen.

1.2.4. Möglichkeiten zur Hybridrechentechnik

Die in der obigen Gegenüberstellung gezeigten Vor- und Nachteile beider Rechnertypen ließen schon zu einem frühen Zeitpunkt in der Geschichte der modernen Rechentechnik, etwa Mitte der fünfziger Jahre, den Gedanken und praktische Versuche aufkommen, die analoge und digitale Rechentechnik zu kombinieren. Durch die Kombination sollten die Vorteile vereint, die Nachteile möglichst beseitigt werden. Alle denkbaren Formen solcher Kombinationen sind unter dem Begriff Hybridrechentechnik zusammengefaßt. In Abb. 1.5 sind in einer schematischen Darstellung die heute hauptsächlichen Komponenten der Hybridrechentechnik dargestellt. Ausgehend vom klassischen Analogrechner und allgemein vom Digitalrechner können wir folgende Komponenten unterscheiden.

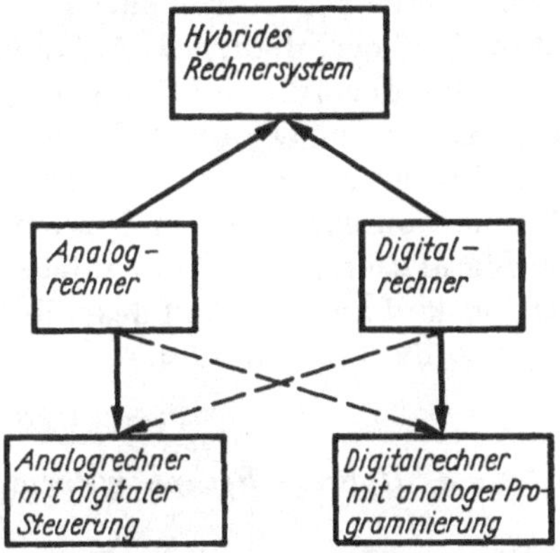

Abb. 1.5. Hauptkomponenten der Hybridrechentechnik

1.2.4.1. Analogrechner mit digitaler Steuerung

Der klassische Analogrechner mit seinen analogen Rechenelementen wurde um logische Elemente, wie sie im Digitalrechner üblich sind, erweitert. Wir sprechen von paralleler oder freier Logik dabei und meinen die Möglichkeit einer parallelen oder freien Steuerung dieser Logikelemente. Dadurch war es möglich, den relativ starren Steuerungsablauf des klassischen Analogrechners, der sich zwischen der Anfangswertaufnahme, dem Rechnen und gegebenenfalls dem Halten aller Integrierer abspielte, zu durchbrechen. Einzelne Integrierer bzw. Integrierergruppen können durch die Logikelemente nacheinander zu beliebigen Zeiten in die genannten Zustände versetzt werden und ermöglichen so die Simulation von komplizierteren Systemen, bei der vor allem iterative Rechentechniken erforderlich sind. Die digitale Steuerung eines Analogrechners durch freie Logikelemente ist heute bei fast allen Analogrechnern üblich. Zum Unterschied vom klassischen Analogrechner sind dafür auch die Begriffe *hybrider Analogrechner* oder *iterativer Analogrechner* geprägt worden. Wir wollen, wenn wir im weiteren vom Analogrechner sprechen, einen solchen hybriden Analogrechner im Auge haben.

1.2.4.2. Digitalrechner mit analoger Programmierung

Die einfache Programmierbarkeit eines Analogrechners, wie sie im THOMSONschen Rückführungsprinzip zum Ausdruck kommt, war schon 1955 der Anlaß, diese Programmierweise zur Lösung von gewöhnlichen Differentialgleichungen auf den Digitalrechner zu übertragen. Man sprach von blockorientierter Programmierung, da die

Grundlage einer solchen Programmierung Unterprogramme bilden, die die Operationsbeziehungen der analogen Rechenelemente (Blöcke) repräsentieren. Ein weiteres Programm dient zur Verbindung und Steuerung dieser Blöcke.

Die Gesamtheit dieser Programme ist heute in stark entwickelter Form unter der Bezeichnung Digitales Simulationssystem bekannt, wozu auch eine spezielle Programmiersprache, die Digitale Simulationssprache, gehört. Ein solches Simulationssystem bedeutet für den Nutzer eine große Erleichterung, da er nur in sehr einfacher Weise die Struktur und die Parameter seines Problems einzugeben hat und dazu einige Parameter, die den Simulationslauf betreffen, wie Anfangszeit, Anfangsschrittweite, Endzeit u. ä. Alles andere, was bei der üblichen Vorgehensweise zur Lösung von Differentialgleichungen am Digitalrechner erforderlich ist (s. Kap. 1.2.2.1.), braucht durch den Nutzer nicht mehr getan zu werden. Im Kapitel 3.3.2.5. werden wir ausführlicher auf die digitale Simulation dynamischer Systeme eingehen.

Ein Nachteil der digitalen Simulation ist, daß mit wachsendem Problemumfang die Rechenzeit für einen Simulationslauf ansteigt und deshalb Probleme mit vielen Simulationsläufen sehr zeitaufwendig und teuer werden.

1.2.4.3. Hybride Rechnersysteme

Den größten Gewinn hinsichtlich der Vereinigung der Vorteile von Analog- und Digitalrechner bringt die direkte Kopplung geeigneter Typen beider Rechner zu einem hybriden Rechnersystem. Die unterschiedliche Variablendarstellung auf beiden Rechnern erfordert dazu ein sogenanntes Koppelwerk. Hybride Rechnersysteme stellen einen hohen materiellen Aufwand dar, und ihr Einsatz ist daher gründlich zu überlegen.

Sie werden heute angewandt, wenn

1. die Simulation eines dynamischen Systems eine sehr große Anzahl von Simulationsläufen erfordert und damit unökonomisch bei rein digitaler Simulation würde;
2. das zu simulierende System sehr kompliziert (viele Nichtlinearitäten) und komplex ist (viele Elemente) und eine rein digitale Simulation dadurch zu lange dauern würde;
3. die Echtzeitforderungen bei der Simulation die Frequenz von ca. 10 Hz überschreiten und
4. sowohl analoge als auch diskrete Variable in einem dynamischen Prozeß gleichzeitig auftreten (Prozeßrechenproblematik) und der Prozeß in einfacher Weise unabhängig vom Original simuliert werden soll.

Im vorliegenden Buch wollen wir uns kurz mit dem Aufbau bzw. mit den erforderlichen Systemunterlagen hybrider Rechnersysteme befassen. Den verschiedenen mathematischen Verfahren zur Anwendung auf hybriden Rechnersystemen wollen wir den größeren Teil unserer Aufmerksamkeit widmen. Es ist deshalb auch der Titel Hybrid-Simulation gewählt worden.

2. Aufbau eines hybriden Rechnersystems

Die Hauptbestandteile eines hybriden Rechnersystems sind ein hybrider Analogrechner, ein Koppelwerk und ein speziell geeigneter Digitalrechner. Je nach Verwendungszweck wird die eine oder andere Komponente überwiegen. In einem universellen hybriden Rechnersystem achtet man auf eine gewisse Ausgewogenheit der einzelnen Komponenten hinsichtlich Kapazität und Leistungsfähigkeit. Es ist also nicht sinnvoll, jeden beliebigen Analogrechner mit irgendeinem Digitalrechner zu koppeln. Oft wird vom Analog- und Digitalteil in einem hybriden Rechnersystem gesprochen. Das Koppelwerk ist in neuesten Konstruktionen auch schon im Analogrechner enthalten.

2.1. Analogrechner

Für Simulationszwecke interessiert uns nur die grundsätzliche Funktion der Rechenelemente, genauere Angaben zum technischen Aufbau sind z. B. bei [75], [1] zu finden.

Wir können analoge, logische und hybride Rechenelemente unterscheiden. Bei den analogen Rechenelementen tritt der Integrierer gegenüber den übrigen hervor, sein Ausgangsverhalten berücksichtigt das gesamte zurückliegende Verhalten der Eingangsgrößen. Die Ausgangsgrößen von Summierern oder anderen analogen Rechenelementen hängen nur von den Augenblickswerten der Eingangsgrößen ab.

Ähnlich sind die Verhältnisse bei den logischen Rechenelementen. Flip-Flops und Register haben speichernde Eigenschaften, sie berücksichtigen das zurückliegende Verhalten der Eingangsgrößen. Die Gatter dagegen bringen am Ausgang nur den augenblicklichen Eingangszustand zum Ausdruck.

Als Verbindungselemente zwischen analogen und logischen Rechenelementen fungieren die sog. hybriden Rechenelemente.

Tab. 2.1 zeigt die Rechenelemente eines Analogrechners in einer Zusammenstellung. Bei praktischen Angaben wollen wir uns am Analogrechner ADT 3000 orientieren, ohne dabei in alle Einzelheiten zu gehen.

2.1.1. Analoge Rechenelemente

Die analogen Rechenelemente bilden das Kernstück eines elektronischen Analogrechners. Ihre Ein- und Ausgänge sind auf einem meist auswechselbaren Programmierfeld in Form von Buchsen herausgeführt. Durch eine sinnvolle Farbgebung der einzelnen Buchsen erhält man eine schnelle Orientierung über die einzelnen Rechenelemente. Durch Programmierstecker und -schnüre sind die einzelnen analogen Rechenelemente entsprechend der durch die Programmierung vorgegebenen Rechenschaltung zu verbinden.

Tab. 2.1. Analoge, logische und hybride Rechenelemente

Bezeichnung	Symbol	Operation	Bemerkungen
Signalfluß	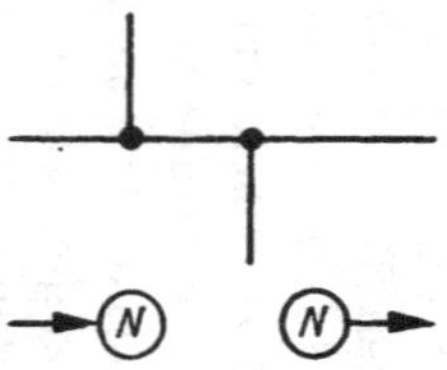 analog digital (Bit) digital (Wort) mechanisch Verbindungen Unterbrechungen		Unterscheidung der Art des Signalflusses nur am Anfang und Ende der Linie und nur dann, wenn mehrere Arten von Signalflüssen in einer Schaltung auftreten. Ist die Richtung offensichtlich, können die Pfeile weggelassen werden N — ganze Zahl
Analoge Rechenelemente			
Summierer	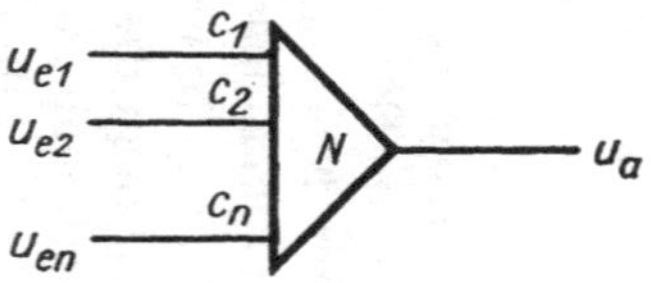	$u_a(t^*) = -\sum_{i=1}^{n} c_i u_{ei}(t^*)$	c_i — Bewertungsfaktor N — Adresse des Summierers, hat bei allen folgenden Rechenelementen gleiche Bedeutung

Inverter	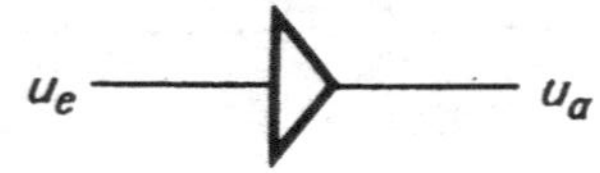	$u_a(t^*) = -u_e(t^*)$	
offener Verstärker	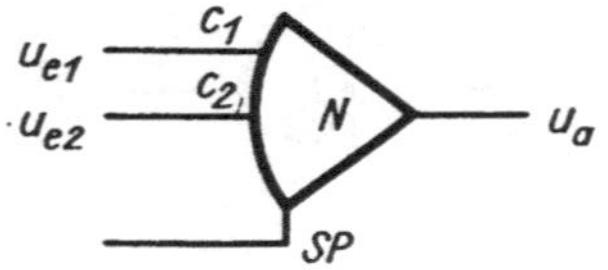		SP — Summierpunkt; das Rückführnetzwerk fehlt, c_i gibt die Größe des Eingangswiderstandes bezogen auf einen fiktiven Rückführwiderstand an
Integrierer (zentralgesteuert)	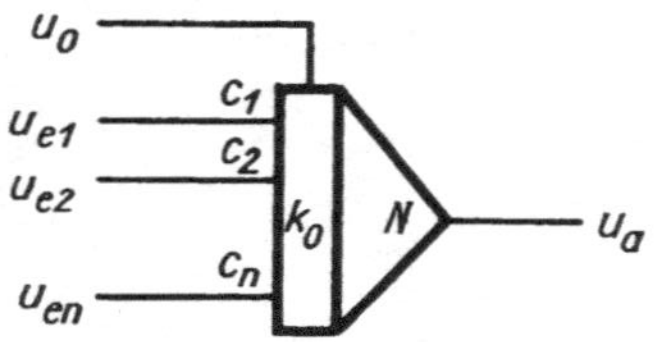	$u_a(t^*) = -k_0 \int_0^{t^*} \sum_{i=1}^{n} c_i u_{ei}(t)\, dt - u_0$	
Integrierer (individuell gesteuert)	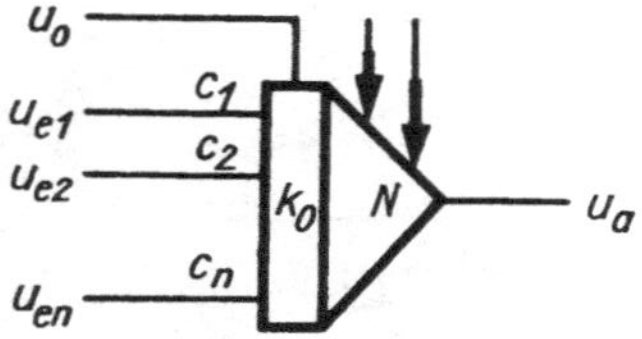	$u_a(t^*) = -k_0 \int_0^{t^*} \sum_{i=1}^{n} c_i u_{ei}(t)\, dt - u_0$	Die logischen Eingänge sind entsprechend einer Wahrheitstabelle zu belegen
Speicher (individuell gesteuert)	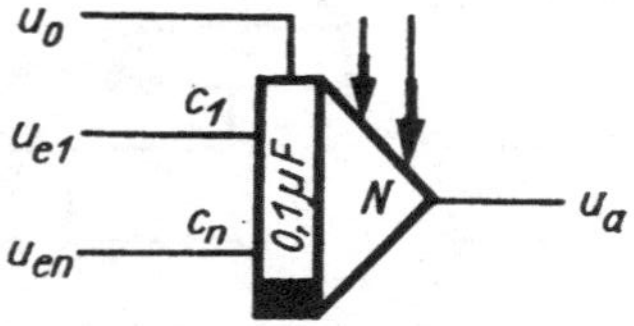	Folgen: $u_a(t^*) = -u_0 - \sum_{i=1}^{n} c_i u_{ei}(t^*)$ Speichern: $u_a(t_1^*) = \text{const}$	Es ist möglich die Kondensatorgröße anzugeben, z. B. 0,1 μF

Tab. 2.1. (Fortsetzung)

Bezeichnung	Symbol	Operation	Bemerkungen
Speicherpaar	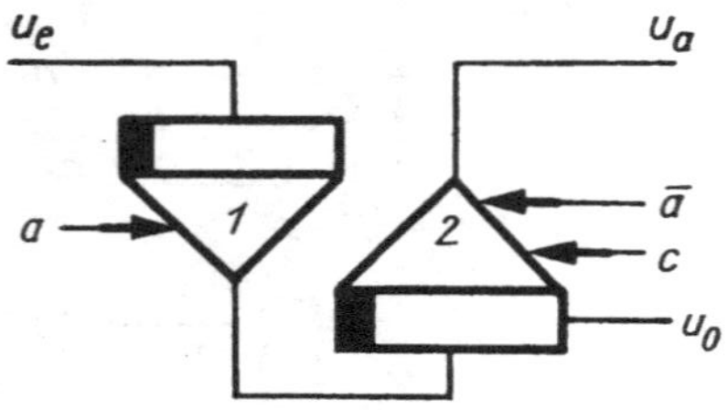	Speicher 1 / Speicher 2: $a = 0$: Folgen / Speichern $a = 1$: Speichern / Folgen	Zum Zeitpunkt $t^* = 0$ kann ein Anfangswert u_0 z. B. auf Speicher 2 (Steuerung durch c) gebracht werden
Handpotentiometer (asymmetrisch)		$u_a(t^*) = \alpha u_e(t^*)$ bzw. $u_a(t^*) = -\alpha u_e(t^*)$	Der Inverter ist in manchen Rechnern fest mit dem Potentiometer gekoppelt
Handpotentiometer (symmetrisch)	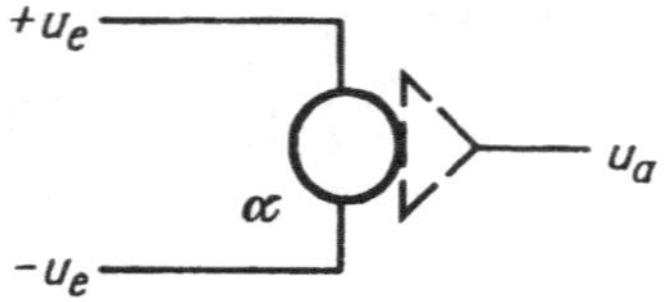	$u_a(t^*) = \pm\alpha u_e(t^*)$ $0 \leqq \alpha \leqq 1$	α ist definiert für $+u_e = 1$ und $-u_e = 0$ einschließlich Belastung
Digitalpotentiometer	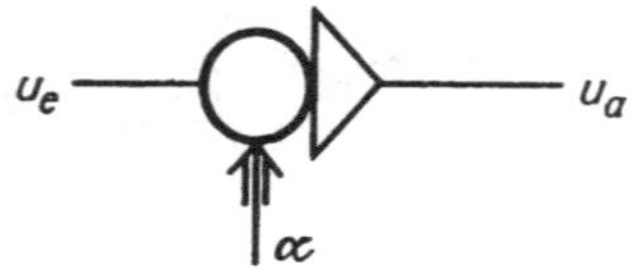	$u_a(t^*) = -\alpha u_e(t^*)$ $-1 \leqq \alpha < 1$	
Servopotentiometer	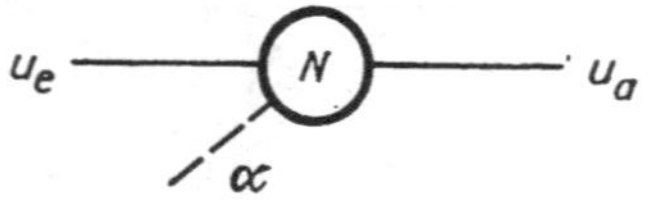	$u_a(t^*) = \alpha u_e(t^*)$	

<table>
<tr><td>Multiplizierer</td><td></td><td>$u_a(t^*) = c u_{e1}(t^*) \cdot u_{e2}(t^*)$</td><td>Der Koeffizient c ist in der Regel gleich dem Reziprokwert der Referenzspannung oder Maschineneinheit $|E|$</td></tr>
<tr><td>Dividierer</td><td>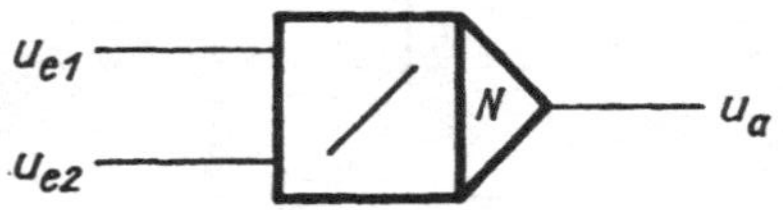</td><td>$u_a(t^*) = \frac{1}{c} \frac{u_{e1}(t^*)}{u_{e2}(t^*)}$</td><td></td></tr>
<tr><td>Funktionsgeber</td><td>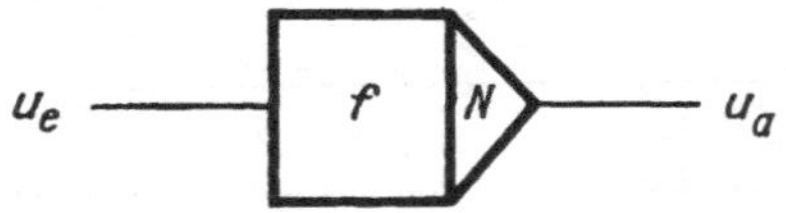</td><td>$u_a = f(u_e)$</td><td></td></tr>
<tr><td>Logische Rechenelemente</td><td></td><td></td><td></td></tr>
<tr><td>UND-Gatter</td><td>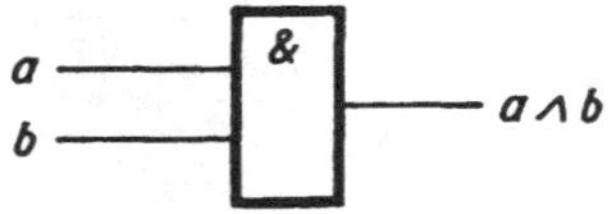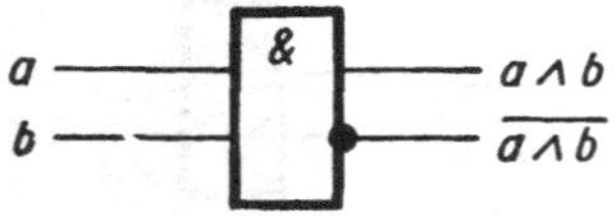</td><td><table><tr><th>a</th><th>b</th><th>$a \wedge b$</th></tr><tr><td>0</td><td>0</td><td>0</td></tr><tr><td>1</td><td>0</td><td>0</td></tr><tr><td>0</td><td>1</td><td>0</td></tr><tr><td>1</td><td>1</td><td>1</td></tr></table></td><td>$a \wedge b$ lies a und b
$\overline{a \wedge b}$ lies nicht a und b</td></tr>
<tr><td>Inverter</td><td>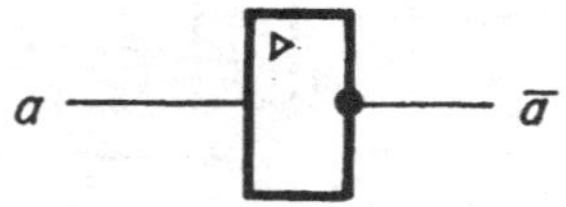</td><td><table><tr><th>a</th><th>$\bar{a}$</th></tr><tr><td>0</td><td>1</td></tr><tr><td>1</td><td>0</td></tr></table></td><td></td></tr>
</table>

Tab. 2.1 (Fortsetzung)

Bezeichnung	Symbol	Operation	Bemerkungen
ODER-Gatter	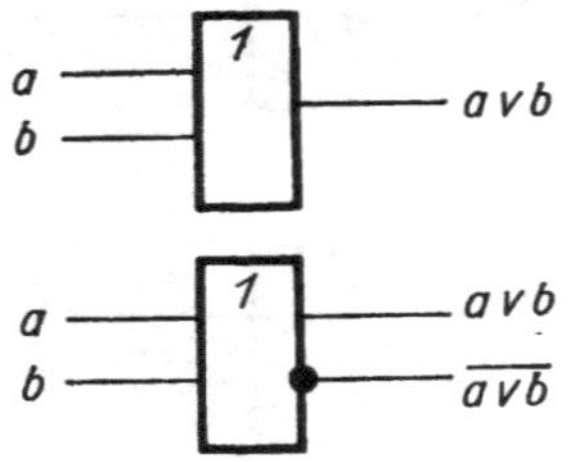	a b | $a \vee b$ 0 0 | 0 1 0 | 1 0 1 | 1 1 1 | 1	$a \vee b$ lies a oder b
Flip-Flop	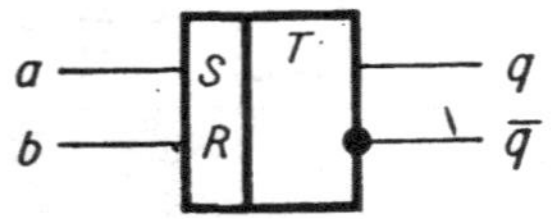	a b | q 0 0 | q 0 1 | 0 1 0 | 1 1 1 | $h/0$	S — Setzeingang R — Rücksetzeingang q — logischer Wert des vorherigen Taktes $h/0$ — unbestimmter Zustand
Hybride Rechenelemente			
Komparator		$u_{e1} + u_{e2} > 0 \rightarrow a = 1,\ \bar{a} = 0$ $u_{e1} + u_{e2} < 0 \rightarrow a = 0,\ \bar{a} = 1$	Das Symbol eines Relaiskomparators kann durch Kombination dieses Symbols mit dem eines Relais erreicht werden
D/A-Schalter	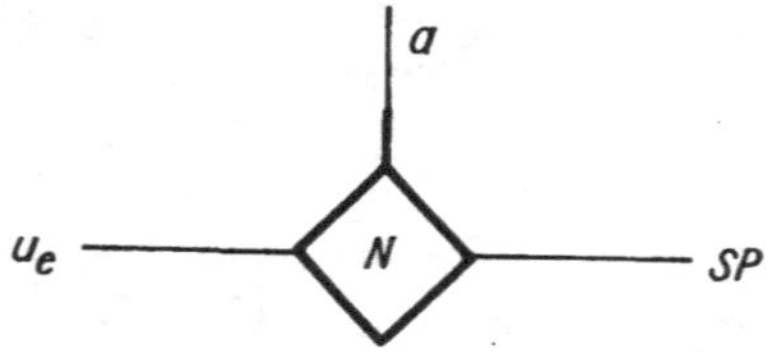	$a = 1 \rightarrow u_e$ an SP durchgeschaltet $a = 0 \rightarrow u_e$ von SP getrennt	Geschaltet wird ein Widerstand, der in Reihe zum eigentlichen elektronischen Schalter liegt
D/A-Relais	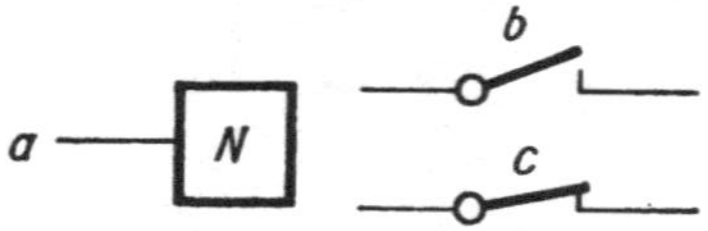	$a = 1 \rightarrow b$ geschlossen, c offen $a = 0 \rightarrow b$ offen, c geschlossen	

Die Genauigkeit der analogen Rechenelemente hängt von mehreren Faktoren ab, im wesentlichen wird sie durch die Genauigkeit von Widerständen und Kondensatoren beeinflußt, die aus Kostengründen nicht genauer als mit einem relativen Fehler von 10^{-4} gefertigt werden können.

2.1.1.1. *Summierer, Inverter, offener Verstärker*

Ein Summierer (Abb. 2.1) besteht aus einem Operationsverstärker OV, einem Eingangsnetzwerk aus ohmschen Widerständen R_i und einem Rückführwiderstand R. Charakteristisch für den Operationsverstärker ist seine hohe negative Verstärkung, die $V = -(10^6 \ldots 10^9)$ beträgt und die mit wachsenden zu verstärkenden Frequenzen abnimmt. Er ist Bestandteil fast aller analogen Rechenelemente und ist als integrierter Baustein vorhanden.

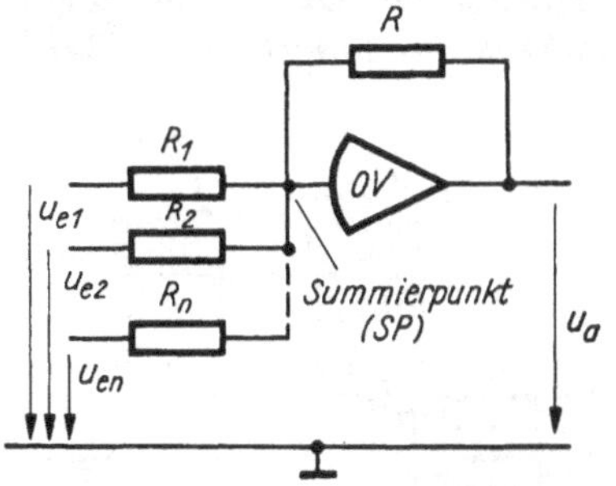

Abb. 2.1. Schaltbild eines Summierers

Sämtliche Ein- und Ausgangsspannungen sind auf ein gemeinsames Potential (Masse, Erde) bezogen, worauf in weiteren Schaltungen und in der symbolischen Darstellung (s. Tab. 2.1) nicht mehr zu achten ist.

Am Ausgang eines Summierers gilt

$$u_a(t^*) = -\sum_{i=1}^{n} \frac{R_i}{R} u_{ei}(t^*) \cdot \frac{1}{1 + \frac{1}{V}\left(1 + \sum_{i=1}^{n} \frac{R}{R_i}\right)} .$$

Für im Grenzfall unendlich hohe Verstärkung folgt hieraus

$$u_a(t^*) = -\sum_{i=1}^{n} \frac{R_i}{R} u_{ei}(t^*) = -\sum_{i=1}^{n} c_i u_{ei}(t^*) . \tag{2.1}$$

Die Bewertungsfaktoren für Summierer am ADT 3000 betragen $c_1 = 1$; $c_2 = 1$; $c_3 = 5$; $c_4 = 5$; bzw. für ein anderes Eingangsnetzwerk $c_1 = 0{,}1$; $c_2 = 1$; $c_3 = 1$; $c_4 = 5$.

Wird nur ein Eingang mit dem Bewertungsfaktor $c = 1$ benutzt, so wirkt der Summierer durch die Vorzeichendrehung als *Inverter*. Die Kennzeichnung des Bewertungsfaktors im Invertersymbol wird häufig weggelassen.

Beim sogenannten *offenen Verstärker* ist statt des Rückführwiderstands R ein beliebiges Netzwerk oder auch ein anderes analoges Rechenelement einzufügen. Das Eingangsnetzwerk bleibt dagegen unverändert. Der offene Verstärker wird in der impliziten Technik des Analogrechnens eingesetzt (s. Kap. 2.1.1.4.).

Der Summierpunkt eines Summierers besitzt ein sehr kleines Potential, u_a/V, was im Grenzfall ($V \to \infty$) dem Massepotential gleich ist. Der Summierpunkt wird deshalb auch als virtuelle Masse (Erde) bezeichnet. Durch diesen Tatbestand ist der Eingangswiderstand eines Summierereingangs gleich dem Widerstand R_i.

2.1.1.2. Integrierer, Speicher, Speicherpaar

Im Integrierer (Abb. 2.2) wird das Eingangsnetzwerk ebenfalls aus ohmschen Widerständen R_i gebildet, die Rückführung besteht aus einer Kapazität C. Damit die Kapazität zum Zeitpunkt $t^* = 0$ auf den Wert u_0 aufgeladen ist, was dem Anfangswert (AW) der Integriererausgangsgröße entspricht, sind zwei weitere Widerstände R in der angegebenen Weise erforderlich. Die beiden Schalter dienen zum Umschalten des Integrierers in die Zustände Anfangswert (AW), Rechnen (RE) und Halten (HA).

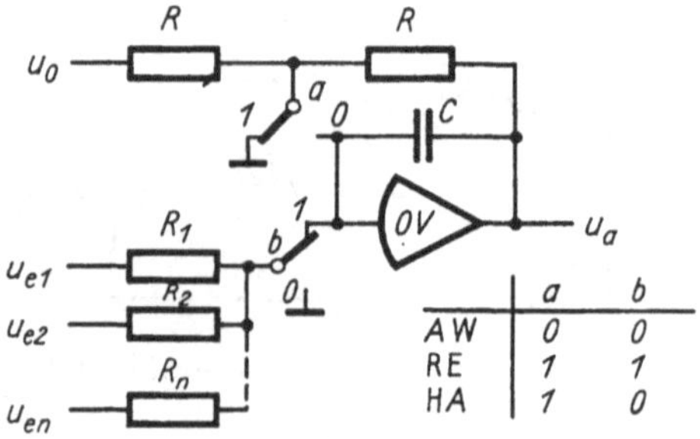

	a	b
AW	0	0
RE	1	1
HA	1	0

Abb. 2.2. Vereinfachtes Schaltbild eines Integrierers. Schalter als Relais ausgeführt

Als Schalter werden in modernen Analogrechnern elektronische Schalter benutzt, entweder in Form von Diodenbrücken (ältere Ausführung) oder in Form von Feldeffekttransistoren.

Die Schaltzeiten der elektronischen Schalter liegen in der Größenordnung von einer Mikrosekunde, die der Relais in der Größenordnung von einer Millisekunde.

Im Zustand RE erhalten wir am Integriererausgang

$$\left.\begin{aligned} u_a(t^*) &= -\int_0^{t^*} \sum_{i=1}^{n} \frac{1}{R_i C} u_{ei}(t)\,dt - u_0 = -\frac{1}{RC}\int_0^{t^*} \sum_{i=1}^{n} \frac{R}{R_i} u_{ei}(t)\,dt - u_0\,, \\ u_a(t^*) &= -k_0 \int_0^{t^*} \sum_{i=1}^{n} c_i u_{ei}(t)\,dt - u_0\,. \end{aligned}\right\} \quad (2.2)$$

Durch den Zustand HA wird die Ausgangsgröße zu einem bestimmten Zeitpunkt $t^* = t_1^*$ als $u_a(t_1^*)$ gespeichert.

Unter Benutzung nur eines elektronischen Schalters und eines zusätzlichen Schaltverstärkers (SV) ist ein Integrierer bei $a = 0$ (Schalter geschlossen) in den Zustand AW und bei $a = 1$ (Schalter offen) in den Zustand RE zu steuern (Abb. 2.3). Obwohl im

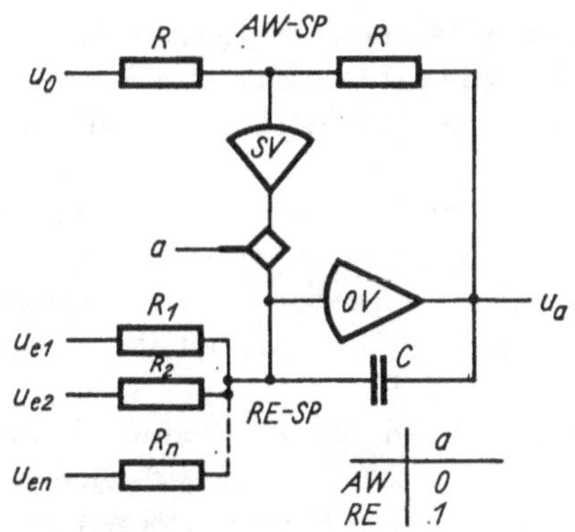

Abb. 2.3. Vereinfachtes Schaltbild eines Integrierers mit den Zuständen AW und RE (Zweizustandsintegrierer)

Zustand AW u_0 und $u_{ei}(i = 1(1)\,n)$ anliegen, wird durch entsprechend hohe Verstärkung des SV die Wirkung der $u_{ei}(i = 1(1)\,n)$ unterdrückt [75], [1]. Ein solcher Integrierer wird als *Zweizustandsintegrierer* bezeichnet. Legen wir das Integrierereingangsnetzwerk vom Rechensummierpunkt (RE-SP) mit an den Anfangswertsummierpunkt (AW-SP), so bildet die Schaltung in Abb. 2.3 einen *Speicher* mit mehreren Eingängen, der bei $a = 0$ der Summe aller angelegten Spannungen folgt und bei $a = 1$ diese Summe speichert. Die dynamische Verzögerung im Zustand Folgen beträgt beim ADT 3000 bei linear veränderlicher Eingangsspannung von 10 V/1 ms maximal 0,2 μs. Die Drift im Zustand Speichern beträgt 0,01 % der Referenzspannung pro Sekunde.

Wird durch einen zusätzlichen Schalter c der Eingang u_0 von den übrigen u_{ei}, $i = 1(1)\,n$ wieder getrennt, so besteht die Möglichkeit, in einem Anfangswertzustand den Speicher zunächst auf $-u_0$ zu laden, um nach Umschalten von c dann im Zustand Folgen die negative Summe der Eingangsspannungen am Ausgang zu haben. Oft wird statt vom Speicher auch von der *Folger-Speicher-Einheit* gesprochen.

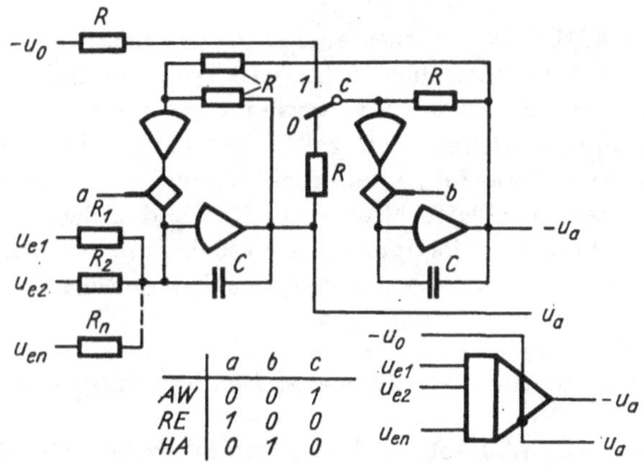

Abb. 2.4. Dreizustandsintegrierer im ADT 3000 in vereinfachter Darstellung. Das Symbol hat nur für Rechenschaltungen am ADT 3000 Bedeutung

Aus der Kopplung eines Zweizustandsintegrierers und eines Speichers entsteht wieder ein Integrierer mit den Standardzuständen AW, RE, HA (Abb. 2.4). In dieser Weise ist der *Dreizustandsintegrierer* im ADT 3000 realisiert.

Die Steuerung der Betriebszustände (AW, RE, HA) erfolgt entweder zentral, d. h., alle Integrierer sind gleichzeitig in dem gleichen Zustand, oder sie erfolgt individuell bzw. in Gruppen. Zur individuellen Steuerung sind im allgemeinen zwei logische Signale erforderlich, die, wie im Symbol angegeben, an den Integrierer heranzuführen sind. Der Zweizustandsintegrierer bzw. der Speicher benötigen in der Regel nur ein logisches Signal zur Steuerung (vergl. Abb. 2.3).

Fast alle Analogrechner enthalten mehr als einen Kondensator pro Integrierer. Definieren wir als Normalwert des Kondensators denjenigen, für den wir bei $c_i = 1$, $k_0 = 1\ s^{-1}$ erhalten, so sind die weiteren Kondensatoren meist kleiner und demzufolge $k_0 > 1\ s^{-1}$. Die Umschaltung der Kondensatoren ist entweder zentral oder individuell möglich. Im ersteren Fall wird z. B. die gesamte Rechenschaltung schneller rechnen, im letzteren Fall sind z. B. Integrierer mit stark unterschiedlichen k_0-Faktoren im Betrieb. Die Steuerbarkeit der Kondensatoren erlaubt weiterhin ein schnelles *repetierendes Rechnen*, was einem Wechsel von AW und RE im Millisekundenbereich entspricht und danach ein einmaliges langsames RE (im Sekundenbereich) zur Auswertung der Lösungen mit einem langsamen Auswertegerät (s. Kap. 2.1.5.). Im ADT 3000 unterscheidet man zwischen Sekundenbereich (SC) und Millisekundenbereich (MS). Beide Bereiche können zentral oder individuell für jeden Integrierer gesteuert werden. Die Tab. 2.2 zeigt die einstellbaren Werte für den k_0-Faktor am ADT 3000. Die Vergrößerung um den Faktor zehn im jeweiligen Bereich muß dabei von Hand erfolgen. D ie Bewertungsfaktoren c_i eines Integrierers haben die Werte 1, 1, 1, 2, 4.

Tab. 2.2. Integrationskonstanten beim ADT 3000

Bereich	$k_0 = (RC)^{-1}\ s^{-1}$	R in kΩ	C in nF
SC	1	900	1111,11
SC	10	900	111,11
MS	1000	9	111,11
MS	10000	9	11,11

Die Integrierer im ADT 3000 besitzen eine Begrenzerschaltung, die ein Überschreiten des zulässigen Aussteuerbereiches, z. B. ±10 Volt, verhindert. Diese Begrenzerschaltung kann dabei wahlweise wirksam werden oder nicht.

Durch Hintereinanderschaltung von zwei Speichern, die von komplementären logischen Signalen gesteuert werden, entsteht ein sogenanntes *Speicherpaar* (s. Tab. 2.1). Beide Speicher befinden sich wechselseitig im Zustand Folgen oder Speichern. Am Ausgang des zweiten Speichers ist immer eine stückweise konstante Ausgangsgröße vorhanden, sie ändert sich dann, wenn a von 0 nach 1 umschaltet.

2.1.1.3. Handpotentiometer, Digitalpotentiometer

Ein Potentiometer ist ein Widerstand R mit verstellbarem Abgriff, wie in Abb. 2.5 gezeigt. Die Eingangsgröße wird mit dem konstanten Faktor α, $0 \leqq \alpha \leqq 1$ am Ausgang erscheinen. Als Handpotentiometer werden mehrgängige Potentiometer einge-

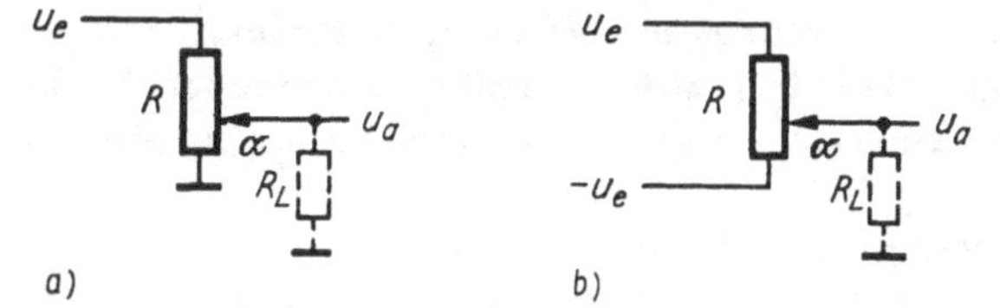

Abb. 2.5. Potentiometerschaltungen einschließlich Lastwiderstand R_L
a) asymmetisch (geerdet)
b) symmetrisch (erdfrei)

baut, die bis zu zehn Umdrehungen von $\alpha = 0$ bis $\alpha = 1$ erlauben. Dadurch ist ein größeres Auflösungsvermögen für die mechanische Einstellung des Abgriffes gegeben. Die Proportionalität zwischen mechanischem Abgriff und elektrischer Spannung gilt nur für unendlich großen Belastungswiderstand R_L. Praktisch ist dieser Tatbestand nicht gegeben, und wir sind gezwungen, den Potentiometerwert unter Belastung einzumessen. Dazu wird der Potentiometereingang von seiner Verbindung zum vorhergehenden Rechenelement getrennt und an die Referenzspannung ($\pm E$) des Analogrechners gelegt. Das Einmessen erfolgt entweder mit dem Digitalvoltmeter oder mit Hilfe einer Kompensationsmeßschaltung durch ein Zeigerinstrument.

Im Normalfall ist das Potentiometer einseitig geerdet, also mit dem gemeinsamen Bezugspotential aller Rechenspannungen verbunden (Abb. 2.5a). Es gibt Rechenschaltungen, wo ein erdfreies Potentiometer (Abb. 2.5b) erforderlich ist. Beim ADT 3000 ist eine Reihe von Handpotentiometern mit einem folgenden Inverter fest verdrahtet. Dadurch entfällt die Belastungsproblematik und ist weiterhin eine Sicherung gegen unbeabsichtigte Überlastung des Potentiometers gegeben.

Für einen effektiven Simulationsbetrieb in einem hybriden Rechnersystem sind *Digitalpotentiometer* in ausreichender Anzahl (2 bis 5mal der Anzahl der Integrierer) unbedingt erforderlich. Ein Digitalpotentiometer ist im Prinzip ein multiplizierender Digital-Analog-Wandler (s. Kap. 2.2.1.1.), der die Eingangsgröße u_e mit einem in binärer Darstellung gegebenen Faktor α multipliziert. α kann sowohl positiv als auch negativ sein. Der Vorteil gegenüber den Hand- und Servopotentiometern ist offensichtlich die geringe Einstellzeit, die in der Größenordnung von Mikrosekunden liegt, und natürlich die automatische Einstellbarkeit durch den Digitalrechner.

Im ADT 3000 sind die Digitalpotentiometer mit Relais aufgebaut und sind deshalb entsprechend langsamer in der Einstellzeit — Größenordnung Millisekunden. Jedes Digitalpotentiometer besitzt hier seinen Ausgangsinverter.

Servopotentiometer dienten vor den Digitalpotentiometern als automatisch einstellbare Potentiometer in Analogrechnern. Sie haben Einstellzeiten von ca. einer Sekunde und werden in modernen Analogrechnern nicht mehr eingesetzt.

2.1.1.4. Multiplizierer, Dividierer

Der Multiplizierer ist im Gegensatz zu den bisher behandelten das erste nichtlineare Rechenelement. Ihm obliegt die Aufgabe, das Produkt der beiden zeitveränderlichen Eingangsgrößen zu bilden. In der Geschichte der Analogrechentechnik sind viele Multiplikationsprinzipien vorgeschlagen und mit mehr oder weniger Erfolg erprobt worden.

Im wesentlichen haben sich *Servomultiplizierer, Zeitteilungsmultiplizierer* und *Parabelmultiplizierer* durchgesetzt [44], [126]. In modernen schnellen Analogrechnern kommen nur noch letztere zum Einsatz, sie sind unter dem Namen *Diodenmultiplizierer* genauso bekannt.

Parabelmultiplizierer nutzen die Beziehung

$$a \cdot b = \left(\frac{a+b}{2}\right)^2 - \left(\frac{a-b}{2}\right)^2 . \tag{2.3}$$

Dadurch ist die Multiplikation auf Addition bzw. Subtraktion und Quadrierung reduziert. Die Quadrierung erfolgt mit einer durch einen Polygonzug approximierten Parabel. Die Approximation wird mit einem Dioden-Widerstand-Netzwerk erreicht, wie es beim Funktionsgeber in universeller Form benutzt wird (s. Kap. 2.1.1.5.).

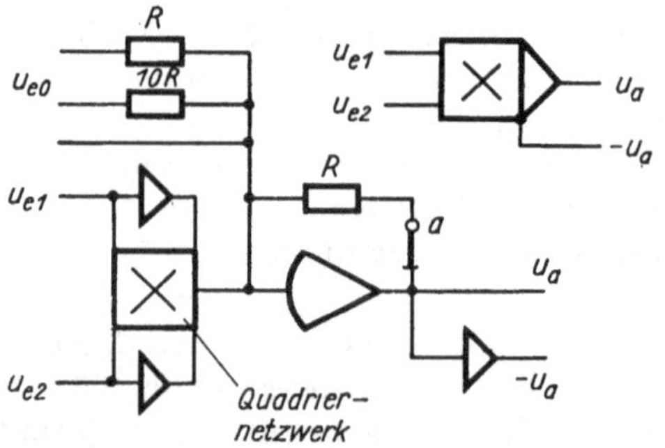

Abb. 2.6. Prinzipschaltung des Multiplizierers im ADT 3000. Das Symbol hat nur für Rechenschaltungen am ADT 3000 Bedeutung

Der Multiplizierer im ADT 3000 (Abb. 2.6) ist gleichzeitig für die Division und andere implizite Rechenoperationen, wie z. B. das Wurzelziehen geeignet. Für die Multiplikation gilt:

$$u_a(t^*) = -c_3[c_1 u_{e1}(t^*)\, u_{e2}(t^*) + c_2 u_{e0}(t^*)] \tag{2.4}$$

Normalfall: $c_1 = 10^{-1}$ Volt^{-1}; $c_2 = 1$ oder 0,1; $c_3 = 1$.

Verstärkung 10fach (durch Verbinden von u_a und $10R$-Eingang bzw. Öffnen von a erreicht):

$$c_1 = 10^{-1}\ \text{Volt}^{-1}; \qquad c_2 = 1; \qquad c_3 = 10 .$$

Wir beachten, daß u_a negativ ist und daher am Ausgang $-u_a$ das positive Produkt zur Verfügung steht.

Ein *Dividierer* läßt sich mit einem Multiplizierer und einem offenen Verstärker aufbauen. Dieser Schaltung liegt das allgemeine Prinzip der *impliziten Funktionstechnik* zugrunde. Hierbei wird eine in expliziter Form zu gewinnende Funktion $u_a = f(u_{e1}, u_{e2}, \ldots, u_{en})$ in der impliziten Form $F(u_{e1}, u_{e2}, \ldots, u_{en}, u_a) = 0$ dargestellt und u_a am Ausgang eines offenen Verstärkers gebildet, der entsprechend rückzukoppeln ist. Am Eingang des offenen Verstärkers wird dann die implizite Funktionsdarstellung näherungsweise — bei genügend großer Verstärkung — erfüllt. Zu beachten ist in diesem Zusammenhang eine Stabilitätsforderung $\partial F/\partial u_a < 0$. Andernfalls entstehen instabile Rechenschaltungen, die zu falschen Ergebnissen und zur Übersteuerung der Rechenelemente führen.

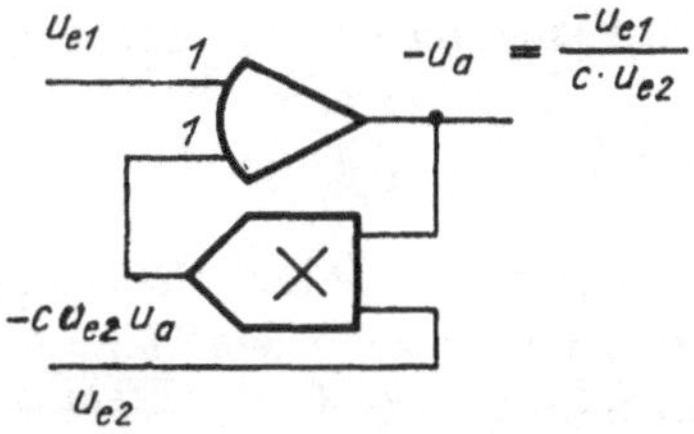

Abb. 2.7. Divisionsschaltung $u_{e2} > 0$ vorausgesetzt

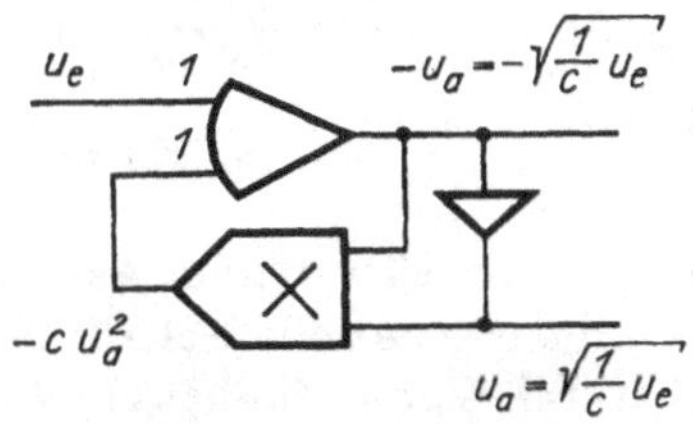

Abb. 2.8. Wurzelschaltung, $u_e > 0$ vorausgesetzt

Die Divisionsschaltung (Abb. 2.7) verwirklicht am Eingang des offenen Verstärkers

$$F(u_{e1}, u_{e2}, u_a) = u_{e1}(t^*) - c u_{e2}(t^*)\, u_a(t^*) = 0\,, \tag{2.5}$$

woraus

$$u_a(t^*) = \frac{1}{c} \frac{u_{e1}(t^*)}{u_{e2}(t^*)} \tag{2.6}$$

folgt.

Die Wurzelschaltung (Abb. 2.8) bildet am Eingang des offenen Verstärkers

$$F(u_e, u_a) = u_e(t^*) - c u_a^2(t^*) = 0\,, \tag{2.7}$$

woraus

$$u_a(t^*) = \sqrt{\frac{1}{c} u_e(t^*)} \tag{2.8}$$

folgt.

Die Multipliziererschaltung (Abb. 2.6) ist am ADT 3000 in einfacher Weise in eine Dividiererschaltung umzuwandeln (Abb. 2.9). Für sie gilt:

$$u_a(t^*) = -\frac{c_2}{c_1} \frac{u_{e1}(t^*)}{u_{e2}(t^*)}\,, \qquad u_{e2}(t^*) > 0\,. \tag{2.9}$$

Normalfall (u_{e1} an R-Eingang):

$$c_1 = 10^{-1}\,\text{Volt}^{-1}; \qquad c_2 = 1\,.$$

Reduktion 10fach (u_{e1} an 10R-Eingang):

$$c_1 = 10^{-1}\,\text{Volt}^{-1}; \qquad c_2 = 0{,}1\,.$$

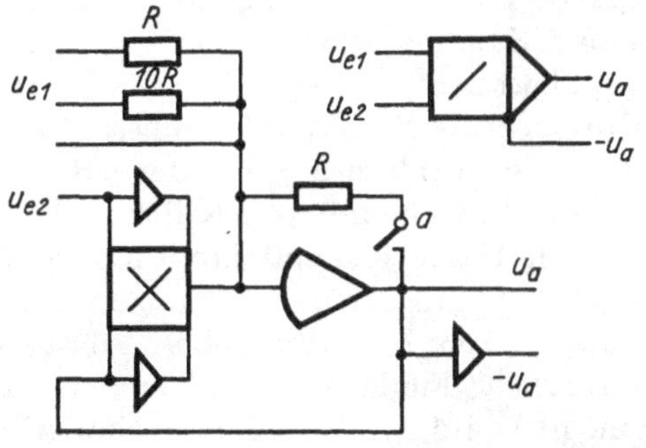

Abb. 2.9. Prinzipschaltung des Dividierers im ADT 3000, $u_{e2} > 0$. Das Symbol hat nur für Rechenschaltungen am ADT 3000 Bedeutung

Ist $u_{e2}(t^*) < 0$, so wird $-u_a$ mit dem Multipliziereremgang verbunden, und es gilt

$$u_a(t^*) = \frac{c_2}{c_1} \frac{u_{e1}(t^*)}{u_{e2}(t^*)}, \quad u_{e2}(t^*) < 0\,, \tag{2.10}$$

mit den gleichen Bewertungsfaktoren. Zur Division bei wechselndem Vorzeichen des Nenners gibt es spezielle Schaltungen, die z. B. durch Kontrolle des Nennervorzeichens — durch Signumfunktion möglich — die Verbindung zum Multipliziereremgang einmal mit $+u_a$ und zum anderen mit $-u_a$ herstellen [112]. Auch das Radizieren und weitere implizite Operationen sind in einfacher Weise durch Umstecken einiger Verbindungen der Multipliziererschaltung (Abb. 2.6) zu erreichen (s. [59]).

2.1.1.5. Funktionsgeber

Funktionsgeber haben die Aufgabe, die Funktion einer unabhängigen Variablen näherungsweise durch Polygonzugapproximation darzustellen. Dabei ist an die Diodenfunktionsgeber gedacht, wie sie in schnellen Analogrechnern nur noch eingesetzt werden. Die einzelnen Geradenabschnitte des Polygonzuges werden durch vorgespannte Dioden erreicht. Betrachten wir eine Diode in idealisierter Form, so weist sie für negative Spannungen einen unendlich großen Widerstand auf — Sperrbereich — und für positive Spannungen hat sie den Widerstand Null — Durchlaßbereich. Sie ist also ein spannungsgesteuerter Schalter. Abb. 2.10 zeigt die Wirkung einer Vorspannung u_v, deren Einfluß durch P_1 verändert werden kann, auf das Schaltverhalten der Diode.

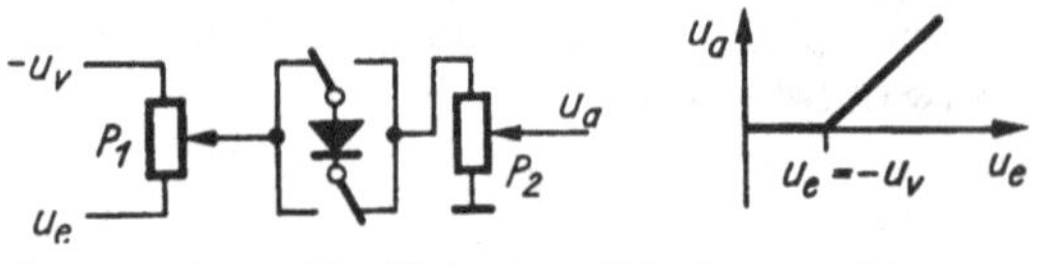

Abb. 2.10. Grundschaltung einer idealisierten Diode zur Erzeugung eines Polygonzugelementes

Durch P_2 kann der Anstieg der Geradenfunktion $u_a = f(u_e)$ beeinflußt werden. Durch Umschalten der Diode, wie in Abb. 2.10 angedeutet und Umpolen der Spannung u_v, kann der Knick des Polygonzuges in beide Halbebenen gelegt werden bzw. kann der Anstieg positiv oder negativ gemacht werden. Durch Überlagerung der einzelnen Polygonzugelemente in einem Summierer wird dann die Approximation der Funktion $u_a = f(u_e)$, $u_e \in [u_{e\,\min}, u_{e\,\max}]$ erreicht.

Im ADT 3000 sind je Halbebene 4 Knickpunkte einstellbar, die maximale Steilheit eines Geradenabschnittes beträgt wahlweise $\pm 0{,}8$ oder ± 8. Es besteht die prinzipielle Möglichkeit, mehrere Diodennetzwerke mit je 4 Knickpunkten zu koppeln, wodurch die Anzahl der Knickpunkte je Halbebene und damit die Approximationsgenauigkeit erhöht wird.

Außer den von Hand einstellbaren Funktionsgebern gibt es sogenannte feste Funktionsgeber für häufig erforderliche Funktionen, wie $\sin x$, $\cos x$, x^3, $\log x$, $1/x$.

Im Prinzip ist es auch möglich, auf der Basis der kontinuierlichen Logik Funktionen zweier unabhängiger Veränderlicher durch Funktionsgeber einzustellen (s. hierzu [1], [34]).

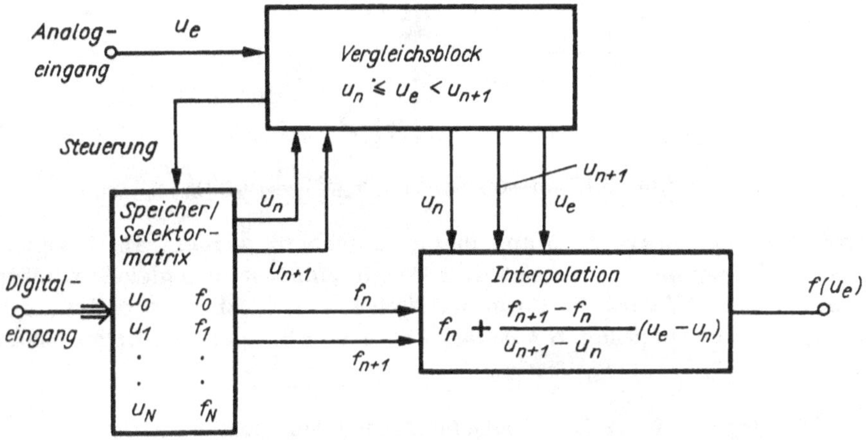

Abb. 2.11. Prinzipschaltung eines digital einstellbaren Funktionsgebers

Die Handeinstellung eines Diodenfunktionsgebers ist eine zeitraubende Angelegenheit. Bei nichtlinearen Problemstellungen ist z. B. oft eine Umnormierung und damit Neueinstellung des Funktionsgebers erforderlich. In hybriden Rechnersystemen ist durch digital einstellbare Funktionsgeber oder Hybrid-Funktionsgeber ein wesentlicher Fortschritt erreicht worden. Die grundsätzliche Funktionsweise eines solchen Funktionsgebers ist in Abb. 2.11 angegeben. Die zu approximierende Funktion ist in Form einer Tabelle im Digitalrechner abgespeichert und wird von hier in die Speicher/Selektor-Matrix übertragen. Dabei sind N Knickpunkte vorsehbar (praktisch $N = 10 \ldots 20$). Die analoge Eingangsgröße u_e wird dann durch den Vergleichsblock dauernd mit den eingespeicherten u-Werten verglichen. Befindet sich z. B. u_e zwischen u_n und u_{n+1}, so werden die gespeicherten Werte f_n und f_{n+1} ausgewählt, und in einer Interpolationsschaltung wird

$$f(u_e) = f_n + \frac{f_{n+1} - f_n}{u_{n+1} - u_n}(u_e - u_n) \tag{2.11}$$

gebildet.

2.1.1.6. *Typische Nichtlinearitäten*

Solche nichtlinearen Zusammenhänge sind z. B. eine Begrenzung, eine sogenannte Tote Zone oder die Betragsbildung. Sie treten bei technischen Problemstellungen öfter auf und sind deshalb am Analogrechner als Rechenelement vorhanden, zumindest das Grundelement, die ideale Diode (Abb. 2.12). Mit Hilfe der idealen Diode können

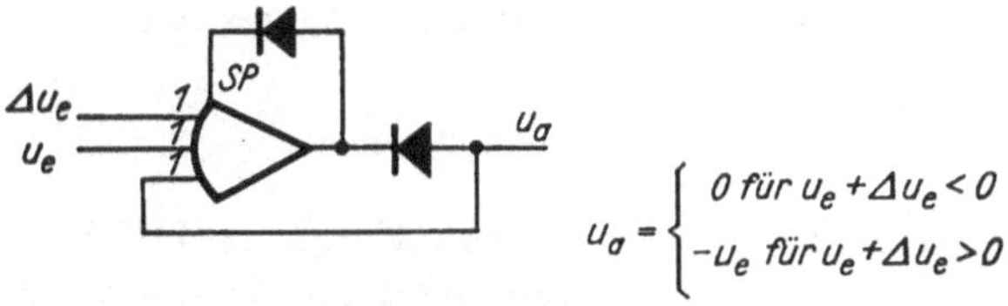

Abb. 2.12. Schaltung einer idealen Diode

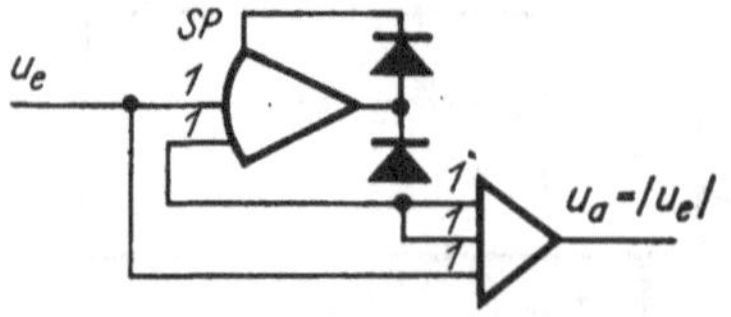

Abb. 2.13. Betragsbildung $u_a(t^*) = |u_e(t^*)|$

dann typische nichtlineare Zusammenhänge aufgebaut werden, als Beispiel ist in Abb. 2.13 die Betragsbildung gezeigt. Das Schaltsymbol ist das gleiche wie für einen Funktionsgeber, statt f wird die Form der Nichtlinearität angegeben. Eine sehr gute Darstellung weiterer typischer Nichtlinearitäten und Spezialschaltungen ist in [112] zu finden.

2.1.2. Logische Rechenelemente

Im Gegensatz zu den analogen Rechenelementen können die Ausgangsgrößen der logischen Rechenelemente nur zwei Werte annehmen: „wahr“ (1) und „falsch“ (0). Durch die logischen Rechenelemente sind logische Entscheidungen während eines Simulationslaufes und zwischen den Simulationsläufen zu treffen bzw. ist die Simulation von Systemen möglich, die selbst logische Größen enthalten.

Die mathematische Grundlage für die logischen Rechenelemente bildet die Algebra der Logik oder auch Boolesche Algebra genannt. Im ADT 3000 wird mit einer „positiven Logik“ gearbeitet. Der Spannungspegel 0 Volt entspricht logisch 0, der von +5 V entspricht logisch 1. Sämtliche logische Rechenelemente sind mit ihren Ein- und Ausgängen auf dem logischen Programmierfeld untergebracht.

2.1.2.1. UND-*Gatter*

Das UND-Gatter hat zwei oder mehrere Eingänge. Die Ausgangsgröße ist dann und nur dann wahr (1), wenn alle Eingangsgrößen wahr sind. Bei den meisten logischen Elementen stehen der normale als auch der invertierte Ausgang zur Verfügung Die invertierte logische Variable a wird dann bekanntlich durch $\bar{a}$ („nicht a“) bezeichnet. Im Symbol (s. Tab. 2.1) wird die Invertierung durch einen Punkt am Ausgang gekennzeichnet. Ein extra Element für die Invertierung, ein Inverter, ist somit nicht erforderlich. Die Invertierung einer einzelnen logischen Variablen ist durch ein UND-Gatter möglich, wenn beachtet wird, daß alle nicht beschalteten Eingänge eines UND-Gatters sich wie logisch 1 verhalten. Symbolisch können wir einen Inverter, wie in Tab. 2.1 angegeben, bezeichnen.

Für UND-Gatter mit mehreren Eingängen ist der o. g. Umstand, daß sich unbeschaltete Eingänge wie logisch 1 verhalten, ebenso von Bedeutung. Ein viereingängiges UND-Gatter kann deshalb wie z. B. ein dreieingängiges betrachtet werden.

2.1.2.2. ODER-*Gatter*

Das ODER-Gatter hat auch zwei oder mehrere Eingänge. Die Ausgangsgröße ist dann und nur dann wahr (1), wenn mindestens einer der Eingänge wahr ist. Die Ausgangsgröße steht in normaler und invertierter Form zur Verfügung.

Am ADT 3000 sind alle nicht benutzten Eingänge eines ODER-Gatters gleich logisch 0. Das bloße Einschieben eines Programmiersteckers öffnet den Kontakt einer Trennbuchse und hat die gleiche Wirkung wie das Anlegen einer logischen Variablen $a = 1$.

Stehen ODER-Gatter nicht in ausreichendem Maße oder überhaupt nicht zur Verfügung, kann ihre Funktion durch UND-Gatter und Inverter gebildet werden gemäß der Beziehung (DE MORGANsches Gesetz)

$$a \vee b = \overline{\bar{a} \wedge \bar{b}}\,.$$

Für das Programmieren bedeutet es die Benutzung eines UND-Gatters statt des ODER-Gatters, an das jeweils die invertierten Eingangsgrößen anzulegen sind und bei dem der invertierte Ausgang abzugreifen ist.

Bei allen logischen Rechenelementen kann das den logischen Werten 0 und 1 entsprechende elektrische Potential breite Toleranzen haben, das ist ja gerade ein Vorteil der Digitalrechentechnik gegenüber der Analogrechentechnik. Weiterhin können nicht unbegrenzt viele Eingänge von einem Ausgang eines logischen Rechenelementes abgezweigt werden. Die praktisch vorgegebenen Werte sind jedoch so groß, daß sie durch reale Programme kaum erreicht werden.

2.1.2.3. Flip-Flop

Das Flip-Flop ist in der Lage, 1 Bit zu speichern, also entweder den Zustand logisch 1 oder logisch 0. Ein Flip-Flop hat mindestens zwei Eingänge und einen Ausgang. Es gibt die verschiedensten Ausführungsformen von Flip-Flops. Häufig ist der eine Eingang der Setzeingang (S), der bei S = 1 den Ausgang auf 1 setzt und der andere der Rücksetzeingang (R), der bei R = 1 den Ausgang auf 0 bringt. Sind beide Eingänge selbst 0, so bleibt der Ausgang unverändert und speichert somit den vorherigen logischen Zustand. Sind beide Eingänge gleichzeitig 1, so ist der Ausgang nicht definiert. Oft wird aber in diesem Fall das Flip-Flop in die invertierte Ausgangslage gebracht. Zusätzlich zu S und R haben manche Flip-Flops einen dritten Eingang, den Ermöglichungseingang (E). Ist E = 1, wirkt das Flip-Flop normal, wie beschrieben. Für E = 0 wird es blockiert und speichert den jeweiligen Zustand unabhängig von den logischen Werten an S und R.

Genau wie bei den Gattern steht bei den Flip-Flop im allgemeinen außer dem normalen Ausgang auch der invertierte Ausgang zur Verfügung, so daß ein Flip-Flop auch über zwei Ausgänge verfügt.

Um Unsicherheiten zu beseitigen, die durch unterschiedliche Verzögerungen bei der Signalübertragung entstehen, sind Flip-Flop synchronisiert. Durch den Taktgeber gesteuert wird dabei eine zeitliche Trennung zwischen der Erkennung des anliegenden logischen Zustandes und der Ausführung des Umschaltens des Ausganges erreicht. Dadurch wird für logische Signale, die sich vom Ausgang herleiten und die nach Durchlaufen verschiedener Gatter verzögert am Flip-Flop-Eingang erscheinen, mit der Umschaltung des Ausganges so lange gewartet, bis der Eingang eindeutig erkannt ist. Kurz gesagt, braucht sich ein Programmierer bei synchronisierten Flip-Flop um Zeitverzögerungen, durch unterschiedliche Zahl von Gattern hervorgerufen, nicht zu kümmern.

Im ADT 3000 sind *Steuer-Flip-Flop* und *Universal-Flip-Flop* vorhanden. Statt des Einganges S ist bei den Steuer-Flip-Flop ein Eingang T (Triggern) gegeben, der beim Übergang von 0 nach 1 an T in jedem Fall den Ausgang umkippen läßt, d. h. ihn in den negierten logischen Zustand bringt. Der R-Eingang und seine Wirkung ist genauso, wie schon beschrieben. Bei den Universal-Flip-Flop ist außer den Eingängen S, R, T mit den beschriebenen Wirkungen ein Eingang L (Laden) vorhanden, der beim Übergang von 0 nach 1 den Ausgang auf den logischen Zustand bringt, der an einen weiteren Eingang D (Daten) gelegt wurde. Das Universal-Flip-Flop verfügt somit über fünf Eingänge.

Wie schon erwähnt, ist das Flip-Flop ein dynamisches Element. Analog zu den Betriebszuständen AW, RE, HA der Integrierer können wir bei den Flip-Flop die Betriebszustände Löschen, Lauf und Stopp unterscheiden. Bei Löschen sind alle Flip-Flop auf logisch 0 rückgesetzt, bei Lauf arbeiten alle Flip-Flop durch den Taktgeber gesteuert, und bei Stopp speichern alle Flip-Flop den jeweiligen logischen Zustand. Stopp wird durch Aussetzen des Taktgebers erreicht. Die maximale Taktgeberfrequenz beim ADT 3000 beträgt 1 MHz. Langsamere Frequenzen in dekadischer Unterteilung bis zu 0,1 Hz sind ebenfalls vorhanden. Eine manuelle Taktgabe ist möglich. Der logische Zustand eines Flip-Flop wird durch eine Lampe angezeigt.

Die Ansteuerung der Flip-Flop kann von Hand über Drucktasten, von anderen logischen Elementen her oder vom Digitalrechner über das Koppelwerk erfolgen. Der logische Zustand des Ausganges kann dem Digitalrechner übermittelt werden.

2.1.2.4. Schieberegister, Zähler

Ein Schieberegister ist aus einzelnen verbundenen Flip-Flops aufgebaut, es wird jedoch als selbständiges logisches Rechenelement betrachtet. Die Operation Verschieben besteht darin, den gespeicherten logischen Wert von einem Flip-Flop zum anderen weiterzuleiten. Der Zustand des ersten Flip-Flop wird dabei über einen Seriell-Eingang (SE) festgelegt. Zur Einleitung der Verschiebung steht ein weiterer Eingang (SH) zur Verfügung, der bei SH = 1 die Verschiebung bewirkt.

Im ADT 3000 sind Schieberegister als 4-Bit-Register aufgebaut (Abb. 2.14). Der Ausgang A_i ($i = 1, 2, 3$) ist mit dem Eingang D des nächstfolgenden Flip-Flop verbunden. Der Eingang D des 1. Flip-Flop ist der Seriell-Eingang SE, der Ausgang A ist der Ausgang des Schieberegisters. Durch die S-Eingänge ist jedes Flip-Flop indi-

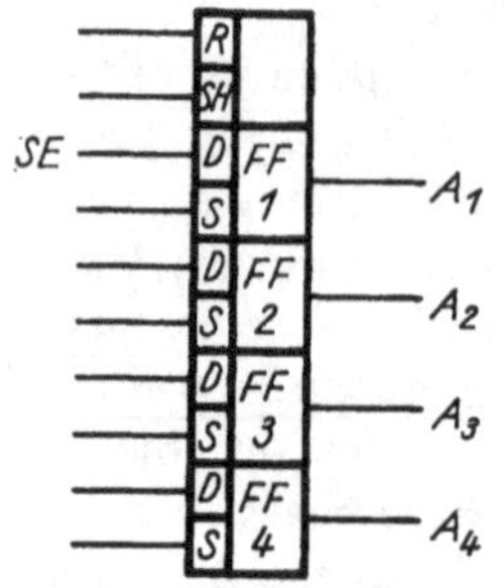

Abb. 2.14. Symbolische Darstellung eines Schieberegisters im ADT 3000

viduell setz- und in Verbindung mit dem R-Eingang auch rücksetzbar. Der R-Eingang löscht das gesamte Register. Durch vorhandene Trennbuchsen sind die vier Flip-Flop auch einzeln zu benutzen.

Ein Zähler ist ebenfalls ein Register, bei dem das Bitmuster der einzelnen Flip-Flops als Zahl interpretiert wird. Wir unterscheiden Binärzähler, in denen Dualzahlen dargestellt werden und binär codierte Dezimalzähler (BCD-Zähler), in denen Dezimalzahlen repräsentiert werden. Der Zähler dient zum Zählen einer vorgebbaren Anzahl von Impulsen, was bei definierter Pulsfrequenz auch zu Zeitmessungen ausgenutzt werden kann.

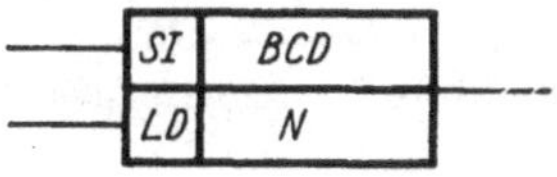

Abb. 2.15. Symbol für den BCD-Zähler am ADT 3000

Im ADT 3000 sind BCD-Zähler (Abb. 2.15) mit einem Vorwahlregister eingebaut. Der voreingestellte Zählerinhalt wird bei jeder ansteigenden (0 → 1) Impulsflanke am Serielleingang (SI) um Eins verringert, und beim Erreichen des Zählerstandes Null wird am Ausgang ein logisches Signal 1 abgegeben. Liegt am Ladeeingang (LD) ein 1 an, so wird der Vorwahlregisterinhalt in das Zählerregister übertragen. Der Eingang SI ist während des Ladens blockiert. Das Laden des Zählerregisters über das Vorwahlregister ist außerdem möglich

a) von Hand im Betriebszustand PG (s. Kap. 2.1.4.)
b) durch Befehl vom Digitalrechner aus
c) durch ein zentrales Löschsignal für logische Elemente (CLR)

Der Zählerinhalt wird durch Lampen angezeigt und kann ebenfalls in den Digitalrechner übertragen werden.

2.1.2.5. Logische Differenzierer, monostabile Kippstufen

Logische Differenzierer erzeugen am Ausgang einen kurzen Impuls, wenn sich das Eingangssignal entweder von 0 nach 1 bzw. umgekehrt von 1 nach 0 ändert. Im ersten Fall spricht man auch von Vorderflankendifferenzierer, im zweiten Fall von Rückflankendifferenzierer. Es gibt jedoch auch bipolare Differenzierer, die Impulse bei jeder Eingangsänderung erzeugen.

Im ADT 3000 sind bipolare Differenzierer vorhanden, die kurze Impulse von ca. 0,5 μs Dauer erzeugen. Außer den normalen Ausgängen sind auch die invertierten Ausgänge vorhanden. Das Symbol für einen logischen Differenzierer am ADT 3000 ist in Abb. 2.16 angegeben. Das Zeichen „+“ gilt für die Vorderflanke, das Zeichen „−“ für die Rückflanke.

Der Ausgang der monostabilen Kippstufe wird für eine bestimmte Zeit wahr, wenn der Eingang wahr wird. Die Zeit ist einstellbar oder bei manchen Ausführungen auch

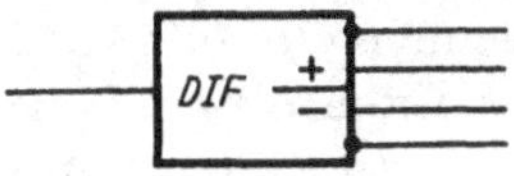

Abb. 2.16. Symbol für den bipolaren Differenzierer am ADT 3000

fest vorgegeben. Während der Ausgang 1 ist, sind weitere Wechsel des Eingangszustandes ohne Wirkung.

Die monostabile Kippstufe dient zur Bildung von Verzögerungszeiten, wie sie z. B. bei langsamen Schaltvorgängen (Relais) erforderlich sind.

Im ADT 3000 sind monostabile Kippstufen mit konstanten Verzögerungszeiten von 2,4 μs bzw. 11 μs mit einer Genauigkeit von ±10 ... 20% vorhanden. Das Symbol ist in Abb. 2.17 angeführt.

Abb. 2.17. Symbol für die monostabile Kippstufe am ADT 3000, T – monostabile Zeit

2.1.3. Hybride Rechenelemente

So wie die Notwendigkeit eines Koppelwerkes zwischen Analog- und Digitalrechner besteht, sind auch hybride Rechenelemente für das Zusammenarbeiten von analogen und logischen Rechenelementen erforderlich. Die Ein- und Ausgänge solcher Rechenelemente sind sowohl auf dem Analog- als auch auf dem Logikprogrammierfeld vertreten.

2.1.3.1. Komparator

Die Umformung eines analogen Zustandes in einen logischen Zustand erfolgt durch einen Komparator in der Weise, daß entschieden wird, ob die Summe der analogen Eingangsgrößen positiv oder negativ ist. Am Ausgang des Komparators wird ein Bit erzeugt, das zur Weiterverarbeitung in logischen Rechenelementen zur Verfügung steht. Meist ist der normale Ausgang und der invertierte Ausgang am Komparator herausgeführt. Das Programmiersymbol eines Komparators ist in Tab. 2.1 angegeben.

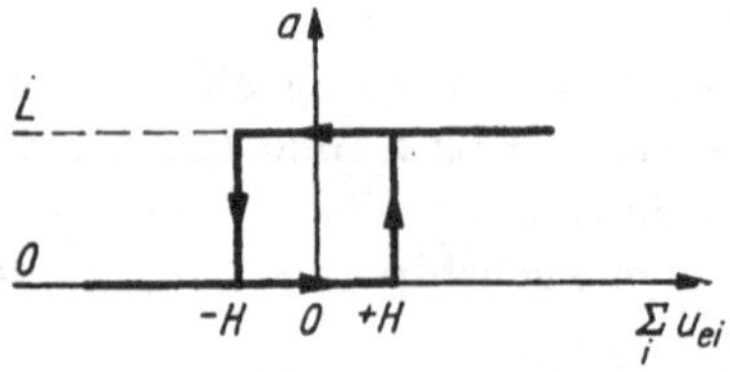

Abb. 2.18. Komparatorhysterese

Kritisch ist die Frage, wie verhält sich der Ausgang, wenn die Eingangssumme gleich Null ist. Praktisch kann der Wert Null nie genau erreicht werden durch die immer vorhandenen kleinen Fehlspannungen. Deshalb wird in den meisten Komparatoren eine Hysterese eingebaut (Abb. 2.18), die sichert, daß bei einer Eingangssumme nahe Null der Ausgang in definierter Lage erscheint. Typische Werte für die Hysterese sind 0,1 ... 0,01% der Referenzspannung, d. h. 10 ... 1 mV bei $E = 10$ Volt. Der Programmierer braucht sich in den meisten Anwendungsfällen um die Hysterese wegen ihrer Kleinheit nicht zu kümmern. Deshalb ist in den Ungleichungen in Tab. 2.1 auch die Null statt der Werte $\pm H$ eingesetzt.

Der Komparator im ADT 3000 verfügt über einige Besonderheiten. Außer drei analogen Eingängen, hat er die Möglichkeit, den logischen Ausgang mit S = 1 auf 1 zu setzen, mit R = 1 auf 0 rückzusetzen und mit D = 1 den logischen Ausgang zu verriegeln, d. h., er bleibt im jeweiligen Zustand unabhängig von der Polarität der Eingangssumme. Für S = 1 und R = 1 haben normaler und invertierter Ausgang den Wert 1. Die Steuerung durch die Eingangssumme ist nur für S = R = D = 0 ermöglicht. Werden diese Möglichkeiten wahrgenommen, ist es empfehlenswert, es entsprechend im Programmiersymbol zu berücksichtigen (Abb. 2.19). Die Hysterese ist von ±10 mV auf ±2 mV wahlweise umschaltbar. Der Ausgangszustand der Komparatoren wird durch Lampen angezeigt und kann zum Digitalrechner übertragen werden.

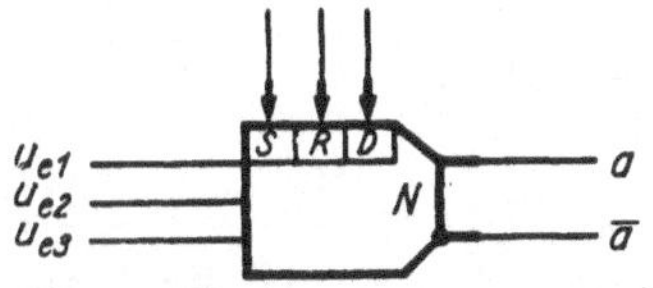

Abb. 2.19. Symbol für den Komparator am ADT 3000

2.1.3.2. D/A-*Schalter*, D/A-*Relais*

Die Beeinflussung analoger Größen durch logische ist durch die sogenannten Digital/Analog-Schalter (D/A-Schalter) gegeben. Ein solcher D/A-Schalter ist im Prinzip ein schaltbarer Widerstand, der mit dem Summierpunkt beliebiger analoger Rechenelemente als Eingangs- oder Rückführwiderstand verbunden werden kann. Die beiden analogen Anschlüsse des D/A-Schalters sind daher nicht vertauschbar, der Eingang wird immer mit dem Ausgang eines anderen Rechenelementes zu verbinden sein (Spannungsquelle), der Ausgang selbst ist mit dem Summierpunkt (SP) eines Operationsverstärkers zu verbinden. Die Steuerung der beiden Zustände „offen“ oder „geschlossen“ des D/A-Schalters erfolgt durch ein logisches Signal 1 oder 0 am logischen Eingang. Das Symbol ist Tab. 2.1 zu entnehmen.

Am ADT 3000 beträgt der offene Schalterwiderstand 10^{11} Ω, der geschlossene 30 Ω. Letzterer wird mit einem Reihenwiderstand so ergänzt, daß der Gesamtwiderstand 10 kΩ beträgt. Die Schaltzeit ist kleiner 1 Mikrosekunde.

D/A-Relais sind Relais, deren Kontaktlage von einem logischen Signal gesteuert werden kann. Meist werden mehrere Kontakte durch ein logisches Signal umgeschaltet, wobei Ruhe- und Arbeitskontakte angeordnet sind. Das Symbol ist in Tab. 2.1 angeführt.

2.1.4. Steuerung des Analogrechners

Auf die prinzipielle Steuerung der dynamischen Rechenelemente, wie Integrierer und Speicher einerseits bzw. Flip-Flop und Register andererseits sind, wir in den entsprechenden Kapiteln schon eingegangen. Die jeweiligen analogen Zustände AW, RE und HA bzw. die Integriererkondensatoren sind

a) zentral über Drucktasten
b) mit Hilfe von hybriden und logischen Elementen über die Steuereingänge
c) durch Befehle vom Digitalrechner aus

zu steuern. Da die Steuerung über die prinzipielle Steuerung hinausgehend je nach Analogrechnertyp unterschiedlich ist, wollen wir uns hier an der Steuerung des ADT 3000 orientieren.

2.1.4.1. *Steuer- und Betriebszustände des* ADT 3000

Es gibt folgende Betriebszustände:

PG – Programmierung
IC – Anfangswert (initial condition)
OP – Rechnen (operation)
HD – Halten (hold)

Der bisher nicht beschriebene Zustand PG dient zur Programmvorbereitung. Der Analogrechner wird dadurch in einen definierten Anfangszustand gebracht. Unter anderem wird dabei bei allen Summierern, Invertern und offenen Verstärkern ein kleinerer Rückführwiderstand als der übliche eingeschaltet. An den größten Teil der Potentiometer wird der Eingang abgetrennt und die Referenzspannung zum Einmessen des Potentiometers angelegt. Das Steuerwerk (s. Kap. 2.1.4.2.) wird gelöscht, die Vorwahlregister der BCD-Zähler in das Zählregister übertragen usw.

Außerdem können wir die folgenden Steuerzustände am ADT 3000 einstellen:

ST – Steuerwerkstart
SP – Steuerwerkstopp
SA – Schrittweiser Betrieb des Steuerwerkes (step analog)
SC – Integriererkonstante 1 Sekunde
MS – Integriererkonstante 1 Millisekunde
SL – Schrittweiser Betrieb der logischen Elemente (step logic)
CLR – Löschung der logischen Elemente (clear)
OVD – Übersteuerung der Analogelemente (overload)

ST und SP Starten und Stoppen den Betrieb des im folgenden Kapitel beschriebenen Steuerwerkes. Durch wiederholtes Drücken der Taste SA ist ein schrittweises Arbeiten des Steuerwerkes möglich. Gleiches gilt für die Taste SL in Bezug auf die logischen Rechenelemente. Durch CLR sind alle setzbaren logischen Elemente in eine definierte Ausgangslage zu bringen. Die Taste OVD schließlich bewirkt im gedrückten Zustand ein Halten des Analogrechners im Falle einer Übersteuerung, andernfalls ist sie ohne Wirkung.

2.1.4.2. *Steuerwerk des* ADT 3000

Zur Unterstützung der größeren Möglichkeiten, die die logischen Rechenelemente an einem Analogrechner mit sich bringen, wir haben in Kap. 1.2.4.1. bereits darauf hingewiesen, ist im ADT 3000 ein spezielles Steuerwerk vorhanden, das die Abarbeitung aufeinanderfolgender Rechnerzustände in programmierter Weise erlaubt. Das ist insbesondere für iterative Berechnungen eine wirksame Hilfe. Die aufeinanderfolgenden Schritte einer solchen Berechnung (Algorithmus) werden genau wie bei der Programmierung eines Digitalrechners in einem Programmablaufplan (Flußbild) aufgezeichnet. Das Steuerwerk des ADT 3000 erlaubt nun die Zeitsteuerung für die in einem Programmablaufplan vorhandenen Operationen möglichst direkt den im Steuerwerk vorhandenen Blöcken zu übertragen. Dabei ist auch die Möglichkeit gegeben, ein Programm durch logische Entscheidungen zu verzweigen, wodurch Sprünge und damit zyklische Programmteile realisierbar sind.

Wir unterscheiden drei Blocktypen im Steuerwerk, den digitalen Zeitgeberblock (Grundblock), den analogen Zeitgeberblock und den Entscheidungsblock.

Der *digitale Zeitgeberblock,* dessen Symbol in Abb. 2.20 angeführt ist, erzeugt zwei aufeinanderfolgende gleichgroße Zeitintervalle P und T, wobei während des jeweiligen Zeitintervalls der entsprechende Ausgang P = 1 bzw. T = 1 ist. Jeder Block hat vier parallele Steuereingänge, durch die der Ablauf der Zeitfolge P, T gestartet werden kann. Der Start kann durch das Ausgangssignal eines anderen digitalen Zeitgeberblockes (von 0 nach 1), eines Entscheidungsblockes oder ein anderes entsprechendes logisches Signal ausgelöst werden. Liegt an SK eine 1, so wird das T-Intervall übersprungen bzw. vorzeitig beendet. E = 1 erlaubt einen normalen Ablauf, E = 0

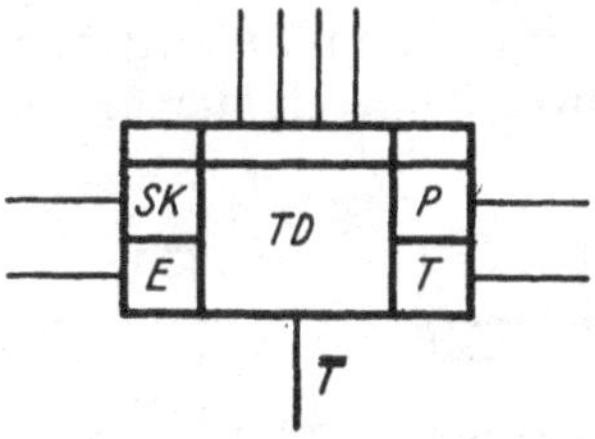

Abb. 2.20. Symbol für den digitalen Zeitgeberblock (Grundblock) beim ADT 3000

blockiert den Ablauf der beiden Zeitintervalle. Der Ausgang des Blockes wird durch $\overline{T}$ gebildet, d. h., nach Beendigung des T-Intervalls wird an $\overline{T}$ eine Flanke von 0 nach 1 erzeugt, die zum Starten eines weiteren digitalen Zeitgeberblockes benutzt werden kann. In Grundschaltung sind daher alle zwölf vorhandenen digitalen Zeitgeberblöcke so verschaltet, daß sie eine in sich geschlossene Kette bilden, die jedoch durch Trennbuchsen beliebig unterteilt werden kann. Über die weiteren dann noch freien Steuereingänge jedes Blockes ist an beliebiger Stelle in die Kette einzuspringen.

Die Intervallänge P bzw. T beträgt im Betriebszustand SC eine Sekunde und im Betriebszustand MS eine Millisekunde. Sie ist mit den Integriererkonstanten k_ϱ abgestimmt. Außerdem ist es möglich, die angegebenen Zeiten individuell für jeden Block zehnmal zu verlängern oder zu verkürzen, darüber hinaus kann die Intervallänge von einer beliebigen Frequenz hergeleitet werden.

Der *analoge Zeitgeberblock,* dessen Symbol in Abb. 2.21 gezeigt wird, erzeugt ein Zeitintervall TX, dessen Länge durch eine analoge Größe X gesteuert werden kann. Während dieses Intervalls ist am logischen Ausgang TX = 1. Der Beginn des Zeitintervalls kann durch die Vorderflanke eines Impulses (von 0 nach 1) am logischen Eingang „START TX“ gestartet werden.

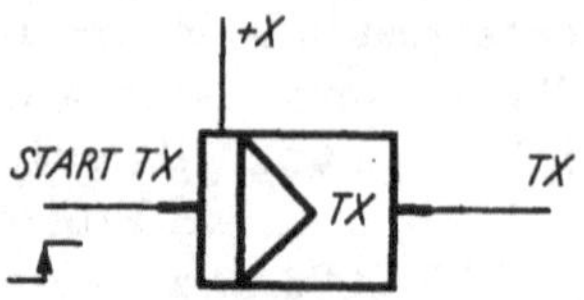

Abb. 2.21. Symbol für den analogen Zeitgeberblock beim ADT 3000

Für X = +1 (normierte Maschineneinheit E) ist die maximale Länge des Zeitintervalls gegeben, die sich für kleinere Werte von X proportional verringert. Außerdem hängt die Länge des Zeitintervalls, wie beim digitalen Zeitgeber vom Betriebszustand SC oder MS ab und beträgt bei X = +1 im Zustand SC eine Sekunde, im Zustand MS eine Millisekunde. Weiterhin besteht die Möglichkeit, manuell die angeführten Zeiten jeweils um den Faktor zehn zu verlängern.

Der *Entscheidungsblock* erlaubt eine Programmverzweigung in Abhängigkeit von gegebenen logischen Bedingungen. In Kopplung mit den digitalen Zeitgeberblöcken sind dadurch bedingte Sprünge im Programmablauf ausführbar. Der Entscheidungsblock besitzt drei parallele Steuereingänge, die durch eine Vorderflanke (von 0 nach 1) von einem anderen logischen Ausgang her gesteuert werden können. Bei Ansteuerung eines Einganges wird, wenn der logische Eingang 1 logisch wahr (1) ist, am JA-Ausgang ein kurzer Impuls erzeugt, und wenn der logische Eingang 1 logisch falsch (0) ist, am NEIN-Ausgang ein kurzer Impuls abgegeben. In Abb. 2.22 sind das Symbol für den Entscheidungsblock sowie die geschilderten Signalverläufe dargestellt.

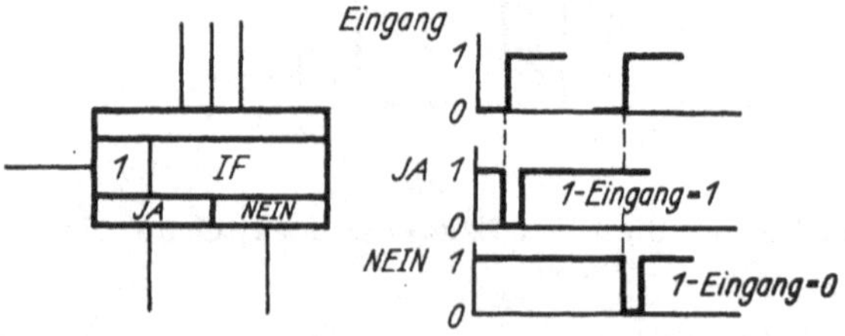

Abb. 2.22. Symbol für den Entscheidungsblock beim ADT 3000 und Signalverläufe

2.1.5. Adressensystem, Meßmittel, periphere Geräte

Jedes Rechenelement auf dem Programmierfeld des Analogrechners ist durch eine Adresse genau gekennzeichnet. Durch die Adressenangabe jedes Rechenelementes in einer Rechenschaltung ist somit ein eindeutiger Zusammenhang zwischen den abstrakten Rechenelementen auf dem Programmierzettel und den realen hergestellt. Alle wichtigen Rechenelemente können über das Adressensystem angewählt werden, um so die Ausgänge dieser Elemente abzufragen. Die Auswahl, welche Elemente anwählbar sind, ist von Rechner zu Rechner verschieden. Am ADT 3000 sind durch das Adressensystem folgende Funktionen zu erledigen:

1. Messung des Ausganges eines beliebigen analogen Rechenelementes mit dem Digitalvoltmeter oder Zeigerinstrument.
2. Übertragung des Ausgangswertes eines beliebigen analogen Rechenelementes über den AD-Umsetzer in den Digitalrechner.

3. Einstellen von Digitalpotentiometern und DA-Umsetzern entweder manuell über eine Tastatur oder entsprechend eines an bestimmten Buchsen vorgebbaren Analogwertes oder weiterhin durch den Digitalrechner.
4. Übertragung des Zustandes von logischen Elementen und von Betriebszuständen in den Digitalrechner.
5. Übertragung eines programmierbaren logischen Wortes (LWI) in den Digitalrechner.
6. Einstellung von logischen Elementen (Flip-Flop, Register) und Übertragung eines logischen Wortes (LWO) aus dem Digitalrechner.
7. Übertragung von Befehlen aus dem Digitalrechner zur Anwahl der Betriebszustände des Analogrechners und zur freien Verfügbarkeit.

Alle Analogrechner haben zur Messung der analogen als auch der logischen Ausgangsgrößen mehrere Meßinstrumente. In der Regel sind ein digitales Voltmeter, das auch als Zähler benutzt werden kann, und ein Zeigerinstrument für Überschlagsmessungen vorhanden. Zur Kontrolle der logischen Zustände sind oft Anzeigelampen eingebaut.

Zur Beobachtung und Registrierung der analogen Lösungen sind als periphere Geräte Mehrkanaloszillographen, Mehrkanalschreiber und x-y-Schreiber eingesetzt.

2.1.6. Automatisches Programmierfeld

Das automatische Programmierfeld ist eine Apparatur, die es ohne Eingriff von Hand erlaubt, die Rechenschaltung eines Analogrechners zu erstellen. Alle benötigten Verbindungen werden über Schalter realisiert, die durch den Digitalrechner gesteuert werden. Die Einführung eines automatischen Programmierfeldes bringt für die Simulation auf einem hybriden Rechnersystem entscheidende Vorteile, die etwa vergleichbar sind mit den Vorteilen, die die höheren Programmiersprachen gegenüber der Maschinensprache eines Digitalrechners besitzen. Wenn auf einem normalen Programmierfeld die Speicherung der Rechenschaltung (Teil des Analogprogrammes) durch Stecker und Schnüre erfolgt, so ist es mit Hilfe des automatischen Programmierfeldes möglich, die Rechenschaltung in der beim Digitalrechner üblichen Form zu speichern. Der Effektivitätsgewinn wird jedem Nutzer eines herkömmlichen Analogrechners sofort einleuchten. Gleichzeitig ergeben sich Möglichkeiten, einen Mehrfachzugriff zu einem hybriden Rechnersystem zu organisieren, und darüber hinaus ist ein automatisches Programmierfeld für die Eingliederung eines hybriden Rechnersystems in ein Rechnernetz eine unabdingbare Voraussetzung.

Zur Zeit ist der Aufbau eines automatischen Programmierfeldes nicht problemlos. Man beschränkt sich daher nur auf die automatische Verbindung der analogen Rechenelemente. Die Zahl der kombinatorisch möglichen Verbindungen eines herkömmlichen Programmierfeldes ist außerordentlich groß. Der ADT 3000 z. B. besitzt $n = 1800$ Buchsen auf dem Analogprogrammierfeld. Dafür sind $n(n - 1)/2$ kombinatorische Verbindungen möglich, die bei einer direkten Realisierung $1{,}6 \cdot 10^6$ Schaltern entsprechen würden. Aus ökonomischen Gründen ist eine solch hohe Schalterzahl unannehmbar, und es muß durch systematische Untersuchungen versucht werden, diese Zahl auf ein optimales Maß zu reduzieren.

Da die Schalter durch den Digitalrechner gesteuert werden sollen, gehört zum automatischen Programmierfeld ein leistungsfähiges Programmiersystem. Bei seiner Realisierung stößt man auf zwei Probleme. Erstens, wie verwirklicht man die Zuordnung zwischen den abstrakten Rechenelementen der Rechenschaltung und den realen schaltbaren Rechenelementen. Zweitens müssen mit Hilfe des Programmiersystems die richtigen Verbindungswege durch das strukturell kompliziert aufgebaute Schaltsystem gefunden werden.

Darüber hinaus ist die technische Realisierung problematisch hinsichtlich Wirtschaftlichkeit und Zuverlässigkeit und auch hinsichtlich einer gewissen Flexibilität des automatischen Programmierfeldes zur Anpassung an verschieden strukturierte Problemklassen. Der ADT 3000 besitzt noch kein automatisches Programmierfeld.

2.1.6.1. Reduktion der Verbindungen

Die Zahl der prinzipiell möglichen kombinatorischen Verbindungen und damit die Zahl der Schalter läßt sich aus verschiedenen Gründen reduzieren. Eine Reihe von Verbindungen sind nämlich technisch sinnlos, wie etwa die Verbindung einer Referenzspannung mit dem Ausgang eines Operationsverstärkers. Betreiben wir eine Klassifizierung der Rechenelemente nach ihrer Verbindbarkeit, so erhalten wir einen Überblick über alle technisch sinnvollen Verbindungen.
Klasseneinteilung der analogen und hybride Rechenelemente:

Klasse 1: Elemente mit einem Ein- und einem Ausgang: Funktionsgeber (variabel und fest). Elemente dieser Klasse dürfen mit Eingängen aller übrigen Klassen außer der eigenen und der Klasse 8 verbunden werden.

Klasse 2: Elemente mit einem Ein- und einem Ausgang: Hand- bzw. Digitalpotentiometer, D/A-Schalter.
Elemente der Klasse 2 dürfen nur mit Eingängen der Klassen 4 und 5 verbunden werden.

Klasse 3: Elemente mit zwei Eingängen und einem Ausgang: Multiplizierer.
Elemente der Klasse 3 dürfen mit Eingängen aller übrigen Klassen außer mit Klasse 8 verbunden werden.

Klasse 4: Elemente mit zwei Eingängen und einem Ausgang: D/A-Relais.
Elemente dieser Klasse dürfen mit Eingängen aller übrigen Klassen, außer Klasse 8 verbunden werden.

Klasse 5: Elemente mit 1 ... k Eingängen und einem Ausgang: Integrierer, Speicher, Summierer, Inverter, offene Verstärker.
Elemente der Klasse 5 dürfen außer mit Klasse 8 mit den Eingängen aller übrigen Klassen verbunden werden.

Klasse 6: Elemente mit einem Eingang ohne analogen Ausgang: ADU.

Klasse 7: Elemente mit mehreren Eingängen ohne analogen Ausgang (nur digitaler Ausgang): Komparatoren.

Klasse 8: Elemente mit nur einem Ausgang: Referenzspannungen ($\pm E$), DAU.
Diese Elemente dürfen mit Eingängen aller Elemente verbunden werden.

A_i, $i = 1, 2, \ldots, 8$, sei die Gesamtzahl der Rechenelemente einer Klasse. Ein Rechenelement aus der entsprechenden Klasse habe jeweils ε_i Eingänge und α_i Ausgänge. Die obige Klassifizierung zeigt, zu jeder Klasse i gibt es bestimmte Klassen $i_k \in \in \{1, 2, \ldots, 8\}$ mit $k = 1, \ldots, m_i$; $m_i \leqq 8$, die nur miteinander verbunden werden dürfen. Die Gesamtzahl der Verbindungen errechnet sich dann zu

$$S_{\text{total}} = \sum_{i=1}^{8} \left[A_i \alpha_i \left(\sum_{k=1}^{m_i} A_{i_k} \varepsilon_i \right) \right]. \tag{2.12}$$

Für den Fall $m_i = 8$ ergibt sich

$$S'_{\text{total}} = \left(\sum_{i=1}^{8} A_i \alpha_i \right) \cdot \left(\sum_{i=1}^{8} A_i \cdot \varepsilon_i \right). \tag{2.13}$$

S'_{total} ist das Produkt aus der Gesamtzahl aller Ausgänge mit der Gesamtzahl aller Eingänge, was leicht zu überprüfen ist. S_{total} ist das Maximum der technisch sinnvollen Verbindungen des wie oben klassifizierten Rechners. Jedes praktisch realisierte automatische Programmierfeld sollte weniger als S_{total} Schalter aufweisen, andernfalls ist es falsch entworfen.

Die Reduktion der kombinatorisch möglichen Verbindungen auf die Zahl der technisch sinnvollen bringt zwar schon eine Einsparung, jedoch wirtschaftlich vertretbare Grenzen sind damit noch nicht erreicht. Ein erfahrener Benutzer eines Analogrechners kennt die Tatsache, daß bei allen simulierten Problemen das analoge Programmierfeld nur zu einem begrenzten Teil relativ eng besteckt ist und daß Verbindungen zu weiter entfernten Rechenelementen relativ selten sind. Mit anderen Worten, von den technisch sinnvollen Verbindungen werden in der Praxis nicht alle benötigt. Analoge Verhältnisse treten bekanntlich in Telefonnetzen auf, wo innerhalb eines Ortes viele Verbindungen zwischen den Orten (Fernverbindungen) jedoch weniger erforderlich sind. Zur besseren Übersichtlichkeit sind die Programmierfelder aller Analogrechner in kleinere Felder unterteilt, die wir Module nennen wollen. Innerhalb eines Moduls sind dann viele Verbindungen zu beobachten, zwischen den Modulen treten weniger auf. Genauso wird ein automatisches Programmierfeld aus Modulen aufzubauen sein, wobei viele innermodulare Verbindungen und weniger zwischenmodulare Verbindungen vorzusehen sind.

Problematisch ist es, die optimale Aufteilung in Module zu finden. Sie kann nur durch systematische Strukturuntersuchungen von vielen Analogrechenschaltungen erreicht werden. Prinzipiell können zwei Wege bei der Modularisierung unterschieden werden. Erstens, man baut die Module möglichst gleich auf, d. h., in jedem Modul ist die gleiche Anzahl von Rechenelementen jeder Klasse enthalten. Veränderlich ist dann nur die Größe des Moduls und damit die Anzahl der Module für ein Programmierfeld. Zweitens, man teilt die Module unterschiedlich ein, d. h., in jedem Modul sind verschiedene Rechenelemente jeder Klasse zusammengefaßt, wodurch eine große Vielfalt an Aufteilungsmöglichkeiten entsteht. Bei den bisherigen Entwürfen automatischer Programmierfelder wurde meist der erste Weg der Modularisierung gegangen. [152] verweist auf einen Strukturuntersuchungsalgorithmus, der die Häufigkeiten von bestimmten Verbindungen und Verbindungsarten bei einer größeren Anzahl von Problembeispielen ermittelt.

2.1.6.2. *Schalterminimaler Aufbau*

Die bisherigen Ausführungen haben gezeigt, wie die Anzahl der Verbindungen zwischen den Rechenelementen auf ein praktisch erforderliches Maß festgelegt werden kann. Das nächste Problem ist der strukturelle Entwurf eines Schaltwerkes, das diese Verbindungen mit möglichst wenigen Schaltern realisiert. Ein solches Schaltwerk habe e_i, $i = 1, \dots, l$ Eingänge (entspricht Rechenelementausgängen) und a_k, $k = 1, \dots, m$ Ausgänge (entspricht Rechenelementeingängen). Von einem Eingang e_i dürfen gleichzeitig Verbindungen zu mehreren Ausgängen a_k hergestellt werden (Auffächerung), jedoch nicht von verschiedenen Eingängen zu einem Ausgang. Die Anzahl der Schalter S ist ein Maß für die Größe eines Schaltwerkes. Wir können eine obere und untere Schranke für die Schalterzahl angeben.

Im allgemeinsten Fall ist jeder Eingang e_i mit jedem Ausgang a_k durch einen Schalter verbindbar. Die maximale Schalterzahl beträgt dann unter Ausschluß von Verbindungen zwischen Eingängen und Ausgängen untereinander

$$S_{\max} = l \cdot m \,. \tag{2.14}$$

l und m sind über den sogenannten Expansionsfaktor c ins Verhältnis zu setzen.

$$c = \frac{m}{l} \,. \tag{2.15}$$

Er beträgt ungefähr $c = 2$ für praktisch ausgeführte Rechenschaltungen. Damit ist eine obere Schranke in der Form

$$S_{\max} = cl^2 \tag{2.16}$$

gefunden, d. h., die Schalterzahl wächst quadratisch mit der Zahl der Eingänge des Schaltwerkes. Da jeder Eingang mit jedem Ausgang über einen Schalter verbunden wird, sprechen wir von einem einstufigen Schaltwerk oder einer *Einstufen-Schaltmatrix.*

Eine untere Schranke läßt sich durch folgende Überlegung herleiten. Das Schaltwerk kann mit S Schaltern zu je zwei Schaltlagen (offen oder geschlossen) 2^S verschiedene Gesamtzustände einnehmen. Jeder Zustand kann einer Rechenschaltung — Programm — zugeordnet werden. Die Gesamtzahl von realisierbaren Rechenschaltungen kann durch die Bedingung abgeleitet werden, daß jeder Ausgang a_k l verschiedene Verbindungsmöglichkeiten zu einem Eingang e_i, $i = 1, \dots, l$ hat oder nicht verbunden wird, also insgesamt $l + 1$ Verbindungsmöglichkeiten besitzt. Das gilt für alle Ausgänge a_k, $k = 1, \dots, m$. Demnach sind $(l + 1)^m$ verschiedene Rechenschaltungen aufbaubar. Die Anzahl der Gesamtzustände des Schaltwerkes 2^S muß nun mindestens so groß sein, wie die Anzahl der aufbaubaren Rechenschaltungen

$$2^S \geqq (l + 1)^m \,. \tag{2.17}$$

Daraus folgt die minimale Schalterzahl

$$S_{\min} \geqq m \, {}^2\!\log (l + 1) \,, \tag{2.18}$$

bzw. mit Gleichung (2.15)

$$S_{\min} \geqq cl \, {}^2\!\log (l + 1) \,. \tag{2.19}$$

Dies ist eine theoretische Schranke, die praktisch nicht erreicht wird, da in der Anzahl der Gesamtzustände des Schaltwerkes auch verbotene Rechenschaltungen enthalten sind, nämlich solche, die Verbindungen von mehreren Eingängen zu einem Ausgang enthalten. Außerdem sind bisher keine Aussagen bekannt, wie ein Schaltwerk mit $S_{\min}$ zu realisieren ist.

Ein praktisch gangbarer Weg zur Verringerung der Schalteranzahl unter $S_{\max}$ ist nur durch Aufteilung in Teilschaltsysteme bekannt. Wir sprechen dann von einem mehrstufigen Schaltwerk oder einer *Mehrstufen-Schaltmatrix*. Eine Verbindung innerhalb eines mehrstufigen Schaltwerkes wird über mehrere Schalter mit Hilfe von Zwischenschaltpunkten hergestellt. Selbstverständlich werden dadurch die Verbindungsmöglichkeiten gegenüber der Einstufen-Schaltmatrix eingeschränkt, aber wir haben ja schon erkannt, daß alle technisch sinnvollen Verbindungen nicht gleichzeitig benötigt werden.

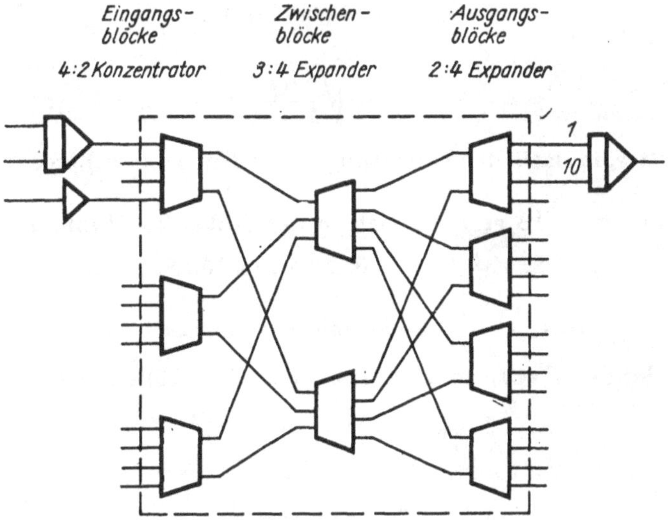

Abb. 2.23. Struktur einer Dreistufen-Schaltmatrix

Als Beispiel betrachten wir in Abb. 2.23 eine Dreistufen-Schaltmatrix mit $r = 3$ Eingangsblöcken, $z = 2$ Zwischenblöcken und $s = 4$ Ausgangsblöcken. Jeder Teilblock stellt eine Einstufen-Schaltmatrix dar, d. h., jeder Blockeingang kann mit jedem Blockausgang über einen Schalter verbunden werden. Die Schalterzahl bei drei Stufen berechnet sich zu

$$S_3 = r \cdot \left(\frac{l}{r}\right) \cdot z + z \cdot r \cdot s + s \cdot z \cdot \left(\frac{m}{s}\right) \tag{2.20}$$

und ergibt im Falle des Beispiels in Abb. 2.23 $S_3 = 80$ Schalter. Bei $l = 12$ Eingängen und $m = 16$ Ausgängen würde eine Einstufen-Schaltmatrix für das gesamte Schaltwerk $S_1 = 12 \cdot 16 = 192$ Schalter erfordern. Die dreistufige Realisierung benötigt also nur 42% der Schalter einer Einstufen-Schaltmatrix. Zu beachten ist jedoch, daß von jedem Eingangsblock nur zwei unabhängige Verbindungen gleichzeitig hergestellt werden können, entsprechendes gilt für jeden Ausgangsblock.

Soll ein dreistufiges Schaltwerk alle Eingänge bzw. Ausgänge gleichzeitig verschalten können, so dürfen die Eingangs- bzw. Ausgangsblöcke nicht konzentrierend bzw.

expandierend wirken. Die Zahl der Ein- und Ausgänge jedes Eingangs- bzw. Ausgangsblockes ist gleich und ist dann notwendigerweise gleich der Zahl der Zwischenblöcke, d. h., es gilt

$$\frac{l}{r} = \frac{m}{s} = z\,, \tag{2.21}$$

woraus aus (2.20)

$$S_3 = \frac{lm}{z} + z(l + m) \tag{2.22}$$

folgt. l und m sind vorgegebene Größen, d. h., eine Minimierung von S_3 kann nur hinsichtlich z erfolgen und ergibt

$$S_{3\,\min} = 2\sqrt{lm(l + m)} \tag{2.23}$$

mit

$$z_{\min} = \sqrt{\frac{lm}{l + m}}\,. \tag{2.24}$$

Praktische Werte sind natürlich ganzzahlig in der Nähe dieser berechneten Zahlen zu suchen.

Mit $l = 12$ und $m = 16$ ergäben sich in der Nähe des Minimums die Varianten

$$z = 2,\ r = 6,\ s = 8 \text{ mit } S_3 = 152 \text{ Schaltern}$$

und

$$z = 4,\ r = 3,\ s = 4 \text{ mit } S_3 = 160 \text{ Schaltern}$$

Führen wir wieder den Expansionsfaktor c nach Gl. (2.15) ein, so erhalten wir

$$S_{3\,\min} = 2\sqrt{c(1 + c)} \cdot l^{3/2}\,, \tag{2.25}$$

$$z_{\min} = \sqrt{\frac{c}{1 + c}\,l}\,. \tag{2.26}$$

Beim dreistufigen Schaltwerk wächst die Schalterzahl demnach nur mit der Potenz 3/2 und nicht mehr quadratisch, wie es $S_{\max}$ ausdrückt.

Bei der Herleitung der oben angeführten Beziehungen wurde eine Auffächerung, d. h. die Verbindung eines Einganges mit mehreren Ausgängen, nicht berücksichtigt.

2.1.6.3. Einzelschritte beim Entwurf

Bei der Suche nach einem optimalen Schaltwerk müssen etwa nacheinander folgende Schritte gegangen werden:

1. Auswahl der vom automatischen Programmierfeld zu erfassenden Rechenelemente.
2. Klassifizierung der Rechenelemente.
3. Berechnung der Anzahl der technisch sinnvollen Verbindungen nach Gl. (2.12).
4. Unterteilung der Gesamtmenge der ausgewählten Rechenelemente in alle möglichen Teilmengen möglichst gleichartiger Module.
5. Strukturuntersuchungen an einer Menge praktischer Probleme und Ermittlung der dabei auftretenden inner- und zwischenmodularen Verbindungen in Abhängigkeit von der Modulgröße.

6. Berechnung der Schalterzahlen für verschiedene innermodulare Schaltwerke in Abhängigkeit von ihren entworfenen Strukturen und ihren Modularisierungen.
7. Analoge Berechnung für verschiedene zwischenmodulare Schaltwerke.
8. Ermittlung der Gesamtzahl der Schalter für jede Kombination von inner- und zwischenmodularen Schaltwerken und Auswahl des Optimums.

2.1.6.4. Programmsystem für ein automatisches Programmierfeld

Damit ein Digitalrechner das automatische Programmierfeld eines Analogrechners steuern kann, braucht er ein Programmsystem, das im Wesentlichen zwei Aufgaben erfüllt:

1. Es sind den in der abstrakten Rechenschaltung enthaltenen Rechenelementen geeignete Rechenelemente des Analogrechners zuzuordnen — Zuordnungsprogramm.
2. Es sind die richtigen Verbindungswege durch das im allgemeinen mehrstufige und mehrmodulare Schaltwerk zu finden — Wegesuchprogramm.

Die Grundlagen für die Algorithmen dieser Programme sind graphentheoretischer Natur. Eine abstrakte Rechenschaltung (Schaltbild) kann als Graph aufgefaßt werden, wobei die Rechenelemente Knoten und die Verbindungen Kanten darstellen. Genauso ist der gegebene Analogrechner als Graph zu betrachten, mit den realen Rechenelementen als Knoten und den durch Schalter herstellbaren Verbindungen als Kanten. Die Zuordnungs- und Wegesuchproblematik sind damit durch eine Einbettung des Schaltbildgraphen in den Rechnergraphen zu lösen. Auf die graphentheoretischen Einzelheiten einzugehen, würde hier zu weit führen, dem Leser sei die Arbeit [152] empfohlen.

2.2. Koppelwerk

Die gemeinsame Arbeitsweise von Analog- und Digitalrechner erfordert ein sogenanntes Koppelwerk, das zur Anpassung beider Rechnertypen geeignet sein muß. Die wesentlichen Aufgaben eines Koppelwerkes sind, erstens den Datenaustausch und zweitens den Steuersignalaustausch zwischen beiden Rechnertypen zu sichern. Der Datenaustausch gestaltet sich deshalb etwas schwierig, da die Rechenvariablen einmal analog und zum anderen diskret sind. Ein Steuersignalaustausch ist erforderlich, weil der Digitalrechner aufgrund seiner besseren logischen Fähigkeiten in einem hybriden Rechnersystem die Steuerung und Kontrolle aller ablaufenden Vorgänge ausübt. Diese rein funktionelle Unterteilung des Koppelwerks ist bei den einzelnen Koppelwerken mehr oder weniger tatsächlich so technisch realisiert.

In Abb. 2.24 ist der schematische Aufbau eines Koppelwerkes gezeigt. Der Datenaustausch vom Analogrechner zum Digitalrechner wird über evtl. vorhandene Folger-Speicher-Einheiten (FS), über den Multiplexer und schließlich den Analog-Digital-Umsetzer (ADU) durchgeführt. Der umgekehrte Datenaustausch erfolgt über evtl. vorhandene Puffer-Speicher (PS) und den Digital-Analog-Umsetzer (DAU).

Der Steuersignalaustausch wird über Abfrage- und Unterbrechungsleitungen bzw. über Steuerleitungen ausgeführt.

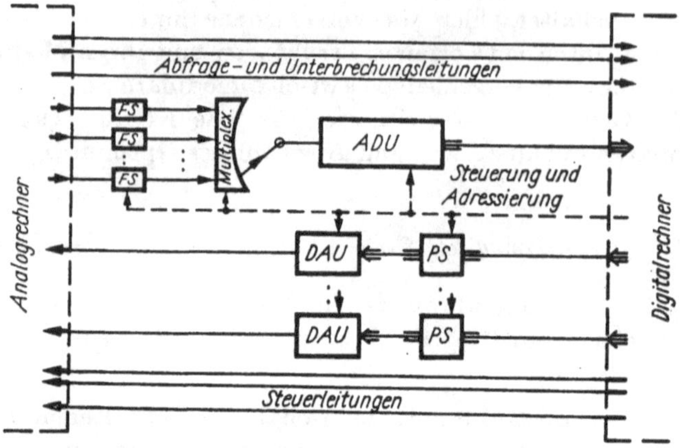

Abb. 2.24. Grobes Schema eines Koppelwerkes

2.2.1. Datenkoppelwerk

Außer der reinen Umsetzungsfunktion von analogen Daten in diskrete und umgekehrt muß durch das Koppelwerk die Anpassung der Arbeitsweise beider Rechnertypen erreicht werden. Die im Analogrechner parallel anstehenden Daten müssen in eine serielle Form gebracht werden, da sie nur so im Digitalrechner verarbeitet werden können. Genauso ist es entgegengesetzt erforderlich, die digitalen Daten so zu verteilen, daß sie möglichst simultan an die Eingänge der analogen Rechenelemente gelangen. Schließlich muß während der Datenkopplung eine Koordination (Synchronisation) der Umsetzungen in beiden Richtungen durch den Digitalrechner oder eine spezielle Steuereinrichtung erledigt werden.

2.2.1.1. Digital-Analog-Umsetzer

Ein Digital-Analog-Umsetzer (DAU) wandelt eine an seinem Eingang anliegende digitale Zahl in eine analoge Gleichspannung um, die proportional dieser Zahl ist. Die Zahlendarstellung hängt von der im Digitalrechner verwendeten ab, es ist meist die duale Darstellung, wobei negative Zahlen durch das Zweierkomplement ausgedrückt werden.

Das häufigst benutzte Umsetzungsprinzip ist das der gewichteten Widerstände, wie es in Abb. 2.25 demonstriert ist. Die binäre Zahl wird vom Digitalrechner in ein Register übertragen, das n Stellen aufnehmen kann.

$$\left.\begin{aligned} u_a &= -\left[b_0 \frac{R}{R} \mathrm{E} + \sum_{i=1}^{n} b_i \frac{R}{2^i R} (-\mathrm{E})\right], \\ u_a &= -\left[b_0 2^0 \mathrm{E} + \sum_{i=1}^{n} b_i 2^{-i} (-\mathrm{E})\right], \end{aligned}\right\} \qquad (2.27)$$

$$b_i = \begin{cases} 1 & \text{wenn Schalter geschlossen, d. h. 1-Bit} \\ 0 & \text{wenn Schalter offen, d. h. 0-Bit} \end{cases}$$

$$i = 0(1)\, n\,.$$

Das Vorzeichenbit wird durch die Registerstelle 2^0 ausgedrückt, die bei negativen Zahlen auf 1 gesetzt ist. Es können somit Zahlen im Bereich -1 bis $+(1 - 2^{-n})$ übersetzt werden. Für $n = 11$ z. B. entspricht das einem Spannungsbereich von $-1{,}0000$ E bis $+0{,}9995$ E.

Die in Abb. 2.25 angeführte Prinzipschaltung wird bei technischen Realisierungen verschieden modifiziert. Schwierigkeiten bietet das breite Spektrum der erforderlichen Widerstände (R bis $2^n R$) mit der notwendigen Genauigkeit zu realisieren. Die Genauigkeit der Schalter und Widerstände bestimmt ja entscheidend die Genauigkeit des Umsetzers. Für das Widerstandsnetzwerk gibt es die verschiedensten Modifikationen, es kann z. B. auch im Rückkopplungszweig des Verstärkers untergebracht werden. Auch die Berücksichtigung des Vorzeichens wird unterschiedlich technisch verwirklicht. Das Symbol eines DAU ist in Abb. 2.26 angeführt.

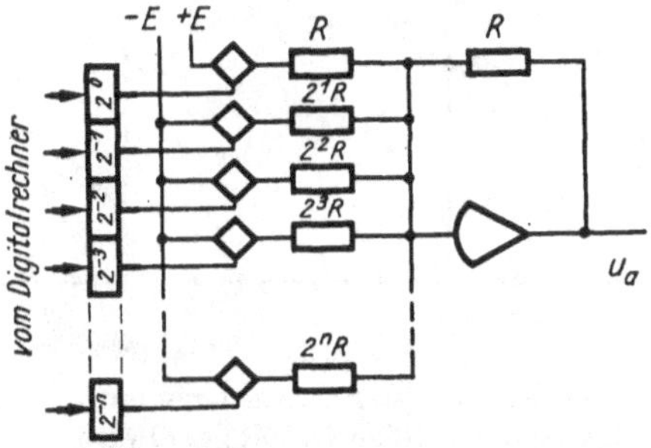

Abb. 2.25. Prinzipschaltung eines DAU mit gewichteten Widerständen

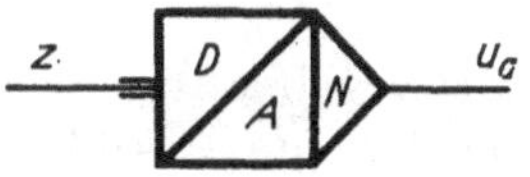

Abb. 2.26. Symbol eines Digital-Analog-Umsetzers (DAU), N – Adresse

Zur qualitativen Beurteilung eines DAU werden vornehmlich seine Stellenzahl, die Genauigkeit und Umsetzgeschwindigkeit angegeben. Für hybride Rechnersysteme reicht eine Stellenzahl von minimal 10 Bit plus Vorzeichenbit bis maximal 14 Bit plus Vorzeichenbit aus. Je größer die Stellenzahl, desto höher sind die Kosten. Die Genauigkeit wird wie schon erwähnt von der Genauigkeit der Widerstände in Eingangs- und Rückführnetzwerk bzw. der Konstanz der Schalterwiderstände bestimmt. Der Fehler des Operationsverstärkers beeinflußt ebenfalls den Gesamtfehler des DAU. Die Umsetzgeschwindigkeit wird erstens durch die Einstellgeschwindigkeit des Eingangsregisters und der elektronischen Schalter und zweitens durch die Einschwinggeschwindigkeit des Operationsverstärkers bestimmt. Umsetzzeiten von 1 ... 3 µs sind z. Z. für hybride Rechnersysteme Spitzenwerte.

Wie bereits in Kap. 2.1.1.3. behandelt, bilden die DAU die Grundlage für die Digitalpotentiometer. Wenn wir an die Eingänge für die Referenzspannung $\pm$E in Abb. 2.25 eine veränderliche analoge Spannung $\pm u_e$ anlegen, so folgt aus Gl. (2.27)

$$\left.\begin{aligned} u_a &= -\alpha u_e\,, \\ \alpha &= b_0 2^0 - \sum_{i=1}^{n} b_i 2^{-i}\,. \end{aligned}\right\} \qquad (2.28)$$

Für $n = 11$ z. B. ist damit ein Einstellkoeffizient von $-1{,}000 \leqq -\alpha \leqq +0{,}9995$ zu realisieren. Ein Digitalpotentiometer dreht also das Vorzeichen.

Wir berücksichtigen diesen Umstand im Symbol des Digitalpotentiometers (Tab. 2.1) durch einen folgenden Inverter. Wir beachten, daß der Koeffizient α dann selbst noch beide Vorzeichen annehmen kann. Statt Digitalpotentiometer wird auch von multiplizierenden DAU gesprochen.

Für eine sich ändernde digitale Zahlenfolge entsteht am Ausgang eines normalen DAU eine stückweise über der Zeit konstante Spannungsfunktion, eine sogenannte Treppenfunktion (Abb. 2.27a). Das ist eine Approximation eines gegebenen funktionellen Verlaufs, woraus auch deutlich das Erfordernis nach einer kleinen Umsetzzeit eines DAU zu erkennen ist. Manche DAU verfügen über zusätzliche Interpolations- und Extrapolationsschaltungen, um eine bessere Approximation der DAU-Ausgangsfunktion zu erreichen (Abb. 2.27 b und c). Ist im i-ten Zeitschritt schon der Funk-

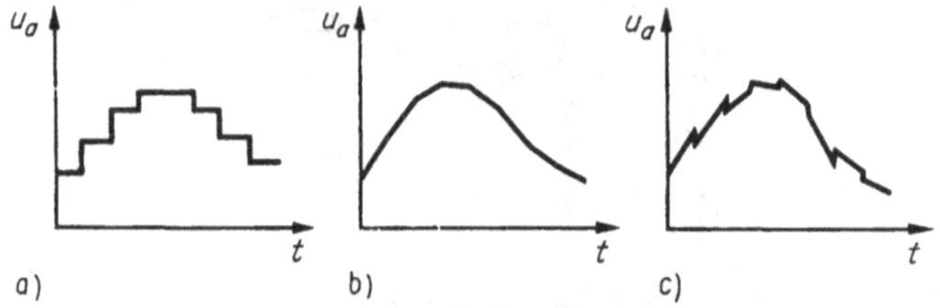

Abb. 2.27. Zeitlicher Verlauf der Ausgangsspannung eines DAU bei
a) normaler Arbeitsweise (Speicherglied 0. Ordnung)
b) interpolierender Arbeitsweise (Speicherglied 1. Ordnung)
c) extrapolierender Arbeitsweise

tionswert im $(i + 1)$-ten Zeitschritt gegeben, was bei digitalen Funktionsspeicherungen der Fall ist, so kann interpoliert werden. Andernfalls bringt eine Extrapolation Vorteile gegenüber der reinen Treppenfunktion. Es ist auch möglich, mit den analogen Rechenelementen Glättungsschaltungen auf dem Analogrechner aufzubauen. Damit sind z. B. Spline-Interpolationen ausführbar, die bekanntlich sehr glatte Funktionsverläufe erzeugen [128].

Im Koppelwerk sind mehrere Kanäle mit je einem DAU für die Datenübertragung vom Digital- zum Analogrechner eingebaut. Da die einzelnen DAU durch das Adreßsystem nacheinander angewählt werden, entsteht eine zeitliche Verschiebung der Daten auf den einzelnen Kanälen. Zur Vermeidung dieser Verschiebung werden in jedem Kanal Pufferspeicher (PS) vorgesehen, die zunächst seriell gefüllt werden, um dann simultan die DAU zu speisen und somit einen Satz simultaner Daten an den Analogrechner abzugeben.

Im ADT3000 ist das Koppelwerk selbst im Analogrechner enthalten. Es sind 16 DAU (sog. D/A-Schnellumsetzer) vorhanden, deren Ausgänge auf dem Analogprogrammierfeld enden. Jeder Umsetzer hat 11 Bit plus 1 Vorzeichenbit. Die Umsetzzeit beträgt 50 µs, die Genauigkeit 0,5‰.

2.2.1.2. Multiplexer

Der Multiplexer oder Meßstellenumschalter besitzt eine Anzahl adressierbarer Eingangskanäle (z. B. 16) und einen Ausgangskanal. Der jeweils adressierte Kanal wird mit einem elektronischen Schalter durchgeschaltet. Die Adressierung der Kanäle kann in beliebiger Reihenfolge, fortlaufend von Kanal zu Kanal (zyklische Durchschaltung) oder nur für einen Kanal (Dauerabfrage) ausgeführt werden.

Durch den Multiplexer wird die geforderte Umformung der parallelen Daten in serielle Daten erledigt. Die von verschiedenen analogen Rechenelementen stammenden analogen Größen, die an den Eingängen des Multiplexers anstehen, werden in eine Folge von getasteten Werten umgeformt. Diese Folge wird dem Analog-Digital-Umsetzer zugeführt, der durch die nun vorhandene serielle Datenform für alle Kanäle nur einmal vorhanden sein muß.

Da die analoge Größe während der Umsetzung im ADU konstant zu sein hat, darf sie sich bezogen auf die Umschaltzeiten des Multiplexers nur langsam ändern, oder es muß zwischen Multiplexer und ADU eine Folger-Speicher-Einheit geschaltet werden. Eine bessere Möglichkeit bietet jedoch ein Folger-Speicher vor jedem Multiplexerkanal, da dadurch die zu einem Abtastzeitpunkt anstehenden analogen Größen nach der Umsetzung keine zeitliche Verschiebung aufweisen.

2.2.1.3. Analog-Digital-Umsetzer

Ein Analog-Digital-Umsetzer (ADU) wandelt eine an seinem Eingang anliegende konstante Spannung in eine dazu proportionale digitale Zahl um. Damit eine sich zeitlich ändernde Spannung umgesetzt wird, ist sie deshalb zu bestimmten Zeitpunkten zu tasten und zu halten, d. h., sie wird in eine treppenförmige analoge Spannung umgewandelt. Gewöhnlich arbeitet ein ADU taktgesteuert, d. h., er erhält Steuerimpulse vom Digitalrechner oder einer anderen äußeren Steuereinrichtung. Der Beginn einer Umsetzung wird durch einen Startimpuls ausgelöst, die Beendigung wird durch einen Abschlußimpuls quittiert.

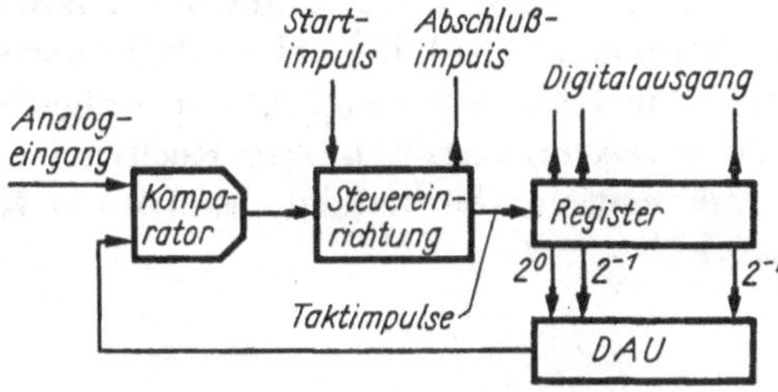

Abb. 2.28. Prinzipschaltung eines Analog-Digital-Umsetzers (ADU)

Das z. Z. am häufigsten für Kopplungszwecke benutzte Umsetzungsprinzip ist in Abb. 2.28 demonstriert. Ein Register wird solange gesetzt, bis die damit ausgedrückte Digitalzahl gleich der analogen Eingangsspannung ist. Dazu wird die Digitalzahl in einem DAU in eine analoge Spannung umgewandelt, die über einen Komparator mit der Eingangsspannung verglichen wird. Am Komparatorausgang entsteht ein Signal, das anzeigt, ob die Digitalzahl zu groß oder zu klein gesetzt ist. Das Register wird daraufhin durch die Steuereinrichtung neu gesetzt. Der beschriebene Vorgang wird so lange wiederholt, bis analoge Eingangsspannung und Digitalzahl mit der erreichbaren Genauigkeit gleich sind. Das Register wird dann gelesen, z. B. direkt in den Digitalrechner hinein, und eine neue Umsetzung kann beginnen.

Beim *Stufenwandlerprinzip* wird durch den Startimpuls das Register auf Null gesetzt. Dann wird nach Feststellung der Polarität das höchstwertige Bit (2^{-1}) auf 1 gesetzt. Meldet der Komparator „zu groß“, wird dieses Bit wieder auf 0 gesetzt, während es bei Meldung „zu klein“ auf 1 bleibt. Gleichzeitig wird das nächste Bit (2^{-2}) auf 1 gesetzt und die Meldung des Komparators ausgewertet. Dieser Vorgang wird bis zum niedrigstwertigen Bit (2^{-n}) fortgeführt. Er ist nach $n + 1$ Schritten beendet, d. h., die Umsetzzeit ist unabhängig vom anliegenden analogen Eingangswert, jedoch proportional der Registerlänge.

Das Symbol für einen ADU zeigt Abb. 2.29. Charakteristische Kenngrößen eines ADU sind wie beim DAU die Stellenzahl des digitalen Ausganges, die Genauigkeit und Umsetzgeschwindigkeit. Die Stellenzahl beträgt 10 bis 15 Bit plus Vorzeichenbit. Es werden Fehler in der Größenordnung von $\pm 0{,}5\%$ bis $\pm 0{,}01\%$ bezogen auf die Referenzspannung E erreicht und Umsetzzeiten im Bereich von 10 µs sind als ansprechende Werte zu bezeichnen. Hinsichtlich Genauigkeit und Schnelligkeit ist der Komparator das entscheidende Glied, er muß hier höchsten Ansprüchen genügen.

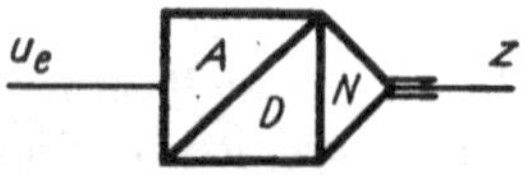

Abb. 2.29. Symbol eines Analog-Digital-Umsetzers (ADU), N — Adresse

Im ADT 3000 ist ein ADU vorhanden, der mit dem vorgeschalteten Multiplexer 16 Analog-Digitalkanäle (sog. A/D-Schnellkanäle) zu realisieren gestattet. Der Umsetzer hat 11 Bit plus Vorzeichenbit, seine Umsetzzeit beträgt 20 µs, als Genauigkeit wird 0,1% erreicht. Durch 11 Bit werden Spannungen im Bereich von $-1{,}000$ E bis $+0{,}9995$ E in Zahlen im Bereich von -1 bis $+1 - 2^{-11}$ umgesetzt. Bei Überschreitung dieser Bereiche wird eine Übersteuerungsanzeige ausgelöst. Außerdem werden „langsame Abfragen“ von adressierbaren analogen Rechenelementen über den ADU in den Digitalrechner ermöglicht, hierbei handelt es sich um Kanäle auf Relaisbasis (s. hierzu auch Kap. 2.2.2.1.).

2.2.2. Steuerkoppelwerk

Das Steuerkoppelwerk hat die Aufgabe, alle analogen und logischen Zustände der Rechenelemente, den Betriebszustand, Fehler und dergleichen an den Digitalrechner zu übertragen und umgekehrt die genannten Zustände vom Digitalrechner aus zu beeinflussen. Die technische Ausführung dieses Teils des Koppelwerkes wird noch stärker von Hybridsystem zu Hybridsystem variieren, als es im Datenkoppelwerk der Fall ist. Trotzdem lassen sich die Funktionen des Steuerkoppelwerkes im gewissen Sinne standardisieren.

Voraussetzung für das Funktionieren des Steuerkoppelwerkes ist ein Adressierungssystem, wie es bereits in Kap. 2.1.5. erwähnt wurde.

2.2.2.1. Abfrage- und Unterbrechungsfunktionen

Wir können etwa folgende Zustände vom Analogrechner zum Digitalrechner übertragen:

1. Momentanwerte von analogen Rechenelementen. Über das Adressierungssystem und den ADU sind in langsamer Folge (ms-Bereich) die Ausgangswerte aller interessierenden Analogrechenelemente abfragbar.
2. Werte von logischen und hybriden Rechenelementen. Die Zustände aller Flip-Flop, Register und Komparatoren werden über Abfrageleitungen in den Digitalrechner überführt. Außerdem sind meist eine Reihe freier Abfrageleitungen für solche Zwecke zur Verfügung.
   Beim ADT 3000 z. B. wird der logische Zustand der Flip-Flop (Steuer- und Universal-Flip-Flop), der Komparatoren, der logischen Glühlampenindikatoren, der Steuerwerkvorbereitungszeiten P und BCD-Zählerausgänge in fünf 16 Bit-Testworten (TWI) zusammengefaßt und zum Digitalrechner übergeben. Ein frei belegbares 16-Bit-Wort (LWI) repräsentiert hier die freien Abfrageleitungen.
3. Betriebs- und Unterbrechungszustände. Der momentane Betriebszustand (s. Kap. 2.1.4.1.) des Analogrechners und eine Reihe von Unterbrechungsursachen (s. auch Kap. 2.3.1.1.) werden über Abfrage- und Unterbrechungsleitungen dem Digitalrechner zugeführt.
   Im Analogrechner ADT 3000 sind diese Informationen in einem Statuswort (SW) von 16 Bit zusammengefaßt. Außer drei frei programmierbaren Unterbrechungsursachen sind drei weitere fest programmiert und dienen z. B. zur Unterbrechung des Digitalrechners bei Übersteuerungsfehlern der Analogrechenelemente und des ADU.

2.2.2.2. Steuerfunktionen

Durch den Digitalrechner sind im Analogrechner etwa folgende Zustände zu beeinflussen:

1. Einstellung von Digitalpotentiometern. Über die angewählte Adresse ist jedes Digitalpotentiometer auf einen im Digitalrechner vorgebbaren Wert zu setzen.
2. Einstellung und Setzung von logischen Rechenelementen. Die Flip-Flop und Register lassen sich über Steuerleitungen setzen bzw. voreinstellen.
   Im Koppelwerk des ADT 3000 sind die BCD-Zähler über ein 16-Bit-Wort voreinstellbar, die 12 Steuer-Flip-Flop sind individuell setz- bzw. rücksetzbar. Durch ein weiteres 16-Bit-Wort (LWO) sind frei programmierbare logische Zustände an den Analogrechner übertragbar. Diese 16 freien Steuerleitungen enden auf dem Logikprogrammierfeld und können beliebig verschaltet werden.
3. Betriebszustandssteuerung. Der gewünschte Betriebszustand der analogen und der logischen Rechenelemente kann dem Analogrechner über Steuerleitungen übertragen werden.
   Das Koppelwerk des ADT 3000 gestattet außer der Steuerung der in Kap. 2.1.4.1. aufgeführten Betriebszustände weiterhin eine Einzelschrittsteuerung des Analogrechnersteuerwerkes und eine Löschung der Logischen Elemente bzw. der Unter-

brechungsleitungen auszuführen. Überdies sind 8 freiprogrammierbare Leitungen vorhanden, die einen Ausgangsimpuls zur Ansteuerung beliebiger logischer Elemente zur Verfügung stellen.

2.2.3. Koppelwerk des HRA 7000

Wir wollen nun das Koppelwerk des hybriden Rechnersystems HRA 7000 (s. auch Kap. 2.4.) etwas näher betrachten. In Abb. 2.30 ist der schematische Aufbau dieses Koppelwerkes in vereinfachter Form dargestellt. Der Digitalrechner R 4000 ist über die Anschlußsteuereinheit 3 (AS3) des programmierten Kanals (PK) mit dem Analogrechner ADT 3000 verbunden, der selbst das eigentliche Koppelwerk enthält. An weiteren Anschlußsteuereinheiten bzw. am direkten Speicherkanal (DSK) des Digitalrechners sind die gezeigten peripheren Geräte anschließbar. Die Adresse der Analogelemente wird über den Adreß-BUS (BUS ADR) ins Adressen-Register (ADR-Reg.) übertragen, das nach der Entschlüsselung durch den Adressen-Dekoder (ADR-Rek.) die Anwahl der einzelnen analogen, hybriden und logischen Rechenelemente durchführt. Die Datenübertragung vom Analogrechner zum Digitalrechner erfolgt über den

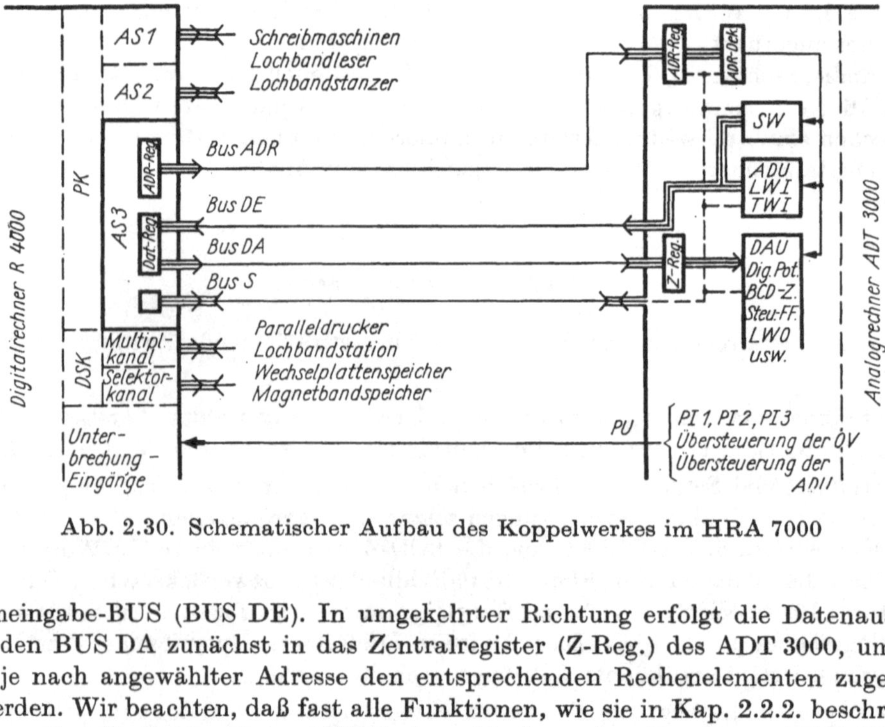

Abb. 2.30. Schematischer Aufbau des Koppelwerkes im HRA 7000

Dateneingabe-BUS (BUS DE). In umgekehrter Richtung erfolgt die Datenausgabe über den BUS DA zunächst in das Zentralregister (Z-Reg.) des ADT 3000, um von dort je nach angewählter Adresse den entsprechenden Rechenelementen zugeführt zu werden. Wir beachten, daß fast alle Funktionen, wie sie in Kap. 2.2.2. beschrieben wurden, über die beiden Daten-BUSE abgewickelt werden. Der Steuer-BUS (BUS S) hat im betrachteten Koppelwerk nur die Funktion, den Start einer Datenübertragung und die Fertigmeldung zu übermitteln. Die Programmunterbrechung (PU) wird als Sammelunterbrechung einem Unterbrechungseingang des Digitalrechners übertragen. Die Entschlüsselung der einzelnen Unterbrechungsursache erfolgt dann aus dem

Statuswort (SW), das bei jeder Unterbrechung dem Digitalrechner geliefert wird. PI1 bis PI3 sind auf dem Analogrechner frei programmierbare Unterbrechungsleitungen.

2.3. Digitalrechner

In einem hybriden Rechnersystem muß der verwendete Digitalrechner möglichst Prozeßrechnereigenschaften besitzen. Das bedeutet einen Rechner mittleren Umfanges mit ausreichender Wortlänge, hoher Verarbeitungsgeschwindigkeit, Multiprogrammbetrieb, schneller Ein-/Ausgabe für Daten und Einzelbitinformationen und einem leistungsfähigen Unterbrechungssystem. Wir wollen uns in diesem Kapitel nur auf wesentliche Eigenschaften eines Digitalrechners, wie sie für einen Betrieb in einem hybriden Rechnersystem erforderlich sind, beschränken. Weiterführende Angaben über Prozeßrechner sind der Literatur zu entnehmen [3].

2.3.1. Anforderungen an den Digitalrechner

Die erforderliche Wortlänge läßt sich aus der Genauigkeit des Analogrechners und des Koppelwerkes herleiten und sollte nicht kleiner als 16 Bit (2 Bytes) sein. Eine Wortlänge von 24 Bit (3 Bytes) bringt gewisse Vorteile, z. B. hinsichtlich der Ausgabe von Datenworten an interpolierende oder extrapolierende DAU, die eine größere Stellenzahl als normale DAU besitzen. Weiterhin ist in einem 24-Bit-Wort der Platz für die Adresse und damit der Sektor der direkt adressierbaren Speicherzellen größer. Bei 16 Bit und dualer Zahlendarstellung (negative Zahlen durch Zweierkomplement) erhalten wir einen relativen Fehler von $\pm 1/2 \cdot 2^{-15} \approx \pm 0{,}15 \cdot 10^{-4}$.

Um von sonst notwendigen Normierungen unabhängig zu sein, ist eine verdrahtete Gleitkommaarithmetik empfehlenswert, die möglichst alle Gleitkommaoperationen unter 10 μs ausführen kann. Eine solch hohe Verarbeitungsgeschwindigkeit gründet sich auf entsprechend kleine Speicherzykluszeiten. Für den Arbeitsspeicher sollten mindestens 16 K Worte gegeben sein, dabei sind externe Massenspeicher (Trommel, Platte, Band) unbedingt erforderlich. Für anspruchsvollere Betriebssysteme (s. Kap. 3.) ist ein größerer Arbeitsspeicher unumgänglich.

Darüber hinaus sollte der Digitalrechner eines hybriden Rechnersystems mit einem großen Digitalrechner koppelbar sein. Die oben erwähnten Arbeitsspeicheranforderungen für anspruchsvollere Betriebssysteme lassen sich dann bequem erfüllen. „Gehobenere“ Hybridsprachen kann man so z. B. im Großrechner vorübersetzen, um sie danach nur noch im Digitalrechner des hybriden Rechnersystems abzuarbeiten. Außer der Verbindung zum Großrechner sollte außerdem die Möglichkeit bestehen, das hybride Rechnersystem in ein Rechnernetz einzufügen. Damit ist dann die Gelegenheit für entfernt sitzende Nutzer gegeben, für hybridtypische Probleme die Simulationen zeit- und kostengünstiger am hybriden Rechnersystem auszuführen. Die Kopplungsanforderungen hierzu müssen dann durch den Digitalrechner des hybriden Rechnersystems erfüllt werden.

2.3.1.1. Unterbrechungssystem

Ein Unterbrechungssystem ist an einem Digitalrechner aus vielerlei Gründen sinnvoll. So werden dadurch die Ein-/Ausgabeoperationen elegant erledigt, Maschinenfehler sofort berücksichtigt, bestimmte „dringende“ Programme vor anderen abgearbeitet und das den Gesamtablauf der Verarbeitung überwachende Steuerprogramm erhält dadurch überhaupt Eingriffsmöglichkeiten in den Ablauf.

Eine Unterbrechung ist dabei ein zeitlich nicht vorhersehbares Signal, das auf einer Unterbrechungsleitung an die Zentrale Verarbeitungseinheit (ZVE) herangeführt wird und folgendes bewirkt:

1. den Abbruch des gerade laufenden Programms
2. die Rettung der Registerinhalte der ZVE
3. die Abarbeitung eines der Unterbrechung zugeordneten Unterbrechungsbehandlungsprogrammes (UBP).

Der Programmabbruch bzw. seine Fortsetzung wird folgendermaßen erreicht. Der gerade abzuarbeitende Befehl wird zu Ende geführt. Danach wird aus dem laufenden Programm durch einen Sprungbefehl in das UBP gesprungen und somit das aktuelle Programm unterbrochen. Dieser Sprungbefehl ist gerätemäßig realisiert und wird durch die Unterbrechungsleitung aktiviert. Bevor es zur eigentlichen Abarbeitung des UBP kommt, ist zur Rettung des aktuellen Standes der Registerinhalte des laufenden Programms dieser im Arbeitsspeicher abzulegen, was über ein weiteres Unterprogramm erfolgt. Umgekehrt wird dann vor Verlassen des UBP der aktuelle Stand der Register rückgeschrieben und schließlich über die Rückkehradresse in das unterbrochene Programm zurückgesprungen.

Unterbrechungsursachen können z. B. Netzunterspannungen, Paritätsfehler beim Speicherprozeß oder auch Programmfehler sein. Außerdem sind freiprogrammierbare Leitungen für externe Unterbrechungsquellen vorhanden. Dazu kommen noch die Unterbrechungsleitungen von der Peripherie des Digitalrechners. Als Unterbrechungssystem wollen wir daher alle gerätemäßigen Ausrüstungen zur Behandlung von Unterbrechungen bezeichnen.

Da verschiedene Unterbrechungsleitungen existieren, auf denen gleichzeitig Unterbrechungssignale ankommen können, jedoch nur eine serielle Behandlung möglich ist, müssen Prioritäten für die einzelnen Leitungen gesetzt werden. Diese Prioritäten können im Programm durch bestimmte Befehle verhindert oder erlaubt werden, wodurch sich eine große Flexibilität in der Behandlung von Unterbrechungen ergibt.

Die Unterbrechungen, wie sie vom Koppelwerk eines hybriden Rechnersystems übertragen werden, rechnen zu den freiprogrammierbaren Leitungen und unterliegen auch der Ordnung innerhalb des Prioritätssystems.

2.3.1.2. Multiprogrammiereinrichtung

Die Multiprogrammiereinrichtung ist für die zeitgeschachtelte Abarbeitung von mehreren Programmen erforderlich. Damit wird die volle Ausnutzung der ZVE erreicht, da z. B. bei Ein- und Ausgabeoperationen eines Programmes viel Zeit vergeht, die somit einem anderen Programm zur Abarbeitung zur Verfügung steht. Für die Echtzeitverarbeitung im reinen Prozeßrechenbetrieb ist die Multiprogrammierung ebenfalls eine Voraussetzung, da für das Schritthalten mit dem Prozeß u. U. eine Vielzahl von Programmen erforderlich ist.

Für ein hybrides Rechnersystem ist der Multiprogrammierbetrieb ebenfalls von Vorteil, da es in Abhängigkeit von den abzuarbeitenden Algorithmen Zeiten gibt, in denen nur der Analogrechner allein rechnet, der Digitalrechner also wartet. Außerdem entstehen bei einer Simulation oft „Denkpausen“, in denen das gesamte hybride Rechnersystem ruht. In allen solchen u. ä. Fällen können im Hintergrund dann mehrere reine Digitalprogramme laufen. Auch für einen hybriden Multiprogrammbetrieb ist die Multiprogrammiereinrichtung des Digitalrechners erforderlich.

Voraussetzung für den Multiprogrammbetrieb ist ein Steuerprogrammsystem (s. Kap. 3.), das die Organisationsgewalt über alle zeitgeschachtelt ablaufenden Programme hat. Durch die Multiprogrammiereinrichtung muß dafür gesorgt werden, daß dieses Steuerprogrammsystem durch die laufenden Programme nicht gestört wird. Auch muß darauf geachtet werden, daß sich die Programme nicht gegenseitig stören. Ein wirksamer Speicherschutz ist für den Mehrfachprogrammbetrieb deshalb unumgänglich. Schließlich gehört ein ausgeprägtes Unterbrechungssystem dazu.

2.3.1.3. Ein- und Ausgabekanäle

Ein Prozeßrechner verfügt meist über einen *programmierten Kanal* und einen *direkten Speicherkanal*, über die die Ein- und Ausgabeoperationen zur Zentraleinheit und damit zum Arbeitsspeicher erledigt werden.

Der Datentransport über den programmierten Kanal (PK) erfolgt unter Programmkontrolle, d. h. durch einige wenige Befehle. Dabei werden die Daten von und nach dem Akkumulator über eine sogenannte Anschlußsteuereinheit transportiert, die selbsttätig den weiteren Transport von und nach den verschiedenen peripheren Geräten des Digitalrechners steuert. Der Vorteil besteht darin, daß nur wenig Zeit — einige Befehle — der ZVE für die Sicherung der Bereitschaft der Anschlußsteuerung und die eigentliche Datenübertragung in die Anschlußsteuerung benötigt werden. Der notwendige langsame Verkehr mit den peripheren Geräten wird durch die Anschlußsteuerung erledigt, die nach abgeschlossener Übertragung erneut ihre Bereitschaft meldet. Trotzdem ist der PK langsam im Vergleich zum direkten Speicherkanal. Vorteilhaft ist, daß man nach jedem Datenwort das periphere Gerät wechseln kann, und eine Unterbrechung kann nach jeder Ein- bzw. Ausgabe wirksam werden.

Durch den direkten Speicherkanal (DSK) ist, wie die Bezeichnung es ausdrückt, ein direkter Weg, d. h. ohne über die ZVE, zwischen peripheren Geräten und Arbeitsspeicher hergestellt. Dadurch sind wesentlich höhere Datenübertragungsraten erreichbar. Genauer betrachtet sind es mehrere solcher Kanäle (Subkanäle), die in Multiplex- und Selektorkanäle unterteilt sind. An den DSK werden vornehmlich „schnelle“ periphere Geräte angeschlossen, wie Lochbandleser, Lochbandstanzer, Paralleldrucker, Wechselplattenspeicher oder weitere Digitalrechner im Verbundbetrieb.

Je Subkanal bestehen auf dem Arbeitsspeicher zwei Verbindungszellen, in denen erstens die Anfangsadresse des Arbeitsspeicherbereiches und zweitens die Anzahl der zu übertragenden Bytes eingeschrieben werden. Nach der Aktivierung führt der DSK selbständig die Datenübertragung von und zum Arbeitsspeicher aus. Die ZVE ist daher nur geringfügig belastet.

Für den Betrieb im hybriden Rechnersystem ist der DSK selbstverständlich auch von besonderem Vorteil. Er erlaubt die maximale Ausnutzung der ADU- und DAU-Geschwindigkeiten bei einer Datenblockübertragung. Weiterhin ist eine simultane

Datenübertragung über den PK und den DSK in entgegengesetzten Richtungen über das Koppelwerk ausführbar. Die Datenübertragung über den DSK kann dabei in einfacher Weise durch ein logisches Signal der parallelen Logik ausgelöst werden.

2.3.2. Simulationskonsole

Sowohl der Analogrechner als auch der Digitalrechner verfügen über die verschiedensten peripheren Geräte, die dem Nutzer einen Eingriff in einen Simulationslauf erlauben und die Ausgabe der Simulationsergebnisse ermöglichen. Für ein hybrides Rechnersystem ist zur besseren Übersicht ein zentrales peripheres Gerät empfehlenswert, durch das der Nutzer alle Ein- und Ausgabeoperationen mit dem hybriden Rechnersystem gestalten kann. Wir wollen es Simulationskonsole nennen und meinen damit eine grafische Bildschirmeinheit einschließlich einer alpha-numerischen Tastatur nebst Lichtstift und Hardkopiereinrichtung. Letztere gestattet, Papierabzüge der Schirmbildes anzufertigen. Der Nutzer ist somit in der Lage, seine Kommandos von der Simulationskonsole an das hybride Rechnersystem abzugeben, und kann auf dem gleichen Bildschirm auch die Ergebnisse in alpha-numerischer oder grafischer Form sichtbar machen. Damit wird der für die Simulation erforderliche enge Mensch-Maschine-Kontakt wesentlich gefördert. Bei voll automatisierten hybriden Rechnersystemen, d. h. bei Vorhandensein eines automatischen Programmierfeldes, ist auch eine Simulation von entfernten Simulationskonsolen durchführbar.

Weitere periphere Geräte wie Drucker, x-y-Schreiber u. ä. sind natürlich daneben ebenso noch angebracht.

2.4. Übersicht über einige hybride Rechnersysteme

Es gibt in der Welt die verschiedensten Kombinationen von Analog- und Digitalrechnern, die alle als hybride Rechnersysteme anzusprechen wären. Wir wollen uns hier auf solche beschränken, die in sozialistischen Ländern seriell gefertigt werden und stellen im Vergleich dazu ein System der Firma Electronic Associates, Inc. (USA) gegenüber.

Das hybride Rechnersystem HRA 7000 wird in Gemeinschaftsarbeit zwischen der DDR und der ČSSR hergestellt und besteht aus dem Digitalrechner R 4000 (DDR) und dem Analogrechner ADT 3000 (ČSSR). Der ADT 3000 wurde in den bisherigen Kapiteln bereits in groben Zügen vorgestellt. Auch über das Koppelwerk dieses hybriden Rechnersystems wurde im Kap. 2.2.3. Näheres ausgeführt. Die wichtigsten gerätetechnischen Daten aller hier betrachteten hybriden Rechnersysteme sind in Tab. 2.3 zusammengestellt. Weitere Informationen über den Digitalrechner R 4000 sind z. B. in [108] zu finden. Beim HRA 7000 sind maximal drei Analogrechner ADT 3000 gleichzeitig mit dem R 4000 koppelbar, so daß sich die in Tab. 2.3 angegebenen Werte entsprechend multiplizieren.

Wird statt des Rechners R 4000 der R 4200 benutzt, so entsteht das System HRA 7200, auf das wir, wegen der Ähnlichkeit zum HRA 7000, nicht näher eingehen wollen. Außerdem soll nur der Vollständigkeit halber auf die hybriden Rechnersysteme HRA 4241 und HRA 4041 hingewiesen werden, die durch Kopplung der Rechner R 4200

Tab. 2.3. Gerätetechnische Daten einiger hybrider Rechnersysteme

	HRA 7000 DDR/CSSR	ADT 7000 CSSR	HRS-100 UdSSR/SFRJ	PACER 600 USA (EAI)
Digitalrechner	R 4000	ADT 4000	DS-100	PACER 100
Wortlänge in bit	16	16	32	16
Zykluszeit in μs	1,1	2	1,0	1,0
Kernspeicher-Kapazität	32 K max.	32 K max.	64 K max.	32 K max.
Periphere Speicher	Mag.-Platte	Mag.-Trommel	Mag.-Platte	Mag.-Platte
Direkter Speicherkanal	ja	ja	nein	ja
Operationszeiten in μs				
Add./Sub. } Festkomma	2,2	5,0/7,5	2,9	2,0
Mul./Div. } Festkomma	10,5/12,1	30/33	9,1/27,4	6,0/6,6
Add./Sub. } Gleitkomma	76[1])	800[1])	6,4	1,5 ... 6,0
Mul./Div. } Gleitkomma	98/98[1])	1100/2000[1])	9,7/26,3	5,7 ... 9,4/ 9,5 ... 10,2
Koppelwerk	im Analogrechner enthalten			PACER 693
AD-Kanäle	16		32	24
Übers.-Frequ. in kHz	50		125	125
Wortlänge in bit	11 + Vorz.		13 + Vorz.	15
DA-Kanäle	16		32	16[2])
Übers.-Frequ. in kHz	20		500	300
Wortlänge in bit	11 + Vorz.		13 + Vorz.	15
Unterbrechungskanäle	3		9	8
Analogrechner	ADT 3000		AS-100	PACER 681
Integrierer/Summierer	20		20	25
Summierer/Inverter	36		40	28
Folger-Speicher	16		10	8
Handpotentiometer	44		68	12
Dig.-Potentiometer	24		100	90
Multipl./Dividierer	8		10	18
Funktionsgeber				
variabel	8		8	4[3])
fest	8		8	10
Komparatoren	8		20	12
Log. Gatter	58		48	36
Flip-Flops	16		16	—
Register	2		8	6
BCD-Zähler	4		2	3

[1]) Gleitkommaoperationen durch Programm
[2]) Multiplizierende DAU
[3]) Digitaleinstellbare Funktionsgeber

bzw. R 4000 (DDR) mit dem Analogrechner MEDA 41 TC (CSSR) über das Koppelwerk SPOZA (CSSR) entstanden [48], [28].

Das hybride Rechnersystem ADT 7000 wird in der CSSR gefertigt und besteht aus dem Digitalrechner ADT 4000 und dem Analogrechner ADT 3000. Auch hier sind maximal drei Konsolen des Analogrechners mit dem Digitalrechner koppelbar [27].

Durch Gemeinschaftsarbeit zwischen der UdSSR und der SFR Jugoslawien entstand das hybride Rechnersystem HRS-100, bei dem von vornherein bei der Entwicklung von Analogrechner und Digitalrechner die Kopplung im Vordergrund stand. Das HRS-100 ist ein sehr leistungsfähiges System, das auch höchsten Genauigkeitsansprüchen gerecht wird. Hier können bis zu sieben Analogrechner gleichzeitig mit dem Digitalrechner gekoppelt werden, wodurch äußerst umfangreiche Probleme simuliert werden können [71], [83], [95], [56]. Die Firma Electronic Associates, Inc. (EAI) fertigt die PACER-Reihe hybrider Rechnersysteme. Der Digitalrechner PACER 100 ist mit drei verschiedenen Analogrechnertypen PACER 581, 681 und 781 über entsprechend ausgebaute Koppelwerke verbindbar. Jeder Analogrechner wiederum kann drei verschiedene Ausbaustufen annehmen. Dadurch ist dem Nutzer ein breites Angebot an Gerätetechnik vorgelegt, aus dem er das für ihn günstigste hybride Rechnersystem auswählen kann. Die PACER-Reihe umfaßt somit die Systeme PACER 500, PACER 600 und PACER 700. In Tab. 2.3 ist das System PACER 600 mit der dritten, und damit höchsten Ausbaustufe, angeführt [29].

Die Leistungsfähigkeit eines hybriden Rechnersystems ist nicht nur durch seine gerätetechnischen Parameter gekennzeichnet, sondern im entscheidenden Maße von den zur Verfügung stehenden Programmierhilfsmitteln, den sogenannten Systemunterlagen abhängig. Wir werden im 3. Kapitel ausführlicher darauf eingehen. Als Leistungsparameter eines hybriden Rechnersystems können etwa folgende Größen dienen:

a) Rechnerkapazität, ausgedrückt durch die Speicherkapazität des Digitalrechners und die Anzahl der analogen, hybriden und logischen Rechenelemente. Man kann die Speicherkapazität umrechnen in äquivalente Anweisungen einer höheren Programmiersprache (FORTRAN, ALGOL usw.) und diese als Kapazitätsmaß angeben.

b) Operationsgeschwindigkeit, ausgedrückt durch die Zahl der digitalen Operationen pro Sekunde des Digitalrechners und die Zahl der äquivalenten Operationen pro Sekunde des Analogrechners. Die Zahl der digitalen Operationen kann dabei durch einen Mix ausgedrückt werden, der auch die AD- und DA-Umwandlungen mit berücksichtigen muß. Unter äquivalente Operationen des Analogrechners wollen wir hierbei die Operationen eines Digitalrechners verstehen, der die gleichen Berechnungen wie der Analogrechner in gleicher Zeit und gleicher Genauigkeit ausführen kann [117].

c) Simulationsdurchsatz und Produktivität ausgedrückt durch die Vorbereitungszeit je Simulationsproblem und die Anzahl der Simulationsläufe je Schicht (8 h). Die Vorbereitungszeit umfaßt die Programmierung des Digitalrechners und des Analogrechners sowie die Testung des gesamten Hybridprogramms bis zur Lauffähigkeit.

Während die unter a) und b) genannten Größen hauptsächlich durch die Gerätetechnik bestimmt werden, ist für c) maßgeblich das Niveau der Systemunterlagen mit verantwortlich.

3. Systemunterlagen für hybride Rechnersysteme

In seiner ursprünglichen Form war für die Programmierung eines Digitalrechners eine umfangreiche Arbeit durch den Nutzer zu erledigen. In der sogenannten reinen Maschinensprache geschriebene Programme verlangen umfangreiche Gedächtnisleistungen bezüglich des Befehlsschlüssels und bezüglich der Speicherplatzaufteilung bzw. der absoluten Adressierung, um nur einige wesentliche Schwierigkeiten zu nennen. Es entstand daher sehr bald das Bedürfnis, den Rechner mit solchen Organisations- und Gedächtnisleistungen zu belasten, um den Menschen für die schöpferischen Seiten der Algorithmierung und Programmierung besser zu befähigen. Zur Rationalisierung der Programmierungsarbeiten und des Organisationsaufwandes innerhalb des Rechners dienen die sogenannten Systemunterlagen.

Statt Systemunterlagen wird auch noch der Begriff Software gebraucht. Systemunterlagen werden in bildhafter Veranschaulichung zwischen den Rechner und den Nutzer gebracht, um eine bessere Anpassung des gegebenen Rechners an die Belange des Nutzers zu erreichen. Durch Systemunterlagen wird dem Nutzer gewissermaßen der passende Rechner in virtueller Form bereitgestellt. Systemunterlagen werden wegen ihrer Allgemeingültigkeit, ihrer engen Beziehung zur Gerätetechnik — Hardware — und ihrer Kompliziertheit vom Rechnerhersteller geliefert.

Bezüglich der Einteilung und der Bezeichnung von Bestandteilen der Systemunterlagen gibt es noch keine einheitlichen Begriffe. Wir wollen zunächst die Systemunterlagen in zwei Gruppen einteilen.

1. Maschinenorientierte Systemunterlagen — MOS.
2. Problemorientierte Systemunterlagen — POS.

Beides sind Programme bzw. Programmsysteme, die dem Benutzer des Rechners sowohl zur Aufrechterhaltung des Betriebes als auch zur Lösung seiner Probleme zur Verfügung stehen. Da der Digitalrechner in einem hybriden Rechnersystem die gesamte Überwachung und Steuerung übernimmt, sind die Systemunterlagen eines hybriden Rechnersystems nicht grundsätzlich verschieden von den herkömmlichen Systemunterlagen eines Digitalrechners.

3.1. Spezielle Aufgaben von Systemunterlagen

In Abb. 3.1 ist eine schematische Darstellung der Bestandteile der Systemunterlagen eines Prozeßrechners angeführt. Ein Prozeßrechner dient in der Regel als Digitalteil in einem hybriden Rechnersystem. Die Gesamtheit aller Programme zur Durchführung des Rechenbetriebes und zur Problemlösung wird als *Operationssystem* bezeichnet. Bei Prozeßrechnern sprechen wir wegen der hier auftretenden Echtzeitanforderungen auch vom *Echtzeitoperationssystem*.

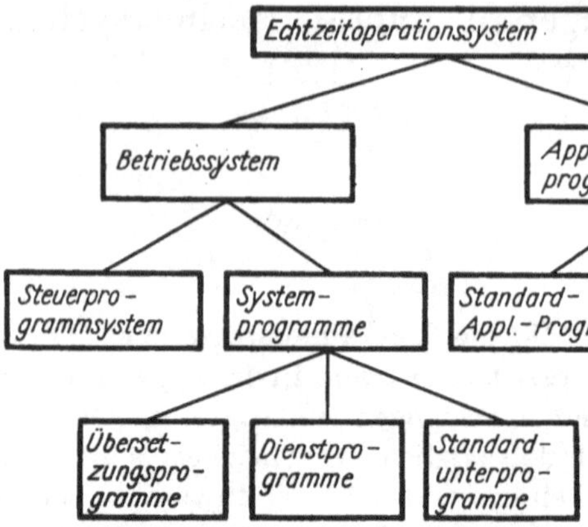

Abb. 3.1. Schematischer Aufbau eines Echtzeitoperationssystems für einen Prozeßrechner

Das Operationssystem wird unterteilt in das *Betriebssystem* und in *Applikationsprogramme*, wobei ersteres den Nutzer zum Betreiben des Rechners und zum Programmieren befähigt, während letztere die eigentliche Problemlösung stützen und sichern. Das Betriebssystem besteht aus dem *Steuerprogrammsystem* und den *Systemprogrammen*. Das Steuerprogrammsystem führt die eigentliche Steuerung aller Arbeiten des Rechners durch. Wenn keine System- oder Applikationsprogramme abgearbeitet werden, befindet sich die Steuerung und Überwachung des Rechners immer beim Steuerprogrammsystem.

Die Systemprogramme unterteilen sich in Übersetzungsprogramme, Dienstprogramme und Standardunterprogramme. Bei den Applikationsprogrammen können wir Standardapplikationsprogramme und einsatzspezifische Applikationsprogramme unterscheiden. Die System- und Applikationsprogramme laufen unter der Überwachung durch das Steuerprogrammsystem, d. h., es führt z. B. die Unterbrechungsorganisation, die Steuerung der Datenübertragung und die Verbindung mit dem Bediener des Rechners durch.

3.1.1. Steuerprogrammsystem

Der Einsatz eines Prozeßrechners im hybriden Rechnersystem und zur Steuerung von technischen Prozessen verlangt ein sogenanntes Echtzeitsteuerprogrammsystem. Dabei bedeutet *Echtzeitbetrieb*, daß sich der Rechner in ständiger Aufnahmebereitschaft für Informationen vom Analogrechner bzw. Prozeß befindet und diese schritthaltend verarbeiten kann. Schritthaltend heißt, die Informationen sind so schnell zu verarbeiten, daß keine anstehende Information abgewiesen werden muß und daß der Rechner in einer bestimmten Zeit antworten muß. Die Zeit zwischen Informationseingabe und -ausgabe wird deshalb auch Antwortzeit genannt.

Die Echtzeitbedingungen stellen einige Anforderungen an das Steuerprogrammsystem. Weiterhin müssen die Applikationsprogramme entweder ständig im Hauptspeicher oder auf einem schnellen peripheren Speicher — z. B. Magnetplatte — stehen. Es müssen Eingriffsmöglichkeiten durch den Bediener in den laufenden Echtzeitbetrieb vorgesehen werden. Den einzelnen Applikationsprogrammen müssen Prioritäten zugeordnet werden. Bei Anhäufung von Programmaufrufen ist eine Warteschlange zu organisieren. Die gesamte Organisation solcher und ähnlicher Arbeiten wird durch ein Steuerprogrammsystem erledigt, dessen Aufgabe wir zusammenfassend auflisten können als

1. Aufrechterhaltung des gekoppelten Echtzeitbetriebes zum Analogrechner bzw. zum Prozeß und Organisation des nichtgekoppelten Betriebes bei Bedarf.
2. Organisation des Zusammenspiels mit den Applikationsprogrammen und mit bestimmten Systemprogrammen.
3. Durchführung von Gerätetests, Analyse von Geräte- bzw. Programmfehlern und Einleitung von Alarmmeldungen bzw. Maßnahmen zur Fortsetzung des Betriebes.

Demgemäß hat ein Steuerprogrammsystem drei Hauptbestandteile.

1. Programme zur Aufgabenplanung und -steuerung:
   — Unterbrechungsbehandlung
   — Ein- und Ausgabesteuerung unter Parallelbetrieb von Zentraleinheit und Peripherie
   — Realisierung des Echtzeitbetriebes mit Aktivierung von Programmen nach der Uhr und nach Bedingungen
   — Verbindung mit dem Bediener
   — Organisation der Informationserfassung und der Verarbeitung
2. Programme zur Speicher- und Peripheriezuweisung:
   — Speicherplatzzuweisung unter Sicherung des Speicherschutzes
   — Warteschlangenorganisation für Ein- und Ausgabe
3. Programme zur Fehlererkennung und -behandlung:
   — Fehleranalyse
   — Maßnahmeprogramme

3.1.2. Systemprogramme

Unter dem Begriff Systemprogramme sind Übersetzungs-, Dienst- und Standardunterprogramme zusammengefaßt, sie unterstützen den Nutzer bei der effektiven Programmierung und beim Einfahren der Programme.

3.1.2.1. Übersetzungsprogramme

Die Übersetzungsprogramme übersetzen Quellenprogramme, die in maschinenorientierter oder problemorientierter Form notiert sind, in Objektprogramme. Letztere werden dann durch den Lader (s. Kap. 3.1.2.2.) zur Abarbeitung in den Hauptspeicher geladen.

Maschinenorientierte Programme benutzen einen symbolischen Operations- und Adreßteil und werden deshalb auch als symbolische Programme bezeichnet. Sie sind daher leichter lesbar und übersichtlicher als Maschinenprogramme. Weiterhin ist die Programmierung und Testung in maschinenorientierter Sprache kürzer, da typische Fehlerquellen der Maschinensprache vermieden werden und beim Übersetzen formale

Sprachfehler durch den Rechner erkannt werden. Symbolische Programme sind leicht verschieblich und lassen sich einfach untereinander zusammenfügen. Programmänderungen werden somit erleichtert.

Zur Übersetzung von maschinenorientiert geschriebenen Programmen dient der sogenannte *Assembler*. In der Regel erfolgt die Übersetzung in zwei Durchläufen. Im ersten Durchlauf wird ein Symbolbuch aufgestellt, im zweiten Durchlauf werden die symbolischen Befehle mit Hilfe des Symbolbuches in Maschinenbefehle übersetzt. Der Assembler ist in seiner Arbeit an das Steuerprogramm gebunden.

Werden mehrere symbolische Befehle zu einem *Makrobefehl* zusammengefaßt, so wird die Programmierung in der entsprechenden Makrosprache weiterhin vereinfacht gegenüber der maschinenorientierten Sprache. Makrobefehle fassen z. B. folgende Operationen zusammen:

— Ein- und Ausgabe von Daten
— Unterprogrammverbindung und -versorgung
— häufig wiederkehrende Befehlsfolgen usw.

Der Nutzer kann überdies eigene Makros definieren. Zur Übersetzung der Makrosprache dient der *Makroassembler*.

Problemorientierte Programme sind in den bekannten Sprachen ALGOL 60, FORTRAN, PL/1, PASCAL und dergleichen geschrieben. Sie bieten dem Nutzer entscheidende Vereinfachungen gegenüber der Programmierung in der Maschinensprache und auch in der maschinenorientierten Sprache. Aufwendiger ist der erforderliche Übersetzungsprozeß, außerdem sind die übersetzten Programme nicht so effektiv wie direkt in Maschinencode geschriebene Programme.

Die Übersetzungsprogramme für problemorientierte Sprachen werden *Compiler* genannt. Während der Übersetzung wird das Quellprogramm hinsichtlich syntaktischer Fehler untersucht und eine Fehlermeldung ausgegeben. Die Compiler laufen auch unter der Überwachung durch das Steuerprogramm.

Eine andere Form von Übersetzung und Abarbeitung ist das Interpretieren. Durch einen sogenannten *Interpreter* wird ein Quellprogramm Anweisung für Anweisung übersetzt und unmittelbar abgearbeitet. Der Interpreter bietet dadurch gute Nutzereingriffsmöglichkeiten in einen Programmablauf, hat aber längere Rechenzeiten zur Folge (s. Kap. 3.3.2.3.).

3.1.2.2. Dienstprogramme

Die Dienstprogramme unterstützen die Tätigkeit des Nutzers am Rechner z. B. bei der Eingabe und der Korrektur der Programme. Durch das *Ladeprogramm* oder den Lader wird ein Objektprogramm in den Hauptspeicher geladen und zur Abarbeitung vorbereitet. Dabei können die Objektprogramme absolut oder relativ adressiert vorliegen. Der Lader erledigt bei relativ adressierten Programmen die erforderliche Adressenumrechnung selbständig. Der Lader kann auch über eine vom Nutzer zusammengestellte Unterprogrammbibliothek verfügen oder über einen für alle Applikationsprogramme gemeinsamen Speicherbereich.

Weitere Dienstprogramme geben Hilfestellung beim Testen. So können damit auf dem Hauptspeicher stehende Applikationsprogramme ausgetestet werden hinsichtlich ausgewählter Speicherbereiche. Letztere können damit ein- und ausgegeben werden oder gelöscht werden. Auch einzelne Worte oder Bytes können damit aufgesucht werden. Schließlich kann dadurch ein Testlauf überwacht werden.

Auch Aufbereitungsprogramme für Datenträger — Lochband, -karte — oder Gerätetestprogramme zählen zu den Dienstprogrammen.

3.1.2.3. Standardunterprogramme

Hierbei handelt es sich um Unterprogramme, die für die Arbeitsweise des Rechners obligatorisch sind. Sind z. B. die Gleitkommaoperationen nicht gerätemäßig ausführbar, so sind sie programmtechnisch über ein Standardunterprogramm realisierbar. Ähnlich verhält es sich mit der Verarbeitung ganzzahliger Operanden oder mit der Verarbeitung in doppelter und mehrfacher Genauigkeit.

Auch die *Standardfunktionen*, wie trigonometrische, Exponential-, Wurzel- und Logarithmusfunktionen sind als Standardunterprogramme Bestandteil der Systemprogramme.

Außerdem zählen die *Konvertierungsprogramme* dazu. Sie erledigen die Umwandlung verschiedener innerer Zahlentypen, wie z. B. Festkommazahlen in Gleitkommazahlen und umgekehrt. Weiterhin die Umwandlung und Rückumwandlung von Codes externer Geräte in den internen Code.

3.1.3. Applikationsprogramme

Ein Teil der Applikationsprogramme ist standardmäßig zu den maschinenorientierten Systemunterlagen zu rechnen. So gehören zu den *Standardapplikationsprogrammen* alle Grundverfahren der numerischen Mathematik. Das sind, um einige Beispiele zu nennen, Verfahren zur Lösung linearer und nichtlinearer Gleichungssysteme, Matrizenoperationen, Verfahren zur Interpolation und Approximation, Verfahren zur Integration, Verfahren zur Lösung gewöhnlicher Differentialgleichungen, Optimierungsverfahren usw. Solche Programme stehen für verschiedene Zahlendarstellung und in verschiedener Genauigkeitsausführung als Applikationsprogramme zur Verfügung.

Alle anderen Applikationsprogramme sind durch den Nutzer selbst zu erstellen. Häufig bieten die Rechnerhersteller noch auf bestimmte Problemkreise zugeschnittene fertige Programme bzw. Programmteile dem Betreiber des Rechners an. Diese und vom Nutzer selbst erstellte Applikationsprogramme rechnen wir zu den problemorientierten Systemunterlagen.

3.1.4. Hybridspezifische Anforderungen

Ist der Digitalrechner mit einem Analogrechner gekoppelt, so reichen die bisher aufgezählten Systemunterlagen eines herkömmlichen Prozeßrechners nicht aus, um den gemeinsamen Betrieb eines hybriden Rechnersystems zu gewährleisten und um damit effektive Hybridsimulationen auszuführen. Wie schon einmal betont, sind nicht alle bisherigen Systemunterlagen unbrauchbar, es treten jedoch im Hybridbetrieb spezifische Anforderungen auf, die durch Hybridsystemunterlagen befriedigt werden müssen.

Zunächst entsteht eine Hybridspezifik durch die formale Kopplung zweier unterschiedlicher Rechnertypen. Sie drückt sich aus durch:

1. Unterschiedliche Programmierungstechniken, die beide vom Nutzer beherrscht werden müssen und möglichst umfassend rechnergestützt ausgeführt werden sollten.
2. Unterschiedliche Darstellung der Daten auf beiden Rechnern. Der Analogrechner hat eine Festkommadarstellung, die eine Normierung erforderlich macht. Außerdem ist eine Datenwandlung von Analog- in Digitaldaten und umgekehrt erforderlich.
3. Die Kompliziertheit der Organisation der Simultanarbeit von Digital- und Analogrechner wegen unterschiedlicher Arbeitsweisen der Rechner — seriell und parallel. Eine solche Rechenphase des hybriden Rechnersystems ist besonders zeitkritisch hinsichtlich der Verarbeitungsgeschwindigkeit des Digitalrechners.
4. Die Notwendigkeit des Einbaues von umfangreicheren Testen in den Bearbeitungsablauf einer Hybridsimulation, da die Zuverlässigkeit der Analoggerätetechnik noch nicht die der Digitalgerätetechnik erreicht und außerdem das Stecken der Rechenschaltung fehlerbehaftet sein kann.

Andererseits entsteht eine Hybridspezifik durch die Absicht, eine Hybridsimulation auszuführen. Für Simulationsabsichten — auch rein digitale Simulationen — wären die bisher angeführten Systemunterlagen ohnehin nicht ausreichend. Die Simulationsspezifik ist charakterisiert durch:

1. Den Wunsch nach einfachem Zugriff zum Hybridrechnersystem. Der Nutzer sollte ohne Spezialkenntnisse in Rechentechnik sein Problem simulieren können.
2. Die Forderung nach einer minimalen Durchsatzzeit für eine Simulationsstudie. Die Resultate müssen in möglichst kurzer Zeit vorliegen. Dazu zählt eine geringe Vorbereitungszeit als auch Laufzeit für eine Simulation. Der Zugriff über Simulationskonsolen im Fernbetrieb wird diese Forderung unterstützen.
3. Die Forderung nach niedrigsten Simulationskosten. Dies ist ebenfalls erreichbar durch kurze Vorbereitungs- und Laufzeiten, aber auch durch Multiprogrammbetrieb mit anderen Digitalprogrammen, durch gute Testprogramme usw.
4. Den Eingriff in einen Simulationslauf. Der Nutzer muß ein gerade laufendes Hybridprogramm nach seinen Entscheidungen stoppen können, Parameter u. ä. ändern können.
5. Den Wunsch nach einer ausreichenden Dokumentation auch über den Analogrechner. Dem Nutzer müssen Programmsituationen, Ergebnisse, Fehler usw. in einer leicht erfaßbaren Form ausgegeben werden.

Werden die aufgezählten Besonderheiten bei der Erstellung von Hybridsystemunterlagen nicht oder nur teilweise beachtet, dann steigt die Vorbereitungszeit für eine Hybridsimulation unvergleichlich an zu der einer Digitalsimulation und der während eines Simulationslaufes durch die höhere Lösungsgeschwindigkeit des Analogrechners erreichte Effekt wird völlig unwirksam. Er kommt dann höchstens bei einer sehr großen Anzahl von Läufen für ein und dasselbe Problem noch zum Tragen. Für hybride Rechnersysteme, die eine universelle Anwendung in einem Rechenzentrum finden sollen, sind daher Systemunterlagen erforderlich, die eine weitestgehende Unterstützung für die Programmierung und die Durchführung von beliebigen Simulationsläufen gewähren.

3.2. Hybriderweiterungen bestehender Systemunterlagen

Der einfachste Weg gewisse Anforderungen der Hybridspezifik zu erfüllen, besteht in der sogenannten Hybriderweiterung bestehender Systemunterlagen des im hybriden Rechnersystem benutzten Digitalrechners. Durch solche Erweiterungen werden nur die Mindestanforderungen erfüllt, die sich etwa wie folgt formulieren lassen:

1. Sicherung des Daten- und Steuersignalaustausches über das Koppelwerk.
2. Organisation der Simultanarbeit von beiden Rechnern einschließlich der Unterbrechungsbehandlung.
3. Gewährleistung einer primitiven Eingriffsmöglichkeit in den Simulationslauf unter Ausübung einfacher Teste.

3.2.1. Hybriderweiterungen des Steuerprogrammsystems

Der Nutzer tritt generell mit dem Steuerprogramm in Verbindung durch Einfügen spezieller Steuerprogrammrufe in sein Applikationsprogramm. Eine Hybriderweiterung eines Steuerprogrammes bedeutet somit u. a. eine Erweiterung des Vorrates an Steuerprogrammrufen. Solche Rufe dienen zur Organisation des Hybridrechenbetriebes und zur Bedienung des Koppelwerkes.

Zur Organisation des Hybridbetriebes gibt es die Rufe:

Initialisieren des Hybridbetriebes (INIT). Wird in einem Applikationsprogramm dieser Ruf benutzt, so werden alle weiteren Hybridrufe nur noch von dem Applikationsprogramm akzeptiert, das den Hybridbetrieb durch INIT eingeleitet hat. Damit ist dieses Applikationsprogramm zum Hybridprogramm erklärt und genießt eine Sonderstellung unter den Applikationsprogrammen. Zusätzlich kann durch den Ruf INIT der Analogrechner in einen definierten Anfangszustand gebracht werden.

Beenden des Hybridbetriebes (EHYB). Dieser Ruf hebt alle durch INIT eingeleiteten Maßnahmen wieder auf und läßt das Steuerprogramm wieder für den normalen Digitalbetrieb funktionieren.

Starten eines Analogrechenlaufes unter simultaner Beteiligung eines digitalen Applikationsprogrammes (GEME). Der Ruf GEME — „Gemeinsam“ — erlaubt die Parallelarbeit von Digital- und Analogrechner und schließt alle anderen Applikationsprogramme von der Bearbeitung aus. Dadurch wird die kürzest mögliche Verarbeitungszeit für das digitale Parallelprogramm erreicht. Nachdem der Analogrechner durch den Digitalrechner gestartet wurde, wird das digitale Parallelprogramm über ein Unterbrechungssignal vom Analogrechner aus gestartet und beide Rechner arbeiten simultan. Die Simultanarbeit wird dann unterbrochen nach Ablauf einer vorgegebenen Zeit bzw. vorzeitig durch den Hybridruf HALT im Parallelprogramm oder durch Eintreffen eines anderen spezifischen Unterbrechungssignals.

Beenden eines Analogrechenlaufes (HALT). Durch diesen Ruf kann die Rufbearbeitung GEME vor Ablauf der vereinbarten Bearbeitungszeit beendet werden.

Zur Bedienung des Koppelwerkes gibt es einen Ruf, den wir mit BADT bezeichnen wollen. Er realisiert alle Funktionen des Daten- und Steuersignalaustausches des Koppelwerkes. Dieser Ruf ist nur im Hybridprogramm — durch INIT erklärt — oder im Parallelprogramm während des Rufes GEME erlaubt. In diesen Programmen ist eine Benutzung des Koppelwerkes auch nur sinnvoll.

Wir beachten, daß durch die Hybriderweiterung des Steuerprogrammsystems der Multiprogrammbetrieb erhalten bleibt. Wir haben somit die Möglichkeit, eine hohe Auslastung des Digitalrechners zu garantieren. Ist jedoch die Anzahl von Applikationsprogrammen, die im Multiprogrammbetrieb arbeiten sehr hoch, so wird für die notwendige Vorrangorganisation viel Zeit benötigt. Für den Hybridbetrieb ist ein Echtzeitsteuerprogrammsystem mit wenigen Applikationsprogrammen im Multiprogrammbetrieb vorteilhafter, wobei neben dem Hybridprogramm einige andere im Hintergrundbetrieb laufen sollten.

Im Falle eines Fehlers während des Hybridbetriebes muß das Steuerprogrammsystem natürlich eine Fehlermeldung veranlassen und die Möglichkeit eines Eingriffes durch den Nutzer gestatten. Hierzu kann z. B. ein spezielles Hybridkommandoprogramm aufgerufen werden, mit dem der Nutzer die gleichen Operationen zur Organisation des Hybridbetriebes und zur Bedienung des Koppelwerkes ausführen kann. Außerdem kann er mit dem Kommandoprogramm weitere Programme starten, um aus Fehlersituationen herauszukommen.

Diese einfache Version des Eingriffs kann eleganter durch Übergang zu einem sogenannten Hybridinterpreter — HYBI — im Falle einer Fehlersituation ersetzt werden. Der Hybridinterpreter besitzt für die Hybridprogrammierung besondere Bedeutung wegen seiner guten interaktiven Möglichkeiten, es wird im Kap. 3.3.2.3. noch ausführlich darauf eingegangen.

3.2.2. Hybriderweiterungen der Systemprogramme

Zur Organisation des Hybridbetriebes und zur Bedienung des Koppelwerkes sind auch Erweiterungen in den Programmiersprachen und damit in den Übersetzungsprogrammen erforderlich.

Relativ einfach läßt sich die Hybridspezifik durch Aufruf von Unterprogrammen in einer problemorientierten Sprache beherrschen. Jedoch kostet die Aufruforganisation dieser Unterprogramme Zeit, die in der zeitkritischen Phase des Parallelbetriebes von Analog- und Digitalrechner zu vergrößerten Antwortzeiten des Digitalrechners führt. Andererseits müssen hybridspezifische Anweisungen in die Quellsprache mit aufgenommen werden. In jedem Fall ist das Übersetzungsprogramm so zu ändern, daß die hybridspezifischen Operationen in die Maschinenebene übertragen werden.

Auch Erweiterungen der Standardunterprogramme sind angebracht. Empfehlenswert ist, die Gleitkommaoperationen auf Einwortgleitkommaoperationen umzustellen, wegen der damit erreichbaren höheren Rechengeschwindigkeit. Die reduzierte Genauigkeit entspricht bei 16 Bit Wortlänge noch der des Analogrechners. Am sinnfälligsten ist es, die neu einzuführenden Einwortzahlentypen an die Zahlentypen der Umsetzer anzugleichen, um zeitaufwendige Anpassungsoperationen wegfallen zu lassen.

Im allgemeinen werden durch Hybriderweiterungen bestehender Systemunterlagen nicht alle Anforderungen (s. Kap. 3.1.4.) umfassend erfüllt. Vor allem die automatisierte Vorbereitung der Analogrechenprogrammierung ist eine Forderung, die erheblich die Effektivität einer Hybridsimulation ansteigen läßt und die durch Hybriderweiterungen nicht gesichert ist. Hier schaffen nur Systemunterlagen eine Abhilfe, die vollständig auf die Belange des Hybridbetriebes orientiert sind. Solche Systemunterlagen sind geschaffen worden, an ihrer Vervollkommnung wird laufend gearbeitet. Wir wollen in diesem Zusammenhang von Hybridprogrammiersystemen sprechen.

3.3. Hybridprogrammiersysteme und Hybridsprachen

Mit einem Hybridprogrammiersystem soll die vollständige Programmierung eines Problems auf einem hybriden Rechnersystem ausführbar sein. Die Sprache, in der das Problem dem hybriden Rechnersystem übermittelt wird, soll Hybridsprache genannt werden. Die Abb. 3.2 zeigt in schematischer Weise, welche Aufgaben etwa bei der Aufstellung eines Hybridprogramms zu erledigen sind.

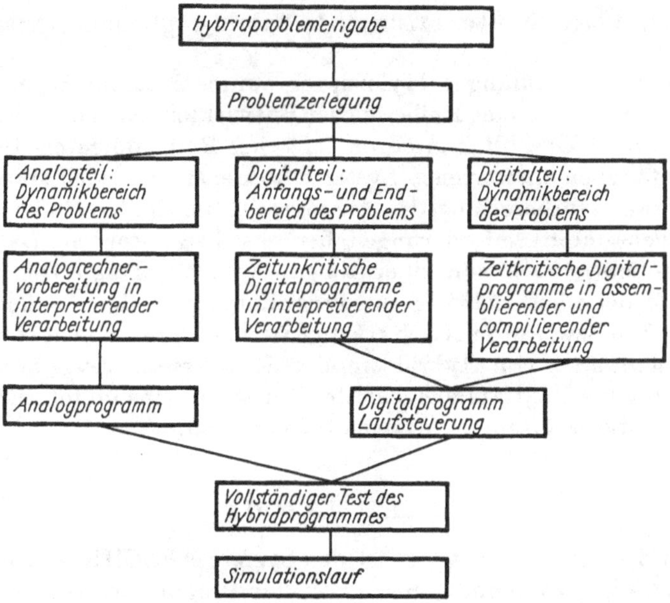

Abb. 3.2. Hybridprogrammerzeugung in schematischer Darstellung

Der Eingabe voraus gehen selbstverständlich die Problemanalyse und Algorithmierung. Die Hybridproblemeingabe selbst sollte in einer Simulationssprache (s. Kap. 3.3.2.5.) erfolgen, um eine große Nutzerfreundlichkeit zu erreichen. Die Problemzerlegung erfolgt gewöhnlich so, daß der Dynamikbereich des Problems — in der Regel ein GDGl-System — auf dem Analogrechner abgearbeitet wird und der Anfangs- und Endbereich des Problems durch den Digitalrechner. Im Anfangsbereich werden z. B. alle Ein- und Ausgabeoperationen getätigt, die nicht zum eigentlichen Simulationslauf gehören. Auch die Eingabe von Anfangszuständen rechnet dazu. Im Endbereich können nach dem Analogrechnerlauf erforderliche Berechnungen ausgeführt werden, wie Parameteränderungen, Entscheidungen für die Wiederholung eines Laufes usw.

Es gibt jedoch auch Gründe, die eine Verlagerung von Teilen des Dynamikbereiches auf den Digitalrechner günstig erscheinen lassen. Selbstverständlich dann, wenn die Rechenelemente des Analogrechners nicht ausreichen oder z. B., wenn bei steifen Differentialgleichungssystemen die langsamen Dynamikbereiche zweckmäßigerweise auf dem Digitalrechner und die schnellen Dynamikbereiche auf dem Analogrechner simuliert werden.

Wegen der besseren interaktiven Möglichkeiten — Mensch-Maschine-Kommunikation — ist es günstig, zeitunkritische Digitalprogramme interpretativ abzuarbeiten und nur zeitkritische Digitalprogramme assemblierend oder compilierend laufen zu lassen. Die digitalrechnergestützte Analogrechnervorbereitung ist ebenfalls zeitunkritisch und wird deshalb interpretativ betrieben. Auf die automatisierte Analogrechnervorbereitung wird noch ausführlich eingegangen (s. Kap. 3.3.2.1.). Statische und dynamische Teste kontrollieren das Hybridprogramm abschließend, ehe mit den Simulationsläufen begonnen werden kann.

3.3.1. Übersicht über existierende Hybridprogrammiersysteme

Die Entwicklung eigenständiger Hybridprogrammiersysteme begann Anfang der sechziger Jahre, und es sind eine Reihe solcher Entwicklungen in der Literatur bekannt geworden. Ein kurzer Überblick in chronologischer Reihenfolge bis 1973 ist in [119] gegeben. Die anfänglich entworfenen Systeme konzentrierten sich stark auf die automatisierte Programmvorbereitung des Analogrechners. Später sind immer mehr die in Kap. 3.1.4. genannten Anforderungen berücksichtigt worden. Da mit Hilfe des Hybridprogrammiersystems, von einer Eingabesprache in den Digitalrechner ausgehend, alle erforderlichen Schritte zur Programmierung des Analog- und Digitalrechners ausgegeben bzw. automatisch erledigt werden, sprechen wir statt von Hybridprogrammiersystem auch von Hybridcompiler. Er übersetzt gewissermaßen das Problem in auszuführende Programmierschritte. Wir wollen uns im folgenden nur auf die bekanntesten Hybridprogrammiersysteme beschränken.

3.3.1.1. APACHE

Als erstes Hybridprogrammiersystem ist das System APACHE — Analog Programming And CHEcking — zu nennen, das zur off-line-Programmvorbereitung eines Analogrechners auf einem Digitalrechner diente [49]. Die Problemeingabe erfolgte in der APACHE-Sprache, die Differentialgleichungen, algebraische Gleichungen, implizite Funktionen und beliebige Funktionen zu notieren erlaubte. Am Ausgang des Systems standen zur Verfügung:

- die normierten Gleichungen,
- die Prüfwerte für den statischen Test,
- eine Zuordnung der abstrakten und physischen Rechenelemente und eine Verbindungsbeschreibung,
- eine digitale Simulation, wenn gewünscht,
- ein Lochkartenstapel zur Unterstützung des statischen Testes.

Leider war APACHE zu stark auf spezielle Maschinentypen orientiert und war daher schlecht kompatibel. APACHE ist aber für die damalige Zeit ein großer Fortschritt gewesen und diente für viele weitere Programmiersysteme als Vorbild.

3.3.1.2. APSE

Als nächstes System sei APSE — Automatic Programming and Scaling of Equations — genannt [26]. APSE hat einen höheren Reifegrad als APACHE erreicht und ist heute noch in Benutzung. Es erfordert jedoch einen digitalen Großrechner für seine Implementierung. Dabei kann es auf verschiedenen Digitalrechnern laufen und kann verschiedene Analogrechner berücksichtigen, ist also von besserer Kompatibilität als APACHE. APSE enthält eine Überwachungsroutine und eine Reihe von Verarbeitungsroutinen, die teilweise obligatorisch und teilweise wahlweise aufgerufen werden. In der Reihenfolge ihrer Nutzung sind folgende Verarbeitungsroutinen vorhanden.

1. Eingangsroutine. Die Gleichungen und entsprechende Daten werden in einer höheren Programmiersprache eingegeben und in eine Form übersetzt, die für die folgenden Routinen verständlich ist.
2. Routine zur Ableitungssortierung. Jede Gleichung, die auf der linken Seite Ableitungen höherer als erster Ordnung enthält, wird auf ein System von Differentialgleichungen erster Ordnung reduziert. Es entstehen dadurch zusätzliche Differentialvariable.
3. Routine zur Gleichungsreduktion. Alle so erhaltenen Gleichungen werden in weitere einfachere Gleichungen zerlegt, so daß jede Gleichung durch ein analoges Rechenelement ersetzt werden kann. Hierdurch entstehen weitere Hilfsvariable algebraischer Natur.
4. Routine zur Gleichungssortierung. Für die Ausführung des statischen Testes ist eine Sortierung aller Gleichungen angebracht, so daß die Eingangsgrößen einer Gleichung möglichst durch Ausgangsgrößen vorheriger Gleichungen bestimmt sind. Damit werden die dann noch simultan zu lösenden Gleichungen auf ein Minimum reduziert.
5. Normierungsroutine. Die Normierung der abhängigen und unabhängigen Variablen wird ausgeführt entweder unter Benutzung von Standardnormierungsfaktoren oder durch Vorgabe von Normierungsfaktoren durch den Nutzer.
6. Routine zum dynamischen Test. Für die normierten Maschinengleichungen wird eine rein digitale Testrechnung für einen gewünschten Bereich der unabhängigen Variablen ausgeführt. Ein Vergleich zur Analogrechnerlösung läßt vor allem dynamische Fehler erkennen.
7. Routine zum statischen Test. Die normierten algebraischen Maschinengleichungen und die Ableitungen werden im stationären Zustand unter Zuhilfenahme von statischen Prüfwerten berechnet. Für simultan zu lösende Gleichungen wird ein Iterationsalgorithmus eingesetzt. Bei Auftreten von Fehlern irgendwelcher Art wird eine Information an den Nutzer ausgegeben.
8. Zuordnungsroutine. Die für den Aufbau der Rechenschaltung erforderlichen Rechenelemente werden den Rechenelementegleichungen zugeordnet. Die verfügbaren Rechenelemente des Analogrechners sind im Digitalrechner gespeichert.
9. Ausgangsroutine. Hierdurch erhält der Nutzer Angaben für das Verschalten der Rechenelemente, das Einstellen aller Potentiometer und zur Ausführung des statischen und evtl. eines dynamischen Testes. Dadurch werden Verschaltungs- und Einstellfehler lokalisiert. Außerdem wird eine Programmdokumentation ausgegeben, die die Eingangsgleichungen nebst Daten, die normierten Maschinengleichungen, die Zuordnung der Rechenelemente und die Einstellwerte für die Potentiometer enthält.

Mit den in der Ausgangsroutine erhaltenen Informationen ist dann der Analogrechner von Hand zu programmieren. Wie ersichtlich, fehlt die Möglichkeit, das gesamte Hybridproblem durch APSE zu behandeln. Wir beachten weiter, daß zur on-line-Ausführung des statischen Testes der Digitalrechner des Hybridrechensystems neu mit den erforderlichen Informationen, wie sie durch APSE erhalten werden, versehen werden muß.

3.3.1.3. ACTRAN und HL1

Die Hybridprogrammiersysteme ACTRAN — Analog Compiler and TRANslator — und HL1 — Hybrid Language 1 — sind in gemeinsamer Kooperation verschiedener Interessenten entstanden und unterscheiden sich nur hinsichtlich der benutzten Quellsprachen für die Problemeingabe [33]. Während ACTRAN CSMP-orientiert ist, benutzt der HL1-Compiler eine neue Simulationssprache als Quellsprache, eben HL1. CSMP — Continuous System Modelling Programm — ist eine bekannte digitale Simulationssprache, die in verschiedenen Versionen auf digitalen Großrechnern läuft [127].

Beide Programmiersysteme unterscheiden sich von den bisherigen in zwei wesentlichen Punkten.

1. Die benutzten Quellsprachen sind digitale Simulationssprachen und erlauben somit dem Nutzer den Übergang von der Digitalsimulation zur Hybridsimulation und umgekehrt ohne Schwierigkeiten.
2. Mit den Quellsprachen ist ein hybrides Rechnersystem als ein einheitliches Ganzes zu programmieren, und zwar auf einem höheren Niveau.

Der HL1-Compiler ist außerdem in der Lage, durch sogenannte Vorprozessoren die Simulationssprachen CSMP und SL1 — Simulation Language 1 — ebenfalls als Quellsprachen zuzulassen. Alle im bisherigen Zusammenhang genannten Simulationssprachen erfüllen die Anforderungen einer Sprache vom Typ CSSL — Continuous Systems Simulation Language [131].

Beschränken wir uns auf eine kurze Darstellung von HL1. Wie schon erwähnt, ist die Formulierung des Programmes in HL1 unabhängig davon, auf welchem Rechnersystem das Programm ausgeführt werden soll. Soll eine Hybridsimulation erfolgen, erhält der Nutzer aus dem HL1-Compiler:

1. Eine Liste von Anweisungen zur Programmierung des Analogrechners.
2. Daten für den statischen Test unter der Voraussetzung, daß alle Rechenelemente richtig verschaltet sind.
3. Ein FORTRAN-Programm für den Digitalteil des Hybridrechensystems einschließlich solcher Angaben wie Potentiometereinstellwerte, Anfangswerte, logische Zustände usw.

Soll die Simulation rein digital erfolgen, erhält der Nutzer ein FORTRAN-Programm für das gesamte Modell, also auch für die Differentialgleichungen zur Abarbeitung auf dem Digitalrechner.

Ein HL1-Programm besteht aus drei Bereichen:

1. Anfangsbereich. Hier sind die Anfangsbedingungen der Simulation zu beschreiben. Dieser Bereich ist obligatorisch und wird durch END abgeschlossen.
2. Dynamik-Bereich. In diesem Bereich ist das aktuelle Simulationsproblem darzustellen, er wird ebenfalls durch END abgeschlossen.

3. End-Bereich. Hier sind die Eingaben oder Ausgaben zu beschreiben, Parameteränderungen anzugeben, Laufwiederholungen vorzugeben u. ä. Dieser Bereich ist ebenso obligatorisch und wird durch END begrenzt.

Bei der Simulation kontinuierlicher Prozesse treten Vorgänge paralleler Art als auch sequentieller Art auf. Das Simulationsmodell kann daher in einen Parallelteil und einen Seriellteil zerlegt werden. Demzufolge ist in HL1 der Dynamik-Bereich unterteilbar in eine oder mehrere Analogsektionen und in eine oder mehrere Digitalsektionen. Die Analogsektion wird im Falle einer Hybridsimulation dann auf dem Analogrechner realisiert. Es ist jedoch auch möglich, nach Nutzerentscheid gewisse Parallelteile auf den Digitalrechner zu übertragen.

Der HL1-Compiler automatisiert alle erforderlichen Vorbereitungsschritte des Analogrechners bis auf das automatische Verschalten der Programmiertafel. In der Zukunft sollen Elemente der diskreten — stochastischen — Simulation in die Sprache und den Compiler übernommen werden.

3.3.2. Hybridprogrammiersystem für HRA 7000

Im folgenden wollen wir uns etwas ausführlicher mit dem Hybridprogrammiersystem des schon in Kap. 2.4. vorgestellten hybriden Rechnersystems HRA 7000 beschäftigen. Die Ausführungen sind aber keineswegs nur auf dieses spezielle System bezogen, sondern tragen größtenteils allgemeingültigen Charakter. Das Konzept für das Hybridprogrammiersystem 7000 lehnt sich an die in Abb. 3.2 gegebene schematische Darstellung an.

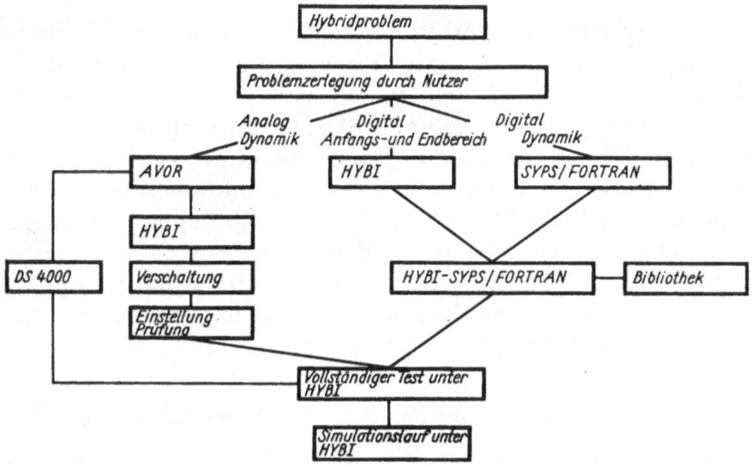

Abb. 3.3. Hybridprogrammiersystem für HRA 7000

In Abb. 3.3 ist das Hybridprogrammiersystem 7000 angeführt. Das Hybridproblem sei in Form eines Systems von gewöhnlichen Differentialgleichungen und algebraischen Gleichungen mit zugehörigen Parameterwerten gegeben. Dazu gehören auch die Daten für beliebige Funktionen. Außerdem sei die Strategie zur Durchführung der Simulation — Experimente — bekannt.

Der erste Schritt der Zerlegung des Problems in Analogteil und Digitalteil erfolgt durch den Nutzer. In der Regel wird der Dynamikbereich des Problems auf dem Analogrechner modelliert. Der Anfangs- und Endbereich, die im wesentlichen das Experimentieren erlauben, werden durch den Digitalrechner erledigt. Es gibt jedoch auch Gründe, bestimmte Teile des Dynamikbereiches auf dem Digitalrechner zu modellieren. Dazu gehört die Erzeugung von mehrdimensionalen Funktionen, wenn keine Hybridfunktionsgeber (s. Kap. 4.3.3.) vorhanden sind. Dazu rechnen die Ausführung von Matrizenoperationen jeglicher Art oder die Ausführung umfangreicher algebraischer Berechnungen. Dazu zählt auch die numerische Integration für langsame dynamische Komponenten des Modells. Da diese Berechnungen aus dem Dynamikbereich des Problems mit größter Geschwindigkeit auszuführen sind, werden sie in der Assemblersprache SYPS oder in FORTRAN programmiert. Schätzungsweise 20% aller Simulationsprobleme benötigen den Digitalrechner zusätzlich zum Analogrechner für den Dynamikbereich.

Wie schon erwähnt, werden der Anfangs- und Endbereich auf dem Digitalrechner realisiert. Diese Programmteile sind gewöhnlich nicht zeitkritisch und können durch den Hybridinterpreter — HYBI — abgearbeitet werden. HYBI besitzt die Eigenschaft, FORTRAN- oder SYPS-Objektprogramme aufrufen zu können. Dadurch kann schon im Anfangs- oder Endbereich eine Programmischung vorgenommen werden. Viel wichtiger ist diese Eigenschaft jedoch für die Verschmelzung von Anfangs- und Endbereich mit dem digitalen Dynamikbereich zu einem abarbeitungsfähigen Digitalprogramm. In dieses Programm können eine Reihe von zeitkritischen Objektprogrammen aus der Applikationsprogrammbibliothek eingehen. Der Synchronismus zwischen digitalem und analogem Dynamikbereich ist unterbrechungsgesteuert ebenfalls durch HYBI gesichert.

Der analoge Dynamikbereich des Problems wird in der AVOR-Sprache in den Digitalrechner eingegeben. AVOR leitet sich von AnalogrechnerVORbereitung her. Der AVOR-Compiler erzeugt aus dem in Gleichungsform notierten Analogteil ein HYBI-Programm, mit dem die gesamte Analogrechnerprogrammierung digitalrechnergestützt ausgeführt werden kann. Dazu rechnet die Verschaltung der Rechenelemente, die Einstellung der Potentiometer und Funktionsgeber, bzw. das Prüfen der Rechenschaltung. Auf AVOR und HYBI wird noch näher eingegangen.

Mit dem digitalen Simulationssystem DS 4000 [124], [123] ist eine rein digitale Simulation des gesamten Dynamikbereichs ausführbar, wodurch die Maximalwerte für die Normierung der Analogvariablen und ausgewählte Lösungsfunktionen für dynamische Testzwecke zur Verfügung stehen.

3.3.2.1. Aufgaben bei der Analogrechnervorbereitung

Zum besseren Verständnis der Arbeitsweise von AVOR und HYBI sollen nochmals die Aufgaben bei der Analogrechnervorbereitung zusammengestellt werden. Soll sie durch den Digitalrechner gestützt erfolgen, müssen wir folgende detaillierte Schritte gehen:

1. *Eingabe* des Analogproblems in einer durch den Digitalrechner akzeptablen Sprache, vorzugsweise in gleichungsorientierter Notierung, aber auch in blockorientierter Notierung. Weiterhin sind einzugeben die Werte von Parametern und für Funktionen.

2. *Übersetzung* des Analogproblems in eine für die nachfolgenden Programmteile zur Weiterverarbeitung geeigneten Form. Dabei erfolgt eine syntaktische Analyse des eingegebenen Quelltextes.

3. *Umformung* von gegebenenfalls vorhandenen Differentialgleichungen höherer Ordnung in ein System von Differentialgleichungen erster Ordnung. Diese Umformung führt neue Hilfsvariable ein. Die Differentialgleichung dritter Ordnung X(DF,3) = Q * H/T z. B. wird reduziert auf die Gleichungen

   DHV 001 (DF,1) = Q * H/T
   DHV 002 (DF,1) = DHV 001
   X (DF,1) = DHV 002

   Hierbei sind die differentiellen Hilfsvariablen DHV 001 und DHV 002 eingeführt worden, DF gefolgt von einer ganzen Zahl kennzeichnet die Ableitung und Ordnung.
   Bedingte arithmetische Ausdrücke, die in Differentialgleichungen auftreten, werden durch algebraische Hilfsvariable ersetzt, um eine einheitliche Syntax für die Maschinengleichungen zu erreichen. Die Differentialgleichung

   X(DF,1) = IF(A) G (B) THEN (1) ELSE (0)

   wird ersetzt durch

   X(DF,1) = AHV 001
   AHV 001 = IF(A) G (B) THEN (1) ELSE (0)

   Jede Ableitung, die auf der rechten Seite einer Eingangsgleichung erscheint, wird durch eine differentielle oder algebraische Hilfsvariable ersetzt. Wenn eine Ableitung auf der rechten Seite die höchste der betreffenden Variablen ist, wird sie durch eine algebraische Hilfsvariable ersetzt, andererseits durch eine differentielle.

   Beispiel:

   Y(DF,3) = A * Y + B + Z(DF,2)
   Z(DF,2) = C * Z + Y + Z(DF,1)

   Die Reduktion erfolgt in drei Stufen:

   Y(DF,3) = A * Y + B + AHV 001
   AHV 001 = C * Z + Y + Z(DF,1)

   ersetzt die höchste Ableitung der rechten Seite.

   DHV 001 (DF,1) = A * Y + B + AHV 001
   DHV 002 (DF,1) = DHV 001
   Y(DF,1) = DHV 002

   AHV 001 = C * Z + Y + Z(DF,1)
   DHV 003(DF,1) = AHV 001
   Z(DF,1) = DHV 003

   reduziert die Ableitungen höherer Ordnung.

```
DHV 001(DF,1) = A * Y + B + AHV 001
DHV 002(DF,1) = DHV 001
      Y(DF,1) = DHV 002
AHV 001       = C * Z + Y + DHV 003
DHV 003(DF,1) = AHV 001
      Z(DF,1) = DHV 003
```

ersetzt die Ableitungen der rechten Seite.

4. *Reduktion* aller so erzeugten Gleichungen auf einen Satz von Gleichungen, in dem jede Gleichung durch ein vorhandenes Rechenelement verwirklicht werden kann. Dabei entstehen eine Reihe algebraischer Hilfsgleichungen und weitere algebraische Hilfsvariable.
   Entsprechend der analogen Rechenelemente Integrierer, Summierer, offener Verstärker, Multiplizierer, Dividierer, Funktionsgeber, Komparator sind Grundtypen von Gleichungen vorzusehen. Die Ausdrücke der unter 3. erhaltenen Gleichungen sind dabei so aufzuteilen, daß nur noch Grundtypen von Ausdrücken übrigbleiben, die in den erlaubten Gleichungen auf Elementebasis als rechte Seiten eingehen.

5. *Sortierung* aller Gleichungen in einer Art, die möglichst viele in aufeinanderfolgender Weise zu lösen gestattet und somit ein Minimum von simultan zu lösenden Gleichungen erzeugt. Die Sortierung ist sinnvoll für die Einsparung von digitaler Rechenzeit bei der Berechnung der Gleichungen zu Zwecken des statischen Testes. Außerdem bilden die sortierten Gleichungen einen guten Ausgangspunkt für die noch zu besprechende Rechenelementezuordnung unter 8.

6. *Normierung* — Skalierung — aller Gleichungen und die daraus resultierende Berechnung der Potentiometer-Einstellwerte bzw. Funktionsgeber-Einstellwerte.
   Für ein Differentialgleichungssystem n-ter Ordnung

$$\left.\begin{aligned} \dot{\boldsymbol{x}}(t) &= \boldsymbol{f}(\boldsymbol{x}, t)\,, \quad t \in [0, T]\,, \\ \boldsymbol{x}(0) &= \boldsymbol{x}_0 \end{aligned}\right\} \tag{3.1}$$

   besteht die Aufgabe der Normierung bekanntlich darin, Gl. (3.1) so umzuformen, daß der Wertebereich der abhängigen und unabhängigen Variablen an den Wertebereich der Maschinengleichungen des Analogrechners angepaßt wird. Das bedeutet für die abhängigen Variablen keine Unter- bzw. Übersteuerung der Rechenelemente zuzulassen und für die unabhängige Variable in der Regel eine Stauchung bzw. Dehnung gegenüber der Echtzeit zu betreiben.
   Die Amplitudennormierung überführt die Problemvariable $\boldsymbol{x}$ in die normierte Problemvariable $\boldsymbol{X}$

$$\boldsymbol{X}(t) = \boldsymbol{N} * \boldsymbol{x}(t)\,. \tag{3.2}$$

   Dabei ist $\boldsymbol{N}$ eine Diagonalmatrix

$$\boldsymbol{N} = \operatorname{diag}\,[n_i]\,, \quad n_i > 0\,. \tag{3.3}$$

   Die n_i sind für eine exakte Normierung die Reziprokwerte des maximalen Betrages jeder Komponente von $\boldsymbol{x}$ im betrachteten Intervall

$$n_i = \frac{1}{|x_i|_{\max}}\,. \tag{3.4}$$

Für eine gerundete Normierung wird der Normierungsfaktor n_i in Gleitkommaform dargestellt $m * 10^P$, wo $0{,}1 \leqq m < 1$ gilt. m wird dann mit den Werten einer Normierungsfaktortabelle verglichen, um daraus den größten Wert s zu finden, der nicht größer als m ist. Der gerundete Normierungsfaktor beträgt dann $s * 10^P$. Die Normierungsfaktortabelle kann standardmäßig vorgegeben sein oder kann durch den Nutzer eingegeben werden.

Hilfsvariable werden genauso normiert wie Problemvariable, nur sind für Hilfsvariable keine maximalen Beträge durch den Nutzer vorgebbar, da Hilfsvariable durch die Gleichungsumformung und -reduktion automatisch eingeführt werden. Es empfiehlt sich, Hilfsvariable immer exakt zu normieren.

Der maximale Betrag jeder algebraischen Hilfsvariablen wird gleich dem maximalen Betrag der rechten Seite der zugehörigen Elementegleichung gesetzt. In der rechten Seite selbst sind die Maxima bzw. Minima der Beträge der entsprechenden Variablen einzusetzen, je nach Struktur der rechten Seite.

Die Zeitnormierung

$$\tau = \lambda t\,, \qquad \lambda > 0 \tag{3.5}$$

überführt die Problemzeit t (oder andere unabhängige Variable) in die normierte Variable τ. Für Gl. (3.1) folgt somit aus beiden Normierungen

$$\left.\begin{aligned} \frac{\mathrm{d}\boldsymbol{X}(\tau)}{\mathrm{d}\tau} &= \boldsymbol{N}\frac{\mathrm{d}\boldsymbol{x}(\tau)}{\mathrm{d}\tau} = \boldsymbol{N}\frac{\mathrm{d}\boldsymbol{x}(\tau)}{\mathrm{d}t}\cdot\frac{\mathrm{d}t}{\mathrm{d}\tau} = \boldsymbol{N}\boldsymbol{f}(\lambda t, \boldsymbol{N}^{-1}\boldsymbol{X})\cdot\frac{1}{\lambda}\,,\\ \frac{\mathrm{d}\boldsymbol{X}(\tau)}{\mathrm{d}\tau} &= \frac{\boldsymbol{N}}{\lambda}\boldsymbol{f}(\tau, \boldsymbol{N}^{-1}\boldsymbol{X})\,,\\ \boldsymbol{X}(0) &= \boldsymbol{N}\boldsymbol{x}(0)\,. \end{aligned}\right\} \tag{3.6}$$

Die Zeitnormierung bedeutet einfach eine Division der rechten Seiten der normierten Differentialgleichungen durch λ. Der Zeitnormierungsfaktor λ kann frei gewählt werden, meist ist er durch die Simultanarbeit von Analog- und Digitalrechner oder durch langsame Ausgabegeräte — x-y-Schreiber z. B. — spezifiziert. Sind $\boldsymbol{N}$ und λ so bestimmt, daß der zulässige Wertebereich der Rechenelemente (± 1) nicht überschritten wird, ist eine übersteuerungsfreie Normierung gefunden. Für höhere Genauigkeitsansprüche, besonders bei nichtlinearen Differentialgleichungen, ist eine optimale Aussteuerung aller Rechenelemente erforderlich. Die entsprechende Normierung wird Optimalnormierung genannt.

Eine übersteuerungsfreie Normierung ist am einfachsten durch planmäßiges Probieren am Analogrechner zu finden. Dazu werden $\boldsymbol{N}$ und λ so gewählt, daß alle Anfangswerte und Koeffizienten durch Potentiometer und Bewertungsfaktoren einstellbar werden. Dann wird eine Probelösung gestartet. Erreichen wir die Endzeit T ohne Übersteuerung, liegt eine übersteuerungsfreie Normierung vor. Wird dagegen zwischendurch ein Rechenelement übersteuert, so wird der Analogrechner automatisch in HALT gesteuert, und wir können feststellen, welche Variable (oder auch Variablen) die Übersteuerung verursacht haben. Für diese Variablen wird der Normierungsfaktor n_i verkleinert und die Probelösung neu gestartet, bis keine Übersteuerung mehr auftritt. Es leuchtet sofort ein, daß auf diese Weise auch eine Optimalnormierung gefunden werden kann, wenn wir uns beim planmäßigen Probieren um eine optimale Aussteuerung aller Rechenelemente bemühen.

Wichtig ist in diesem Zusammenhang auf die auftretende Notwendigkeit einer gleitenden Normierung hinzuweisen. Bei einer Hybrid-Simulation variieren die Anfangswert- bzw. Parametervektoren u. U., so daß eine einzige Normierung des Problems nicht ausreicht, und außerdem ist der Umfang des Wertebereiches, etwa drei Größenordnungen, bei einer Normierung festgelegt. Eine gleitende Normierung ist mit der Gleitkommaarithmetik des Digitalrechners vergleichbar. Sobald ein Rechenelement betragsmäßig größer als Eins wird, erfolgt, ohne die Rechnung abzubrechen, automatisch eine Umnormierung, und es wird weitergerechnet.

7. Vorbereitung des *statischen Testes*. Der statische Test ist die Prüfung der Übereinstimmung der verschalteten Rechenschaltung in ihrer Struktur und ihren Potentiometereinstellwerten mit der Problembeschreibung im statischen Zustand. Dabei werden alle Integrierer aufgetrennt, und die Problembeschreibung reduziert sich von einem Differentialgleichungssystem auf ein algebraisches Gleichungssystem. Diese Reduktion erfolgt durch Ersatz der differentiellen Problem- und Hilfsvariablen durch weitere algebraische Hilfsvariable und durch die Einführung von Prüfvariablen.
Das algebraische Gleichungssystem ist dann hinsichtlich der Prüfwerte aufzulösen unter bestimmten Nebenbedingungen. Die Nebenbedingungen sind Übersteuerungsfreiheit und Untersteuerungsverhütung. Die Lösung des algebraischen Gleichungssystems erfolgt in der Regel iterativ, sofern es nicht durch die Sortierung nach 5. vollständig durch Substitution zu behandeln ist. Bei der iterativen Lösung treten die bekannten Schwierigkeiten der Auswahl konvergenter Startwerte auf, die durch Nutzereingriff zu stützen sind. Mit den gefundenen Prüfwerten können dann im on-line-Test die Anfangswertpotentiometer der Integrierer eingestellt werden und an allen Ausgängen der Rechenelemente, einschließlich am Summierpunkt des aufgetrennten Integrierers, stellen sich statische Testwerte ein, die mit den berechneten übereinstimmen müssen.
Empfehlenswerter ist ein systematisches Probierverfahren zur Ausführung des statischen Testes, das die doch u. U. recht aufwendige Berechnung der Prüfwerte umgeht. Der Grundgedanke dieses Verfahrens ist der, die Eingangsgrößen eines Rechenelementes zu messen und mit diesen Werten den Sollausgangswert des Rechenelementes zu berechnen. Durch Vergleich mit dem Istwert wird dann sofort überprüft, ob das Rechenelement in Ordnung ist und ob es richtig verschaltet wurde. Voraussetzung ist dabei jedoch, daß die anliegenden Eingangswerte nicht zu einer Unter- bzw. Übersteuerung des Elementeausgangs führen. Ist dies der Fall, so muß durch Verändern der Potentiometerwerte, die vor dem Rechenelement liegen, eine Fehlaussteuerung beseitigt werden, ehe der Soll-Ist-Vergleich ausgeführt werden kann. Tritt an irgendeiner Stelle der Rechenschaltung ein Fehler auf, so bleibt er bei diesem Vorgehen auf den Entstehungsort beschränkt.

8. *Zuordnung* von physischen Rechenelementen zu den abstrakten Maschinengleichungen auf Rechenelementebasis. Die Generierung der Rechenschaltung in Listenform ist dabei die übliche Darstellung. Aus der Liste ist ersichtlich, welche Ausgänge mit welchen Eingängen zu verbinden sind. Die Verschaltung kann von Hand erfolgen oder im Falle eines automatischen Programmierfeldes durch digitalrechnergesteuerte Schalter.

Außerdem gehört zum Aufbau der Rechenschaltung das Einstellen der Potentiometer, Funktionsgeber und Setzen der logischen Rechenelemente. Diese Tätigkeiten sind ebenfalls von Hand oder völlig automatisiert durch den Digitalrechner gesteuert auszuführen.

9. *on-line-Testung* des gesamten Analogprogrammes durch Ausführung des statischen und eines dynamischen Testes. Der statische Test ist schon unter 7. beschrieben. Ein dynamischer Test erfordert die vollständige digitale Simulation des Analogproblems für ein bestimmtes vorgebbares Zeitintervall.
   Ergebnis der Testung muß eine ausreichende Dokumentation sein, die über den Analogrechner alle Angaben des Programmzustandes festhält.

3.3.2.2. AVOR-Sprache

Die AVOR-Sprache soll hier etwas ausführlicher behandelt werden, um die typischen Anforderungen an eine solche Sprache zu Eingabezwecken von Analogproblemen zu zeigen. AVOR ist den schon erwähnten Sprachen APACHE, APSE, ACTRAN und HL1 ähnlich, und es wird deshalb durch die Darlegungen über die AVOR-Sprache auch ein gewisser Grad der Allgemeinheit erreicht.

Die Syntax der AVOR-Sprache wollen wir in einer Form der erweiterten Backusschen Normalform notieren. Es bedeuten: ⟨...⟩ ein Metabegriff, | ein Alternativstrich, ::= „Wird gebildet durch", [...] *n* das in der eckigen Klammer stehende kann weggelassen werden oder sich höchstens *n*-mal wiederholen. Fehlt *n*, sind beliebig viele Wiederholungen zulässig. Es sind nur die wesentlichen Seiten der Syntax angeführt.

Alphabet:

⟨Grundsymbol⟩ ::= ⟨Zeichen⟩ | ⟨Steuerzeichen⟩ | ⟨Endezeichen⟩
⟨Zeichen⟩ ::= ⟨Buchstabe⟩ | ⟨Ziffer⟩ | ⟨Begrenzer⟩

Buchstaben:

Große und kleine Buchstaben werden nicht unterschieden und können gegenseitig ersetzt werden.

Begrenzer:

⟨Begrenzer⟩ ::= ⟨arithmetischer Operator⟩ | ⟨Trennzeichen⟩ | ⟨Klammer⟩
⟨arithmetischer Operator⟩ ::= + | − | * | / | **
⟨Trennzeichen⟩ ::= , | . | E | =
⟨Klammer⟩ ::= (|)

Das typografische Zeichen Zwischenraum hat in AVOR keine Bedeutung und kann nach Belieben verwendet werden.

Steuerzeichen:

⟨Steuerzeichen⟩ ::= # ⟨Steuerwort⟩ # | # TITEL # | # END #
⟨Steuerwort⟩ ::= ANALOG | ANFANGSWERT | MAXIMALWERT | FUNKTION | PARAMETER

Steuerzeichen unterteilen ein AVOR-Programm in Blöcke und dienen der Steuerung des Übersetzungsprozesses.

Endezeichen:

Als Abschluß dienen Semikolon und NL (new line), auf die ein Kommentar folgen kann.

Bezeichnungen:

⟨Bezeichnung⟩ ::= ⟨Buchstabe⟩ [⟨Buchstabe⟩ | ⟨Ziffer⟩] 1

Bezeichnungen dienen zur Kennzeichnung von Variablen, es sind nur die ersten zwei Zeichen signifikant.

Zahlen:

Es sind Dezimalzahlen und Oktalzahlen in AVOR zugelassen.

Variable:

⟨Variable⟩ ::= ⟨Parametervariable⟩ | ⟨Analogvariable⟩ | ⟨Hybridvariable⟩
⟨Parametervariable⟩ ::= ⟨Bezeichnung⟩
⟨Analogvariable⟩ ::= ⟨Bezeichnung⟩ (⟨Artkennzeichen⟩,
⟨ganze Zahl ohne Vorzeichen⟩) |
⟨Bezeichnung⟩ [(MX)] 1
⟨Artkennzeichen⟩ ::= DF | AW | MX
⟨Hybridvariable⟩ ::= ØDA(⟨Adresse⟩) | ØAD(⟨Adresse⟩)
⟨Adresse⟩ ::= ⟨Oktalzahl⟩

Eine Analogvariable kennzeichnet: 1. eine Ableitung (DF), 2. einen Anfangswert einer Ableitung (AW), 3. einen Maximalwert einer Ableitung (MX, ⟨ganze Zahl ohne Vorzeichen⟩), 4. eine algebraische Variable (kein Artkennzeichen), 5. einen Maximalwert einer algebraischen Variablen (MX).

Eine Parametervariable kennzeichnet einen konstanten Wert. Die Hybridvariable ØDA(⟨Adresse⟩) gibt einen Wert an, der am Ausgang des DAU mit der angegebenen Adresse anliegt. Solche Hybridvariable dürfen nur auf der rechten Seite von Gleichungen vorkommen. Die Hybridvariable ØAD(⟨Adresse⟩) bezeichnet einen Wert, der am Eingang eines ADU mit der angegebenen Adresse anliegt. Solche Hybridvariable dürfen nur auf der linken Seite einer Gleichung auftreten.

Ausdrücke:

⟨Ausdruck⟩ ::= [⟨Summationsoperator⟩] 1 ⟨Term⟩
[⟨Summationsoperator⟩ [& NL] 1 ⟨Term⟩]
⟨Term⟩ ::= ⟨Faktor⟩ [⟨Multiplikationsoperator⟩ [& NL] 1 ⟨Faktor⟩]
⟨Faktor⟩ ::= ⟨Elementarausdruck⟩ | ⟨Faktor⟩ ** [& NL] 1
⟨Elementarausdruck⟩
⟨Elementarausdruck⟩ ::= ⟨Variable⟩ | ⟨Zahl ohne Vorzeichen⟩ |
⟨Funktion⟩ | (⟨Ausdruck⟩)
⟨Summationsoperator⟩ ::= + | −
⟨Multiplikationsoperator⟩ ::= * | /

Die Vorrangfolge bei den arithmetischen Operatoren ist die bekannte 1) ** 2) * | / 3) + | −, sie kann durch Klammerstrukturen beliebig festgelegt werden. Bei Potenzen von Analog- oder Hybridvariablen darf der Exponent nur eine ganze Zahl ohne Vorzeichen sein. Er darf keine Analog- oder Hybridvariable sein.

Gleichungen:

⟨Gleichung⟩ ::= ⟨linke Seite⟩ = ⟨Ausdruck⟩ ⟨Endezeichen⟩
⟨linke Seite⟩ ::= ⟨Parametervariable⟩ | ⟨Analogvariable⟩ | ØAD(⟨Adresse⟩)

Eine Gleichung wird entweder aufgefaßt als Strukturbeschreibung oder als eine Wertdefinition.

AVOR-*Programme*:

⟨AVOR-Programm⟩ ::= [# TITEL # [⟨Endezeichen⟩] 1
[⟨Zeichen⟩]] 1 [⟨Endezeichen⟩]
[⟨Block⟩] # END #
⟨Block⟩ ::= # ⟨Steuerwort⟩ # ⟨Gleichung⟩ [⟨Gleichung⟩]

Durch ein AVOR-Programm wird der Analogteil eines zu simulierenden Problems beschrieben. Die nach # TITEL # angebbare Zeichenfolge ist im Sinne einer Überschrift benutzbar.

Die Blöcke können beliebig im AVOR-Programm angeordnet werden. Wiederholungen gleichartiger Blöcke (gleiches Steuerwort) sind zugelassen.

Block # ANALOG #. Die Gleichungen drücken das mathematische Modell in Form von gewöhnlichen Differentialgleichungen und algebraischen Gleichungen aus. Konstanten können wertmäßig durch Zahlen ausgedrückt sein. Die Differentialgleichungen sind nach den höchsten Ableitungen aufgelöst zu notieren.

Treten Funktionen der abhängigen Variablen auf, die auf einem Funktionsgeber erzeugt werden, sind diese Funktionen im Block # FUNKTION # zu notieren und eine algebraische Variable für diese Funktion im Block # ANALOG # zu benutzen.

Block # FUNKTION #. Die Gleichungen weisen den algebraischen Variablen die entsprechenden Funktionswerte zu.

Block # ANFANGSWERT #. Die Gleichungen weisen die Anfangswerte für die im Block # ANALOG # notierten Differentialgleichungen zu. Nichtangegebene Anfangswerte werden standardgemäß Null gesetzt.

Block # MAXIMALWERT #. Die Gleichungen dienen der wertmäßigen Festlegung von Maximalwerten für alle Analogvariablen. Nichtangegebene Maximalwerte erhalten den Wert Eins.

Block # PARAMETER #. Die Gleichungen sind Wertzuweisungen, wodurch den Parametervariablen konstante Werte zugewiesen werden. Nichtangeführte Parametervariable erhalten den Wert Eins.

Beispiel:

Die VAN DER POLsche Gleichung

$$\ddot{x}(t) - \varepsilon(1 - x^2)\,\dot{x}(t) + \omega^2 x(t) = 0$$

mit den Anfangswerten

$$\dot{x}(0) = 0; \qquad x(0) = 1{,}44$$

und den Parameterwerten

$$\varepsilon = 0{,}1;\ \omega = 2{,}2$$

sei in AVOR zu notieren. Die Maximalwerte betragen $|x|_{max} = 3$; $|\dot{x}|_{max} = 9$, der Zeitnormierungsfaktor betrage $\lambda = 3$.

AVOR-Quellprogramm:

TITEL
VAN DER POL

```
# ANALOG #
X(DF,2) = +EP*X(DF,1) - EP*X(DF,0) * X(DF,0) &
X(DF,1) - OM*OM*X(DF,0)
# ANFANGSWERT #
X(AW,1) = 0
X(AW,0) = 1.44
# PARAMETER #
EP = .1
OM = 2.2
# MAXIMALWERT #
X(MX,0) = 3
X(MX,1) = 9
LA = 3
# END #
```

3.3.2.3. Hybridinterpreter

Wie wir aus der Abb. 3.3 entnehmen können, hat der Hybridinterpreter (HYBI) eine zentrale Stellung im Hybridprogrammiersystem für HRA 7000. Wir können auch, ohne den AVOR-Compiler zu benutzen, unser Analogprogramm sofort in HYBI formulieren und abarbeiten. Dazu ist jedoch ein größerer Programmieraufwand nötig, der ja gerade durch AVOR automatisch erledigt wird. Außer der Analogrechnerprogrammierung wird durch HYBI das Digitalprogramm aufgebaut, das auch die vollständige Testung des Hybridprogrammes und die Gesamtsteuerung der hybriden Simulation übernimmt.

Für die Analogprogrammierung und für den Anfangs- und Endbereich der Simulation ist eine einfache Handhabung der Programmierung und eine flexible Eingriffsmöglichkeit eine wichtige Forderung. Demgegenüber verlangen Digitalprogramme des Dynamikbereiches möglichst schnelle Ausführungszeiten. Diese Forderung wird durch Programme in Assemblersprache (z. B. SYPS) oder in problemorientierter Notierung (z. B. FORTRAN) am besten erfüllt.

Beide Forderungen sind durch ein interpretierend arbeitendes Programmsystem, das Codeunterprogramme aufrufen kann, am besten zu erfüllen. Wir wollen ein solches Programmsystem einen Hybridinterpreter nennen, wenn er außerdem eine echte hybride Kommunikation erlaubt. Letzteres bedeutet, daß die analogen und hybriden Rechenelemente in der gleichen Weise adressierbar sind, wie die Speicherzellen eines digitalen Speichers.

Wir wollen hier nicht auf alle Einzelheiten des im Programmiersystem für HRA 7000 benutzten Hybridinterpreters eingehen, sondern wollen um der allgemeinen Darstellung Willen nur die wesentlichen Eigenschaften charakterisieren.

Ein Interpreterprogramm ist durch eine Folge von numerierten Programmzeilen aufgebaut. Die Zeilennummer wird aus einer Gruppennummer und einer durch Punkt getrennten Schrittnummer gebildet. Beim Notieren eines Programms empfiehlt es sich, die Schrittnummern nicht absolut dicht zu besetzen, um im Bedarfsfall weitere Zeilen einfügen zu können. Die Folge von numerierten Programmzeilen wird abgespeichert, um sie danach abzuarbeiten. Wird die Zeilennummer weggelassen, dann wird die Zeile als ein Bedienerkommando aufgefaßt, das sofort abgearbeitet wird.

Die Kommunikation zwischen Analog- und Digitalrechner wird durch die Einführung sogenannter Hybridvariabler realisiert. Hybridvariable können Variable der Art ANALOG, BINÄR oder COEFFIZIENT sein.

Die Variablenart ANALOG charakterisiert, daß es sich um den Ausgang eines Verstärkers handelt, COEFFIZIENT gibt an, daß es sich um einen Potentiometerausgang dreht. Außer der Artkennzeichnung gehört zu jeder Hybridvariablen die Angabe der Adresse des betreffenden analogen, logischen bzw. hybriden Rechenelementes. Die Adressenangabe kann als Oktalzahl oder in mnemonischer Darstellung erfolgen.

Wie schon wiederholt betont, besteht eine der hervorragendsten Eigenschaften von HYBI darin, ein Analogprogramm digitalrechnergestützt auszutesten. Der statische Test (s. Kap. 3.3.2.1.) wird dabei in einen off-line-Test und in einen on-line-Test zerlegt. Bei ersterem ist der Analogrechner selbst nicht beteiligt, und das gesamte Analogproblem wird ausschließlich auf dem Digitalrechner vorbereitet und getestet.

Der *off-line-Test* stellt eine Identitätsprüfung zwischen dem vorgelegten Analogproblem (Differentialgleichungen, algebraische Gleichungen, logische Bedingungen, Parameter) und den normierten Maschinengleichungen dar. Dazu werden die Ausgangsgleichungen nach bestimmten Testvariablen aufgelöst (z. B. nach den höchsten Ableitungen), und mit vorgegebenen Prüfwerten werden diese Testvariable berechnet. Andererseits werden die normierten Maschinengleichungen mit denselben normierten Prüfwerten versehen und die den Testvariablen entsprechenden Maschinenvariablen berechnet. Dabei wird die Struktur der abstrakten Rechenschaltung in Gleichungsform auf Rechenelementebasis ausgedrückt. Testvariable und entsprechende Maschinenvariable werden bis auf einen vorgebbaren Prüffehler dann verglichen und somit die Identität von Ausgangsgleichungen und Maschinengleichungen gesichert.

Beim *on-line-Test* ist der Analogrechner echt mit dem Digitalrechner verbunden, und es wird die Identität zwischen den normierten Maschinengleichungen und der physischen Rechenschaltung geprüft. Dazu werden die Anfangswertpotentiometer in der Rechenschaltung auf die normierten Prüfwerte gesetzt und alle restlichen Potentiometer auf die berechneten Werte eingestellt. Diese Einstellungen werden ebenfalls bis auf einen vorgebbaren Prüffehler getestet. Die physische Rechenschaltung ist somit durch die angelegten Prüfwerte in der Lage, an jedem Rechenelementeausgang einen bestimmten Testwert messen zu lassen. Die Struktur der normierten Maschinengleichungen liegt aber im Digitalrechner vom off-line-Test her fest. Diese Gleichungen werden nun benutzt, um am Ausgang jedes geschalteten Rechenelementes zu überprüfen, ob die Operation auf die Eingangswerte richtig ausgeführt wird. Diese Überprüfung erfolgt so, daß die analogen Eingangswerte in den Digitalrechner umgesetzt werden und hier die Operation ausgeführt wird (rechte Seite der Gleichung). Außerdem wird der analoge Ausgangswert, der die analog realisierte Operation repräsentiert, in den Digitalrechner umgesetzt (linke Seite der Gleichung). Linke und rechte Seite müssen dann bis auf einen vorgebbaren Prüffehler übereinstimmen. Damit ist die Identität zwischen normierter Maschinengleichung und physischer Rechenschaltung gesichert. Bei Steckfehlern oder defekten Rechenelementen wird der Prüffehler überschritten und eine Fehlermeldung ausgegeben.

Diese Art und Weise der Ausführung des statischen Testes verlangt vom Hybridinterpreter verschiedene „Betriebszustände". Für den off-line-Test müssen alle Hybridvariablen wie reine digitale Variable behandelt werden können, da alle Berechnungen auf dem Digitalrechner erfolgen. Der Hybridinterpreter wird dazu in den OHNE-Zustand (ohne Analogrechner) versetzt. Beim on-line-Test wird der Hybridinterpreter in den MIT-Zustand (mit Analogrechner) gebracht, und die Benutzung einer Hybridvariablen bedeutet eine Ein- bzw. Ausgabe vom bzw. zum Analogrechner auf der effektiven Adresse. Steht die Hybridvariable auf der rechten Seite einer Ergibtanweisung (arithmetischer Ausdruck), so wird automatisch eine Eingabe über den ADU eingeleitet, steht sie auf der linken Seite einer Ergibtanweisung, wird automatisch eine Ausgabe über den DAU verursacht. Im noch zu besprechenden Prüfzustand sind die Verhältnisse anders.

Die effektive Adresse des Analogrechners ist nur gleich der angegebenen Adresse, wenn sie nicht in der Vertauscheliste steht. Steht sie in der Vertauscheliste, so wird die angegebene Adresse durch eine in der Vertauscheliste angeführte substituiert. Die Anweisung VERTAUSCHE gestattet durch Aufbau der Vertauscheliste eine verschiebliche Programmierung des Analogproblems. Damit werden die bei defekten Rechenelementen erforderlichen Umsteckungen in einfacher Weise im HYBI-Programm abgebildet.

Wie aus off- und on-line-Test zu erkennen, sind zahlreiche Prüfungen erforderlich. Im Hybridinterpreter wird deshalb zwischen dem NORMAL-Zustand und dem PRÜFE-Zustand bei der Abarbeitung der Ergibt- oder Ladeanweisung unterschieden. Im NORMAL-Zustand wird in der Ergibtanweisung ⟨Variable⟩ = ⟨arithmetischer Ausdruck⟩ die Wertzuweisung des arithmetischen Ausdruckes auf die Variable in üblicher Weise erledigt. Treten im arithmetischen Ausdruck oder auf der linken Seite Hybridvariable auf, so erfolgt, wenn außerdem der Zustand MIT angeordnet ist, die Zuweisung unter Ein- bzw. Ausgaben an den Analogrechner. Im PRÜFE-Zustand des Hybridinterpreters wird eine Ergibtanweisung anders interpretiert. Es wird geprüft, ob der Wert der linken Seite bis auf einen zulässigen Prüffehler gleich der rechten Seite ist. Ist es der Fall, wird die nächste Anweisung abgearbeitet, sonst erfolgt eine Fehlerausschrift, aus der die Abweichung von linker und rechter Seite hervorgeht. Ist MIT und PRÜFE angeordnet, so werden die Werte von Hybridvariablen generell über den ADU in den Digitalrechner eingegeben, da die Prüfung im Digitalrechner erfolgt.

Durch die genannten „Betriebszustände“ des Hybridinterpreters ist der Nutzer in der Lage, die Analogrechnervorbereitung in flexibler Weise zu gestalten. Es ist bei jedem HYBI-Programm ratsam, die angeführten Teste auszuführen, da bei der ja noch gegebenen Handprogrammierung eine Reihe von Fehlern gemacht werden können.

Eine weitere wesentliche Eigenschaft des Hybridinterpreters besteht in der Möglichkeit, die unterbrechungsgesteuerte Simultanarbeit von Analog- und Digitalrechner zu organisieren. Das wird durch die Anweisung GEMEINSAM erreicht. In der Anweisung ist außerdem die Startadresse des Analogrechners und wahlweise ein Startobjekt angeführt. Also in der Form GEMEINSAM ⟨Startadresse⟩ [, ⟨Startobjekt⟩]. Durch GEMEINSAM werden folgende Aktionen ausgelöst:

1. Ausgabe der Startadresse an den Analogrechner, der damit gestartet wird.
2. Reaktionen auf programmierte Unterbrechungen.
3. Übergang zur nächsten Anweisung bei Erfüllung der Endebedingung für GEMEINSAM.

Ist das Startobjekt die Zeilennummer eines HYBI-Programms, so wird das ab der betreffenden Zeilennummer stehende HYBI-Programm beim Eintreffen eines Unterbrechungssignals gestartet und wird parallel zur Arbeit des Analogrechners interpretativ abgearbeitet.

Handelt es sich um den Aufruf eines Objektcodeprogramms im Startobjekt, so wird dieses Programm nach Eintreffen eines Unterbrechungssignals parallel zur Arbeit des Analogrechners abgearbeitet. Ein Objektprogramm aus einer SYPS- oder FORTRAN-Quelle läßt sich schneller als ein HYBI-Programm abarbeiten und wird daher für zeitkritische Digitalprogramme bevorzugt.

Es empfiehlt sich bei der Programmierung in der Hybridinterpretersprache trotz der gegebenen Flexibilität und Einfachheit der Sprache eine gewisse Programmiersystematik einzuhalten. Diese Systematik sollte sich dadurch ausdrücken, daß bestimmte Programmkomplexe immer unter der gleichen Gruppennummer notiert werden. Dadurch ist ein HYBI-Programm für den Nutzer leichter lesbar.

Folgende Programmkomplexe sind empfehlenswerterweise zu unterscheiden:

Gruppen-Nr.	Programmkomplex
10	Wertzuweisung bekannter, fester Parameter
11	Wertzuweisung freier Parameter, wie Zeitnormierungsfaktor, Bewertungsfaktoren der Integrierereingänge u. ä.
12	Definition von Prüfwerten an Stelle der Anfangswerte zur Ausführung des statischen Testes
13	Berechnung der Koeffizientenwerte in der normierten Maschinengleichung. Koeffizientenwert = Potentiometerwert * Bewertungsfaktor
14	Berechnung der Testvariablen (höchste Ableitungen) in den Problemgleichungen für den off-line-Test
15	Berechnung der normierten Integriererausgangswerte
16	Berechnung (off-line-Test) bzw. Setzung (on-line-Test) der Anfangswertpotentiometer
17	Berechnung bzw. Setzung der sonstigen Potentiometer
18	Notierung der Strukturgleichungen auf Rechenelementebasis
19	Notierung der Prüfgleichungen für den off-line-Test

Für die Ausführung des off-line- und des on-line-Testes bzw. für die Rechnungsausführung wird ein Rahmenprogramm geschrieben, das die Steuerung durch Aufruf der einzelnen Programmkomplexe übernimmt. Ein solches Rahmenprogramm hätte etwa die folgende Form, wobei durch * gekennzeichnete Programmzeilen Kommentarcharakter tragen.

```
01.10  *  PROGRAMMTITEL
02.10  *  off-line-TEST
02.20  NORMAL; OHNE; RUFE 10, 11, 12, 13, 14, 15, 16, 17, 18
02.30  PRUEFE .00002; RUFE 19; NORMAL ABBRUCH
03.10  *  on-line-TEST
03.20  MIT;
03.30  RUFE 16, 17; PRUEFE —.002; RUFE 17
03.40  PRUEFE .002; RUFE 16; IMPULS "IC; RUFE 18; NORMAL ABBRUCH
04.10  *  eigentliche Rechnung
```

NORMAL ABBRUCH bedeutet, daß der Interpreter vom PRUEFE-Zustand in den NORMAL-Zustand übergeht, bei Überschreitung des Prüffehlers die weitere Abarbeitung jedoch abgebrochen werden soll. IMPULS "IC setzt den Analogrechner, der durch MIT im Zustand PG (s. Kap. 2.1.4.1.) war, in den Betriebszustand IC (Anfangswert).

Wir beachten, daß die Programmkomplexe 16, 17 und 18 zweimal aufgerufen werden, jedoch in der durch OHNE und MIT verursachten unterschiedlichen Bedeutung. Demzufolge ist auch die Prüffehlervorgabe mit .00002 und .002 so unterschiedlich sinnvoll. Auf die problemspezifische eigentliche Rechnung soll hier nicht eingegangen werden.

3.3.2.4. Aufgaben des AVOR-*Compilers*

Der AVOR-Compiler übersetzt die in der AVOR-Quellsprache eingegebene Analogproblemstellung in ein HYBI-Programm. Der Nutzer wird dadurch von einem erheblichen Programmieraufwand befreit, hat aber für den statischen Test und den eigentlichen Simulationslauf die einfache Programmierung und die Flexibilität des Hybridinterpreters erhalten.

Auf den inneren Aufbau des AVOR-Compilers soll nicht eingegangen werden. Der Compiler erledigt im wesentlichen die in Kap. 3.3.2.1. genannten Aufgaben mit folgenden Besonderheiten. Außer der Syntaxanalyse des AVOR-Quellprogramms ist eine Korrekturmöglichkeit des Quelltextes über ein Eingabemedium vorgesehen. Die Normierung erfolgt durch den Compiler nur formelmäßig, d. h., die wertmäßige Normierung wird erst in HYBI erledigt, um die Flexibilität von HYBI bei ungünstig gewählten Normierungsparametern zu Änderungszwecken zu nutzen. Der statische Test erfolgt ebenfalls ausschließlich in HYBI, und zwar auf der Basis des systematischen Probierverfahrens.

Das durch den AVOR-Compiler erzeugte HYBI-Programm besteht aus

1. dem Steuerteil und
2. dem Anweisungsteil.

Der Anweisungsteil ist ähnlich wie bei der „Handprogrammierung" in HYBI in Programmkomplexe unterteilt, die durch die Angabe von Kommentarzeilen übersichtlich gegliedert sind. Es werden folgende Programmkomplexe unterschieden:

PARAMETER, ANFANGSWERTE, MAXIMALWERTE, ZEITMASZSTAB, KOEFFIZIENTEN, ANFANGSWERTKOEFFIZIENTEN, BEWERTUNGSFAKTOREN, POTENTIOMETEREINSTELLWERTE, ANFANGSWERTPOTENTIOMETER, POTENTIOMETER, STRUKTUR, ENTNORMIERUNG, PRUEFWERTEINSTELLUNG.

In den Komplexen PARAMETER bis ZEITMASZSTAB werden Wertzuweisungen auf entsprechende Variable erledigt, wobei vermerkt wird, wenn die Wertzuweisung noch nicht im AVOR-Compiler ausgeführt wurde.

Im Komplex KOEFFIZIENTEN wird den Koeffizientenvariablen K(⟨Index⟩) in den umgeformten, reduzierten und normierten Problemgleichungen (s. Kap. 3.3.2.1., Pk. 3, 4 und 6) der entsprechende Wert zugewiesen. Im Komplex ANFANGSWERTKOEFFIZIENTEN wird dies für die zugehörigen Anfangswertvariablen K(⟨Index⟩) erledigt.

Die Koeffizientenvariable K(⟨Index⟩) wird in zwei Faktoren, den Eingangsbewertungsfaktor E(⟨Index⟩) und den Potentiometereinstellwert C(⟨Index⟩) zerlegt. Im Komplex BEWERTUNGSFAKTOREN erfolgt die Wertzuweisung der gewählten Eingangsbewertungen auf die Variablen E(⟨Index⟩). Im Komplex POTENTIOMETEREINSTELLWERTE wird der Quotient Koeffizient durch Bewertungsfaktor für alle C(⟨Index⟩) gebildet.

Die Zuordnung (s. Kap. 3.3.2.1., Pkt. 8) zwischen den Koeffizientenvariablen K(⟨Index⟩) und den Anfangswertpotentiometern bzw. den übrigen Potentiometern erfolgt in den gleichnamigen Komplexen.

Der Komplex STRUKTUR enthält Ergibtanweisungen (Ladeanweisungen), die die Rechenschaltungsstruktur ausdrücken. Diese Anweisungen dienen gleichzeitig als Vorschrift für das Stecken der Rechenelemente von Hand. Bei einem automatischen Programmierfeld wären umfangreichere Vorkehrungen durch den AVOR-Compiler erforderlich. Auf der linken Seite der Ergibtanweisung steht eine Hybridvariable, die durch ihr Artkennzeichen und die Adresse den Ausgang eines Rechenelementes kennzeichnet. Auf der rechten Seite stehen ebenfalls Variable, die Ausgänge von Rechenelementen repräsentieren oder E-, K- bzw. C-Variable sind. Die Ausgangsvariablen sind an die Eingänge des links bezeichneten Rechenelementes zu führen.

Beispiele:

```
01.25  ØIN('121)  = K(5)
02.10  ØSU('101)  = −ØPO('130) * E(4) − ØPO('140) * E(5)
03.15  ØMU('261)  = −ØIN('121) * ØIN('121)
```

Der Komplex ENTNORMIERUNG enthält die Zuordnung zwischen Rechenelementeausgängen und den im AVOR-Programm benutzten Problemvariablen, sowie die Entnormierungsbeziehungen.

Die im Komplex PRUEFWERTEINSTELLUNG angegebenen Anweisungen sichern, daß vor Ausführung des statischen Testes an allen Integrierern ein beliebiger Anfangswert von Hand eingestellt wird, der als Prüfwert für den statischen Test dient und der betragsmäßig größer als eine untere Schranke ist.

Der Steuerteil des HYBI-Programms organisiert den Ablauf der on-line-Vorbereitung des Analogrechners, also die automatische Einstellung der Potentiometer und den statischen Test. Der Steuerteil ist für alle durch AVOR erzeugten HYBI-Programme gleich und ist dem HYBI-Rahmenprogramm in Kap. 3.3.2.3. ähnlich.

```
01.10  * PROGRAMMTITEL
02.10  NORMAL; OHNE
02.12  RUFE PARAMETER
02.14  RUFE ANFANGSWERTE
02.16  RUFE MAXIMALWERTE
02.18  RUFE ZEITMASZSTAB
02.20  RUFE KOEFFIZIENTEN
02.22  RUFE ANFANSWERTKOEFFIZIENTEN
02.24  RUFE BEWERTUNGSFAKTOREN
02.26  RUFE POTENTIOMETEREINSTELLWERTE
02.28  MIT; IMPULS "PG
02.30  RUFE POTENTIOMETER; PRUEFE −.002; RUFE POTENTIOMETER
02.32  NORMAL ABBRUCH; IMPULS "IC
02.34  PRUEFE LOGIK; RUFE PRUEFWERTEINSTELLUNG
02.36  NORMAL ABBRUCH
02.38  PRUEFE .002; RUFE STRUKTUR
02.40  NORMAL ABBRUCH
02.42  RUFE ANFANGSWERTPOTENTIOMETER
```

```
02.44 PRUEFE .002; RUFE STRUKTUR
02.46 NORMAL ABBRUCH
  .   .
  .   .
  .   .
```

Im Zustand NORMAL und OHNE werden allen in den aufgerufenen Programmkomplexen enthaltenen Variablen die Werte zugewiesen. Nach MIT, NORMAL bleibt zunächst erhalten, erfolgt die Potentiometereinstellung und anschließende Überprüfung im PRUEFE-Modus. Die Anfangswertpotentiometer sind bisher noch nicht gesetzt, für sie wird nun logisch überprüft, ob ein Prüfwert anliegt, der betragsmäßig eine untere Schranke überschreitet. Bei Anfangswertpotentiometern, die vom Problem her den Wert Null haben, hat der Nutzer die Möglichkeit, einen für die Aussteuerung günstigen Anfangswert anzulegen. Im PRUEFE-Modus erfolgt dann der statische Test durch Aufruf des Komplexes STRUKTUR. Übersteuernde Rechenelemente werden durch systematisches Korrigieren der Prüfwerte in einen günstigen Aussteuerbereich gebracht. Nach Abschluß des statischen Testes sind schließlich die Anfangswertpotentiometer auf ihre vom Problem her gültigen Werte zu setzen und durch Prüfen der zugehörigen Teilstruktur die Korrektheit der Einstellung zu sichern. Damit ist die Rechenschaltung für die Problemlösung vorbereitet.

Wir beachten, daß bei Benutzung des AVOR-Compilers der off-line-Test, wie er bei der „Handprogrammierung“ in HYBI empfehlenswert ist, nicht mehr gemacht wird. Der AVOR-Compiler wird als so zuverlässig bei der Ausführung seiner Aufgaben angenommen, daß auf den off-line-Test verzichtet werden kann.

HYBI und AVOR laufen im Operationssystem des HRA 7000 als Applikationsprogramme unter einem Hybridsteuerprogrammsystem. AVOR arbeitet eng mit dem digitalen Simulationssystem DS 4000 zusammen. Durch einmalige Simulation des Analogproblems können wir dadurch die Maximalwerte für die einzelnen Variablen gewinnen, wie sie für die Normierung benötigt werden. Außerdem sind die Ergebnisse der digitalen Simulation für einen dynamischen Test der Analogrechnerlösung zu gebrauchen.

3.3.2.5. DS 4000

Das digitale Simulationssystem DS 4000 ist neben der erwähnten Zusammenarbeit mit AVOR auch für eine selbständige Arbeitsweise geeignet. Da digitale Simulationssysteme mit zum Spektrum der Hybridrechentechnik gerechnet werden können (s. Kap. 1.2.4.2.), soll hier noch etwas allgemeiner darauf eingegangen werden.

Damit ein digitales Simulationssystem ein möglichst leicht zu handhabendes Hilfsmittel für einen Nutzer wird, sind etwa folgende Anforderungen bei Entwurf eines solchen Simulationssystems zu berücksichtigen.

1. Das digitale Simulationssystem muß ein einfaches, allgemeines Programmierhilfsmittel sein, das es auch dem an speziellen numerischen und rechentechnischen Belangen nicht interessierten Nutzer erlaubt, seine Probleme zu simulieren. Das beinhaltet im Einzelnen:
   - eine problemorientierte Notierung der Modellbeschreibung, die wahlweise gleichungsorientiert und/oder blockorientiert erfolgen kann;

- den Einbau eines Sortieralgorithmus, um die Notierung der Gleichungen oder Blöcke unabhängig von einer Reihenfolge zu machen;
- eine minimale Menge an Operatoren, die in einfacher Weise die meisten Aufgaben zu behandeln gestatten, die im Zusammenhang mit der Lösung von gewöhnlichen Differentialgleichungen auftreten;
- vorprogrammierte Integrationsalgorithmen und vorprogrammierte Ein- und Ausgabe-Routinen;
- eine Parameteränderung (Koeffizienten, Anfangswerte u. ä.) zwischen den Simulationsläufen;
- Möglichkeiten zur Fehlerkorrektur für syntaktische und logische Fehler.

2. Das digitale Simulationssystem muß auch dem fortgeschrittenen Programmierer für anspruchsvollere Probleme die nötige Flexibilität und Leistungsfähigkeit bieten. Dazu gehört im Einzelnen:
   - die Ergänzung der Simulationssprache durch eine gängige problemorientierte Programmiersprache, wie FORTRAN, ALGOL 60 oder PL/1. Solche Sprachen sind dann eine Teilmenge der Simulationssprache;
   - die Vorsorge zur Programmierbarkeit des Programmablaufes, der bei den ersten digitalen Simulationssystemen ziemlich starr war;
   - die Möglichkeit zur Ergänzung der Operatormenge durch vom Nutzer erzeugte Operatoren.

3. Das digitale Simulationssystem sollte ausbaubar sein, um die jeweils neuesten rechentechnischen Errungenschaften zu nutzen, wie z. B. grafische Displaygeräte, Dialogformen der Programmierung u. ä.

Ein digitales Simulationssystem besteht im wesentlichen aus der Simulationssprache und einem Programmsystem, was auch als Simulationsprozessor zuweilen bezeichnet wird. Die Simulationssprache dient zur Beschreibung der Struktur und der Parameter des mathematischen Modells und erlaubt außerdem, alle Steueranweisungen für einen Simulationslauf bzw. weitere Läufe einzugeben.

Die einzelnen Funktionen des Simulationsprozessors sind grob in Abb. 3.4 dargestellt. Die Übersetzung erfolgt zunächst in eine sogenannte Zielsprache (Zwischensprache), die häufig eine der üblichen problemorientierten Programmiersprachen ist. Erst dann wird mit dem entsprechenden Compiler in die Maschinensprache übersetzt.

Die Sortierung wird entweder sofort in der Simulationssprache oder in der Zielsprache ausgeführt. Das mathematische Modell ist dann vollständig sortiert, wenn alle Eingangsgrößen eines Blockes unmittelbar vor seiner Berechnung bekannt sind. Treten beim Sortieren sogenannte algebraische Schleifen auf, so ist eine entsprechende Nutzersignalisation und bei der Berechnung der „Nichtzustandsvariablen" eine iterative Behandlung erforderlich.

Die eigentliche Simulation wird im Simulator durchgeführt. Durch die Initialisierung sind die Zustandsvariablen auf ihre Anfangswerte gesetzt und die Nichtzustandsvariablen, also alle Größen, die sich durch algebraische Beziehungen ausdrücken lassen, werden berechnet. Die Berechnung der Zustandsvariablen beinhaltet dann die numerische Integration, die als „Herzstück" des Simulators zu bezeichnen ist. Es sind verschiedene Integrationsalgorithmen einsetzbar.

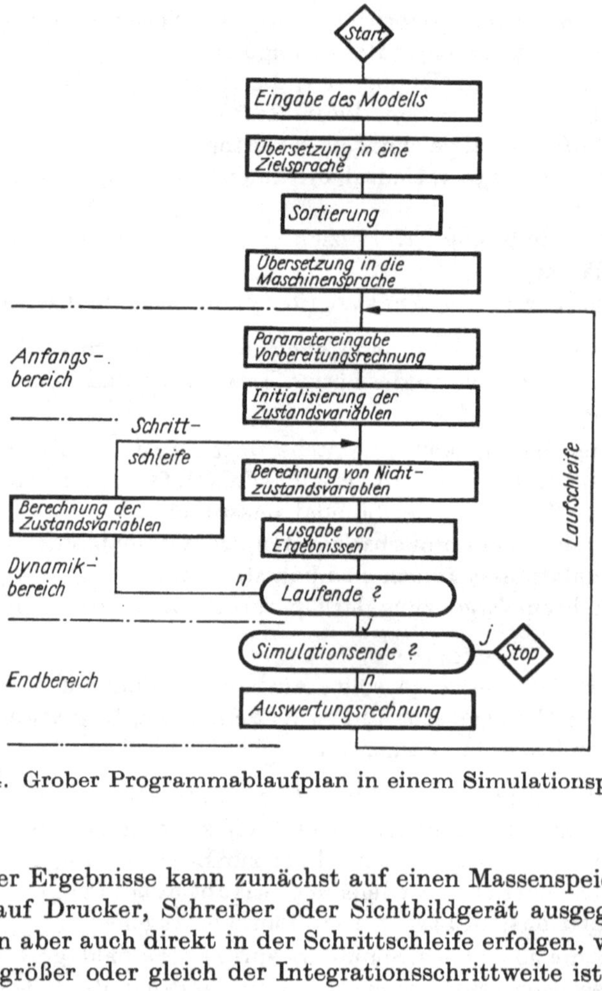

Abb. 3.4. Grober Programmablaufplan in einem Simulationsprozessor

Die Ausgabe der Ergebnisse kann zunächst auf einen Massenspeicher erfolgen, um nach dem Lauf auf Drucker, Schreiber oder Sichtbildgerät ausgegeben zu werden. Die Ausgabe kann aber auch direkt in der Schrittschleife erfolgen, wobei eine Druckschrittweite, die größer oder gleich der Integrationsschrittweite ist, gewählt werden kann.

Sollen mehrere Läufe berechnet werden, so ist nach einer Auswertung und der erneuten Parametereingabe die Laufschleife wiederholt zu durchlaufen.

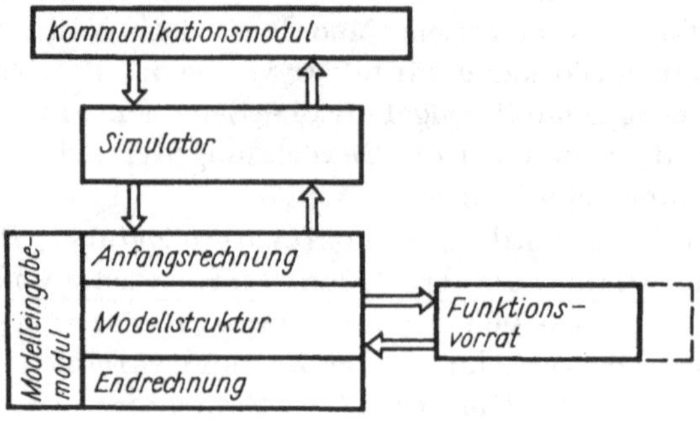

Abb. 3.5. Modularaufbau des DS 4000

Es ist üblich, den Simulator in drei Bereiche einzuteilen, Anfangs-, Dynamik- und Endbereich. Ein Simulationslauf besteht im aufeinanderfolgenden Durchlauf der drei Bereiche für eine vorgegebene Parametermenge.

Das digitale Simulationssystem DS 4000 ist modular aufgebaut, wie Abb. 3.5 zeigt. Der Kommunikationsmodul auf der obersten Hierarchieebene hat die Funktion eines sogenannten Direktormoduls. Er realisiert alle Steuerfunktionen und die Verwaltung der Eingangs- und Ausgangsinformationen. Eingangsinformationen sind durch eine Kommandosprache möglich. Ausgangsinformationen können Tabellen, Kurvendrucke, Parameterwerte u. ä. sein. Zum Simulator ist in allgemeiner Form genug gesagt, er dient als Steuermodul für den internen Ablauf eines Simulationslaufes.

Der Modelleingabemodul bietet in seinem Hauptteil die Möglichkeit zur Problemeingabe (Struktur) auf der Basis einer blockorientierten Simulationssprache. In den Teilen Anfangs- und Endrechnung können Berechnungen, die zu Beginn oder nach jedem Simulationslauf erforderlich sind, ausgeführt werden.

Die eigentlichen Tätigkeiten des Programmsystems werden auf der untersten Hierarchieebene ausgeführt, wo eine Unterprogrammbibliothek, der sogenannte Funktionsvorrat, zur Verfügung steht. Der Grundbestand an Funktionselementen ist im DS 4000 auf die Rechenelemente eines Analogrechners zugeschnitten. Er kann beliebig erweitert werden durch den Nutzer. Zum Grundbestand zählen Integrierer, Summierer, Multiplizierer, Dividierer und Komparatoren.

Als Integrationsverfahren sind im DS 4000 die Verfahren nach Runge-Kutta-Fehlberg erster bis vierter Genauigkeitsordnung implementiert. Der Vorzug dieser Verfahren besteht in der relativ einfachen Berechnung des Abbruchfehlers je Integrationsschritt, wodurch eine Schrittweitensteuerung ermöglicht wird.

Die Simulationssprache (Modellbeschreibungssprache) des DS 4000 erlaubt durch Schlüsselworte eine übersichtliche Gliederung der einzugebenden Modellbeschreibung. Eine Anfangsrechnung wird nach den Schlüsselworten # PARAMETER und # ANFANGSZUSTAND ausgeführt. Parameter sind Modell-, Integrations- und Ausgabeparameter. Modellparameter können als konstant oder variable gedacht sein. Im letzteren Fall wird für sie ein Potentiometer (eine einfach indizierte Variable) P(i), $i = 1(1)200$, vorgesehen. Integrationsparameter sind z. B. das Verfahren unterschieden nach der Genauigkeitsordnung, die Anfangsschrittweite, Intervallgrenzen, Schrittweitensteuerung und eine Abbruchfehlervorgabe. Ausgabeparameter ist die Druckhäufigkeit. Die Struktur des Modells ist nach # STRUKTUR in blockorientierter Weise möglich, und zwar nach der Syntax ⟨Ausgangsname⟩ = ⟨Blocktyp⟩ (⟨Eingangsliste⟩). Eine Endrechnung ist nach # TERMINAL möglich. Hier kann repetierend mit neuen Parametern ein Lauf wiederholt werden oder sogar eine Optimierungsstrategie realisiert werden. Als Zielsprache dient im DS 4000 FORTRAN.

Hervorzuheben ist die große Dialogfreudigkeit des DS 4000 durch eine spezielle Kommandosprache. Durch Kommandos, die interpretativ abgearbeitet werden, ist ein Simulationslauf zu starten, zu stoppen und weiterzuführen. Es können Parameteränderungen der Potentiometer P(i), der Integrations- und Ausgabeparameter vorgenommen werden. Weiterhin sind über Kommando Gerätezuweisungen, Variationen des Kurvendruckes und Protokollausgaben zu erreichen. Schließlich kann durch Kommando ein Maximalwertlauf, Repetieren und Optimierung eingeleitet werden.

3.3.3. Zukünftige Hybridprogrammiersysteme

Die Systemunterlagenentwicklung ist natürlicherweise an die Entwicklung der Gerätetechnik gebunden. Hier wird voraussichtlich der Einsatz von automatischen Programmierfeldern und Mikroprozessoren den größten Einfluß nehmen. Ein automatisches Programmierfeld mit einer 3stufigen Schaltmatrix verlangt z. B. vom Programmiersystem die automatische Suche von Pfaden durch das Schaltsystem ohne Blockierungen, d. h., es dürfen keine schon benutzten Schalter im Pfad auftreten. Ein solcher Programmkomplex muß z. B. durch den Hybridinterpreter oder ein fortgeschritteneres Hybridprogrammiersystem aufrufbar sein.

Der Einsatz von Mikroprozessoren als *Mikrosteuerrechner* in einem hybriden Rechnersystem wird die Aufteilung der Verarbeitungsaufgaben auf Analog- und Digitalrechner effektiver gestalten. Nehmen wir neben dem Systemdigitalrechner einen zusätzlichen Mikrosteuerrechner an, so ist dieser auf die spezifischen Kopplungsbedingungen des Analogrechners anzupassen. Er muß also die Kopplung zu analogen-, logischen-, hybriden Rechenelementen und zum Hybrid-Funktionsgeber herstellen. Der Mikrosteuerrechner wird als zum Analogrechner gehörig betrachtet. Damit ist dann die Schnittstelle zwischen Mikrosteuerrechner und Systemdigitalrechner standardisierbar, und es können verschiedene Digitalrechner mit dem Analogrechner in einfacher Weise gekoppelt werden.

Die Systemunterlagen müßten auf diese Konfiguration umgestellt werden. Der Systemdigitalrechner würde für den Mikrosteuerrechner eine Reihe von Files vorbereiten, die er unter der Steuerung eines Ablaufprogramms, das im Mikrorechner resident bleibt, dann abarbeitet. Ein solches File enthält z. B. Anweisungen über die Verschaltung der Rechenelemente in verschieblicher Form. Das heißt, die Rechenelemente sind noch nicht absolut adressiert, sondern erst im Mikrosteuerrechner wird die effektive Adresse in Übereinstimmung mit den einsetzbaren Rechenelementen definiert. Andere Files enthalten Koeffizientendaten für die Potentiometereinstellung, Daten für die Einstellung der Hybridfunktionsgeber und das Setzen der logischen Rechenelemente.

Der Mikrosteuerrechner müßte in den Systemunterlagen so eingebaut sein, daß er im überlappenden Betrieb das nächste Problem vorbereitet, soweit wie das möglich ist, während das vorliegende noch läuft. Liegt kein weiteres Problem an, so übernimmt der Mikrosteuerrechner sofort Funktionen der Überprüfung der Gerätetechnik. Defekte Rechenelemente werden aufgelistet und werden bei der oben erwähnten Festlegung der effektiven Adressen berücksichtigt.

Diese kurzen Ausführungen deuten an, welche Änderungen gegenüber den bisher beschriebenen Hybridprogrammiersystemen zu erwarten sind. In der Abb. 3.6 ist ein Entwurf eines zukünftigen Hybridprogrammiersystems angeführt. Er geht davon aus, daß das Problem vollständig in einer standardisierten digitalen Simulationssprache eingegeben wird. Im digitalen Problemübersetzer wird u. a. entschieden, ob eine rein digitale Simulation erfolgen soll oder eine Hybridsimulation. Die Ablaufsteuerung beider Simulationen ist ähnlich, wie wir uns in den vorhergehenden Kapiteln überzeugen konnten, so daß das erzeugte Ablaufsteuerungsfile beide Formen der Simulation versorgen kann. Die Problemzerlegung auf Analog- und Digitalrechner wird möglicherweise automatisiert ausgeführt, in Abhängigkeit von den verfügbaren Rechenelemten, der geforderten Bandbreite (Rechenzeit) und der gewünschten Ge-

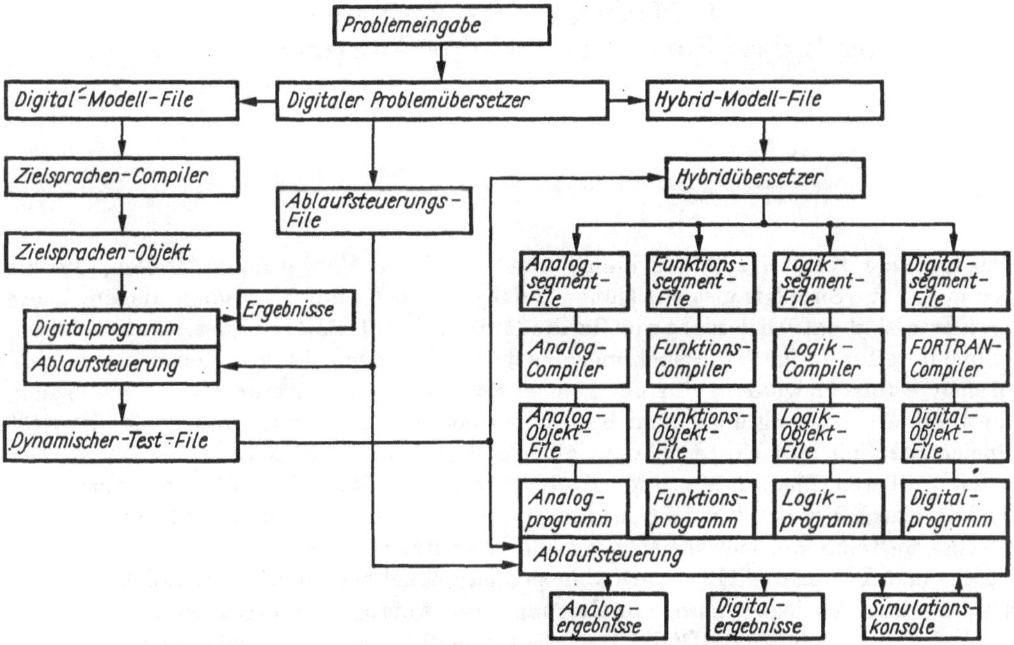

Abb. 3.6. Fortgeschrittenes Hybridprogrammiersystem in schematischer Darstellung

nauigkeit. Aus einer einmaligen digitalen Simulation ist auch ein Dynamisches-Test-File zu erstellen, das für den dynamischen Test des Analogproblems geeignet ist. Die Analogrechnervorbereitung z. B. würde rechnergestützt durch den Analogcompiler erfolgen, der alle bekannten Aufgaben (s. Kap. 3.3.2.1.) erledigt und dem Mikrosteuerrechner ein Analog-Objekt-File überträgt, aus dem die Verschaltung und Einstellung der analogen Rechenelemente folgt. Entsprechende Aufgaben werden durch die anderen Objekt-Files erledigt.

Durch ein solches fortgeschrittenes Hybridprogrammiersystem wird der Nutzer in die Lage versetzt, bei vielen Simulationsläufen und auch aus anderen Gründen die zeit- und kostengünstigere Hybridsimulation anzuwenden, ohne daß er sich mit den z. Z. noch erforderlichen manuellen Programmierungsschritten zu beschäftigen hat. Auf ein hybrides Rechnersystem kann dann auch von fern zugegriffen werden. Darüber hinaus sind dann auch die Voraussetzungen geschaffen, um es in ein Rechnernetz zu integrieren [87].

4. Mathematische Verfahren der Hybrid-Simulation und ihre Anwendungen

Das folgende Kapitel soll uns einige mathematische Verfahren vorstellen, die als Grundlage für Simulationsalgorithmen auf hybriden Rechnersystemen dienen. Diese Verfahren sind natürlich nicht nur für die Hybrid-Simulation geeignet, sondern bilden vielmehr selbständige Untersuchungsgebiete der Mathematik, von denen einige z. Z. intensiv erforscht werden. Für uns geht es darum, solche Verfahren kennenzulernen, die durch Anwendung auf einem hybriden Rechnersystem eine größere Effektivität hinsichtlich Zeit und Kosten bieten, als es auf einem Digitalrechner möglich ist. Der durch größeren Mensch-Maschine-Kontakt am hybriden Rechnersystem erreichte Gewinn durch bessere Einsicht in die inneren Zusammenhänge komplizierter dynamischer Systeme läßt sich meist gar nicht quantitativ fassen.

Zeit- und Kosteneffektivität gründen sich hauptsächlich auf die vorzüglichen Eigenschaften des Analogrechners zur Lösung von Anfangswertaufgaben gewöhnlicher Differentialgleichungen (GDGl). Bei allen angeführten mathematischen Verfahren wird daher die wiederholte Lösung eines Anfangswertproblems eine zentrale Rolle spielen.

Eine Vielzahl von Problemen aus der Technik, den Naturwissenschaften, der Medizin u. a. Gebieten lassen sich bekanntlich durch mathematische Modelle in Form von GDGl beschreiben. Wie wir in der Einführung bereits besprochen haben, handelt es sich dann um analoge kontinuierliche dynamische Systeme mit konzentrierten Parametern, die in der Regel durch ein System von GDGl beschrieben werden. Zur besseren Anschaulichkeit sollen einige solcher Problemstellungen aus oben angeführten Gebieten genannt sein.

Elektronik/Elektrotechnik:
- Entwurf und Analyse von analogen und digitalen Signalverarbeitungssystemen
- Entwurf und Analyse von aktiven und passiven Filtern, Entzerrerkreisen, Oszillatoren u. ä.
- Entwurf und Analyse von Bauelementen, wie Transistoren, Vakuumröhren, Transformatoren usw., sowie integrierten Schaltkreisen.
- Entwurf und Analyse von Steuerungssystemen, rückgekoppelten Verstärkern, Stellantrieben und dgl.

Bei der Simulation solcher Systeme auf dem hybriden Rechnersystem ist der Ingenieur in der Lage:

- Einen idealen Entwurf zu verwirklichen
- Gezielt Toleranzeffekte und Ausfälle von Teilsystemen einzuführen
- Automatisch oder von Hand Variationen an Teilsystemen oder Parametern vorzunehmen, um den Einfluß zu studieren
- In einfacher Weise Standardmessungen, wie Amplitude, Phase usw. durchzuführen, oder andere Gütekriterien des Systems zu messen

- Die gemessenen Daten sofort zu verarbeiten, um sie in konzentrierter und leicht erfaßbarer Form zur Verfügung zu stellen
- Die Simulation in geraffter oder gedehnter Zeit ablaufen zu lassen, um in Echtzeit kompliziert beobachtbare Zusammenhänge besser zu durchdringen.

Biomedizin/Medizin:
- Modellbildung und Simulation physiologischer Prozesse, z. B. des Herz-Kreislauf-Systems
- Modellbildung und Simulation in Nervenzellen
- Analyse oder Kinetik biochemischer Reaktionen
- Modellbildung und Simulation neuromuskulärer Systeme, z. B. den Pupillenreflex des Auges

In der Medizin bzw. Biomedizin wird durch den Einsatz von Rechnern, darunter von hybriden Rechnersystemen, heute vorrangig die mathematische Modellbildung betrieben. Die Simulationsergebnisse mit diesen Modellen werden bereits in der klinischen Praxis eingeführt. So kann der Mediziner durch die Simulation z. B. folgende Erscheinungen studieren:

- Genetische Phänomene und die Rolle der Chromosomen
- Den Einfluß von Antibiotika, von schmerzstillenden und Beruhigungsmitteln
- Die Nierenfunktion und die Rolle von Hormonen
- Osmotische Vorgänge und den Effekt von durch Fluor oder anderweitig behandelten Wassers auf die Zellaktivität
- Die Wirkung einer Diät auf die Körperfunktionen und dergleichen mehr.

Weitere Probleme aus den Gebieten der Chemie, der Verfahrenstechnik, der Luft- und Raumfahrt, der Kernenergie, um nur einige zu nennen, ließen sich hier anführen.

Bei vielen Prozessen ist die Beschreibung durch GDGl-Systeme nicht ausreichend, da Systeme mit verteilten Parametern vorliegen. Die Naturvorgänge bewegen sich ja in Raum und Zeit. Die mathematischen Modelle solcher Prozesse sind dann partielle Differentialgleichungen (PDGl). Die Simulation von elektronischen Bauelementen oder von Nervmembranen z. B. ist bei genauerer Betrachtung nicht mehr durch GDGl modellierbar, sondern führt auf PDGl. Wir werden daher im weiteren den mathematischen Verfahren zur Lösung von PDGl auf hybriden Rechnersystemen unsere Aufmerksamkeit zuwenden.

Wie schon bei den genannten Problemen der Elektronik/Elektrotechnik erwähnt, interessiert der Parametereinfluß eines Systems auf sein Verhalten. Dieses Interesse gilt ganz allgemein in der Form, daß ein solcher Parametervektor gesucht wird, der das Systemverhalten in irgendeinem definierten Sinne optimal macht. Die Fragen der Parameteroptimierung auf hybriden Rechnersystemen wollen wir daher in einem weiteren Abschnitt behandeln.

Genauso interessant ist die Fragestellung nach einer solchen Steuerfunktion, die ein Systemverhalten in irgendeinem definierten Sinne optimal gestaltet, womit wir beim Problemkreis der optimalen Steuerungen oder anders ausgedrückt der Trajektorienoptimierung angelangt sind. Wir werden die mathematischen Verfahren und ihre Anwendung auf hybriden Rechnersystemen darlegen.

Schließlich soll noch der Einsatz eines hybriden Rechnersystems zur Simulation stochastischer Prozesse untersucht werden, da hier gerade durch die überaus große

Zahl von erforderlichen Simulationsläufen ein hoher Effekt durch den Einsatz eines hybriden Rechnersystems erreichbar ist.

Außer der Darlegung der mathematischen Verfahren sollen einige kleine praktische Beispiele dem Leser eine Anleitung zur Inangriffnahme eigener Probleme sein.

4.1. Hybridverfahren zur Lösung von Anfangswertproblemen von GDGl

Wie schon wiederholt ausgesagt, ist der Analogrechner für sich in der Lage, Anfangswertprobleme zu lösen. Wir wollen in diesem Kapitel aufzeigen, wie ein hybrides Rechnersystem diese Möglichkeiten erweitern kann. Verfahren, die den Einsatz eines hybriden Rechnersystems erforderlich machen, sollen deshalb im Rahmen dieses Buches generell als Hybridverfahren bezeichnet werden.

4.1.1. Allgemeines zu Anfangswertproblemen von GDGl

Eine Beziehung der Form

$$F(x, y, y', y'', \dots, y^{(n)}) = 0 \tag{4.1}$$

nennt man eine gewöhnliche Differentialgleichung (GDGl) n-ter Ordnung, wobei x die unabhängige Variable, y die abhängige Variable und $y', y'', \dots, y^{(n)}$ ihre Ableitungen bedeuten. Die Funktion $y = \varphi(x)$ ist Lösung der GDGl, wenn sie und ihre Ableitungen die Gl. (4.1) identisch erfüllen.

Für die Berechnung am Analogrechner benötigen wir die GDGl in der Regel nach ihrer höchsten Ableitung aufgelöst. Betrachten wir dabei gleich den allgemeineren Fall eines Systems von GDGl, so haben wir es, wie folgt, vorliegen

$$\left.\begin{aligned}
\frac{\mathrm{d}^{n_1} y_1}{\mathrm{d}x^{n_1}} &= f_1(x, y_1, y_1', \dots, y_1^{(n_1-1)}; \dots ; y_m, y_m', \dots, y_m^{(n_m)}) \,, \\
\frac{\mathrm{d}^{n_2} y_2}{\mathrm{d}x^{n_2}} &= f_2(x, y_1, y_1', \dots, y_1^{(n_1)}; \dots ; y_m, y_m', \dots, y_m^{(n_m)}) \,, \\
&\cdots\cdots\cdots\cdots\cdots\cdots\cdots \\
\frac{\mathrm{d}^{n_m} y_m}{\mathrm{d}x^{n_m}} &= f_m(x, y_1, y_1', \dots, y_1^{(n_1)}; \dots ; y_m, y_m', \dots, y_m^{(n_m-1)}) \,.
\end{aligned}\right\} \tag{4.2}$$

Dieses System läßt sich immer in ein System von GDGl 1. Ordnung überführen. Unter Einführung neuer Funktionen $z_{ij}(x)$ der Art

$$\left.\begin{aligned}
y_i &= z_{i0} \,, \\
y_i' &= \frac{\mathrm{d}z_{i0}}{\mathrm{d}x} = z_{i1} \,, \\
y_i'' &= \frac{\mathrm{d}z_{i1}}{\mathrm{d}x} = z_{i2} \,, \\
&\cdots\cdots\cdots\cdots\cdots \\
y_i^{(n_i-1)} &= \frac{\mathrm{d}z_{i,\,n_i-2}}{\mathrm{d}x} = z_{i,\,n_i-1} \,, \qquad i = 1(1)\,m
\end{aligned}\right\} \tag{4.3}$$

nimmt die Gl. (4.2) die Form an

$$\left.\begin{aligned}
\frac{dz_{1,n_1-1}}{dx} &= f_1(x, z_{10}, \dots, z_{1,n_1-1}; \dots; z_{m0}, \dots, z_{m,n_m-1}, z'_{m,n_m-1}),\\
\frac{dz_{2,n_2-1}}{dx} &= f_2(x, z_{10}, \dots, z_{1,n_1-1}, z'_{1,n_1-1}; \dots; z_{m0}, \dots, z_{m,n_m-1}, z'_{m,n_m-1}),\\
&\dots\dots\dots\dots\dots\dots\\
\frac{dz_{m,n_m-1}}{dx} &= f_m(x, z_{10}, \dots, z_{1,n_1-1}, z'_{1,n_1-1}; \dots; z_{m0}, \dots, z_{m,n_m-1}).
\end{aligned}\right\} \quad (4.4)$$

Gl. (4.4) und Gl. (4.3) bilden zusammen ein System von $n = n_1 + n_2 + \dots + n_m$ GDGl 1. Ordnung mit den Lösungen bzw. ihren Ableitungen

$$\begin{aligned}
&z_{10} = y_1, \quad z_{11} = y'_1, \dots, z_{1,n_1-1} = y_1^{(n_1-1)}, \quad z'_{1,n_1-1} = y_1^{(n_1)};\\
&z_{20} = y_2, \quad z_{21} = y'_2, \dots, z_{2,n_2-1} = y_2^{(n_2-1)}, \quad z'_{2,n_2-1} = y_2^{(n_2)};\\
&\dots\dots\dots\dots\dots\dots\\
&z_{m0} = y_m, \quad z_{m1} = y'_m, \dots, z_{m,n_m-1} = y_m^{(n_m-1)}, \quad z'_{m,n_m-1} = y_m^{(n_m)}.
\end{aligned}$$

In Anbetracht dieser Umformungsmöglichkeit wollen wir im weiteren immer ein Gleichungssystem 1. Ordnung, der Form

$$\frac{dy_i}{dx} = f_i(x, y_1, \dots, y_n), \qquad i = 1(1)\,n, \tag{4.5}$$

zugrundelegen. Ist die unabhängige Variable die Zeit t, so haben wir das mathematische Modell eines dynamischen Systems mit konzentrierten Parametern vorliegen. Die Lösung des Systems (4.5) wird unter Beachtung einiger Voraussetzungen an die Funktionen f_i eindeutig durch die Anfangsbedingungen

$$y_1(x_0) = y_{10}, \qquad y_2(x_0) = y_{20}, \dots, \qquad y_n(x_0) = y_{n0} \tag{4.6}$$

bestimmt. Es liegt also die typische Anfangswertproblematik vor. Bei einem dynamischen System sprechen wir auch statt von den Lösungen von den Zustandsvariablen, die Anfangsbedingungen legen dann den Anfangszustand fest. In vektorieller Schreibweise stellt sich Gl. (4.5) nebst ihren Anfangsbedingungen folgendermaßen dar

$$\left.\begin{aligned}
\boldsymbol{y}' &= \boldsymbol{f}(x, \boldsymbol{y})\\
\boldsymbol{y}(x_0) &= \boldsymbol{y}_0
\end{aligned}\right\} \tag{4.7}$$

Im linearen Fall, d. h., wenn f_i bezüglich y_i eine lineare Funktion ist, hat Gl. (4.5) die Gestalt

$$\frac{dy_i}{dx} = \sum_{j=1}^{n} a_{ij}(x)\, y_i + b_i(x), \qquad i = 1(1)\,n, \tag{4.8}$$

wobei a_{ij} und b_i Funktionen der unabhängigen Variablen sein können. In vektorieller Schreibweise gilt dann

$$\left.\begin{aligned}
\boldsymbol{y}' &= \boldsymbol{A}(x)\,\boldsymbol{y} + \boldsymbol{b}(x),\\
\boldsymbol{y}(x_0) &= \boldsymbol{y}_0,\\
\boldsymbol{A}(x) &- (n, n)\text{-Matrix}.
\end{aligned}\right\} \tag{4.9}$$

Bekanntlich existieren nur für die linearen Systeme von GDGl geschlossene analytische Lösungsverfahren. Da die Mehrzahl der GDGl, die von praktischen Problemen herrühren, nichtlinear sind, ist nur eine Näherungslösung möglich. Analoge und numerische Lösungsverfahren sind als die allgemeinsten Lösungsverfahren von GDGl anzusehen, da sie sowohl lineare als auch nichtlineare GDGl gleichermaßen lösen. Jedoch erhalten wir dabei nur eine spezielle Näherungslösung, deren Genauigkeit und Stabilität vom Charakter des Originals abhängen.

Die Existenz und Eindeutigkeit der Lösung eines Gleichungssystems der Form (4.5) mit seinen Anfangsbedingungen (4.6) ist gesichert, wenn die Funktionen f_i hinsichtlich ihrer Argumente $x, y_1, \ldots, y_n$ stetig sind und sie hinsichtlich der Argumente $y_1, \ldots, y_n$ eine LIPSCHITZ-Bedingung erfüllen (s. z. B. [103]). Die LIPSCHITZ-Bedingung ist immer erfüllt, wenn die Funktionen f_i stetige partielle Ableitungen nach den Veränderlichen $y_1, \ldots, y_n$ in einem abgeschlossenen Gebiet besitzen und sogar dann, wenn diese partiellen Ableitungen eine endliche Zahl von Unstetigkeiten (Sprungstellen) enthalten. Der letztgenannte Umstand ist besonders für die Lösung von nichtlinearen GDGl-Systemen auf dem Analogrechner wichtig, da die nichtlinearen Funktionen dort häufig durch Polygonzüge approximiert werden (s. Kap. 2.1.1.5.). Die unstetigen Ableitungen an diesen Knickstellen verletzen somit nicht die Forderungen hinsichtlich Existenz und Eindeutigkeit einer Lösung.

Es läßt sich auch zeigen, daß, unter den gleichen Voraussetzungen wie für die Existenz und Eindeutigkeit, die Lösung eines GDGl-Systems stetig von Variationen der Anfangsbedingungen, der rechten Seiten und der Parameter abhängt. Für kleine Änderungen der genannten Größen werden demzufolge kleine Änderungen der Lösung resultieren. Eine Analogrechnerlösung ist nun in dem Sinne eine Näherungslösung, daß die Verwirklichung der rechten Seiten, die Einstellung der Anfangsbedingungen und der Parameter nur mit kleinen Fehlern behaftet gelingt und deshalb die Lösung selbst ebenfalls fehlerbehaftet ist. In vielen Fällen sind die Lösungsfehler ebenso sehr klein. Es treten jedoch auch Aufgaben auf, bei denen eine große Empfindlichkeit der Lösung gegenüber Änderungen der rechten Seite, der Parameter und Anfangsbedingungen zu beobachten sind. Für Simulationen ist daher eine Empfindlichkeitsanalyse der benutzten Modelle zu empfehlen (s. Kap. 4.1.5.).

4.1.2. Lineare GDGl-Systeme mit variablen Koeffizienten

Wir betrachten ein dynamisches System und notieren sein mathematisches Modell in der üblich angewandten Weise

$$\dot{\boldsymbol{x}}(t) = \boldsymbol{A}(t)\,\boldsymbol{x}(t) + \boldsymbol{B}(t)\,\boldsymbol{u}(t)\,, \qquad t \in [t_0, T] \tag{4.10}$$

$\boldsymbol{x}(t)$ – Zustandsvektor $(n, 1)$
$\boldsymbol{A}(t)$ – Systemmatrix (n, n)
$\boldsymbol{B}(t)$ – Eingangsmatrix (n, m)
$\boldsymbol{u}(t)$ – Eingangsvektor $(m, 1)$

Bei Aufbau einer Rechenschaltung am Analogrechner sind dazu entsprechend viele Multiplizierer erforderlich. Mit den steuerbaren Digitalpotentiometern eines hybriden Rechnersystems läßt sich folgendes Hybridverfahren anwenden [24]. Wir zerlegen das

GDGl-System (4.10) in eine Folge von GDGl-Systemen mit konstanten Koeffizienten

$$\left.\begin{aligned} \dot{\boldsymbol{x}}(t) &= \boldsymbol{A}_i\boldsymbol{x}(t) + \boldsymbol{B}_i\boldsymbol{u}(t)\,, \qquad t \in [t_i, t_{i+1})\,,\\ A_i &= \boldsymbol{A}(t_i); \qquad \boldsymbol{B}_i = \boldsymbol{B}(t_i)\,, \qquad i = 0(1), \ldots\,, \end{aligned}\right\} \tag{4.11}$$

wobei jedes solche System im hinreichend klein gewählten Intervall $[t_i, t_{i+1})$ auf dem Analogrechner zu lösen ist. Der Digitalrechner berechnet die Matrizen $\boldsymbol{A}_i$, $\boldsymbol{B}_i$ und stellt die Digitalpotentiometer auf die berechneten Werte ein.

Das Verfahren lautet wie folgt:

① $i := 0$. Berechne $\boldsymbol{A}_i$, $\boldsymbol{B}_i$, stelle Digitalpotentiometer und setze die Integrierer auf den Anfangszustand $\boldsymbol{x}_0 = \boldsymbol{x}(t_0)$!

② Integriere Gl. (4.11) in $[t_i, t_{i+1})$ auf dem Analogrechner (RE). Berechne gleichzeitig $\boldsymbol{A}_{i+1}$, $\boldsymbol{B}_{i+1}$ auf dem Digitalrechner!

③ Analogrechner in Halt (HA).
Digitalrechner setze Digitalpotentiometer auf Werte in $\boldsymbol{A}_{i+1}$, $\boldsymbol{B}_{i+1}$. $i := i + 1$;

④ Wiederhole ② und ③ bis Intervallende T erreicht.

4.1.3. Nichtlineare GDGl-Systeme

Wir wollen zur Lösung von nichtlinearen GDGl-Systemen solche Verfahren betrachten, die die abhängigen Variablen in hybrider Form benutzen, d. h., wo jede dieser Variablen in eine analoge und eine digitale Komponente zerlegt wird.

4.1.3.1. Inkrementalverfahren von Dekker

Wir gehen aus vom GDGl-System n. Ordnung.

$$\left.\begin{aligned} \dot{\boldsymbol{x}}(t) &= \boldsymbol{f}[\boldsymbol{x}(t), t], \qquad t \in [t_0, T]\,,\\ \boldsymbol{x}(t_0) &= \boldsymbol{x}_0\,. \end{aligned}\right\} \tag{4.12}$$

Die Grundlage des Hybridverfahrens ist eine Linearisierung des GDGl-Systems (4.12), indem wir (4.12) durch eine Folge linearer GDGl-Systeme ersetzen [24]. Die Genauigkeit der Approximation hängt von der Länge der zeitlichen Teilintervalle ab.

Die Linearisierung von Gl. (4.12) ergibt mit folgenden Zerlegungen

$$\left.\begin{aligned} \boldsymbol{x}(t) &= \boldsymbol{x}(t_i) + \boldsymbol{x}_i(t) = \boldsymbol{x}_i + \boldsymbol{x}_i(t)\,,\\ t &= t_i + (t - t_i)\,, \qquad t \in [t_i, t_{i+1})\,, \end{aligned}\right\} \tag{4.13}$$

$$\begin{aligned} \dot{\boldsymbol{x}}(t) = \dot{\boldsymbol{x}}_i(t) &= \boldsymbol{f}[\boldsymbol{x}_i + \boldsymbol{x}_i(t)\,, t_i + (t - t_i)] \approx \boldsymbol{f}[\boldsymbol{x}_i, t_i] + \\ &+ \left.\frac{\partial \boldsymbol{f}[\boldsymbol{x}, t]}{\partial \boldsymbol{x}}\right|_{(\boldsymbol{x}_i, t_i)} \cdot \boldsymbol{x}_i(t) + \left.\frac{\partial \boldsymbol{f}[\boldsymbol{x}, t]}{\partial t}\right|_{(\boldsymbol{x}_i, t_i)} \cdot (t - t_i)\,, \qquad t \in [t_i, t_{i+1})\,. \end{aligned} \tag{4.14}$$

Durch Einführung der Abkürzungen

$$\left.\begin{aligned} \boldsymbol{f}_i &= \boldsymbol{f}[\boldsymbol{x}_i, t_i]; \qquad (n, 1)\text{-Vektor}\\ \boldsymbol{A}_i &= \left.\frac{\partial \boldsymbol{f}[\boldsymbol{x}, t]}{\partial \boldsymbol{x}}\right|_{(\boldsymbol{x}_i, t_i)} = \left[\left.\frac{\partial f_k[\boldsymbol{x}, t]}{\partial x_l}\right|_{(\boldsymbol{x}_i, t_i)}\right]; \qquad (n, n)\text{-Matrix}\,,\\ \boldsymbol{b}_i &= \left.\frac{\partial \boldsymbol{f}[\boldsymbol{x}, t]}{\partial t}\right|_{(\boldsymbol{x}_i, t_i)} = \left[\left.\frac{\partial f_k[\boldsymbol{x}, t]}{\partial t}\right|_{(\boldsymbol{x}_i, t_i)}\right]; \qquad (n, 1)\text{-BVektor} \end{aligned}\right\} \tag{4.15}$$

erhalten wir das approximierende GDGl-System zu

$$\left.\begin{aligned} \dot{\boldsymbol{x}}_i(t) &= \boldsymbol{A}_i\boldsymbol{x}_i(t) + \boldsymbol{b}_i(t - t_i) + \boldsymbol{f}_i \,, \\ \boldsymbol{x}_i(t_i) &= \boldsymbol{0} \,, \qquad t \in [t_i, t_{i+1}) \,. \end{aligned}\right\} \tag{4.16}$$

Die Länge des jeweiligen Teilintervalls $[t_i, t_{i+1})$ kann mit Hilfe einer geeignet gewählten Norm durch die implizite Gleichung

$$||\boldsymbol{x}_i(t_{i+1})|| \leqq d \tag{4.17}$$

bestimmt werden. Als Norm können wir z. B.

$$||\boldsymbol{x}_i(t_{i+1})|| = \max_{l=1(1)n} |x_i^{(l)}|$$

wählen.

Der Analogrechner löst das lineare GDGl-System (4.16). Der Digitalrechner muß die in jedem Teilintervall erforderlichen Koeffizientenmatrizen $\boldsymbol{A}_i$, $\boldsymbol{b}_i$ und den Vektor $\boldsymbol{f}_i$ berechnen und vor jedem Zeitpunkt t_i, $i = 0(1) \ldots$ über Digitalpotentiometer diese Werte am Analogrechner einstellen. Die Bestimmung der Intervallänge kann am einfachsten am Analogrechner, aber auch am Digitalrechner erfolgen.

Das Verfahren können wir wie folgt zusammenfassen:

① Digitalrechner: $i := 0$; $\boldsymbol{x}_{i-1} := \boldsymbol{x}_0$; $\boldsymbol{x}_{i-1}(t_0) := \boldsymbol{0}$;

② Digitalrechner: $\boldsymbol{x}_i := \boldsymbol{x}_{i-1} + \boldsymbol{x}_{i-1}(t_i)$; $\boldsymbol{x}_i(t_i) := \boldsymbol{0}$; Berechnung von $\boldsymbol{A}_i$, $\boldsymbol{b}_i$, $\boldsymbol{f}_i$ und Einstellen der entsprechenden Digitalpotentiometer.

③ Analogrechner: Integration des linearen GDGl-Systems (4.16) bis aus (4.17) t_{i+1} folgt. Übertrage t_{i+1} und $\boldsymbol{x}_i(t_{i+1})$ in den Digitalrechner.

④ Digitalrechner: Falls $t_{i+1} < T$ setze $i := i + 1$ und wiederhole ab ②, andernfalls: Halt.

Wir beachten, daß die Struktur des linearen GDGl-Systems (4.16) unabhängig ist von der rechten Seite des nichtlinearen GDGl-Systems (4.12). Ändert sich $\boldsymbol{f}[\boldsymbol{x}(t), t]$, ist die Rechenschaltung des Analogrechners nicht zu ändern, wenn man von den anders einzustellenden Digitalpotentiometern absieht. Was sich ändert, ist die Länge der zeitlichen Teilintervalle.

Ein weiterer Vorteil ergibt sich aus der Tatsache, daß der Analogrechner nicht $\boldsymbol{x}(t)$ direkt, sondern die Differenz $\boldsymbol{x}_i(t) = \boldsymbol{x}(t) - \boldsymbol{x}_i$, $t \in [t_i, t_{i+1})$ berechnet.

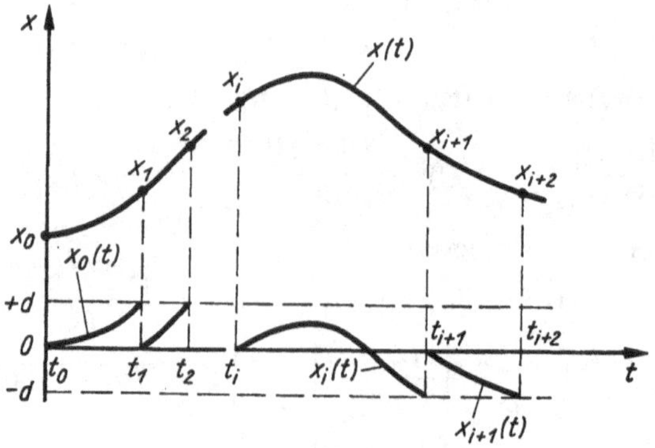

Abb. 4.1. Analogrechnerlösungen $x_i(t)$, $t \in [t_i, t_{i+1})$ und resultierende Gesamtlösung für eine Komponente

In Abb. 4.1 ist der Sachverhalt für eine Komponente des Lösungsvektors veranschaulicht. Die Lösungen $\boldsymbol{x}_i(t)$ können nämlich in $[t_i, t_{i+1})$ den vollen Wertebereich des Analogrechners ($\pm E$) durchlaufen, was eine Genauigkeitssteigerung gegenüber einer reinen Analogsimulation bedeutet. Theoretisch müßte mit Verringerung der Schranke d die Genauigkeit steigen. Durch häufigeres Umschalten in den Punkten t_i akkumuliert sich jedoch u. U. ein Fehler, der als kleiner dynamischer Fehler bei jedem Übergang vom Zustand AW in RE und dann in HA zu verzeichnen ist. Außerdem wächst die Rechenzeit, da jedesmal $\boldsymbol{A}_i$, $\boldsymbol{b}_i$ und $\boldsymbol{f}_i$ zu berechnen sind. Es wird sich je nach mathematischem Modell ein optimaler Wert für d finden lassen.

Mit den im Digitalrechner gespeicherten Werten $\boldsymbol{x}_i = \boldsymbol{x}(t_i)$, $i = 0, (1) \ldots$ läßt sich mit den Analogrechnerlösungen $\boldsymbol{x}_i(t)$ nach Gl. (4.13) die Gesamtlösung auf einem Auswertegerät aufzeichnen.

4.1.3.2. *Tangenten-Korrektur-Verfahren von* Feilmeier

Die durch häufiges Umschalten in den Punkten t_i verursachten Unzulänglichkeiten lassen sich verringern, wenn wir im Intervall $[t_i, t_{i+1})$ statt eines konstanten Bezugswertes $\boldsymbol{x}_i = \boldsymbol{x}(t_i)$ (s. Gl. (4.13)) einen sich in Tangentenrichtung ändernden Bezugswert einführen [36]. Wie in Abb. 4.2 für eine Komponente gezeigt, gilt dann ebenso für den Vektor

$$\boldsymbol{x}(t) = \boldsymbol{x}_i + \boldsymbol{f}[\boldsymbol{x}_i, t_i]\,(t - t_i) + \boldsymbol{x}_i(t_{i+1})\,, \qquad t \in [t_i, t)\,. \tag{4.18}$$

Die Linearisierung von Gl. (4.12) ergibt damit

$$\begin{aligned} \dot{\boldsymbol{x}}(t) &= \dot{\boldsymbol{x}}_i(t) + \boldsymbol{f}[\boldsymbol{x}_i, t_i] = \boldsymbol{f}[\boldsymbol{x}_i + \boldsymbol{f}[\boldsymbol{x}_i, t_i]\,(t - t_i) + \boldsymbol{x}_i(t), t_i + (t - t_i)] \approx \\ &\approx \boldsymbol{f}[\boldsymbol{x}_i, t_i] + \left.\frac{\partial \boldsymbol{f}[\boldsymbol{x}, t]}{\partial \boldsymbol{x}}\right|_{(\boldsymbol{x}_i, t_i)} \left(\boldsymbol{f}[\boldsymbol{x}_i, t_i]\,(t - t_i) + \boldsymbol{x}_i(t)\right) + \\ &+ \left.\frac{\partial \boldsymbol{f}[\boldsymbol{x}, t]}{\partial t}\right|_{(\boldsymbol{x}_i, t_i)} (t - t_i)\,, \qquad t \in [t_i, t_{i+1})\,. \end{aligned} \tag{4.19}$$

Daraus folgt mit den Abkürzungen in Gl. (4.15) das approximierende lineare GDGl-System

$$\left.\begin{aligned} \dot{\boldsymbol{x}}_i(t) &= \boldsymbol{A}_i\boldsymbol{x}_i(t) + (\boldsymbol{A}_i\boldsymbol{f}_i + \boldsymbol{b}_i)\,(t - t_i)\,, \\ \boldsymbol{x}_i(t_i) &= \boldsymbol{0}\,, \qquad t \in [t_i, t_{i+1})\,. \end{aligned}\right\} \tag{4.20}$$

Die Länge des Teilintervalls $[t_i, t_{i+1})$' wird wieder durch Gl. (4.17) bestimmt. Am Verfahren ändert sich also nichts, außer daß Gl. (4.16) durch Gl. (4.20) zu ersetzen ist.

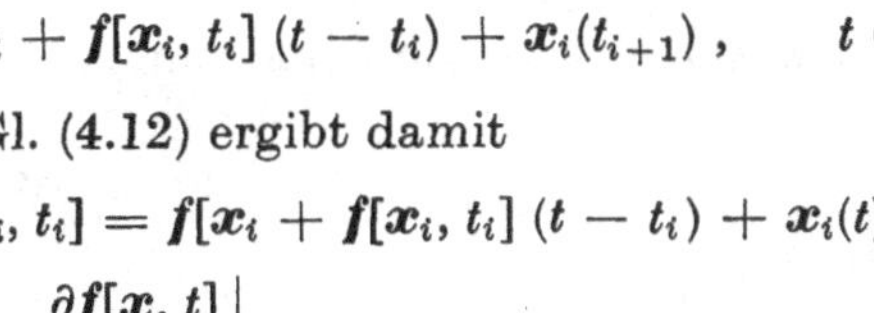

Abb. 4.2. Zerlegung der Funktion $x(t)$ in einen in Tangentenrichtung sich ändernden Bezugswert und eine am Analogrechner zu berechnende Funktion $x_i(t)$

Der Ablauf des Tangenten-Korrektur-Verfahrens ist ähnlich dem des Inkremental-Verfahrens.

① Digitalrechner: $i := 0$; $\boldsymbol{x}_{i-1} := \boldsymbol{x}_0$; $\tilde{\boldsymbol{x}}_{i-1}(t_0) := \boldsymbol{0}$; $\boldsymbol{f}_{i-1} := \boldsymbol{0}$;

② Digitalrechner: $\boldsymbol{x}_i := \boldsymbol{x}_{i-1} + \boldsymbol{f}_{i-1}(t_i - t_{i-1}) + \boldsymbol{x}_{i-1}(t_i)$; $\boldsymbol{x}_i(t_i) := \boldsymbol{0}$; Berechnung von $\boldsymbol{A}_i$, $\boldsymbol{b}_i$, $\boldsymbol{f}_i$ und Einstellung der entsprechenden Digitalpotentiometer.

③ Analogrechner: Integration des linearen GDGl-Systems (4.20) bis aus (4.17) t_{i+1} folgt. Übertragung von t_{i+1} und $\boldsymbol{x}_i(t_{i+1})$ in den Digitalrechner.

④ Digitalrechner: Falls $t_{i+1} < T$ setze $i := i + 1$ und wiederhole ab ③, andernfalls: Halt.

Die Berechnung der $\boldsymbol{A}_i$, $\boldsymbol{b}_i$, $\boldsymbol{f}_i$ erfolgt:

1. wenn möglich analytisch
2. näherungsweise durch endliche Differenzenquotienten
3. durch Formelmanipulation (exaktes Differenzieren mit dem Digitalrechner)

Beispiel: Das Inkremental- und das Tangentenkorrektur-Verfahren seien anhand des GDGl-Systems

$$\begin{aligned} \dot{x}_1(t) &= \frac{1}{N-1}\left[x_1(t) - \left(C + x_2(t)\right) x_1^N(t)\right], \qquad & x_1(0) &= C^{\frac{1}{1-N}}, \\ \dot{x}_2(t) &= -\left(x_2(t) + \mathrm{e}^{-t}\sin t\right), & x_2(0) &= 1, \end{aligned}$$
$$C, N - \text{konstant}$$

in $t \in [0; 1{,}75]$ zu vergleichen. Die exakten Lösungen lauten:

$$x_1(t) = \left(\mathrm{e}^{-t}\sin t + C\right)^{\frac{1}{1-N}}, \qquad x_2(t) = \mathrm{e}^{-t}\cos t.$$

Aus Gl. (4.15) folgt unmittelbar

$$\boldsymbol{A}^{(i)} = \begin{bmatrix} \frac{1}{N-1}\left[1 - N\left(C + x_2(t_i)\right) x_1^{N-1}(t_i)\right] & -\frac{1}{N-1}\, x_1^N(t_i) \\ 0 & -1 \end{bmatrix},$$

$$\boldsymbol{b}^{(i)} = \begin{bmatrix} 0 \\ \mathrm{e}^{-t_i}\left(\sin t_i - \cos t_i\right) \end{bmatrix},$$

$$\boldsymbol{f}^{(i)} = \begin{bmatrix} \frac{1}{N-1}\left[x_1(t_i) - \left(C + x_2(t_i)\right) x_1^N(t_i)\right] \\ -x_2(t_i) - \mathrm{e}^{-t_i}\sin t_i \end{bmatrix}.$$

Für das Inkremental-Verfahren gilt dann

$$\begin{aligned} \dot{x}_1^{(i)}(t) &= a_{11}^{(i)} x_1^{(i)}(t) + a_{12}^{(i)} x_2^{(i)}(t) + b_1^{(i)}(t - t_i) + f_1^{(i)}, \\ \dot{x}_2^{(i)}(t) &= a_{21}^{(i)} x_1^{(i)}(t) + a_{22}^{(i)} x_2^{(i)}(t) + b_2^{(i)}(t - t_i) + f_2^{(i)}. \end{aligned}$$

Es werden zwei Hilfsvariable eingeführt. $x_3^{(i)} = t$, $t \in [t_i, t_{i+1})$, $\mathrm{d}x_3^{(i)}/\mathrm{d}t = 1$ und $x_3^{(i)} - t_i = x_4^{(i)}$. Mit den Normierungsbeziehungen $x_k/x_{km} = X_k$, $k = 1(1)\,4$, $\tau = \lambda t$ erhalten wir die normierten Problemgleichungen

$$\begin{aligned} \dot{X}_1^{(i)}(\tau) &= \frac{a_{11}^{(i)}}{\lambda} X_1^{(i)}(\tau) + \frac{a_{12}^{(i)} x_{2m}}{\lambda x_{1m}} X_2^{(i)}(\tau) + \frac{b_1^{(i)} x_{4m}}{\lambda x_{1m}} X_4^{(i)} + \frac{f_2^{(i)}}{\lambda x_{1m}}, \\ \dot{X}_2^{(i)}(\tau) &= \frac{a_{21}^{(i)} x_{1m}}{\lambda x_{2m}} X_1^{(i)}(\tau) + \frac{a_{22}^{(i)}}{\lambda} X_2^{(i)}(\tau) + \frac{b_2^{(i)} x_{4m}}{\lambda x_{2m}} X_4^{(i)} + \frac{f_2^{(i)}}{\lambda x_{2m}}, \\ \dot{X}_3^{(i)}(\tau) &= \frac{1}{\lambda x_{3m}}, \qquad X_4^{(i)} = \frac{x_{3m}}{x_{4m}} X_3^{(i)} - \frac{t_i}{x_{4m}}. \end{aligned}$$

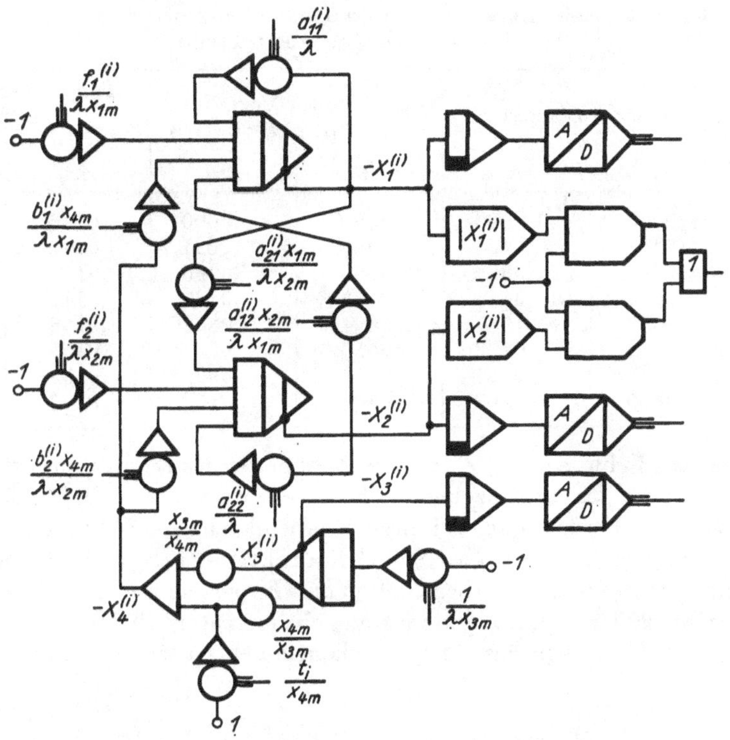

Abb. 4.3. Rechenschaltung zum Inkrementalverfahren

Die Rechenschaltung ist dafür in Abb. 4.3 dargestellt. Die Speicher dienen zur simultanen A/D-Wandlung. Durch die Komparatoren wird der Abbruch bei Erreichen der zulässigen Intervallgrenze gesichert.

Benutzen wir das Tangenten-Korrektur-Verfahren, so gilt

$$\dot{x}_1^{(i)}(t) = a_{11}^{(i)} x_1^{(i)}(t) + a_{12}^{(i)} x_2^{(i)}(t) + (a_{11}^{(i)} f_1^{(i)} + a_{12}^{(i)} f_2^{(i)} + b_1^{(i)})\,(t - t_i)\,,$$
$$\dot{x}_2^{(i)}(t) = a_{21}^{(i)} x_1^{(i)}(t) + a_{22}^{(i)} x_2^{(i)}(t) + (a_{21}^{(i)} f_1^{(i)} + a_{22}^{(i)} f_2^{(i)} + b_2^{(i)})\,(t - t_i)\,.$$

Mit den oben eingeführten Hilfsgrößen $x_3^{(i)}$, $x_4^{(i)}$ und den Abkürzungen $c_1^{(i)} = a_{11}^{(i)} f_1^{(i)} + a_{12}^{(i)} f_2^{(i)} + b_1^{(i)}$, $c_2^{(i)} = a_{21}^{(i)} f_1^{(i)} + a_{22}^{(i)} f_2^{(i)} + b_2^{(i)}$ bzw. den obigen Normierungsbeziehungen ergeben sich die normierten Problemgleichungen zu

$$\dot{X}_1^{(i)}(\tau) = \frac{a_{11}^{(i)}}{\lambda} X_1^{(i)}(\tau) + \frac{a_{12}^{(i)} x_{2m}}{\lambda x_{1m}} X_2^{(i)}(\tau) + \frac{c_1^{(i)} x_{4m}}{\lambda x_{1m}} X_4^{(i)}\,,$$

$$\dot{X}_2^{(i)}(\tau) = \frac{a_{21}^{(i)} x_{1m}}{\lambda x_{2m}} X_1^{(i)}(\tau) + \frac{a_{22}^{(i)}}{\lambda} X_2^{(i)}(\tau) + \frac{c_2^{(i)} x_{4m}}{\lambda x_{2m}} X_4^{(i)}\,,$$

$$\dot{X}_3^{(i)}(\tau) = \frac{1}{\lambda x_{3m}}\,,$$

$$X_4^{(i)} = \frac{x_{3m}}{x_{4m}} X_3^{(i)} - \frac{t_i}{x_{4m}}\,.$$

Die Rechenschaltung vereinfacht sich durch das Wegfallen der Terme $f_1^{(i)}$ und $f_2^{(i)}$ geringfügig.

Tab. 4.1. Vergleich Inkremental- und Tangenten-Korrektur-Verfahren bei 3 Umschaltungen im Intervall

Zeit	exakte Lösung		Inkremental-Verfahren abs. Fehler		Tangent.-Korrektur-Verfahren abs. Fehler	
	x_1	x_2	Δx_1	Δx_2	Δx_1	Δx_2
,0000	1,0000	1,0000	,0000	,0000	,0000	,0000
,2500	,8387	,7535	,0097	,0031	,0110	,0045
,5000	,7744	,5322	,0560	,0295	,0117	,0067
,7500	,7564	,3446	,0530	,0267	,0172	−,0150
1,0000	,7636	,1987	,0524	,0362	,0158	−,0144
1,2500	,7862	,0903	,0519	,0634	,0153	−,0231
1,5000	,8179	,0157	,0448	−,0625	,0139	−,0196
1,7500	,8540	−,0309	,0367	−,0532	,0127	−,0144

Die Vorgabe der Fehlerschranke und das Zählen der Umschaltungen wird im Digitalprogramm erledigt, das im Einzelnen nicht angeführt werden soll. Die Tab. 4.1 zeigt den Vergleich der beiden Lösungsverfahren für die gleiche Anzahl von drei Umschaltpunkten. Dabei betrug die Norm $d = 0{,}500$ beim Inkrementalverfahren und $d = 0{,}100$ beim Tangenten-Korrektur-Verfahren. Weitere Experimente mit diesem Beispiel zeigten, daß ab ca. 20 Umschaltungen im angegebenen Intervall die Genauigkeit wegen des akkumulierten Fehlers in den Analogrechenelementen wieder abnimmt.

4.1.4. Zerlegung großer GDGl-Systeme

Reichen die Rechenelemente des Analogrechners innerhalb eines hybriden Rechnersystems nicht aus, um ein großes GDGl-System zu simulieren, so können wir es auch in Teilsysteme zerlegen und jedes Teilsystem dann einzeln simulieren. Durch einen Iterationsprozeß läßt sich die Lösung des gesamten GDGl-Systems berechnen [67], [97].

Wir betrachten zunächst das lineare GDGl-System mit variablen Koeffizienten

$$\left.\begin{aligned} \dot{\boldsymbol{x}}(t) &= \boldsymbol{A}(t)\,\boldsymbol{x}(t) + \boldsymbol{B}(t)\,\boldsymbol{u}(t)\,, \qquad t \in [t_0, T]\,, \\ \boldsymbol{x}(t_0) &= \boldsymbol{x}_0\,. \end{aligned}\right\} \tag{4.21}$$

Die Zerlegung des Systems (4.21) in k Teilsysteme ergibt

$$\left.\begin{aligned} \begin{bmatrix} \dot{\boldsymbol{x}}_1 \\ \vdots \\ \dot{\boldsymbol{x}}_k \end{bmatrix} &= \begin{bmatrix} \boldsymbol{A}_{11}(t) & \dots & \boldsymbol{A}_{1k}(t) \\ \vdots & & \vdots \\ \boldsymbol{A}_{k1}(t) & \dots & \boldsymbol{A}_{kk}(t) \end{bmatrix} \begin{bmatrix} \boldsymbol{x}_1 \\ \vdots \\ \boldsymbol{x}_k \end{bmatrix} + \begin{bmatrix} \boldsymbol{B}_1(t)\,\boldsymbol{u}(t) \\ \vdots \\ \boldsymbol{B}_k(t)\,\boldsymbol{u}(t) \end{bmatrix}, \\ \boldsymbol{x}(t_0) &= \begin{bmatrix} \boldsymbol{x}_{10} \\ \vdots \\ \boldsymbol{x}_{k0} \end{bmatrix}. \end{aligned}\right\} \tag{4.22}$$

Das i-te Teilsystem ausgedrückt durch die GDGl für $\boldsymbol{x}_i(t)$ soll klein genug sein, um es am Analogrechner zu modellieren. Wir benötigen dazu dann die $\boldsymbol{x}_j(t)$, $j = 1(1)\,k$, $j \neq i$ und $\boldsymbol{u}(t)$ als Eingangssignale für das i-te Teilsystem.

Das Iterationsverfahren, in dem während jedes Zyklus die Teilsysteme der Reihe nach $(i = 1(1)\,k)$ gelöst werden, benutzt als Eingangssignale die entsprechenden

Lösungen aus dem vorhergehenden Zyklus. Zu Beginn werden Ausgangswerte für die $\boldsymbol{x}_j(t)$, $j = 1(1)\,k$, $j \neq i$ gebraucht, die entweder unter Betrachtung des Originals sinnvoll gewählt oder einfach gleich Konstanten gesetzt werden. Als Iterationsverfahren empfiehlt sich die folgende Vorschrift, da auf diese Art und Weise die letzte Verbesserung der Variablen $\boldsymbol{x}_i(t)$ sofort in den folgenden Teilsystemen benutzt wird.

$$\left.\begin{aligned} &\begin{bmatrix} \dot{\boldsymbol{x}}_1 \\ \vdots \\ \dot{\boldsymbol{x}}_k \end{bmatrix}^{(r+1)} = \boldsymbol{A}^*(t) \begin{bmatrix} \boldsymbol{x}_1 \\ \vdots \\ \boldsymbol{x}_k \end{bmatrix}^{(r+1)} + \left(\boldsymbol{A}(t) - \boldsymbol{A}^*(t)\right) \begin{bmatrix} \boldsymbol{x}_1 \\ \vdots \\ \boldsymbol{x}_k \end{bmatrix}^{(r)} + \begin{bmatrix} \boldsymbol{B}_1(t)\,\boldsymbol{u}(t) \\ \vdots \\ \boldsymbol{B}_k(t)\,\boldsymbol{u}(t) \end{bmatrix}, \\ &\boldsymbol{x}_i^{(r)}(t_0) = \boldsymbol{x}_i(t_0)\,, \qquad i = 1(1)\,k\,, \qquad r = 0(1)\,\ldots\,, \end{aligned}\right\} \tag{4.23}$$

$$\boldsymbol{A}^*(t) = \begin{bmatrix} \boldsymbol{A}_{11}(t) & & 0 \\ \vdots & \ddots & \\ \boldsymbol{A}_{k1}(t) & \ldots & \boldsymbol{A}_{kk}(t) \end{bmatrix}. \tag{4.24}$$

Wir beachten, daß die Teilmatrizen $\boldsymbol{A}_{ij}(t)$ in $\boldsymbol{A}^*(t)$ verschwinden müssen für $j > i$.

Für den Fall eines nichtlinearen GDGl-Systems

$$\left.\begin{aligned} \dot{\boldsymbol{x}}(t) &= \boldsymbol{f}[\boldsymbol{x}(t), t]\,, \qquad t \in [t_0, T]\,, \\ \boldsymbol{x}(t_0) &= \boldsymbol{x}_0 \end{aligned}\right\} \tag{4.25}$$

läßt sich ein ähnliches Iterationsverfahren anführen in der Form

$$\left.\begin{aligned} &\begin{bmatrix} \dot{\boldsymbol{x}}_1 \\ \vdots \\ \dot{\boldsymbol{x}}_k \end{bmatrix}^{(r+1)} = \boldsymbol{A}^*(t) \begin{bmatrix} \boldsymbol{x}_1 \\ \vdots \\ \boldsymbol{x}_k \end{bmatrix}^{(r+1)} + \begin{bmatrix} \boldsymbol{f}_1(\boldsymbol{x}_1^{(r)}, \ldots, \boldsymbol{x}_k^{(r)}, t) \\ \vdots \\ \boldsymbol{f}_k(\boldsymbol{x}_1^{(r)}, \ldots, \boldsymbol{x}_k^{(r)}, t) \end{bmatrix} - \boldsymbol{A}^*(t) \begin{bmatrix} \boldsymbol{x}_1 \\ \vdots \\ \boldsymbol{x}_k \end{bmatrix}^{(r)}, \\ &\boldsymbol{x}_i^{(r)}(t_0) = \boldsymbol{x}_i(t_0)\,, \qquad i = 1(1)\,k\,, \qquad r = 0(1)\,\ldots \end{aligned}\right\} \tag{4.26}$$

Wird $\boldsymbol{A}^*(t)$ Null gesetzt, so haben wir das bekannte PICARDsche Iterationsverfahren vorliegen, das zur Lösung von GDGl-Systemen geeignet ist.

Der Konvergenznachweis für das Iterationsverfahren (4.26) läßt sich in Anlehnung an den bekannten Beweis für die Existenz einer Lösung eines GDGl-Systems ausführen [103]. Die Überführung von (4.25) in die Integralform lautet

$$\boldsymbol{x}^{(r+1)}(t) = \boldsymbol{\Phi}(t, t_0)\,\boldsymbol{x}(t_0) + \int_{t_0}^{t} \boldsymbol{\Phi}(t, \tau)\,\{\boldsymbol{f}[\boldsymbol{x}^{(r)}(\tau), \tau] - \boldsymbol{A}^*(\tau)\,\boldsymbol{x}^{(r)}(\tau)\}\,\mathrm{d}\tau\,. \tag{4.27}$$

$\boldsymbol{\Phi}(t, t_0)$ ist die Übergangsmatrix des linearen Systems

$$\dot{\boldsymbol{x}}(t) = \boldsymbol{A}^*(t)\,\boldsymbol{x}(t)\,. \tag{4.28}$$

Mit der Maximumnorm

$$||\boldsymbol{x}|| = \max_{t \in [t_0, T]} |\boldsymbol{x}(t)| \tag{4.29}$$

gilt für die Folge $\{\boldsymbol{x}^{(r+1)}(t)\}$:

Die Folge konvergiert gleichmäßig gegen die in $[t_0, T]$ definierte Funktion $\boldsymbol{x}(t)$, wenn

$$\lim_{r \to \infty} ||\boldsymbol{x} - \boldsymbol{x}^{(r)}|| = 0 \tag{4.30}$$

ist, oder anders formuliert:

Bilden die Zahlen $\gamma_0, \gamma_1, \ldots, \gamma_r, \ldots$ der Ungleichungen

$$||\boldsymbol{x}^{(r+1)} - \boldsymbol{x}^{(r)}|| \leqq r \tag{4.31}$$

eine Nullfolge, so ist die Folge $\{\boldsymbol{x}^{(r+1)}(t)\}$ gleichmäßig konvergent.

Es sei K die LIPSCHITZkonstante der Funktion $f[x, t] - A^*(t)\, x(t)$ bezüglich x und es gelte weiter

$$\max_{t\in[t_0,\, T]} |\Phi(t, t_0)| \leqq M\,, \tag{4.32}$$

$$\max_{t\in[t_0,\, T]} |x^{(1)}(t) - x^{(0)}(t)| \leqq N\,. \tag{4.33}$$

Dann läßt sich die folgende Abschätzung für $||x^{(r+1)} - x^{(r)}||$ herleiten [103]:

$$\left.\begin{aligned}
||x^{(1)} - x^{(0)}|| &\leqq N\,,\\
||x^{(2)} - x^{(1)}|| &= \max_{t\in[t_0,\, T]} \left| \int_{t_0}^{t} \Phi(t, \tau)\, \{f[x^{(r)}, \tau] - f[x^{(0)}, \tau] - A^*(\tau)\,(x^{(1)} - x^{(0)})\}\, d\tau \right|,\\
||x^{(2)} - x^{(1)}|| &\leqq NMK \frac{(T - t_0)}{1!}\,,\\
||x^{(3)} - x^{(2)}|| &\leqq NM^2K^2 \frac{(T - t_0)^2}{2!}\,,\\
&\;\;\vdots\\
||x^{(r+1)} - x^{(r)}|| &\leqq NM^rK^r \frac{(T - t_0)^r}{r!}\,.
\end{aligned}\right\} \tag{4.34}$$

Die rechte Seite in Ungleichung (4.34) strebt mit wachsendem r für beliebige Zähler $NM^rK^r(T - t_0)^r$ nach Null, womit die gleichmäßige Konvergenz der Folge $\{x^{(r+1)}(t)\}$ bewiesen ist.

Bei der Implementierung dieses Verfahrens auf einem hybriden Rechnersystem wird die Integration der GDGl des i-ten Teilsystems am Analogrechner ausgeführt, während der Digitalrechner die gespeicherten Eingangsfunktionen $x_j(t)$, $j = 1(1)\,k$, $j \neq i$ dafür zur Verfügung stellt. Während der Integration werden die gerade gewonnenen Lösungsfunktionen $x_i^{(r+1)}(t)$ simultan im Digitalrechner punktweise gespeichert. Bei der Rückführung der gespeicherten Eingangsfunktionen können Interpolationsschaltungen am Analogrechner zur Glättung der Eingangsfunktionen eingesetzt werden. Der Digitalrechner sichert außerdem den automatischen Aufbau der einzelnen Teilsysteme durch Setzen von Digitalpotentiometern und elektronischen Schaltern im einfachsten Fall. Ein automatisches Programmierfeld in Verbindung mit Digitalpotentiometern erlaubt selbstverständlich am elegantesten, die Umschaltung von Teilsystem zu Teilsystem zu realisieren.

Der erforderliche Speicherplatz des Digitalrechners kann reduziert werden, wenn man das Lösungsintervall $[t_0, T]$ in Teilintervalle zerlegt und das Iterationsverfahren in diesen nacheinander zur Anwendung bringt (s. a. Kap. 4.5.1.2.).

4.1.5. Parameterempfindlichkeit von GDGl-Systemen

Im Zusammenhang mit dem Beweis über die Existenz und Eindeutigkeit der Lösung eines GDGl-Systems wird auch gezeigt, daß die Lösung stetig von den Parametern und den Anfangsbedingungen abhängt und die Lösung nach den Parametern und den Anfangsbedingungen differenzierbar ist. Die partiellen Ableitungen der Lösung nach den Parametern lassen sich als Funktionen der unabhängigen Variablen durch ein weiteres GDGl-System ausdrücken, das als Gleichungssystem der Variation für das Ausgangs-GDGl-System bezeichnet wird [103].

In jüngerer Zeit sind vor allem in der technischen Literatur Untersuchungen zur Abhängigkeit der Lösungen von den Parametern und Anfangsbedingungen unter dem Begriff Parameterempfindlichkeit oder *Empfindlichkeitsanalyse* durchgeführt worden. Wir wollen uns dieser Begriffe bedienen und zeigen, welche Hybrid-Verfahren zur Ermittlung der Parameterempfindlichkeit angebracht sind.

4.1.5.1. Empfindlichkeitsgleichungen

Wir gehen wieder vom GDGl-System n-ter Ordnung

$$\left.\begin{aligned} \dot{\boldsymbol{x}}(t) &= \boldsymbol{f}(\boldsymbol{x}, t, \boldsymbol{q}), \qquad t \in [t_0, T], \\ \boldsymbol{x}(t_0) &= \boldsymbol{x}_0 \end{aligned}\right\} \tag{4.35}$$

aus. $\boldsymbol{q}$ sei ein l-dimensionaler Parametervektor. Für zeitkonstante Parameter ist die Empfindlichkeit der Zustandsvariablen $x_i(t)$ bezüglich des Parameters q_j an seinem Nominalwert q_{j0} in folgender Weise definiert

$$s_j^i(t) = \left.\frac{\partial x_i(t, \boldsymbol{q})}{\partial q_j}\right|_{q_j = q_{j0}}. \tag{4.36}$$

Die Empfindlichkeit ist eine Zeitfunktion und wird daher auch als *Empfindlichkeitsfunktion* bezeichnet. Die Empfindlichkeitsfunktionen aller Zustandsvariablen bezüglich aller Parameter lassen sich in der *Empfindlichkeitsmatrix*

$$\left.\boldsymbol{S}(t) = \boldsymbol{S}_q^x = \left[\frac{\partial x_i}{\partial q_j}\right] \quad \begin{aligned} i &= 1(1)\,n \text{ Zeilen} \\ j &= 1(1)\,l \text{ Spalten} \end{aligned}\right\} \tag{4.37}$$

anordnen.

Die Empfindlichkeitsfunktionen sind Lösungen der Empfindlichkeitsgleichungen, die durch Differentiation von Gl. (4.35) nach q_j hervorgehen

$$\left.\begin{aligned} \dot{\boldsymbol{s}}_j(t) &= \frac{\partial \boldsymbol{f}(\boldsymbol{x}, t, \boldsymbol{q})}{\partial \boldsymbol{x}} \boldsymbol{s}_j(t) + \frac{\partial \boldsymbol{f}(\boldsymbol{x}, t, \boldsymbol{q})}{\partial q_j}, \\ \boldsymbol{s}_j(t_0) &= \boldsymbol{0}, \quad j = 1(1)\,l. \end{aligned}\right\} \tag{4.38}$$

Die Differentiationsreihenfolge ist dabei vertauschbar unter den gemachten Stetigkeitsvoraussetzungen.

In Matrixschreibweise gilt dann für die Empfindlichkeitsmatrix die GDGl

$$\left.\begin{aligned} \dot{\boldsymbol{S}}(t) &= \boldsymbol{G}(\boldsymbol{x}, t, \boldsymbol{q})\, \boldsymbol{S}(t) + \boldsymbol{H}(\boldsymbol{x}, t, \boldsymbol{q}), \\ \boldsymbol{S}(t_0) &= \boldsymbol{0} \end{aligned}\right\} \tag{4.39}$$

mit den Jacobi-Matrizen

$$\boldsymbol{G}(\boldsymbol{x}, t, \boldsymbol{q}) = \frac{\partial \boldsymbol{f}(\boldsymbol{x}, t, \boldsymbol{q})}{\partial \boldsymbol{x}} \tag{4.40}$$

und

$$\boldsymbol{H}(\boldsymbol{x}, t, \boldsymbol{q}) = \frac{\partial \boldsymbol{f}(\boldsymbol{x}, t, \boldsymbol{q})}{\partial \boldsymbol{q}}. \tag{4.41}$$

Wie aus Gl. (4.38) und (4.39) zu erkennen, sind die Empfindlichkeitsgleichungen lineare GDGl mit variablen Koeffizienten. In die variablen Koeffizienten und in die Erregungsfunktion geht der Zustandsvektor $\boldsymbol{x}(t)$ ein, wie er sich als Lösung der nichtlinearen GDGl (4.35) ergibt. Wir beachten, daß im gesamten ein GDGl-System $[(l + 1)\, n]$-ter Ordnung zu lösen ist.

Für ein lineares GDGl-System mit zeitkonstanten Parametern

$$\left.\begin{aligned} \dot{\boldsymbol{x}}(t, \boldsymbol{q}) &= \boldsymbol{A}(\boldsymbol{q})\, \boldsymbol{x}(t, \boldsymbol{q}) + \boldsymbol{B}(\boldsymbol{q})\, \boldsymbol{u}(t)\,, \\ \boldsymbol{x}(t_0) &= \boldsymbol{x}_0\,, \end{aligned}\right\} \tag{4.42}$$

wie wir es schon mit variablen Koeffizienten in Gl. (4.10) kennengelernt haben, lautet die Empfindlichkeitsgleichung

$$\left.\begin{aligned} \dot{\boldsymbol{s}}_j(t, \boldsymbol{q}) &= \boldsymbol{A}(\boldsymbol{q})\, \boldsymbol{s}_j(t, \boldsymbol{q}) + \frac{\partial \boldsymbol{A}(\boldsymbol{q})}{\partial q_j}\, \boldsymbol{x}(t, \boldsymbol{q}) + \frac{\partial \boldsymbol{B}(\boldsymbol{q})}{\partial q_j}\, \boldsymbol{u}(t)\,, \\ \boldsymbol{s}_j(t_0) &= \boldsymbol{0}\,. \end{aligned}\right\} \tag{4.43}$$

Wie ersichtlich, sind hier die Empfindlichkeitsgleichungen ebenfalls linear und stimmen strukturell im homogenen Teil mit den Zustandsgleichungen (4.42) überein.

4.1.5.2. Lösung der Empfindlichkeitsgleichungen

Die Lösung der Empfindlichkeitsgleichungen ist prinzipiell auf zwei Wegen ausführbar:

1. Simultane Integration von Gl. (4.35) und (4.39), was die Integration eines Anfangswertproblems $[(l + 1)\, n]$-ter Ordnung bedeutet.
2. Aufeinanderfolgende Integration von Gl. (4.35) und (4.39) bzw. (4.38) mit Zwischenspeicherung der Lösungen von Gl. (4.35), wodurch im einfachsten Fall Anfangswertprobleme n-ter Ordnung auftreten.

Der erste Weg ist für kleinere Probleme am Analogrechner gangbar, bei größeren Problemen ist ein Digitalrechner erforderlich [120]. Der Einsatz eines hybriden Rechnersystems ist für den zweiten Weg zweckmäßig, wo mit hoher Rechengeschwindigkeit das jeweilige Anfangswertproblem auf dem Analogrechner integriert wird. Ist das mathematische Modell (4.35) und (4.38) simultan auf dem Analogrechner schaltbar, dient der Digitalrechner nur zur automatischen Verschaltung einer neuen Gl. (4.38) für $j = 1(1)\, l$. Ist die simultane Berechnung von (4.35) und (4.38) aus Kapazitätsgründen auf dem Analogrechner nicht möglich, erfolgt zusätzlich die Speicherung der Lösung von Gl. (4.35) auf dem Digitalrechner. Sie wird bei der darauffolgenden Integration von Gl. (4.38) unter Ausnutzung einer Interpolation zurückgeführt.

Zusammengefaßt läßt sich das letzte Verfahren folgendermaßen darstellen:

① Integration der Zustandsgleichung (4.35) und Speicherung des Zustandsvektors $\boldsymbol{x}(t)$. $j := 1$.

② Verschaltung der Gl. (4.38) am Analogrechner (automatisches Programmierfeld) und Integration derselben unter Speicherung bzw. Ausgabe von $\boldsymbol{s}_j(t)$. $\boldsymbol{x}(t)$ wird dabei vom Digitalrechner zurückgeführt (Interpolation).

③ $j := j + 1$. Wiederholung von ② bis $j = l$.

Da bei einem hybriden Rechnersystem die Parameter des mathematischen Modells durch Digitalpotentiometer realisiert sind, ist zur Empfindlichkeitsanalyse auch ein Näherungsverfahren angebracht, das sich hybrid leicht verwirklichen läßt. Die endlichen Änderungen δq_j der Parameter um ihren Nominalwert q_{j0} führen zu Änderungen des Zustandsvektors $\delta \boldsymbol{x}(t, \boldsymbol{q})$, und wir können näherungsweise die Empfindlichkeit zu

$$\boldsymbol{s}_j(t, \boldsymbol{q}) \approx \left.\frac{\delta \boldsymbol{x}(t, \boldsymbol{q})}{\delta q_j}\right|_{q_j = q_{j0}} \tag{4.44}$$

berechnen. Die Änderungen δq_j der Parameter sind mit den Digitalpotentiometern einfach und schnell zu erreichen. Das mathematische Modell (4.35) wird nur um das jeweilige δq_j gestört. Ein zusätzliches Empfindlichkeitsmodell ist nicht erforderlich. Eine Multiparameterempfindlichkeitsanalyse ist so einfach durchführbar.

4.2. Hybridverfahren zur Lösung von Randwertproblemen von GDGl

Da der Analogrechner nicht unmittelbar zur Lösung von Randwertproblemen einsetzbar ist, kommt der Vorzug eines hybriden Rechnersystems zur Simulation von Randwertproblemen besonders zum Tragen. Wir wollen im folgenden einige Hybridverfahren anführen, wie sie für ein hybrides Rechnersystem anwendbar sind.

4.2.1. Allgemeines zu Randwertproblemen von GDGl

Von einem Randwertproblem sprechen wir, wenn zur GDGl

$$F(x, y, y', y'', \dots, y^{(n)}) = 0 \tag{4.45}$$

die n Bedingungen

$$V_j\big(y(x_1), y'(x_1), \dots, y^{(n-1)}(x_1); y(x_2), \dots, y^{(n-1)}(x_2); \dots; y_m(x), \dots, y^{(n-1)}(x_m)\big) = 0\,, \quad j = 1(1)\,n\,, \tag{4.46}$$

zu erfüllen sind. Die Bedingungen (4.46) sind Forderungen an die Lösungsfunktion sowie ihre Ableitungen in m vorgegebenen Punkten $x_1, \dots, x_m$. Das Intervall $[x_1, x_m]$ ist im allgemeinen das Lösungsintervall. Ein solches Problem nennen wir m-Punkt-Randwertproblem.

Wir wollen uns im folgenden auf die häufiger auftretenden Zweipunkt-Randwertprobleme mit linearen Randbedingungen beschränken. Betrachten wir ein dynamisches System mit der Zeit als unabhängiger Variablen, so liegt ein System von n nichtlinearen GDGl

$$\dot{\boldsymbol{x}}(t) = \boldsymbol{f}[\boldsymbol{x}(t), t]\,, \quad t \in [t_0, T] \tag{4.47a}$$

mit den n Randbedingungen

$$\left.\begin{aligned} \boldsymbol{C}\boldsymbol{x}(t_0) + \boldsymbol{D}\boldsymbol{x}(T) &= \boldsymbol{d}; \\ \boldsymbol{C}, \boldsymbol{D} &- \text{Matrizen } (n, n); \\ \boldsymbol{d} &- \text{Vektor } (n, 1) \end{aligned}\right\} \tag{4.47b}$$

vor.

Bei den im folgenden angeführten Verfahren setzen wir voraus, daß (4.47a) für beliebige Anfangsbedingungen als Anfangswertproblem und zum anderen mit den Randbedingungen (4.47b) in $[t_0, T]$ eindeutig lösbar ist. Ein einfacher Existenz- und Eindeutigkeitssatz für Randwertprobleme ist in [65] zu finden.

4.2.2. Lineare Randwertprobleme

Wir sprechen von einem linearen Randwertproblem, wenn (4.47a) linear ist, also die Form (4.8) oder (4.10) hat. Hier ist die Lösung einfacher als im nichtlinearen Fall.

4.2.2.1. Zurückführung auf Anfangswertprobleme durch das Überlagerungsprinzip

Vorgelegt sei das Randwertproblem

$$\dot{\boldsymbol{x}}(t) = \boldsymbol{A}(t)\,\boldsymbol{x}(t) + \boldsymbol{b}(t)\,, \quad t \in [t_0, T]\,, \tag{4.48a}$$

$$\boldsymbol{C}\boldsymbol{x}(t_0) + \boldsymbol{D}\boldsymbol{x}(T) = \boldsymbol{d}\,. \tag{4.48b}$$

Nach dem Überlagerungsprinzip für lineare GDGl setzt sich die allgemeine Lösung aus der allgemeinen Lösung der homogenen und einer speziellen Lösung der inhomogenen GDGl zusammen. Erstere erhalten wir durch Lösung der Matrixdifferentialgleichung

$$\left.\begin{aligned} \dot{\boldsymbol{X}}(t) &= \boldsymbol{A}(t)\,\boldsymbol{X}(t)\,, \\ \boldsymbol{X}(t_0) &= \boldsymbol{E}\,, \\ \boldsymbol{E} &- \text{Einheitsmatrix } (n, n)\,. \end{aligned}\right\} \tag{4.49}$$

Die Lösung $\boldsymbol{X}(t)$ ist bekanntlich ein Fundamentalsystem und bildet in der Linearkombination $\boldsymbol{X}(t)\,\boldsymbol{c}$ die allgemeine Lösung der homogenen GDGl (4.48a). $\boldsymbol{c}(n, 1)$ ist ein beliebiger Konstantenvektor. Eine spezielle Lösung der inhomogenen GDGl (4.48a) sei durch Lösung von

$$\left.\begin{aligned} \dot{\boldsymbol{x}}(t) &= \boldsymbol{A}(t)\,\boldsymbol{x}(t) + \boldsymbol{b}(t)\,, \\ \boldsymbol{x}(t_0) &= \boldsymbol{0} \end{aligned}\right\} \tag{4.50}$$

erreichbar, wir wollen sie mit $\boldsymbol{x}^{(0)}(t)$ bezeichnen.

Die allgemeine Lösung von (4.48) hat dann die Form

$$\boldsymbol{x}(t) = \boldsymbol{X}(t)\,\boldsymbol{c} + \boldsymbol{x}^{(0)}(t)\,. \tag{4.51}$$

Da $\boldsymbol{x}^{(0)}(t_0) = \boldsymbol{0}$ und $\boldsymbol{X}(t_0) = \boldsymbol{E}$, gilt $\boldsymbol{x}(t_0) = c$, d. h., die zur Lösung des Randwertproblems (4.48) gehörigen Anfangswerte sind gleich dem Konstantenvektor. Wir können ihn durch Einsetzen der allgemeinen Lösung (4.51) in die Randbedingung (4.48b) berechnen

$$\boldsymbol{C}[\boldsymbol{X}(t_0)\,\boldsymbol{c} + \boldsymbol{x}^{(0)}(t_0)] + \boldsymbol{D}[\boldsymbol{X}(T)\,\boldsymbol{c} + \boldsymbol{x}^{(0)}(T)] = \boldsymbol{d}\,,$$

$$[\boldsymbol{C} + \boldsymbol{D}\boldsymbol{X}(T)]\,\boldsymbol{c} = \boldsymbol{d} - \boldsymbol{D}\boldsymbol{x}^{(0)}(T)\,. \tag{4.52}$$

Es entsteht ein lineares Gleichungssystem mit $[\boldsymbol{C} + \boldsymbol{D}\boldsymbol{X}(T)]$ als Systemmatrix und $\boldsymbol{d} - \boldsymbol{D}\boldsymbol{x}^{(0)}(T)$ als rechter Seite. Existiert für (4.52) eine Lösung $\boldsymbol{c}$, so hat auch das Randwertproblem (4.48) über die Integration des entsprechenden Anfangswertproblems

$$\left.\begin{aligned}\dot{\boldsymbol{x}}(t) &= \boldsymbol{A}(t)\,\boldsymbol{x}(t) + \boldsymbol{b}(t)\,, \quad t \in [t_0, T]\,,\\ \boldsymbol{x}(t_0) &= \boldsymbol{c}\end{aligned}\right\} \tag{4.53}$$

eine Lösung. Das Randwertproblem ist somit auf ein äquivalentes Anfangswertproblem zurückgeführt worden.

Sind schon einige, angenommen l, Anfangswerte explizit in (4.48b) angegeben, so brauchen wir nur noch $n - l$ Komponenten des Anfangswertevektors zu ermitteln.

Ist das lineare Gleichungssystem (4.52) schlecht konditioniert, d. h., die Determinante der Systemmatrix verschwindet fast, so ist die Lösung $\boldsymbol{c}$ sehr ungenau. In diesem Fall hat das lineare Gleichungssystem eine hohe Koeffizientenempfindlichkeit und erfordert eine extrem hohe Genauigkeit bei seiner Lösung. Da aber die Terme $\boldsymbol{X}(T)$ und $\boldsymbol{x}^{(0)}(T)$ in (4.52) beim noch zu zeigenden Hybridverfahren vom Analogrechner geliefert werden, ist bei schlecht konditionierten Systemen erhöhte Vorsicht geboten.

Bei Implementierung an einem hybriden Rechnersystem ist folgendes Verfahren anwendbar:

① Integration von (4.49) und (4.50) auf dem Analogrechner. Das sind $(n + 1)$ Anfangswertprobleme n-ter Ordnung. Überführung von $\boldsymbol{X}(T)$ und $\boldsymbol{x}^{(0)}(T)$ in den Digitalrechner.

② Berechnung von $\boldsymbol{c}$ aus (4.52) nach einem numerischen Algorithmus auf dem Digitalrechner. Einstellung der Anfangsbedingung $\boldsymbol{x}(t_0) = \boldsymbol{c}$ über Digitalpotentiometer.

③ Integration von (4.53) auf dem Analogrechner.

Für lineare Randwertprobleme sind natürlich auch die im folgenden angeführten Verfahren für nichtlineare Randwertprobleme angebracht. Weitere Verfahren sind das Invariante Einbettungsverfahren [12] und das Verfahren nach [150], die für lineare Randwertprobleme auf dem hybriden Rechnersystem implementiert werden können.

4.2.3. Nichtlineare Randwertprobleme

Wir untersuchen im folgenden Randwertprobleme in der Form der Gl. (4.47). Bekanntlich ist das Überlagerungsprinzip für nichtlineare GDGl nicht anwendbar und es stehen nur iterative Verfahren zur Lösung nichtlinearer Randwertprobleme zur Verfügung.

4.2.3.1. Suche fehlender Anfangsbedingungen durch Nullstellenbestimmung

Ausgehend von Gl. (4.47) wollen wir die zum Anfangswertvektor $\boldsymbol{x}(t_0) = \boldsymbol{c}$ gehörende Lösung von (4.47a) mit $\boldsymbol{x}(t, \boldsymbol{c})$ bezeichnen, wie wir es schon bei der Parameterempfindlichkeitsanalyse gemacht haben. Unter Berücksichtigung der Randbedingungen (4.47b) läßt sich das Problem folgendermaßen formulieren:
Gesucht sind die Nullstellen der Funktion

$$\boldsymbol{\varphi}(\boldsymbol{c}) = \boldsymbol{C}\boldsymbol{c} + \boldsymbol{D}\boldsymbol{x}(T, \boldsymbol{c}) - \boldsymbol{d}\,. \tag{4.54}$$

Wir beachten, daß das Randwertproblem mehrere Lösungen haben kann, nämlich genau so viele, wie es Nullstellen in Gl. (4.54) gibt. Damit ist die Ermittlung der fehlenden Anfangsbedingungen auf das Problem der Lösung eines nichtlinearen Gleichungssystems zurückgeführt, also einer schwierigeren Aufgabe als sie im linearen Fall vorlag. Zur Lösung nichtlinearer Gleichungssysteme sind eine Reihe iterativer Verfahren bekannt (s. z. B. [94]), von denen wir einige als Hybridverfahren anführen wollen.

Wegen seiner guten Konvergenzeigenschaften soll als erstes das NEWTON-*Verfahren* zur iterativen Verbesserung der Nullstellen von Gl. (4.54) angegeben werden

$$\boldsymbol{c}^{(k+1)} = \boldsymbol{c}^{(k)} - [\boldsymbol{\varphi}'(\boldsymbol{c}^{(k)})]^{-1}\, \boldsymbol{\varphi}(\boldsymbol{c}^{(k)}) \,, \quad k = 0(1) \dots \,. \tag{4.55}$$

$\boldsymbol{\varphi}'(\boldsymbol{c}^{(k)})$ ist eine Matrix, sie wird durch Ableitungsbildung der Funktion $\boldsymbol{\varphi}(\boldsymbol{c})$ nach $\boldsymbol{c}$ an der Stelle $\boldsymbol{c} = \boldsymbol{c}^{(k)}$ erhalten

$$\boldsymbol{\varphi}'(\boldsymbol{c}^{(k)}) = \left[\left.\frac{\partial \varphi_i(\boldsymbol{c})}{\partial c_j}\right|_{\boldsymbol{c}=\boldsymbol{c}^{(k)}}\right] \quad \left.\begin{array}{l} i = 1(1)\, n \text{ Zeilen,} \\ j = 1(1)\, n \text{ Spalten.} \end{array}\right\} \tag{4.56}$$

Die Ableitungsbildung ergibt für die Gl. (4.54)

$$\boldsymbol{\varphi}'(\boldsymbol{c}^{(k)}) = \boldsymbol{C} + \boldsymbol{D}\boldsymbol{S}_c^x(T, \boldsymbol{c}^{(k)}) \,, \tag{4.57}$$

wobei $\boldsymbol{S}_c^x(T, \boldsymbol{c}^{(k)})$ der Wert der Empfindlichkeitsmatrix (s. Kap. 4.1.5.) für $\boldsymbol{c} = \boldsymbol{c}^{(k)}$ an der Stelle $t = T$ ist

$$\boldsymbol{S}_c^x(T, \boldsymbol{c}^{(k)}) = \left[\left.\frac{\partial x_i(T, \boldsymbol{c})}{\partial c_j}\right|_{\boldsymbol{c}=\boldsymbol{c}^{(k)}}\right]. \tag{4.58}$$

Die Empfindlichkeitsmatrix kann als Lösung der Empfindlichkeitsgleichung

$$\left.\begin{array}{l} \dot{\boldsymbol{S}}_c^x(t, \boldsymbol{c}) = \boldsymbol{G}(t, \boldsymbol{c})\, \boldsymbol{S}_c^x(t, \boldsymbol{c}) \,, \\ \boldsymbol{S}_c^x(0, \boldsymbol{c}) = \boldsymbol{E} \end{array}\right\} \tag{4.59}$$

gewonnen werden. Dabei gilt

$$\boldsymbol{G}(t, \boldsymbol{c}) = \frac{\partial \boldsymbol{f}(\boldsymbol{x}, t)}{\partial \boldsymbol{x}} = \left[\frac{\partial f_i(\boldsymbol{x}, t)}{\partial x_j}\right]. \tag{4.60}$$

Zum Unterschied von der im Kap. 4.1.5. gezeigten Parameterempfindlichkeit handelt es sich hier um eine Empfindlichkeit hinsichtlich der Anfangsbedingungen $\boldsymbol{x}(t_0) = \boldsymbol{c}$. Die Empfindlichkeitsgleichung ist deshalb homogen, und ihre Anfangsbedingungen sind gleich der Einheitsmatrix $\boldsymbol{E}$. Den geforderten Wert nach Gl. (4.58) erhalten wir, indem wir die Lösung von (4.59) an der Stelle $t = T$ speichern.

Wir können auch näherungsweise den Wert der Empfindlichkeitsmatrix durch endliche Störungen der Anfangsbedingungen der Gl. (4.47a) ermitteln, wie wir es schon im Kap. 4.1.5. erwähnt hatten. Dieses Verfahren ist nicht sehr genau, jedoch weniger aufwendig.

Bei der Anwendung als Hybridverfahren sind folgende Schritte zu gehen:

① $k := 0$. Auswahl einer Ausgangsnäherung $\boldsymbol{c}^{(0)}$.

② Integration von (4.59) auf dem Analogrechner. Das sind n Anfangswertprobleme n-ter Ordnung. Speicherung von $\boldsymbol{S}_x^c(T, \boldsymbol{c}^{(k)})$ auf dem Digitalrechner.

③ Berechnung von $\boldsymbol{\varphi}'(\boldsymbol{c}^{(k)})$ nach (4.57) und $\boldsymbol{\varphi}(\boldsymbol{c}^{(k)})$ nach (4.54). Bildung der inversen Matrix $[\boldsymbol{\varphi}'(\boldsymbol{c}^{(k)})]^{-1}$ und Berechnung von $\boldsymbol{c}^{(k+1)}$ nach (4.55) auf dem Digitalrechner.

④ Test, ob $||\boldsymbol{c}^{(k+1)} - \boldsymbol{c}^{(k)}|| < \varepsilon$ (ε vorgebbar). Bei Erfüllung des Testes Abbruch, sonst $k := k + 1$ und Fortsetzung mit ②.

Das NEWTON-Verfahren ist wegen der erforderlichen Ableitungsbildung sehr aufwendig. Weniger aufwendig, jedoch mit geringerer Konvergenzordnung ist das *allgemeine Iterationsverfahren,* was für nichtlineare Gleichungssysteme in Einzel- und Gesamtschritten ausgeführt werden kann.

Die einfachste Möglichkeit einer Zerlegung der Funktion $\boldsymbol{\varphi}(\boldsymbol{c})$ in die erforderliche Form erhalten wir durch

$$\boldsymbol{c} = \boldsymbol{c} - \boldsymbol{K}\boldsymbol{\varphi}(\boldsymbol{c})\,. \tag{4.61}$$

$\boldsymbol{K}$ ist eine freiwählbare Matrix, die zur Konvergenzsicherung und -verbesserung geeignet ist. Im vorliegenden Fall ist es günstig, $\boldsymbol{K} = [\boldsymbol{C} + \boldsymbol{D}]^{-1}$ zu setzen, da damit nach dem Existenz- und Eindeutigkeitssatz für Randwertprobleme das allgemeine Iterationsverfahren für jede Ausgangsnäherung $\boldsymbol{c}^{(0)}$ konvergiert.

Die Iterationsvorschrift lautet somit unter Einsatz von (4.54)

$$\boldsymbol{c}^{(k+1)} = \boldsymbol{c}^{(k)} - [\boldsymbol{C} + \boldsymbol{D}]^{-1}\,[\boldsymbol{C}\boldsymbol{c}^{(k)} + \boldsymbol{D}\boldsymbol{x}(T, \boldsymbol{c}^{(k)}) - \boldsymbol{d}]\,. \tag{4.62}$$

Sie ist als Gesamtschrittverfahren angegeben.

Als Hybridverfahren notiert ergibt sich folgendes:

① $k := 0$. Auswahl von $\boldsymbol{c}^{(0)}$ und Berechnung von $[\boldsymbol{C} + \boldsymbol{D}]^{-1}$ auf dem Digitalrechner.
② Integration von (4.47a) mit $\boldsymbol{x}(t_0) = \boldsymbol{c}^{(k)}$ als Anfangsbedingung auf dem Analogrechner. Speicherung von $\boldsymbol{x}(T, \boldsymbol{c}^{(k)})$ auf dem Digitalrechner.
③ Berechnung von $\boldsymbol{c}^{(k+1)}$ nach (4.62) auf dem Digitalrechner.
④ Test, ob $\|\boldsymbol{c}^{(k+1)} - \boldsymbol{c}^{(k)}\| < \varepsilon$. Bei Erfüllung des Testes Abbruch, sonst $k := k + 1$ und Fortsetzung mit ②.

Betrachten wir die Suche nach den Nullstellen der Funktion $\boldsymbol{\varphi}(\boldsymbol{c})$ als Minimierungsproblem irgendeiner Norm der Funktion $\|\boldsymbol{\varphi}(\boldsymbol{c})\|$, so interessieren die Parameter $\boldsymbol{c}$, die $\|\boldsymbol{\varphi}(\boldsymbol{c})\|$ minimal machen. Wir sind damit bei einem Parameteroptimierungsproblem angelangt (s. Kap. 4.6.). Es lassen sich somit noch weitere Verfahren angeben, die letztlich das nichtlineare Randwertproblem lösen.

Beispiel: Es soll die folgende GDGL

$$y^{(\mathrm{IV})}(z) + 6\mathrm{e}^{y(z)} = 0$$

unter den Randbedingungen

$$y(0) = y'(0) = 0; \quad y''(1) = 1; \quad y'''(1) = 2{,}5$$

gelöst werden. Zur Überführung in die Normalform der Gl. (4.47) setzen wir

$$y_1(z) = y(z), \quad y_2(z) = y'(z), \quad y_3(z) = y''(z), \quad y_4(z) = y'''(z)$$

und substituieren außerdem $t = 3z$, woraus $y_i(z) = y_i(t/3) = x_i(t)$ folgt. Damit ergibt sich

$$\begin{aligned}
\dot{x}_1(t) &= \tfrac{1}{3}\,x_2(t)\,,\\
\dot{x}_2(t) &= \tfrac{1}{3}\,x_3(t)\,,\\
\dot{x}_3(t) &= \tfrac{1}{3}\,x_4(t)\,,\\
\dot{x}_4(t) &= -2\mathrm{e}^{x_1(t)}
\end{aligned}$$

und die Randbedingungen lauten

$$x_1(0) = x_2(0) = 0; \quad x_3(3) = 1; \quad x_4(3) = 2{,}5\,.$$

Die Funktion $x_5(t) = e^{x_1(t)}$ gewinnen wir durch Integration der GDGl

$$\dot{x}_5(t) = \tfrac{1}{3}\, x_5(t) \cdot x_2(t)$$

mit der Anfangsbedingung

$$x_5(0) = 1\ .$$

Bei Anwendung des NEWTONschen-Verfahrens ist die Ermittlung der Empfindlichkeitsmatrix erforderlich. Wir benötigen die Empfindlichkeit bezüglich der Anfangswerte $c_i = x_i(0)$, $i = 1(1)\,4$. Die Empfindlichkeitsgleichungen für den j-ten Spaltenvektor der Empfindlichkeitsmatrix lauten

$$\begin{aligned}
\dot{s}_j^1(t) &= \tfrac{1}{3}\, s_j^2(t)\ ,\\
\dot{s}_j^2(t) &= \tfrac{1}{3}\, s_j^3(t)\ ,\\
\dot{s}_j^3(t) &= \tfrac{1}{3}\, s_j^4(t)\ , \quad j = 1(1)\,4\ ,\\
\dot{s}_j^4(t) &= -2 s_j^1(t)\, x_5(t)\ .
\end{aligned}$$

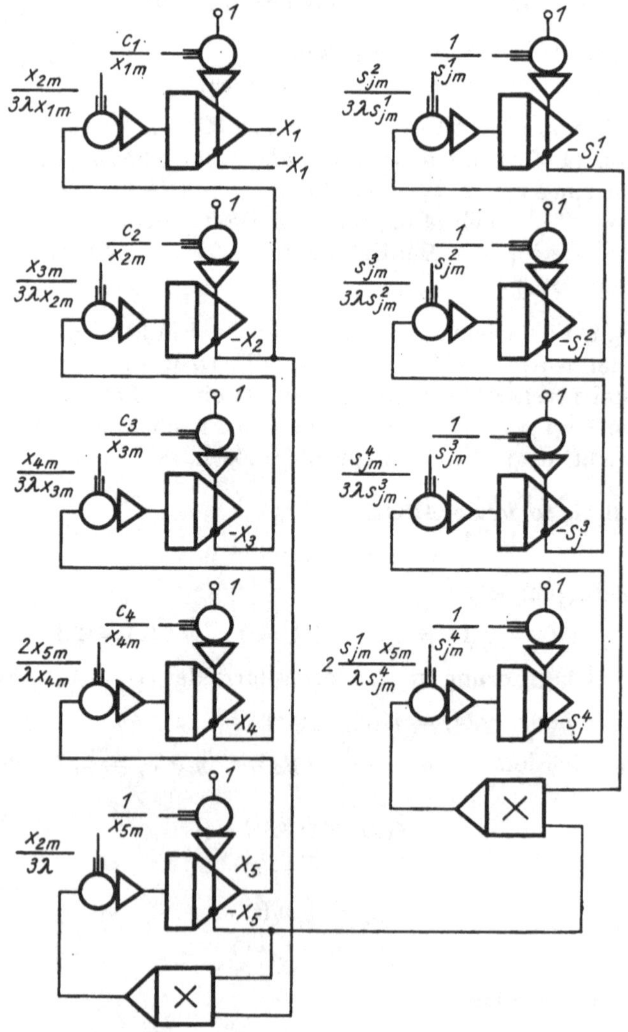

Abb. 4.4. Rechenschaltung zum NEWTON-Verfahren

Die Anfangswerte sind gleich den Elementen des j-ten Spaltenvektors der Einheitsmatrix. Da die Empfindlichkeitsmatrix nur an der Stelle $t = T = 3$ interessiert, können die Spaltenvektoren $\boldsymbol{s}_j(T)$ nacheinander berechnet und abgespeichert werden. Die richtige Einstellung der Digitalpotentiometer wird dabei durch das Digitalprogramm realisiert. Die Rechenschaltung der analogen Elemente ist in Abb. 4.4 gezeigt. Für die fehlenden Anfangswerte ergab sich $c_3 = x_3(0) = -3{,}432$, $c_4 = x_4(0) = 7{,}024$ bei einem vorgegebenen Abbruchfehler von $\varepsilon = 10^{-3}$.

4.2.3.2. Einbettungsverfahren

Die Auswahl der Ausgangsnäherung $\boldsymbol{c}^{(0)}$ muß die Konvergenzbedingung erfüllen und ist somit u. U. eine schwierige Aufgabe. Bei bezüglich der Anfangswerte empfindlichen GDGl-Systemen (4.47a) ist darüber hinaus die Integration von (4.47a) mit sehr groben Ausgangsnäherungen $\boldsymbol{c}^{(0)}$ recht problematisch, da Übersteuerungen des Analogrechners die Regel sind und ständige Umnormierungen erforderlich sind. Das Einbettungsverfahren kann hier eine gewisse Abhilfe schaffen, indem das Randwertproblem in eine Schar von Randwertproblemen eingebettet wird. Das bedeutet, wir betrachten den rechten Rand als gleitend und bezeichnen ihn mit s. s ist der Scharparameter.

$$\dot{\boldsymbol{x}}(t) = \boldsymbol{f}[\boldsymbol{x}(t), t]\,, \quad t \in [t_0, s]\,, \tag{4.63a}$$

$$\boldsymbol{C}\boldsymbol{x}(t_0) + \boldsymbol{D}\boldsymbol{x}(s) = \boldsymbol{d}\,. \tag{4.63b}$$

Aus der Schar bildet $s = T$ das eigentlich zu lösende Randwertproblem.

Der Grundgedanke des Einbettungsverfahrens wird nun folgendermaßen weitergeführt. Wir zerlegen das interessierende Intervall $[t_0, T]$ in N Teilintervalle der Länge $\Delta T = (T - t_0)/N$ und lösen nacheinander in den Teilintervallen $[t_0, t_0 + \Delta T]$; $[t_0, t_0 + 2\Delta T]$; ...; $[t_0, t_0 + m\,\Delta T]$; ...; $[t_0, t_0 + N\,\Delta T]$ das Randwertproblem (4.63), d. h., der rechte Rand wird sukzessive bis zum eigentlichen Randwert $t_0 + N\,\Delta T = T$ hinausgeschoben. Für die Lösung von (4.63) im jeweiligen Teilintervall $[t_0, t_0 + m\,\Delta T]$ wird eines der bisher angeführten Hybridverfahren benutzt.

Das Einbettungsverfahren setzt voraus, daß bei gleitendem rechten Rand s der jeweils gesuchte Anfangswertvektor $\boldsymbol{c}(s)$ stetig von s abhängt und daß es ein $N < \infty$ gibt, für das das Randwertproblem in den Teilintervallen lösbar ist. Durch das Einbettungsverfahren wird gewissermaßen die Schwierigkeit der Auswahl der Ausgangsnäherung $\boldsymbol{c}^{(0)}$ auf das jeweilige Teilintervall beschränkt, und, wie wir sehen werden, ist der lösende Anfangswertvektor des m-ten Teilintervalls gleich dem nullten des $(m + 1)$-ten Teilintervalls. Für $s = t_0$ ergibt sich nämlich unter der Voraussetzung, daß $(\boldsymbol{C} + \boldsymbol{D})$ nichtsingulär ist, der Anfangswertvektor aus Gl. (4.63b) zu

$$\boldsymbol{x}(t_0) = [\boldsymbol{C} + \boldsymbol{D}]^{-1}\,\boldsymbol{d}\,. \tag{4.64}$$

Mit dieser Ausgangsnäherung $\boldsymbol{c}^{(0,1)}$ wird in $[t_0, t_0 + \Delta T]$ Gl. (4.64) iterativ gelöst. Nach K Schritten sei $\boldsymbol{c}^{(K,1)}$ der lösende Anfangswertvektor, der nun als Ausgangsnäherung $\boldsymbol{c}^{(0,2)}$ für das zweite Intervall $[t_0, t_0 + 2\Delta T]$ benutzt wird usw.

Durch die zunächst kleineren Teilintervalle wird auch das oben erwähnte Übersteuerungsproblem des Analogrechners reduziert. Es wird auch mit wachsender Intervallänge nicht vergrößert, da die dann auftretenden Anfangswertvektoren $\boldsymbol{c}^{(k,m)}$ in einer „sinnvolleren“ Umgebung der lösenden Anfangswertvektoren liegen.

Als Hybridverfahren sind folgende Schritte zu gehen:

① Auswahl von N, $\Delta T := (T - t_0)/N$. Setze $\mathbf{c}^{(0,1)} := [\mathbf{C} + \mathbf{D}]^{-1}\,\mathbf{d}$. $m := 1$.

② $k := 0$. Lösung des Randwertproblems (4.63) in $[t_0, t_0 + m\,\Delta T]$ mit $\mathbf{c}^{(k,m)}$ als Anfangswertvektor nach dem NEWTONschen oder dem allgemeinen Iterationsverfahren in hybrider Weise. Der Konvergenztest sei nach K Schritten erfüllt.

③ Test, ob $m < N$. Bei Erfüllung $m := m + 1$, setze $\mathbf{c}^{(k,m)} := \mathbf{c}^{(K,m-1)}$ und fahre mit ② fort. Bei Nichterfüllung, also $m = N$, ist die letzte Lösung mit $\mathbf{c}^{(K,m)}$ die Lösung des Randwertproblems.

4.2.3.3. *Erweitertes* PICARD-*Verfahren*

Das PICARDsche Iterationsverfahren zur Lösung von Anfangswertproblemen für GDGl läßt sich in seiner Anwendung auch auf Randwertprobleme erweitern [32].

Für eine GDGl n-ter Ordnung

$$x^{(n)}(t) = g\,(t, x, \dot{x}, \ldots, x^{(n-1)}), \quad t \in [0, T] \tag{4.65}$$

lautet das erweiterte PICARD-Verfahren

$$x^{(r+1)}(t) = \int_0^t \ldots \int_0^\nu \int_0^\omega g(\eta, x^{(r)}, \dot{x}^{(r)}, \ldots, x^{(n-1)}(r))\,\mathrm{d}\eta\,\mathrm{d}\omega \ldots \mathrm{d}\zeta + \\ + \varrho_{n-1}^{(r+1)} t^{n-1} + \ldots + \varrho_1^{(r+1)} t + \varrho_0^{(r+1)}\,. \tag{4.66}$$

Die Konstanten $\varrho_i^{(r+1)}$ sind dabei so zu wählen, daß jede Näherungslösung $x^{(r+1)}(t)$ die Randbedingungen exakt erfüllt. r ist der Iterationsindex. An die rechte Seite in (4.65) sind die üblichen Forderungen hinsichtlich Stetigkeit und Differenzierbarkeit und der Existenz einer verallgemeinerten LIPSCHITZ-Konstanten [32] zu stellen.

Die Überführung auf die bisher übliche Schreibweise eines GDGl-Systems 1. Ordnung ist immer möglich (s. Kap. 4.1.1.) und wir erhalten für

$$\dot{\mathbf{x}}(t) = \mathbf{f}[\mathbf{x}(t), t]\,, \quad t \in [t_0, T]\,, \tag{4.67a}$$

$$\mathbf{C}\mathbf{x}(t_0) + \mathbf{D}\mathbf{x}(T) = \mathbf{d} \tag{4.67b}$$

das PICARDsche Iterationsverfahren in der Form

$$\mathbf{x}^{(r+1)}(t) = \mathbf{c}^{(r+1)} + \int_{t_0}^{t} \mathbf{f}[\mathbf{x}^{(r)}(\tau), \tau]\,\mathrm{d}\tau\,. \tag{4.68}$$

Durch Einsetzen der jeweiligen Lösung (4.68) in die Randbedingungen (4.67b) können wir den Konstantenvektor $\mathbf{c}^{(r+1)}$ bestimmen und dann nach Gl. (4.68) die $(r + 1)$-te Näherungslösung berechnen

$$\mathbf{C}\mathbf{x}^{(r+1)}(t_0) + \mathbf{D}\mathbf{x}^{(r+1)}(T) = \mathbf{d}\,,$$

$$\mathbf{C}\mathbf{c}^{(r+1)} + \mathbf{D}\left\{\mathbf{c}^{(r+1)} + \int_{t_0}^{T} \mathbf{f}[\mathbf{x}^{(r)}(\tau), \tau]\,\mathrm{d}\tau\right\} = \mathbf{d}\,,$$

$$\mathbf{c}^{(r+1)} = [\mathbf{C} + \mathbf{D}]^{-1}\,\mathbf{d} - [\mathbf{C} + \mathbf{D}]^{-1}\,\mathbf{D} \int_{t_0}^{T} \mathbf{f}[\mathbf{x}^{(r)}(\tau), \tau]\,\mathrm{d}\tau\,. \tag{4.69}$$

In Gl. (4.68) ist $\mathbf{c}^{(r+1)}$ der Anfangswertvektor für das dem Randwertproblem (4.67) äquivalente Anfangswertproblem (4.67a) mit der Anfangsbedingung $\mathbf{x}(t_0) = \mathbf{c}^{(r+1)}$. Das Randwertproblem ist damit auf ein Anfangswertproblem zurückgeführt worden.

Bei der Implementierung auf einem hybriden Rechnersystem ist folgendes Verfahren angebracht:

① Auswahl von $\boldsymbol{x}^{(0)}(t)$ und Speicherung der Komponenten $x_i^{(0)}(t_0 + j\,\Delta t)$ an diskreten Punkten $j = 0(1)\,N$ im Digitalrechner. $\Delta t := (T - t_0)/N$. $i = 1(1)\,n$. Berechnung und Speicherung von $[\boldsymbol{C} + \boldsymbol{D}]^{-1}\,\boldsymbol{d}$ bzw. $[\boldsymbol{C} + \boldsymbol{D}]^{-1}\,\boldsymbol{D}$. $r := 0$.

② Überführung der Werte $\boldsymbol{x}^{(r)}(t_0, t_0 + j\,\Delta t)$ in den Analogrechner und Berechnung der rechten Seite der GDGl $\boldsymbol{f}[\boldsymbol{x}^{(r)}(t), t]$. Diese Berechnung kann u. U. auch noch auf dem Digitalrechner erfolgen, dann wird $\boldsymbol{f}[\boldsymbol{x}^{(r)}(t), t]$ in den Analogrechner überführt. Gleichzeitig mit der Überführung Bildung des Integrals

$$\int_{t_0}^{T} \boldsymbol{f}[\boldsymbol{x}^{(r)}(\tau), \tau]\,\mathrm{d}\tau$$

und Speicherung aller Komponenten $\left(i = 1(1)\,n\right)$ im Digitalrechner.

③ Berechnung von $\boldsymbol{c}^{(r+1)}$ gemäß Gl. (4.69) auf dem Digitalrechner.

④ Integration von (4.67a) mit $\boldsymbol{x}^{(r+1)}(t_0) = \boldsymbol{c}^{(r+1)}$ als Anfangswertvektor auf dem Analogrechner. Speicherung von $\boldsymbol{x}^{(r+1)}(t)$ an oben genannten diskreten Punkten im Digitalrechner.

⑤ Test, ob $||\boldsymbol{x}^{(r+1)} - \boldsymbol{x}^{(r)}|| < \varepsilon$. Bei Erfüllung des Testes Abbruch, sonst $r := r + 1$ und Fortsetzung mit ②.

Abschließend sei noch auf das Einschwingverfahren von Bellmann [11] hingewiesen, was auf Randwertprobleme spezieller Art anwendbar ist. Sein Nachteil besteht in der selten gesicherten Konvergenz (s. a. [36]).

Beispiel: Gegeben sei ein Randwertproblem in der folgenden Form:

$$\dot{x}_1(t) = 2[x_2(t) - k_2]$$
$$\dot{x}_2(t) = \sqrt[3]{3[x_1(t) - k_1]}\,, \qquad t \in [0, 1]$$
$$x_1(0) + 2x_2(1) = 1 + 2k_2 + k_1 = d_1$$
$$3x_1(1) + x_2(0) = 1 + 3k_1 + k_2 = d_2$$

Gemäß Gl. (4.67) ergibt sich

$$\boldsymbol{C} = \begin{bmatrix} 1 & 0 \\ 0 & 1 \end{bmatrix}, \quad \boldsymbol{D} = \begin{bmatrix} 0 & 2 \\ 3 & 0 \end{bmatrix}, \quad [\boldsymbol{C} + \boldsymbol{D}]^{-1} = \begin{bmatrix} -\frac{1}{5} & \frac{2}{5} \\ \frac{3}{5} & -\frac{1}{5} \end{bmatrix}$$

und entsprechend Gl. (4.69) folgt damit

$$c_1^{(r+1)} = -\tfrac{1}{5}\,d_1 + \tfrac{2}{5}\,d_2 - \tfrac{6}{5}\int_0^1 2(x_2^{(r)} - k_2)\,\mathrm{d}t + \tfrac{2}{5}\int_0^1 \sqrt[3]{3(x_1^{(r)} - k_1)}\,\mathrm{d}t\,,$$

$$c_2^{(r+1)} = \tfrac{3}{5}\,d_1 - \tfrac{1}{5}\,d_2 + \tfrac{3}{5}\int_0^1 2(x_2^{(r)} - k_2)\,\mathrm{d}t - \tfrac{6}{5}\int_0^1 \sqrt[3]{3(x_1^{(r)} - k_1)}\,\mathrm{d}t\,.$$

Nach drei Iterationen ergab sich

$$c_1 = 0{,}6704\,; \qquad c_2 = 0{,}5037\,.$$

Die genauen Werte betragen

$$c_1 = 0{,}6667\,; \qquad c_2 = 0{,}5000\,.$$

4.3. Hybridverfahren zur Funktionserzeugung

Die bei nichtlinearen GDGl auftretenden Funktionen werden am Analogrechner entweder durch Multiplizierer und Funktionsgeber oder durch spezielle Rechenschaltungen erzeugt. Charakteristisch dabei ist, daß sich nur Funktionen einer unabhängigen Variablen damit in einfacher Weise erzeugen lassen. Für Funktionen mehrerer unabhängiger Variabler sind spezielle Funktionsgeber auf der Basis der kontinuierlichen Logik für den Analogrechner vorgeschlagen worden [34], die sich wegen ihres erhöhten Aufwandes jedoch nicht durchgesetzt haben. Weitere Möglichkeiten, insbesondere die Erzeugung von Funktionen zweier unabhängiger Variabler, basieren auf der Zerlegung einer solchen Funktion, so daß sie als eine Kombination von Funktionen einer unabhängigen Variablen erscheint [155]. So kann z. B. eine Funktion $f(x, y)$ in der Form

$$f(x, y) = \sum_{i=1}^{m} g_i(x) \cdot h_i(y) \tag{4.70}$$

dargestellt werden, die sich durch Funktionsgeber, Multiplizierer und Summierer realisieren läßt. Häufig ist man schon durch einfache Verschiebung und/oder Verdrehung von Funktionen einer unabhängigen Variablen in der Lage, eine Funktion $f(x, y)$ zu approximieren. Beispielsweise in den folgenden Arten

$$\left.\begin{aligned} f(x, y) &= g[x + \Delta x(y)]\,, \\ f(x, y) &= g[x + \Delta x(y)] + h(y) \end{aligned}\right\} \tag{4.71}$$

oder

$$f(x, y) = g[x + \Delta x(y)] \cdot h(y)\,. \tag{4.72}$$

Sind solche Approximationen mit der notwendigen Genauigkeit ausführbar, können sie natürlich auch in einem hybriden Rechnersystem benutzt werden.

Unter hybriden Funktionserzeugungen wollen wir solche verstehen, bei denen irgendwie beide Rechner gemeinsam an der Erzeugung beteiligt sind. Ein erstes Verfahren besteht darin, die am Analogrechner vorhandenen Argumente der Funktion in den Digitalrechner zu übertragen, dort die Funktionswertberechnung auszuführen und letzteren zum Analogrechner zurückzuübertragen. Da die Funktionswertberechnung am schnellsten durch Tabellenlesetechniken bewerkstelligt wird, wollen wir das Verfahren als *Hybrid-Tabellenlesetechnik* bezeichnen (Abb. 4.5).

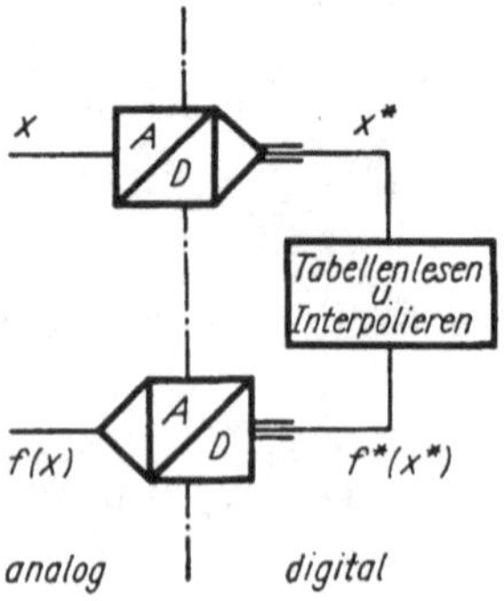

Abb. 4.5. Funktionserzeugung durch Hybrid-Tabellenlesetechnik

Ein zweites Vorgehen, das bereits in Kap. 2.1.1.5. kurz erwähnt wurde, erzeugt durch digitalgesteuerte Potentiometer, DAU und weitere Rechenelemente des Analogrechners die gewünschte Funktion. Die Stützpaare der Funktion sind dabei ebenfalls in einer Tabelle im Digitalrechner gespeichert. Wir wollen in diesem Fall vom *Hybrid-Funktionsgeber* sprechen.

4.3.1. Hybrid-Tabellenlesetechnik

Durch Hybrid-Tabellenlesetechnik erzeugte Funktionen erweitern die Möglichkeiten der rein analogen Funktionserzeugungsprinzipien. Vor allem lassen sich Funktionen von mehreren unabhängigen Variablen in einfacher Weise generieren. Änderungen der Funktionen sind schnell und leicht zu erreichen, es gibt keine Beschränkungen in der Anzahl der Knickpunkte oder der Steigungen, wie sie am analogen Funktionsgeber auftreten.

Wie Abb. 4.5 zeigt, bildet der Digitalrechner über die Umsetzer (ADU, DAU) eine geschlossene Schleife mit dem Analogrechner. Das Hauptproblem der Hybrid-Tabellenlesetechnik besteht darin, die Verzögerungszeiten, die durch die Umsetzvorgänge und durch die Bearbeitungszeit im Digitalrechner entstehen, so klein wie möglich zu machen. Betrachten wir diese Schleife als Übertragungssystem, so werden in ihr Amplituden- und Phasenfehler erzeugt, die ungünstigstenfalls bis zur Instabilität der gesamten Analogrechenschaltung führen können, in der diese Hybridfunktion enthalten ist.

Die Umsetzzeiten sind gerätetechnische Parameter, die durch die hybridspezifischen Systemunterlagen möglichst nicht vergrößert werden sollten. Die Bearbeitungszeit im Digitalrechner ist durch das Tabellenlesen und die dazugehörige Interpolation festgelegt. Das Tabellenlesen ist gegenüber einer jeweiligen Berechnung des Funktionswertes schneller auszuführen und dient damit einer kurzen Bearbeitungszeit. Voraussetzung dafür ist jedoch eine im Digitalrechner vorher abgespeicherte Funktion, was erhöhte Speicherplatzanforderungen bedeutet.

Die Funktion $f(x)$ sei an diskreten Punkten x_i, den Stützstellen, im Digitalrechner gespeichert. Für ein vom Analogrechner vorgegebenes Argument x muß dann zunächst durch einen Suchlauf das i-te Intervall mit $x_i \leqq x < x_{i+1}$ gesucht werden, um danach durch eine entsprechende Interpolation den Funktionswert $f(x)$ näherungsweise zu bestimmen. Am naheliegendsten wäre für jedes x ein wiederholtes Durchmustern aller vorgegebenen Stützstellen x_i, jedoch benötigt diese Strategie erheblich viel Zeit. Als sehr schnell hat sich ein Verfahren erwiesen, bei dem die Stützstellen x_i im Definitionsbereich dual verteilt sind, wodurch das Tabellenlesen, d. h. die Suche des i-ten Intervalls, auf eine bloße Verschiebeoperation zurückführbar wird [74], [60].

4.3.1.1. Tabellenlesen in dual verteilten Stützstellen

Wir betrachten die Argumente X nur in der im Analogrechner möglichen normierten Form. Das bedeutet, daß sie im Digitalrechner im Festkomma verarbeitet werden können, also $X \in [-1, 1]$. Bei dualer Verteilung ist die Funktion an den $2^N + 1$ Stützstellen

$$X_i = -1 + i \cdot 2^{1-N}, \qquad i = 0(1)\, 2^N, \quad N \in [0, \infty) \tag{4.74}$$

gleichmäßig zwischen $X_0 = -1$ und $X_{2^N} = 1$ gegeben. Eine Erhöhung von N um Eins bedeutet eine Verdopplung der Interpolationsintervalle. Voraussetzung für das Verfahren ist die Zweierkomplementdarstellung der negativen Zahlen im Digitalrechner, was im R 4000 z. B. der Fall ist. Betrachten wir ein Digitalwort von n Bit im Zweierkomplement (Abb. 4.6a) und nehmen an, es enthält das Argument X, so können wir es zerlegen in

$$X = X_i + (X - X_i)\,. \tag{4.75}$$

Die ersten N Bit bilden den Stützstellenwert $X_i \leqq X$, die restlichen Bit die nicht negative Interpolationsdifferenz $X - X_i$. Typische Werte für n sind 16, 18 oder 24. Damit sind Werte für X zwischen $-1 = 100 \ldots 0$ und $1 - 2^{1-n} = 011 \ldots 1$ darstellbar.

Der gesuchte Index i ist nun in einfacher Weise aus den N Bit für X_i zu ermitteln, indem das Vorzeichenbit (VZ) komplementiert wird. Damit ist i als nicht negative Dualzahl auf den ersten N Bit des Wortes gegeben und kann durch Linksverschiebung um N Bit in das Erweiterungsregister (E) des Akkumulators (AC) überführt werden (Abb. 4.6b). Eine andere Möglichkeit ist die $n - N$ Bit der Interpolationsdifferenz nach rechts in ein anderes Register herauszuschieben.

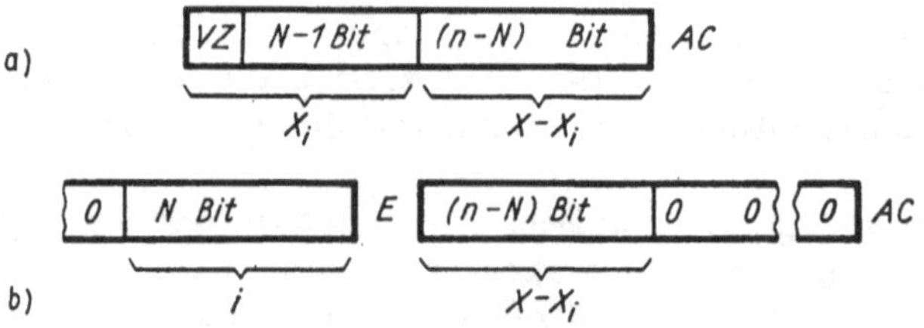

Abb. 4.6. Zerlegung (a) und Verschiebung (b) eines Wortes X zur Erzeugung von Interpolationsindex und -differenz

Beispiel: $N = 4$, $X = 0.34375$

X:	¦0010¦ 110 ... 0	(Vorzeichenbit unterstrichen)
X_i:	¦0010¦	$\hat{=}$ 0,25
i:	¦1010¦	$\hat{=}$ 10-te Stützstelle
$X - X_i$:	¦110 ... 0	$\hat{=}$ $(X - X_i)\, 2^N$
$X - X_i$:	¦0110 ... 0	$\hat{=}$ $(X - X_i)\, 2^{N-1}$

Das Vorzeichenbit der Interpolationsdifferenz fehlt zunächst. Es ist gleich 0 zu setzen, da $X - X_i \geqq 0$. Das Setzen des Vorzeichenbits wird durch Verschiebung um 1 Bit nach rechts erreicht. Im Akkumulator steht demnach $(X - X_i)\, 2^{N-1}$.

Die Funktionstabelle $Y_0 = F(X_0)$, $Y_1 = F(X_1)$, ... sei aufeinanderfolgend in $2^N + 1$ Speicherplätzen mit den symbolischen Adressen FUNKT, FUNKT + 1, ... gespeichert. Wir haben dann nur die Anfangsadresse FUNKT zum Inhalt des Erweiterungsregisters (E) zu addieren, um die Adresse des nahesten linksseitig liegenden Stützwertes FUNKT + i zu finden. Durch Indexoperation ist damit auch der rechtsseitige Stützwert Y_{i+1} sofort zu ermitteln.

Hat die Funktion Bereiche, in denen große Änderungen auftreten, so ist es möglich, in solchen Interpolationsintervallen weitere Unterteilungen vorzunehmen. Auch in diesen Fällen ist nur durch weitere Verschiebeoperationen der Index eines solchen Subintervalles zu finden [60].

Das Verfahren ist selbstverständlich auf jede unabhängige Variable bei Funktionen mehrerer Variabler anwendbar.

4.3.2. Interpolation von Funktionen mehrerer Variablen

Sowohl bei der Hybrid-Tabellenlesetechnik als auch beim Hybrid-Funktionsgeber ist eine Interpolation zwischen den vorgegebenen Stützwerten erforderlich. Eine Interpolation durch Polynome scheidet für solche Zwecke aus, da mit wachsender Anzahl von Stützstellen die Polynome sehr stark schwanken. Minimale Schwankungen der Interpolationsfunktion werden durch lineare Interpolation erreicht, wobei die Genauigkeit der Interpolation nur von der Anzahl und Lage der Stützstellen abhängt. Nachteilig ist die Unstetigkeit der ersten Ableitung in den Stützstellen, was aber bei folgenden Integrierern (Glättung) in einer Reihe von Fällen ohne weiteren Einfluß bleibt.

Einen Kompromiß zwischen linearer Interpolation und einem Interpolationspolynom höheren Grades bildet die *Spline-Interpolation.* Hierbei werden mehrere niedriggradige und damit schwach schwankende Polynome zu einer im gesamten Intervall möglichst oft differenzierbaren Interpolationsfunktion verknüpft [128].

Wir wollen uns im folgenden auf die lineare Interpolation beschränken, obwohl für die Interpolation mit kubischen Splines und speziellen rationalen Splines im Zusammenhang mit der Tabellenlesetechnik ähnlich kurze Rechenzeiten wie für lineare Interpolation erreicht werden können [60]. Interessant ist auch, das Spline-Konzept auf analoge Rechenelemente zu übertragen [68].

4.3.2.1. Funktionen einer Variablen

Die stückweise stetige Funktion $Y = F(X)$ ist durch Geradenstücke approximierbar (Abb. 4.7), wobei wir formelmäßig verschiedene Darstellungen unterscheiden wollen

$$F(X) = M_i X + B_i\,, \qquad X \in [X_i, X_{i+1})\,, \tag{4.76}$$

$$M_i = \frac{\Delta F_i}{\Delta X_i} = \frac{F(X_{i+1}) - F(X_i)}{X_{i+1} - X_i}\,; \qquad B_i = F(X_i) - M_i X_i\,,$$

$$F(X) = M_i(X - X_i) + F(X_i)\,, \qquad X \in [X_i, X_{i+1})\,, \tag{4.77}$$

$$F(X) = \frac{\Delta X}{\Delta X_i} F(X_{i+1}) + \left(1 - \frac{\Delta X}{\Delta X_i}\right) F(X_i)\,, \tag{4.78}$$

$$\Delta X = X - X_i\,, \qquad X \in [X_i, X_{i+1})\,.$$

Bei diesen Darstellungen haben wir normierte Werte für X und $F(X)$ vorausgesetzt, d. h. X, $F(X) \in [-1, 1]$. Wir beachten, daß die Steigungen M_i und die Ordinatenabschnitte B_i dabei trotzdem absolut größer als Eins werden können (Abb. 4.7). Durch das im Kap. 4.3.1.1. gezeigte Verfahren läßt sich dieses Problem jedoch be-

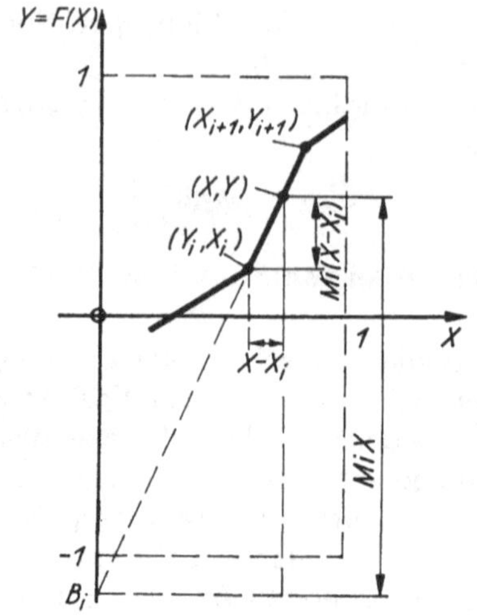

Abb. 4.7. Lineare Interpolation einer Funktion $Y = F(X)$ zwischen vorgegebenen Stützpaaren

herrschen. Unter Benutzung von Gl. (4.77), die wir in der Form

$$F(x) = \Delta F_i \frac{X - X_i}{\Delta X_i} + F(X_i) \tag{4.79}$$

zusammenstellen, ist der Term $(X - X_i)/\Delta X_i$ als verschobene Interpolationsdifferenz im Akkumulator vorhanden. Denn nach Gl. (4.74) ist $\Delta X_i = 2^{1-N}$ und demzufolge $(X - X_i)/\Delta X_i = (X - X_i)\, 2^{N-1}$. Dadurch ist nur der Akkuinhalt mit ΔF_i zu multiplizieren und der Wert $F(X_i)$ zu addieren, um $F(X)$ zu berechnen. Da $\max |\Delta F_i| \leqq 2$ und $|F(X_i)| \leqq 1$, ist durch geeignete Normierung $|F(X)| \leqq 1$ zu erreichen.

4.3.2.2. Funktionen zweier Variablen

Eine solche Funktion ist in Abb. 4.8 in Form der Schnittliniendarstellung gezeigt. Das „Interpolationsintervall" ist jetzt durch die schraffiert dargestellte Fläche gegeben. Wir können dann zunächst längs der Schnittlinien linear wie folgt interpolieren

$$F(X_i, Y) = F(X_i, Y_j) + \frac{F(X_i, Y_{j+1}) - F(X_i, Y_j)}{Y_{j+1} - Y_j} (Y - Y_j)\,, \tag{4.80}$$

$$F(X_{i+1}, Y) = F(X_{i+1}, Y_j) + \frac{F(X_{i+1}, Y_{j+1}) - F(X_{i+1}, Y_j)}{Y_{j+1} - Y_i} (Y - Y_j)\,. \tag{4.81}$$

Zur Ermittlung eines Wertes $F(X, Y)$ im Inneren des schraffierten Bereiches interpolieren wir weiterhin linear zwischen allen Werten $F(X_i, Y)$ und $F(X_{i+1}, Y)$ in der folgenden Weise

$$F(X, Y) = F(X_i, Y) + \frac{F(X_{i+1}, Y) - F(X_i, Y)}{X_{i+1} - X_i} (X - X_i)\,. \tag{4.82}$$

Mit den Abkürzungen

$$\Delta X = X - X_i; \quad \Delta Y = Y - Y_j; \quad \Delta X_i = X_{i+1} - X_i; \quad \Delta Y_j = Y_{j+1} - Y_j;$$

$$\Delta F_j(X_i) = F(X_i, Y_{j+1}) - F(X_i, Y_j); \quad \Delta F_j(X_{i+1}) = F(X_{i+1}, Y_{j+1}) - F(X_{i+1}, Y_j);$$

$$\Delta F_i(Y_j) = F(X_{i+1}, Y_j) - F(X_i, Y_j)$$

und der Substitution von Gl. (4.80) und (4.81) in Gl. (4.83) erhalten wir dann durch entsprechende Zusammenfassungen verschiedene Schreibweisen der Interpolationsformel für die doppelt-lineare Interpolation mit beliebigen Stützstellenabständen

$$F(X, Y) = A_{ij} + B_{ij}X + C_{ij}Y + D_{ij}XY\,, \tag{4.84}$$

$$A_{ij} = F(X_i, Y_j) - \frac{\Delta F_i(Y_j)}{\Delta X_i} X_i - \frac{\Delta F_j(X_i)}{\Delta Y_j} Y_j + \frac{\Delta F_j(X_{i+1}) - \Delta F_j(X_i)}{\Delta X_i\, \Delta Y_j} X_i Y_j;$$

$$B_{ij} = \frac{\Delta F_i(Y_j)}{\Delta X_i} - \frac{\Delta F_j(X_{i+1}) - \Delta F_j(X_i)}{\Delta X_i\, \Delta Y_j} Y_j;$$

$$C_{ij} = \frac{\Delta F_j(X_i)}{\Delta Y_j} - \frac{\Delta F_j(X_{i+1}) - \Delta F_j(X_i)}{\Delta X_i\, \Delta Y_j} X_i;$$

$$D_{ij} = \frac{\Delta F_j(X_{i+1}) - \Delta F_j(X_i)}{\Delta X_i\, \Delta Y_j}, \qquad X \in [X_i, X_{i+1})\,,\ Y \in [Y_j, Y_{j+1})\,.$$

$$\begin{aligned} F(X, Y) = F(X_i, Y_j) &+ \frac{\Delta Y}{\Delta Y_j} \Delta F_j(X_i) + \\ &+ \left\{\Delta F_i(Y_j) + [\Delta F_j(X_{i+1}) - \Delta F_j(X_i)] \frac{\Delta Y}{\Delta Y_j}\right\} \frac{\Delta X}{\Delta X_i}, \end{aligned} \tag{4.85}$$

$$X \in [X_i, X_{i+1}),\ Y \in [Y_j, Y_{j+1})$$

$$\begin{aligned} F(X, Y) = F(X_i, Y_j)&\left[1 - \frac{\Delta Y}{\Delta Y_j} - \frac{\Delta X}{\Delta X_i} + \frac{\Delta X}{\Delta X_i}\frac{\Delta Y}{\Delta Y_j}\right] + \\ &+ F(X_i, Y_{j+1})\left[\frac{\Delta Y}{\Delta Y_j} - \frac{\Delta X}{\Delta X_i}\frac{\Delta Y}{\Delta Y_j}\right] + \\ &+ F(X_{i+1}, Y_j)\left[\frac{\Delta X}{\Delta X_i} - \frac{\Delta X}{\Delta X_i}\cdot\frac{\Delta X}{\Delta Y_j}\right] + \\ &+ F(X_{i+1}, Y_{j+1})\left[\frac{\Delta X}{\Delta X_i}\cdot\frac{\Delta Y}{\Delta Y_j}\right], \end{aligned} \tag{4.86}$$

$$X \in [X_i, X_{i+1}),\ Y \in [Y_j, Y_{j+1})$$

Wir beachten, daß die so generierte Funktion keine Ebene im Raum ist. Sie muß durch die vier Eckpunkte gehen und stellt eine Fläche höherer Ordnung, nämlich ein Hyperboloid, dar.

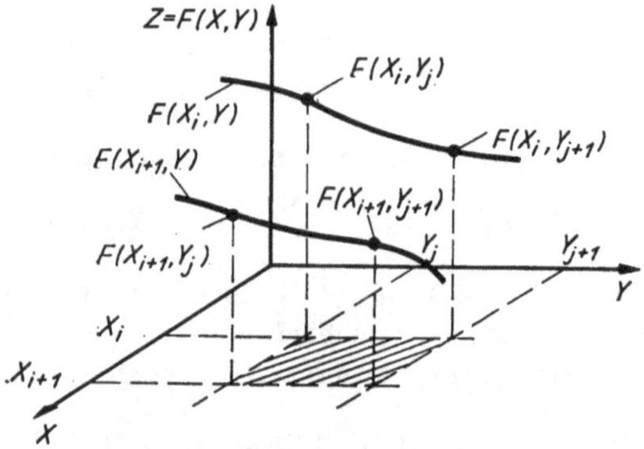

Abb. 4.8. Schnittlinien einer beliebigen Funktion $F(X, Y)$

Setzen wir wieder dual verteilte Stützstellen für beide unabhängige Variable X und Y voraus

$$X_i = -1 + i \cdot 2^{1-N}, \qquad i = 0(1)\,2^N,\ N \in [0, \infty)$$
$$Y_j = -1 + j \cdot 2^{1-M}, \qquad j = 0(1)\,2^M,\ M \in [0, \infty)\,,$$

so werden durch das Tabellenleseverfahren nach Kap. 4.3.1.1. $\Delta X/\Delta X_i$ und $\Delta Y/\Delta Y_j$ als verschobene Interpolationsdifferenzen im Akkumulator bereitgestellt. Nach Gl. (4.85) ist dann mit wenigen Operationen die Interpolation ausführbar. Auch für Funktionen von zwei Variablen ist eine feinere Unterteilung in beliebigen Bereichen der zunächst gewählten Unterteilung möglich [60].

4.3.2.3. Funktionen dreier Variabler

Zur Ermittlung eines Wertes $F(X, Y, Z)$ im Inneren eines Quaders (Abb. 4.9) interpolieren wir linear zwischen allen Werten $F(X, Y, Z_k)$ und $F(X, Y, Z_{k+1})$ in der folgenden Weise

$$F(X, Y, Z) = F(X, Y, Z_k) + \frac{F(X, Y, Z_{k+1}) - F(X, Y, Z_k)}{Z_{k+1} - Z_k}(Z - Z_k)\,. \quad (4.87)$$

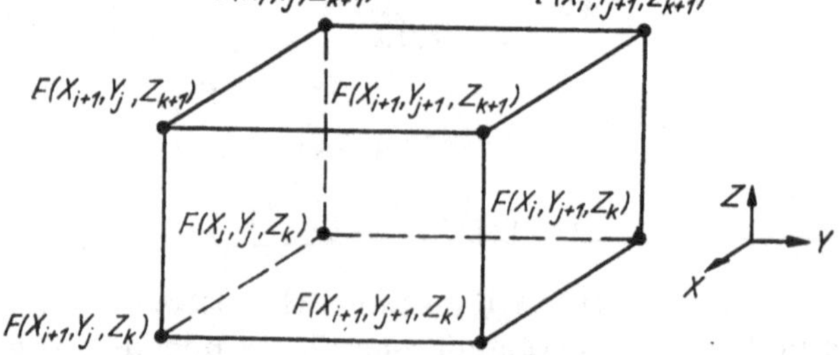

Abb. 4.9. Interpolationsquader einer beliebigen Funktion $F(X, Y, Z)$

Mit den Abkürzungen

$$\left.\begin{aligned}
\Delta Z &= Z - Z_k; \qquad \Delta Z_k = Z_{k+1} - Z_k;\\
\Delta XY &= 1 - \frac{\Delta X}{\Delta X_i} - \frac{\Delta Y}{\Delta Y_j} + \frac{\Delta X}{\Delta X_i}\frac{\Delta Y}{\Delta Y_j};\\
\delta Y &= \frac{\Delta Y}{\Delta Y_j} - \frac{\Delta X}{\Delta X_i}\frac{\Delta Y}{\Delta Y_j};\\
\delta X &= \frac{\Delta X}{\Delta X_i} - \frac{\Delta X}{\Delta X_i}\frac{\Delta Y}{\Delta Y_j}
\end{aligned}\right\} \tag{4.88}$$

und unter Berücksichtigung der Darstellung nach Gl. (4.86) für eine Funktion zweier Variabler an den konstanten Stellen Z_{k+1} und Z_k erhalten wir die Formel für eine dreifach-lineare Interpolation mit beliebigen Stützstellenabständen

$$\begin{aligned}
F(X, Y, Z) = {}& F(X_i, Y_j, Z_k)\,\Delta XY + F(X_i, Y_{j+1}, Z_k)\,\delta Y +\\
&+ F(X_{i+1}, Y_j, Z_k)\,\delta X + F(X_{i+1}, Y_{j+1}, Z_k)\frac{\Delta X}{\Delta X_i}\frac{\Delta Y}{\Delta Y_j} +\\
&+ \Bigl[F(X_i, Y_j, Z_{k+1})\,\Delta XY + F(X_i, Y_{j+1}, Z_{k+1})\,\delta Y +\\
&\quad + F(X_{i+1}, Y_j, Z_{k+1})\,\delta X + F(X_{i+1}, Y_{j+1}, Z_{k+1})\frac{\Delta X}{\Delta X_i}\frac{\Delta Y}{\Delta Y_j} -\\
&\quad - F(X_i, Y_j, Z_k)\,\Delta XY - F(X_i, Y_{j+1}, Z_k)\,\delta Y -\\
&\quad - F(X_{i+1}, Y_j, Z_k)\,\delta X - F(X_{i+1}, Y_{j+1}, Z_k)\frac{\Delta X}{\Delta X_i}\frac{\Delta Y}{\Delta Y_j}\Bigr]\frac{\Delta Z}{\Delta Z_k}.
\end{aligned} \tag{4.89}$$

Eine weitere Darstellungsform der Interpolationsformel für drei Variable erhalten wir durch eine andere Zusammenfassung der Terme in der folgenden Form

$$F(X, Y, Z) = F(X, Y, Z_k) + [F(X, Y, Z_{k+1}) - F(X, Y, Z_k)]\frac{\Delta Z}{\Delta Z_k} \tag{4.90}$$

mit

$$\left.\begin{aligned}
F(X, Y, Z_k) &= F(X, Y_j, Z_k) + [F(X, Y_{j+1}, Z_k) - F(X, Y_j, Z_k)]\frac{\Delta Y}{\Delta Y_j},\\
F(X, Y, Z_{k+1}) &= F(X, Y_j, Z_{k+1}) + [F(X, Y_{j+1}, Z_{k+1}) - F(X, Y_j, Z_{k+1})]\frac{\Delta Y}{\Delta Y_j},\\
F(X, Y_j, Z_k) &= F(X_i, Y_j, Z_k) + [F(X_{i+1}, Y_j, Z_k) - F(X_i, Y_j, Z_k)]\frac{\Delta X}{\Delta X_i},\\
F(X, Y_{j+1}, Z_k) &= F(X_i, Y_{j+1}, Z_k) + [F(X_{i+1}, Y_{j+1}, Z_k) - F(X_i, Y_{j+1}, Z_k)]\frac{\Delta X}{\Delta X_i},\\
F(X, Y_j, Z_{k+1}) &= F(X_i, Y_j, Z_{k+1}) + [F(X_{i+1}, Y_j, Z_{k+1}) - F(X_i, Y_j, Z_{k+1})]\frac{\Delta X}{\Delta X_i},\\
F(X, Y_{j+1}, Z_{k+1}) &= F(X_i, Y_{j+1}, Z_{k+1}) +\\
&\quad + [F(X_{i+1}, Y_{j+1}, Z_{k+1}) - F(X_i, Y_{j+1}, Z_{k+1})]\frac{\Delta X}{\Delta X_i}.
\end{aligned}\right\} \tag{4.91}$$

Die Formel (4.90) ist im Zusammenhang mit der Hybrid-Tabellenlesetechnik geeignet, um die Interpolation mit dem geringsten Aufwand auszuführen. Unter der Voraussetzung dual verteilter Stützstellen für alle drei Variablen stehen $\Delta X/\Delta X_i$, $\Delta Y/\Delta Y_j$ und $\Delta Z/\Delta Z_k$ als verschobene Interpolationsdifferenzen im Akkumulator zur Verfügung und brauchen nur mit den Funktionswerten in den Stützstellen gemäß Formel (4.90) multipliziert zu werden. Die Stützstellenindizes i, j, k werden nach dem Verfahren in Kap. 4.3.1.1. durch Verschiebung erhalten.

4.3.3. Hybrid-Funktionsgeber

Die Hybrid-Tabellenlesetechnik stellt dem Analogrechner, hervorgerufen durch den DAU, nur unstetige Funktionen zur Verfügung. Interpolierende DAU sind in manchen hybriden Rechnersystemen eingebaut, bilden jedoch die Ausnahme. Im Hybrid-Funktionsgeber wird das Prinzip der linearen Interpolation durch analoge Rechenelemente verwirklicht, und die erzeugten Funktionen sind somit stetig. Außerdem sind Verfahren, die analoge Gerätetechnik (hardware) verwenden, den Verfahren, die Programmiertechnik (software) verwenden, in der Schnelligkeit überlegen.

4.3.3.1. Hybrid-Funktionsgeber für eine Variable

Wie aus den Gl. (4.76), (4.77) und (4.78) hervorgeht, sind jeweils zwei Werte zur eindeutigen Bestimmung des Geradenabschnittes in $[X_i, X_{i+1})$ erforderlich. Die Werte M_i, B_i oder M_i, $F(X_i)$ oder $F(X_{i+1})$, $F(X_i)$ betrachten wir im Digitalrechner gespeichert. Über Digitalpotentiometer bzw. einen DAU werden die jeweils erforderlichen Werte eingestellt und gemäß Abb. 4.10 a, b, c ein sogenannter Modul aufgebaut, der für die Hybrid-Funktionsgeber ein Grundelement darstellt.

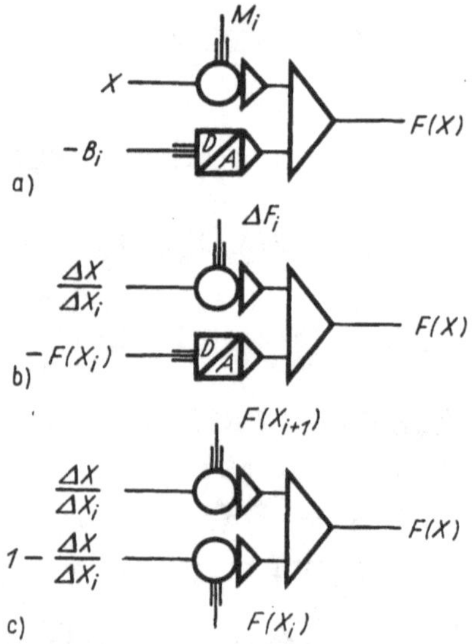

Abb. 4.10. Module für Hybrid-Funktionsgeber einer Variablen
a) nach Gl. (4.76); b) nach Gl. (4.77); c) nach Gl. (4.78)

Für Funktionen einer Variablen ist offensichtlich der Modul nach Abb. 4.10a am günstigsten, da für die Modulen nach Abb. 4.10 b und c zusätzliche analoge Rechenelemente zur Erzeugung der Eingangsgröße $\Delta X/\Delta X_i$ benötigt werden. Für Funktionen mehrerer Variablen ändert sich dieser Tatbestand jedoch, wie wir noch sehen werden.

Die Umschaltung der für den jeweiligen Geradenabschnitt gültigen Werte M_i und B_i erfolgt durch ein am Digitalrechner laufendes Testprogramm. Über einen ADU kontrolliert der Digitalrechner laufend den Wert X, ob er im Intervall $[X_i, X_{i+1})$ liegt. Sobald X die Intervallgrenzen überschreitet, signalisiert das Testprogramm diesen Tatbestand und M_i, B_i werden geändert. Bei den in Kap. 2.1.1.5. vorgestellten Hybrid-Funktionsgebern ist die Speicherung der Stützpaare und der Test vollständig analogseitig realisiert, so daß der Verkehr für eine einmal festgelegte Interpolationsfunktion nicht mehr über das Koppelwerk erforderlich ist.

4.3.3.2. Hybrid-Funktionsgeber für zwei Variable

Entsprechend den Interpolationsbeziehungen (4.84), (4.85) und (4.86) lassen sich auch mit Hilfe der Module nach Abb. 4.10 Hybrid-Funktionsgeber für zwei Variable aufbauen. In der Abb. 4.11 ist ein Funktionsgeber mit dem geringsten Aufwand an Rechenelementen gezeigt. Für jeden Interpolationsbereich der X-Y-Ebene benötigen wir jedoch vier Speicherplätze für die A_{ij}, B_{ij}, C_{ij} und D_{ij}. Wird der gesamte Definitionsbereich in 10 mal 10 Bereiche geteilt, sind 400 Speicherplätze erforderlich.

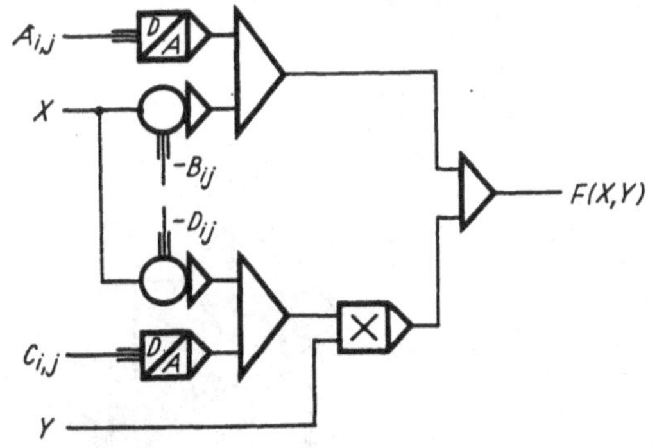

Abb. 4.11. Hybrid-Funktionsgeber zweier Variablen nach Gl. (4.84) mit Modulen nach Abb. 4.10a

Der Funktionsgeber nach Abb. 4.12 benötigt mehr analoge Rechenelemente, braucht aber für jeden Interpolationsbereich nur einen Speicherplatz zur Aufnahme des Funktionswertes $F(X_i, Y_j)$. Die Nachbarfunktionswerte sind den Nachbarbereichen zugeordnet. Nur für zwei Randstreifen des gesamten Definitionsbereiches werden zusätzliche Speicherplätze benötigt. Für 10 mal 10 Bereiche sind dann 121 Speicherplätze erforderlich, d. h. genau betrachtet, pro Bereich etwas mehr als ein Speicherplatz. Der so aufgebaute Funktionsgeber benötigt jedoch etwas Digitalrechenzeit zur Bildung der Differenzen $\Delta F_j(X_i)$ usw., wie sie in Abb. 4.12 oder in Gl. (4.85) auftreten.

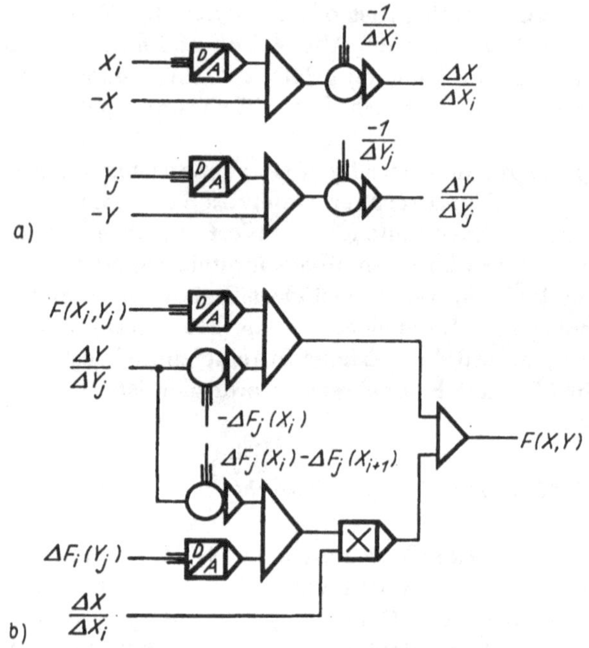

Abb. 4.12. Hybrid-Funktionsgeber zweier Variablen
a) zusätzliche Rechenelemente zur Berechnung von $\Delta X/\Delta X_i$ und $\Delta Y/\Delta Y_j$
b) Erzeugung von $F(X, Y)$ nach Gl. (4.85) mit Modulen nach Abb. 4.10b

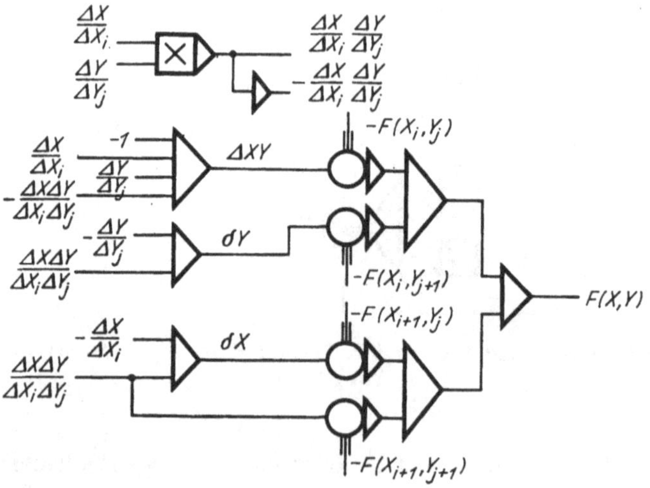

Abb. 4.13. Hybrid-Funktionsgeber zweier Variablen nach Gl. (4.86) mit Modulen nach Abb. 4.10c

Der Aufwand an analogen Rechenelementen ist noch höher beim Typ nach Abb. 4.13. Wir beachten, daß die Hardware nach Abb. 4.12a dazugehört. Es werden jedoch nur die gespeicherten Funktionswerte ohne Differenzenbildung verwandt, wodurch die Rechenzeit weiter verringert werden kann. Der Speicherplatz ist der gleiche geblieben wie im Fall nach Abb. 4.11. Vorteilhaft bei dieser Form des Hybrid-Funktionsgebers ist, daß, wenn mehrere Funktionen der gleichen unabhängigen Variablen zu bilden sind, der zusätzliche Rechenelementeaufwand für jede Funktion nur aus den beiden Modulen und einem Summierer besteht. Bei den Typen nach Abb. 4.11 und Abb. 4.12 ist für jede weitere Funktion ein weiterer Multiplizierer erforderlich.

4.3.3.3. Hybrid-Funktionsgeber für drei Variable

Ein solcher Funktionsgeber, der auf der Gl. (4.89) beruht, ist in Abb. 4.14 gezeigt. Zur Erzeugung der Terme nach Gl. (4.89) sind natürlich weitere Analogrechenelemente notwendig, wie sie in den Abb. 4.12a und Abb. 4.13 dargestellt sind. Für ein Interpolationsquader ist ebenfalls wie im zweidimensionalen Fall etwa nur ein Spei-

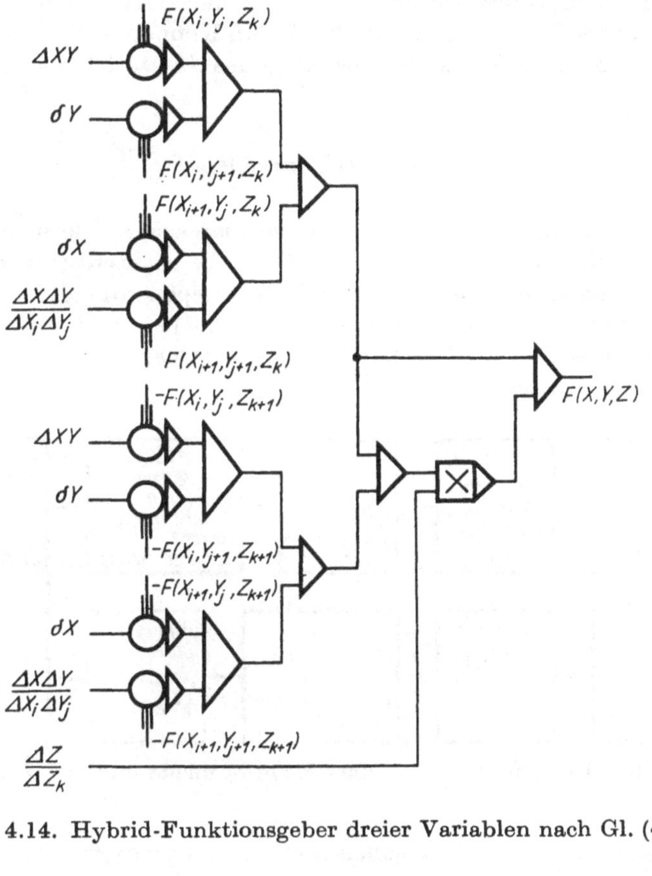

Abb. 4.14. Hybrid-Funktionsgeber dreier Variablen nach Gl. (4.89)

cherplatz erforderlich, was für einen 10 mal 10 mal 10 Quader genau 1331 Speicherplätze bedeutet. Aufgrund des modularen Aufbaues ist z. B. ein Hybrid-Funktionsgeber für drei Variable umschaltbar auf zwei Funktionsgeber zweier Variablen oder auf vier Funktionsgeber einer Variablen.

4.4. Fehleranalyse in hybriden Rechnersystemen

Bei jeder numerischen Rechnung spielt die Fehlerrechnung bekanntlich eine ausschlaggebende Rolle. Oft sind die Fehleruntersuchungen komplizierter und aufwendiger als der eigentliche Lösungsalgorithmus. Wird ein hybrides Rechnersystem zur Lösung eines Problems benutzt, so treten außer den numerischen Fehlern des Digitalrechners und den Fehlern des Analogrechners noch die Fehler des Koppelwerkes hinzu. Die Fehleranalyse wird also noch komplizierter als sie es für die einzelnen Rechner ohnehin schon war.

Dabei interessiert in der Hauptsache der Gesamtfehler einer Lösung, der aus den Fehlern der einzelnen Komponenten des hybriden Rechnersystems und ihrer spezifischen Verbindung resultiert. Jedoch auch die umgekehrte Fragestellung ist interessant, wie groß dürfen die Fehler der einzelnen Komponenten sein, wenn eine Genauigkeit der Gesamtlösung vorgegeben ist.

In jedem Fall ist zunächst eine Fehleranalyse der einzelnen Komponenten angebracht, wobei wir uns besonders auf die Fehler im Koppelwerk konzentrieren wollen. Danach sollen einige Gedanken zur Berechnung des Gesamtfehlers angeführt werden.

4.4.1. Fehlerquellen

Die Fehlerquellen wollen wir in der Reihenfolge analysieren, wie sie in einer geschlossenen Hybridschleife auftreten (Abb. 4.15). Dabei betrachten wir die Abweichungen des realen Übertragungsverhaltens der einzelnen Komponenten der Schleife von ihrem idealen Übertragungsverhalten. Einige der Fehlerquellen sind zufälliger Natur und daher schwer voraussagbar, andere haben systematischen Charakter und eignen sich besser für eine Beseitigung.

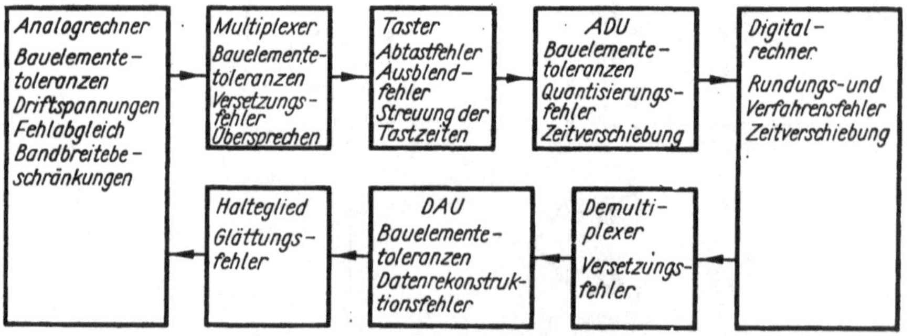

Abb. 4.15. Komponenten einer Hybridschleife und ihre Fehler

Außerdem unterscheiden wir zwischen statischen und dynamischen Fehlern. Statische Fehler sind die Abweichungen vom idealen Übertragungsverhalten bei der Frequenz Null, d. h., wenn die Ein- und Ausgangssignale keinen Änderungen unterworfen sind. Dynamische Fehler treten zusätzlich auf, wenn die Übertragung mit von Null verschiedener Frequenz erfolgt. Das ist in der Regel der Fall, so daß jeder Fehler als eine Überlagerung von statischen und dynamischen Fehlern aufzufassen ist.

4.4.1.1. Analogrechnerfehler

Die Fehler der einzelnen Rechenelemente des Analogrechners haben verschiedene Ursachen. Im wesentlichen lassen sich jedoch vier Hauptursachen analysieren.

Eine erste Fehlerursache resultiert aus den Bauelementetoleranzen der Rechenimpedanzen, also der Rechenwiderstände und -kondensatoren. Dieser statische Fehler liegt etwa bei 10^{-4} bezogen auf die Maschineneinheit E bei Präzisionsanalogrechnern.

Ein zweiter Fehler entsteht durch Driftspannungen bzw. Fehlabgleich (Nullpunktabweichung) des Operationsverstärkers. Dieser Fehler hängt von der Art der Gegenkopplung des Operationsverstärkers ab, d. h., ob es sich z. B. um einen Integrierer oder Summierer handelt. Integrierer besitzen den größten Driftfehler, er beträgt z. B. 1 mV/s für einen K-Wert von 1 s^{-1}. Das entspricht einem Fehler von $6 \cdot 10^{-3}$ nach einer Minute Integrationszeit.

Die dritte Fehlerursache liegt in der Abhängigkeit der Operationsbeziehungen der Rechenelemente von der Frequenz der Eingangssignale begründet. Mit wachsender Frequenz nimmt die Verstärkung der Operationsverstärker ab, und damit wird die Operationsbeziehung immer ungenauer. Dieser Fehler ist ein typischer dynamischer Fehler, der von der Bandbreite des Operationsverstärkers abhängt. Für lineare Rechenelemente ist bis zu Frequenzen von 1000 Hz ein dynamischer Fehler von etwa 10^{-4} bezogen auf E erreichbar. Es sind damit also Präzisionslösungen im Millisekundenbereich mit den zur Verfügung stehenden Analogrechnern ausführbar.

Eine vierte, weniger gefährliche Fehlerursache ist in der Abhängigkeit der Stabilität des Rechenelementes von den Rechenimpedanzen zu suchen. Weniger gefährlich, weil für alle Standardrechenelemente die Stabilität durch den Hersteller gesichert ist. Dieser Fehler ist nur bei Sonderrechenschaltungen zu beachten.

Eine sehr gute Analyse der Fehler der Rechenelemente ist in [112] zu finden.

4.4.1.2. Fehler bei der Übertragung Analog-Digital

Als erstes wollen wir den Multiplexer hinsichtlich seiner Fehler analysieren. Seine Funktion ist in Kap. 2.2.1.2. beschrieben. Die elektronischen Schalter des Umsetzers erzeugen einen Fehler durch einen nichtverschwindenden Durchlaßwiderstand und einen endlichen Sperrwiderstand. Dieser Fehler kann jedoch in den Grenzen des Fehlers der Analogrechenelemente (ca. 10^{-4}) gehalten werden und trägt dann nicht zu einer weiteren Verfälschung eines umzusetzenden Signals bei. Bei langsamen Relaismultiplexern, wie etwa im Adressensystem des ADT 3000 tritt ein solcher Fehler nicht auf.

Weitere Fehler, wie das sogenannte Übersprechen der einzelnen Kanäle des Multiplexers oder das Auftreten von unterschiedlichen Bezugspotentialen bei Vorhandensein von Erdschleifen lassen sich durch technologische Maßnahmen ebenfalls kleiner 10^{-4} bezogen auf die Maschineneinheit E des Analogrechners machen.

Durch das zeitliche Nacheinander der Anwahl der entsprechenden Rechenelemente am Analogrechner durch den Multiplexer entsteht ein sogenannter *Versetzungsfehler*. Die Signale $x_1(t_1), x_2(t_1), \ldots, x_n(t_1)$ werden nicht simultan angewählt, sondern zeitlich versetzt $x_1(t_1), x_2(t_1 + \Delta t), \ldots, x_n(t_1 + (n-1)\,\Delta t)$. Δt soll die Schaltzeit des Multiplexers bedeuten. Eine Abhilfe ist hier durch Folger-Speicher am Eingang jedes Multi-

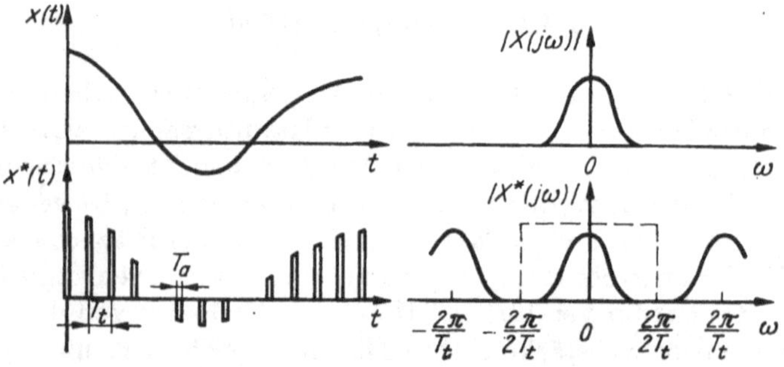

Abb. 4.16. Analogfunktion $x(t)$ bzw. getastete Analogfunktion $x^*(t)$ und zugehörige Fourier-Spektren $|X(j\omega)|$ bzw. $|X^*(j\omega)|$

plexerkanals erreichbar, die zum Zeitpunkt t_1 simultan die angewählten Werte $x_1(t_1), \dots, x_n(t_1)$ übernehmen und speichern (s. Abb. 2.24).

Die Analog-Digital-Umsetzung verwandelt eine sich stetig ändernde Funktion $x(t)$ in eine Folge von digital dargestellten Zahlen. Damit während des Umsetzens die Funktionswerte $x(t_i)$ konstant sind, muß die Funktion getastet werden und zwar mit einer bestimmten Tastfrequenz $\omega_t = 2\pi/T_t$.

Auf die ausführliche Darlegung der Theorie der Abtastvorgänge kann hier nicht eingegangen werden, siehe hierzu z. B. [23]. In Abb. 4.16 sind die Verhältnisse zwischen Analogfunktionen und ihren spektralen Darstellungen angedeutet. T_a ist die Ausblendzeit, d. h. die Zeit, in der der Taster die Analogfunktion „durchläßt“. $x^*(t)$ kann als eine durch $x(t)$ modulierte periodische Funktion

$$p(t) = \sum_{k=-\infty}^{+\infty} c_k \, e^{j\omega_t k t} \tag{4.92}$$

aufgefaßt werden, woraus folgt

$$x^*(t) = \sum_{k=-\infty}^{+\infty} c_k x(t) \, e^{j\omega_t k t} \,. \tag{4.93}$$

c_k sind die Fourier-Koeffizienten. Aus Gl. (4.93) folgt unter Anwendung des Verschiebungssatzes der Laplace-Transformation

$$X^*(j\omega) = \sum_{k=-\infty}^{+\infty} c_k X\left[j\left(\omega - \frac{2\pi k}{T_t}\right)\right]. \tag{4.94}$$

$X(j\omega)$ ist das Fourier-Spektrum der Analogfunktion. Wir erkennen, daß das Spektrum von $X^*(j\omega)$ aus der periodischen Fortsetzung des Spektrums von $X(j\omega)$ besteht.

Für die Wiedergewinnung einer Analogfunktion aus einer getasteten Analogfunktion ist nun die Häufigkeit der Tastungen innerhalb einer Periode der höchsten auftretenden Fourier-Komponente entscheidend. Es besteht ja der Zusammenhang, daß mit kleiner werdender Tastfrequenz die Wiederholungsspektren sich einander nähern und schließlich überlappen. Dann ist jedoch keine Selektion des Hauptspektrums $X(j\omega)$ mehr möglich. Die kritische Abtastfrequenz, die nicht unterschritten werden darf, wird durch das Abtasttheorem ausgedrückt

$$f \leqq f_N = \frac{1}{2T_t}, \tag{4.95}$$

f_N — Nyquist-Frequenz.

Das Abtasttheorem wurde von KOTELNIKOV und SHANNON in die technische Literatur eingeführt. Aus der Abb. 4.16 erkennen wir, daß für alle $\omega \leqq 2\pi/2T_t = \pi/T_t$ eine Separation der Spektren etwa durch ein ideales Filter — gestrichelt angedeutet — möglich ist.

Mit anderen Worten, die Abtastfrequenz muß mindestens zweimal so groß sein wie die höchste Frequenzkomponente der Analogfunktion, andererseits wird ein nicht-korrigierbarer Fehler durch das Tasten verursacht. Für praktische Belange und somit für die Hybridrechentechnik ist die obige Schranke für die minimale Tastfrequenz nicht ausreichend, um eine geforderte Genauigkeit zu erreichen. Es sind vielmehr mehrere Hundert Tastungen der höchsten Frequenzkomponente erforderlich. Bei der höchsten Frequenzkomponente handelt es sich um die höchste irgendwie im Eingangssignal enthaltene Frequenz. Das bedeutet, daß unerwünschte Frequenzen, wie sie durch Rauschen, Übersprechen oder Schaltspitzen entstehen, möglichst vom Eingang des Tastgliedes ferngehalten werden sollten. Das ist durch Tiefpaßfilter vor dem Tastglied erreichbar. Wird das Tasten durch den Multiplexer erledigt, ist ein Tiefpaßfilter vor jedem Multiplexerkanal erforderlich.

Durch Streuung der Tastzeitpunkte wird ein weiterer Fehler durch das Tasten eingeführt, der nur durch präzise Steuerimpulse für den Taster in zulässigen Grenzen gehalten werden kann.

Die Ausblendzeit T_a, d. h., die Zeit, in der der Taster das Analogsignal durchläßt, ist prinzipiell endlich, und damit ist das am ADU anliegende getastete Signal nicht exakt konstant. Ein *Ausblendfehler* resultiert daraus, der durch extrem kleine Ausblendzeiten in zulässigen Grenzen gehalten werden kann.

Als letztes Element des Kanals Analog-Digital ist noch der ADU zu analysieren hinsichtlich seiner Fehler. Die Wirkungsweise des ADU wurde in Kap. 2.2.1.3. beschrieben. Der im ADU enthaltene Komparator und der DAU tragen durch die Fehler ihrer elektronischen Bauelemente zum Fehler des ADU bei. Ebenso treten Nullpunktfehler und Driftfehler wie bei den Rechenelementen des Analogrechners auf. Durch präzise Bauelemente und eine sorgfältige Technologie können diese Fehler jedoch unter 10^{-4} bezogen auf die Maschineneinheit gehalten werden.

Ein *Quantisierungsfehler* entsteht beim ADU durch die beschränkte Anzahl von Bit zur digitalen Darstellung der jeweiligen Analogvariablen. Er beträgt $\pm 1/2$ des niedrigstwertigen Bits. Für eine Wortlänge von 10 Bit z. B. beträgt der Quantisierungsfehler $\pm\frac{1}{2}\, 2^{-10} \approx \pm 0{,}5‰$.

Durch die endliche Umsetzzeit trägt der ADU einen *Zeitverschiebungsfehler* in die Hybridschleife hinein, der wie eine zusätzliche Totzeit wirkt. Diese Zeitverschiebung addiert sich zu der durch den Digitalrechner eingeführten Zeitverschiebung (s. n. Kap.).

4.4.1.3. Digitalrechnerfehler

In der Hybridschleife trägt der Digitalrechner in zweierlei Weise zum Fehler bei. Einmal sind die numerischen Rechnungen durch Rundungs- und Verfahrensfehler ungenau, was sich aber bei genügender Sorgfalt weit unter den Grenzen der Analogrechnerungenauigkeiten halten läßt. Zum anderen entsteht ein Fehler durch die Zeitverschiebung zwischen Ein- und Ausgabe zugehöriger Werte. Bezeichnen wir mit $\boldsymbol{u}^{(i)} = (u_1^{(i)}, u_2^{(i)}, \ldots, u_n^{(i)})$ die Menge aller Eingabewerte, die zur Zeit iT anstehen und mit $\boldsymbol{v}^{(i)} = (v_1^{(i)}, v_2^{(i)}, \ldots, v_m^{(i)})$ die Menge von zugehörigen Ausgabewerten, so ist es nicht möglich, die Werte $\boldsymbol{v}^{(i)}$ auch zur Zeit iT wieder aus dem Digitalrechner herauszubekommen, da er eine endliche Zeit für die Berechnung der $\boldsymbol{v}^{(i)}$ benötigt. Die Werte $\boldsymbol{v}^{(i)}$ können erst zur Zeit $t = (i + 1)\ T$ ausgegeben werden, wenn T die notwendige Rechenzeit ist. Da es beim Betrieb in einer Hybridschleife im allgemeinen nicht sinnvoll ist, neue Werte $\boldsymbol{u}^{(i+1)}$ einzugeben, bevor die vorhergehenden Ergebnisse $\boldsymbol{v}^{(i)}$ ausgegeben worden sind, ist T auch gleich der Tastperiode der Hybridschleife. Die Verschiebung der Ausgabewerte um eine Tastperiode wirkt wie ein zusätzliches Totzeitglied mit T als Totzeit in der Hybridschleife. Dieser Fehler ist systematischer Natur, wir müssen ihn zu kompensieren versuchen (s. Kap. 4.4.1.5.).

4.4.1.4. Fehler bei der Übertragung Digital-Analog

Ein *Versetzungsfehler*, wie er beim Multiplexer zu beobachten ist, entsteht auch bei der Umwandlung der aus dem Digitalrechner kommenden seriellen Daten in parallele Daten, wie sie im Analogrechner benötigt werden. Die Operation des Demultiplexens wird in der Regel umgangen, indem mehrere DAU angeordnet werden (s. Abb. 2.24). Der Versetzungsfehler ist durch doppeltgepufferte DAU vermeidbar. Die seriellen Daten laufen dabei nacheinander in ein erstes Register eines jeden DAU ein und werden dann durch ein Taktsignal simultan in ein zweites Register überführt und dabei gleichzeitig umgesetzt. Auf diese Art und Weise wird das am Ausgang des DAU erzeugte Analogsignal auch für die Taktzeit gehalten. Ein anderer Weg zur Vermeidung des Versetzungsfehlers besteht darin, hinter jedem DAU ein Halteglied einzufügen und auf den Doppelpuffer zu verzichten.

Der DAU selbst hat zwei charakteristische Fehlerursachen aufzuweisen. Erstens sind es, wie beim ADU, die Fehler durch Bauelementeungenauigkeiten, die jedoch in der Größenordnung von 10^{-4} bezogen auf die Maschineneinheit E gehalten werden können. Zweitens wird ein Fehler bei der Rekonstruktion von Analogdaten aus Digitaldaten gemacht, der systematischer Natur ist und der, wie schon in Kap. 4.4.1.2. erwähnt, durch die Abtasttheorie vollständig beschreibbar ist.

Zur exakten Datenrekonstruktion wäre ein ideales Filter erforderlich, das sich jedoch technisch nicht realisieren läßt. Die Halteglieder nullter bzw. erster Ordnung sind Approximationen für ein solches Filter, wie wir aus Abb. 4.17 entnehmen können.

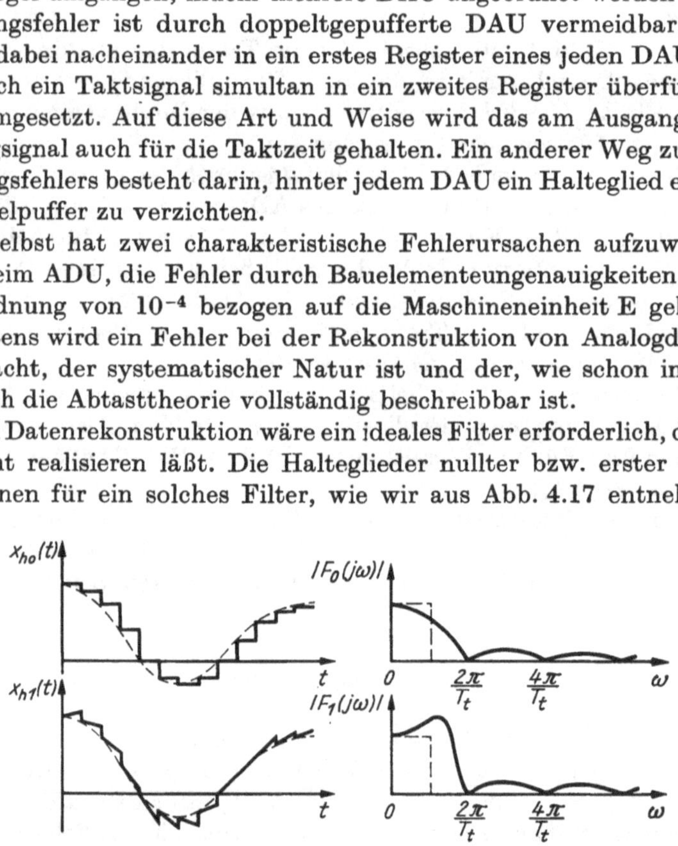

Abb. 4.17. Halteglieder nullter- bzw. erster Ordnung $x_{h_0}(t)$, $x_{h_1}(t)$ und dazugehörige Amplitudenfrequenzgänge $|F_0(j\omega)|$, $|F_1(j\omega)|$

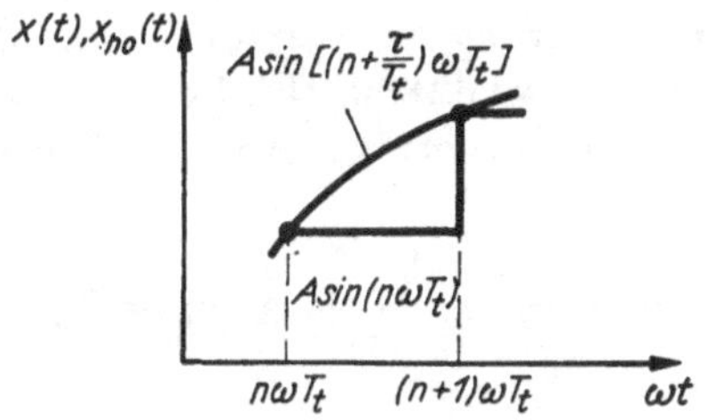

Abb. 4.18. Extrapolation einer getasteten Sinusfunktion durch ein Halteglied nullter Ordnung

Durch den nichtidealen Amplitudenfrequenzgang wird das Hauptspektrum nicht fehlerfrei wiedergewonnen, und die Nebenspektra werden nicht vollständig unterdrückt. Diese Fehler sind jedoch umso geringer, je höher die Tastfrequenz ist, denn dann ist das Hauptspektrum schmal und die Nebenspektren liegen in der Umgebung der Nullstellen ($k\pi/T_t$, $k = \pm 2, 4, \ldots$) des Amplitudenfrequenzganges des Haltegliedes.

Das folgende Beispiel zeigt eindrucksvoll, wie hoch die Tastfrequenzen bezogen auf die Signalfrequenz sein müssen, um einen in der Hybridrechentechnik üblichen Fehler von 10^{-4} bezogen auf E zu erreichen. Eine sinusförmige Funktion $x(t) = A \sin \omega t$ sei mit der Tastperiode T_t getastet worden, was p Tastungen pro Schwingungsperiode T entsprechen soll.

Bei Extrapolation der getasteten Werte durch ein Halteglied nullter Ordnung beträgt in $\tau \in [0, T_t)$ (s. Abb. 4.18) der absolute Fehler

$$\Delta x = A \sin n\omega T_t - A \sin\left[\left(n + \frac{\tau}{T_t}\right)\omega T_t\right]. \tag{4.96}$$

Der Maximalwert des Fehlers tritt im vorliegenden Beispiel bei einer Extrapolation nullter Ordnung im Intervall mit der größten Steigung der Sinusfunktion auf, d. h. in der Umgebung der Nulldurchgänge. Der Fehler beträgt im ersten Nulldurchgang ($n = 0$)

$$\Delta x_{\max} = -A \sin \omega\tau = -A \sin \frac{2\pi\omega}{\omega_t}. \tag{4.97}$$

Nun gilt $p\omega T_t = 2\pi = \omega T$, woraus $1/p = \omega/\omega_t$ folgt. Für $1/p \ll 1$ können wir in Gl. (4.97) näherungsweise setzen

$$\Delta x_{\max} \approx -A \frac{2\pi}{p}. \tag{4.98}$$

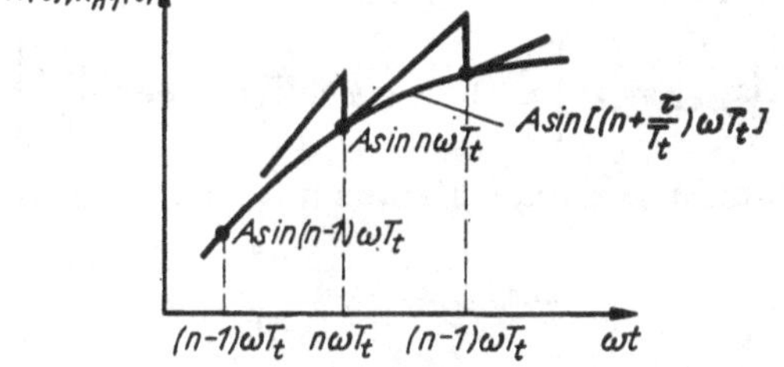

Abb. 4.19. Extrapolation einer getasteten Sinusfunktion durch ein Halteglied erster Ordnung

Die Anzahl der Tastungen pro Schwingungsperiode beträgt damit für einen Fehler von 10^{-4} bezogen auf die Amplitude $p \approx 62800$. Wird die Extrapolation durch ein Halteglied erster Ordnung ausgeführt, so beträgt in $\tau \in [0, T_t)$ (s. Abb. 4.19) der absolute Fehler

$$\Delta x = \frac{A \sin n\omega T_t - A \sin (n-1)\,\omega T_t}{T_t}\tau + A \sin n\omega T_t - A \sin\left[\left(n + \frac{\tau}{T_t}\right)\omega T_t\right]. \tag{4.99}$$

Der maximale Fehler tritt jetzt in Gebieten der größten Krümmung auf, d. h. im Intervall, in dem $n\omega T_t = \frac{\pi}{2}$ gilt und $\tau = T_t$ gesetzt wird.

$$\Delta x_{\max} = A\left[2 - \sin\left(\frac{\pi}{2} - \omega T_t\right) - \sin\left(\frac{\pi}{2} + \omega T_t\right)\right]. \tag{4.100}$$

Nach Umformung erhalten wir

$$\Delta x_{\max} = 2A(1 - \cos \omega T_t) = 2A\left(1 - \cos\frac{2\pi}{p}\right). \tag{4.101}$$

Für $p \gg 1$ gilt näherungsweise

$$\Delta x_{\max} \approx A\left(\frac{2\pi}{p}\right)^2. \tag{4.102}$$

Hieraus ergeben sich $p \approx 628$ Tastungen pro Schwingungsperiode für einen Fehler von 10^{-4} bezogen auf die Amplitude, ein Wert, der hundertmal kleiner ist als bei der Extrapolation nullter Ordnung.

Bei einer Reihe von Hybridproblemen dient der Digitalrechner als Funktionsspeicher einer Analogfunktion. In diesen Fällen sind vor der Digital-Analog-Umsetzung die Tastwerte bekannt und man kann deshalb eine Interpolation ausführen. Für eine Interpolation erster Ordnung beträgt der absolute Fehler

$$\Delta x = \frac{A \sin (n+1)\,\omega T_t - A \sin n\omega T_t}{T_t}\tau + A \sin n\omega T_t - A \sin\left[\left(n + \frac{\tau}{T_t}\right)\omega T_t\right],$$
$$\tau \in [0, T_t]. \tag{4.103}$$

Der maximale Fehler ist in der Umgebung $n\omega T_t = \pi/2$ zu erwarten.

$$\Delta x_{\max} = A\left[1 + (\cos \omega T_t - 1)\frac{\tau}{T_t} - \cos \omega\tau\right]. \tag{4.104}$$

Er ist in der Mitte des Intervalls $\tau = T_t/2$ am größten.

$$\Delta x_{\max} = A\left[\frac{1}{2}(1 + \cos \omega T_t) - \cos\frac{\omega T_t}{2}\right]. \tag{4.105}$$

Unter der Voraussetzung $p \gg 1$ folgt hieraus mit $\omega T_t = 2\pi/p$

$$\Delta x_{\max} \approx -A\frac{\pi^2}{2p^2}. \tag{4.106}$$

Der Fehler ist somit achtmal kleiner als im Falle der Extrapolation bei gleicher Anzahl von Tastungen.

Wir beachten, daß alle Aussagen sich auf eine rein sinusförmige Analogfunktion beziehen. Die Näherungswerte für die Anzahl der Tastungen bei vorgegebenem Fehler sind jedoch auch für beliebige Analogfunktionen ein gewisser Anhaltspunkt, wenn die höchste interessierende Frequenzkomponente in Betracht gezogen wird.

4.4.1.5. Kompensation des Zeitverschiebungsfehlers

Ein Zeitverschiebungsfehler tritt, wie wir feststellen konnten, im ADU, im Digitalrechner und, wie wir aus Abb. 4.20 entnehmen können, auch im Halteglied nullter Ordnung auf. Der Zeitverschiebungsfehler zeigt die größten Auswirkungen auf die Lösungsgenauigkeit, und wir wollen kurz andeuten, mit welchen Mitteln dieser Fehler zu kompensieren ist.

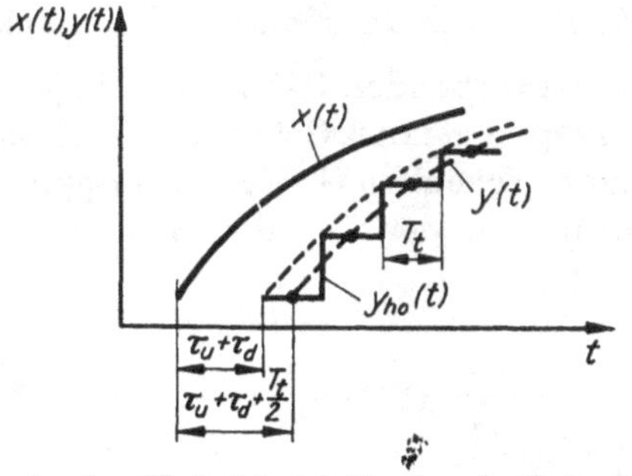

Abb. 4.20. Zeitverzögerung in der Hybridschleife durch Totzeit im ADU (τ_u), im Digitalrechner (τ_d) und im Halteglied ($T_t/2$)

Wir setzen voraus, daß es sich um ein lineares Problem handelt, um den Begriff der Übertragungsfunktion [107] benutzen zu können. Diese Voraussetzung dient nur der einfacheren Erläuterung, eine Fehlerkompensation ist auch bei nichtlinearen Problemen möglich. Eine Zeitverschiebung oder Totzeit bedeutet im Frequenzbereich der Laplace-Transformation eine Multiplikation mit exp $(-\varrho\tau)$, wobei τ die Zeitverschiebung darstellt. In der Hybridschleife entstehe im ADU die Totzeit τ_u, im Digitalrechner die Totzeit τ_d und die Tast- bzw. Haltezeit sei T_t. Schneiden wir die Schleife am Analogrechner auf, so besteht zwischen der analogen Ausgangsfunktion $X(p)$ und der geglätteten analogen Eingangsfunktion $Y(p)$ die Übertragungsfunktion

$$Y(p) = D(p) \exp\left[-(\tau_u + \tau_d)\, p\right] \cdot \frac{1 - \exp(-pT_t)}{p} \cdot X(p)\,. \tag{4.107}$$

$D(p)$ sei die Übertragungsfunktion des Digitalrechners ohne die Zeitverschiebung. In der Abb. 4.20 setzen wir voraus, daß der Analogrechner die Treppenfunktion hinreichend glättet und die Totzeit des Haltegliedes nullter Ordnung durch $T_t/2$ ausgedrückt ist. Die gesamte Zeitverzögerung in der Schleife beträgt somit $\tau = \tau_u + \tau_d + T_t/2$. Eine Kompensation muß daher versuchen, durch ein zusätzliches Element in der Hybridschleife einen Zeitvorlauf um τ zu erreichen, d. h., das Element muß eine Übertragungsfunktion exp $(p\tau)$ besitzen. Diese ideale Übertragungsfunktion ist jedoch technisch schwer realisierbar, und wir müssen uns mit einer Approximation begnügen.

Setzen wir für das Kompensationselement die Übertragungsfunktion

$$K(p) = 1 + p\tau \tag{4.108}$$

an, so wird in der Reihenentwicklung für exp $(-p\tau)$

$$\exp(-p\tau) = 1 - p\tau + \frac{p^2\tau^2}{2!} - \frac{p^3\tau^3}{3!} + - \dots \tag{4.109}$$

der lineare Term kompensiert, wie man sich anhand von

$$\exp(-p\tau) \cdot K(p) = 1 - \frac{p^2\tau^2}{2} + \frac{p^3\tau^3}{6} - + \dots \tag{4.110}$$

überzeugen kann. Für $\tau \ll 1$ ist das ein zufriedenstellendes Ergebnis.

Die Beziehung (4.108) bedeutet im Zeitbereich bekanntlich eine Differentiation, die man wegen der „aufrauhenden“ Eigenschaften möglichst vermeiden sollte. Es sind drei verschiedene Wege gangbar, um die Kompensation auszuführen:

1. Addition einer $p\tau Y(p)$ entsprechenden Größe am Eingang des Analogrechners.
2. Addition einer $p\tau X(p)$ entsprechenden Größe am Ausgang des Analogrechners.
3. Addition einer $p\tau Y(p)$ entsprechenden Größe am Ausgang des Digitalrechners, d. h. eine entsprechende Modifikation der digitalen Berechnung.

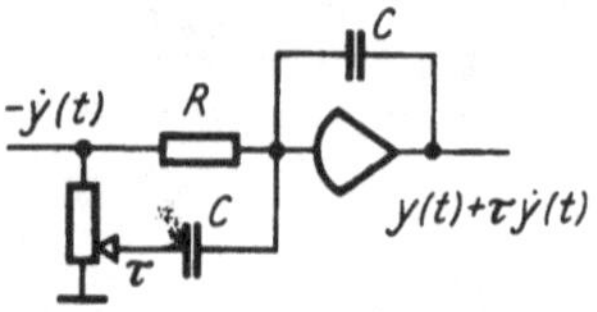

Abb. 4.21. Kompensationsschaltung

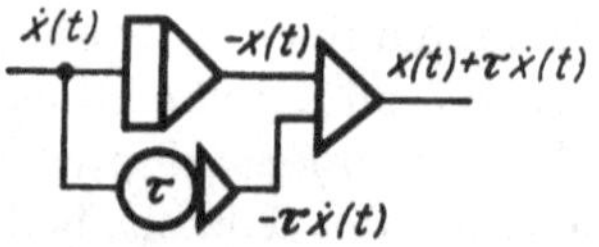

Abb. 4.22. Kompensationsschaltung

In allen drei Fällen wird somit die Beziehung (4.108) in die Hybridschleife implementiert. Welcher Weg gegangen wird, hängt vom simulierten Problem ab. In den Abb. 4.21 und 4.22 sind Kompensationsschaltungen für den Analogrechner gezeigt, wenn Integrierer in der Hybridschleife enthalten sind.

Für den dritten o. g. Weg ist z. B. am Ausgang des Digitalrechners der Term

$$\frac{\tau}{T_t}(y_n - y_{n-1}) \tag{4.111}$$

zu addieren, wobei die Ableitung der Ausgangsgröße $y(t)$ durch den rückwärtigen Differenzenquotienten angenähert wurde.

Den Fragen der Kompensation der Zeitverschiebungsfehler ist in der Literatur ein breiter Raum eingeräumt worden. Man vergleiche dazu [42], [41], [40], [138], [39]. Es gelingt bei erhöhtem Aufwand dabei eine gemeinsame Korrektur der durch Abtasten und Zeitverschiebung bedingten Fehler.

4.4.2. Simulationsfehler

Bisher haben wir die Fehler der einzelnen Komponenten einer Hybridschleife untersucht. Zur genauen Kenntnis der Fehlerursachen und ihre mögliche Vermeidung war diese Analyse von Bedeutung. Sie gab jedoch noch keine Aussage, wie die Einzelfehler sich zu einem Gesamtfehler eines Simulationslaufes überlagern. Das ist natürlich eine äußerst komplizierte Frage und hängt auch vom zu lösenden Problem ab. Ansätze zur Klärung dieser Frage sind mit Hilfe der Empfindlichkeitstheorie (s. Kap. 4.1.5.) machbar.

4.4.2.1. Fehlerberechnung durch Empfindlichkeitsanalyse

Wir gehen wieder vom GDGl-System

$$\left.\begin{aligned} \dot{\boldsymbol{x}}(t) &= \boldsymbol{f}(\boldsymbol{x}, t, \boldsymbol{q}), \qquad t \in [t_0, T], \\ \boldsymbol{x}(t_0) &= \boldsymbol{x}_0 \end{aligned}\right\} \tag{4.112}$$

aus, in dem $\boldsymbol{q}$ einen Parametervektor darstellt. Zur Lösung von Gl. (4.112) sei eine Hybridschleife erforderlich, etwa, um die nichtlinearen Funktionen auf dem Digitalrechner darzustellen oder bestimmte Gleichungen des GDGl-Systems rein digital zu simulieren. Die Bedeutung des Parametervektors wollen wir dahingehend erweitern, daß in ihm auch die verschiedenen Fehlerquellen der Hybridschleife, wie Tastfehler, Quantisierungsfehler oder Zeitverschiebungsfehler, eingehen sollen. Die Lösung von (4.112) $\boldsymbol{x}(t, \boldsymbol{q})$ hänge also von den Fehlerquellen in definierter Weise ab.

Der Einfluß aller Fehlerquellen auf die Lösung läßt sich dann in folgender Form ausdrücken

$$\boldsymbol{x}(t, \boldsymbol{q}_1) = \boldsymbol{x}(t, \boldsymbol{q}_0) + \boldsymbol{S}^{x}_{q_0}(t, \boldsymbol{q}_0)\, \Delta\boldsymbol{q}\,, \tag{4.113}$$

wobei $\boldsymbol{x}(t, \boldsymbol{q}_0)$ der ungestörte Lösungsvektor und $\boldsymbol{x}(t, \boldsymbol{q}_1)$ der durch Fehlerquellen gestörte Lösungsvektor sein sollen. $\Delta\boldsymbol{q}$ ist der Fehlervektor, $\boldsymbol{S}^{x}_{q_0}$ die Empfindlichkeitsmatrix der Lösungen $\boldsymbol{x}(t, \boldsymbol{q}_0)$ bezüglich aller Fehlerquellen. Die Gl. (4.113) drückt die additive Überlagerung aller Fehler $\Delta\boldsymbol{q}$ zur Lösung aus. Wir setzen dabei lineare Beziehungen in der Umgebung der ungestörten Lösung $\boldsymbol{x}(t, \boldsymbol{q}_0)$ voraus, was nur für kleine $\Delta\boldsymbol{q}$ zulässig ist.

Die Empfindlichkeitsmatrix $\boldsymbol{S}^{x}_{q_0}(t, \boldsymbol{q}_0)$ erhalten wir als Lösung der Empfindlichkeitsgleichung (s. Kap. 4.1.5.1.).

$$\left.\begin{aligned} \dot{\boldsymbol{S}}^{x}_{q_0}(t, \boldsymbol{q}_0) &= \boldsymbol{G}(\boldsymbol{x}, t, \boldsymbol{q}_0)\, \boldsymbol{S}^{x}_{q_0}(t, \boldsymbol{q}_0) + \boldsymbol{H}(\boldsymbol{x}, t, \boldsymbol{q}_0), \\ \boldsymbol{S}^{x}_{q_0}(t_0, \boldsymbol{q}_0) &= 0\,. \end{aligned}\right\} \tag{4.114}$$

Zusammenfassend betrachtet, sind etwa folgende Schritte zu gehen

① Alle Fehlerquellen, die von wesentlichem Einfluß auf die Zustandsvariablen sind, werden ausgewählt. Der Einfluß findet seinen Niederschlag in den Elementen der Matrix $\boldsymbol{H}(\boldsymbol{x}, t, \boldsymbol{q}_0)$.

② Die Empfindlichkeitsgleichung (4.114) wird gelöst.

③ Aus Gl. (4.113) ist entweder

a) bei vorgegebenem $\Delta \boldsymbol{q}$ die Differenz

$$\Delta \boldsymbol{x} = \boldsymbol{x}(t, \boldsymbol{q}_1) - \boldsymbol{x}(t, \boldsymbol{q}_0) \tag{4.115}$$

als Simulationsfehler zu berechnen oder

b) bei vorgegebenem Simulationsfehler $\Delta \boldsymbol{x}$ der zulässigen Fehler der Hybridschleife

$$\Delta \boldsymbol{q} = \mp [S_{q_0}^x(t, \boldsymbol{q}_0)]^{-1} \Delta \boldsymbol{x} . \tag{4.116}$$

Wir wollen eine Reihe von Problemen bei dieser Vorgehensweise nicht unerwähnt lassen. Es ist durchaus schwierig, die Abhängigkeit der rechten Seiten in Gl. (4.112) von den einzelnen Fehlerquellen, wie Tastfehler, Zeitverzögerungsfehler oder Glättungsfehler, in der Form $\boldsymbol{f}(\boldsymbol{x}, t, \boldsymbol{q}_0)$ auszudrücken. Noch komplizierter ist der Umstand, daß sowohl stetige als auch nichtstetige (getastete) Variable vorkommen, die Empfindlichkeit jedoch über eine Ableitungsoperation definiert ist. Obwohl schon einige Arbeiten diesbezüglich erschienen sind [10], [135], [148], scheinen auf diesem Gebiet noch eine Reihe von Problemen ungeklärt.

4.5. Hybridverfahren zur Lösung partieller Differentialgleichungen

Die Entwicklung vieler Prozesse der Natur in Raum und Zeit läßt sich mathematisch durch partielle Differentialgleichungen (PDGl) beschreiben. Dazu gehören z. B. Wärmeleitungs- und Diffusionsprozesse, Strömungsprozesse oder Schwingungs- und Wellenausbreitungsprozesse. Gegenüber den bisher betrachteten GDGl treten in den PDGl mehrere unabhängige Variable auf, die den drei Ortskoordinaten und der Zeitkoordinate entsprechen. Beschränken wir uns zunächst auf zwei unabhängige Variable x und t, so hat eine PDGl 1. Ordnung z. B. die Form

$$F(x, t, u, u_x, u_t) = 0 . \tag{4.117}$$

Lösung der Gl. (4.117) ist jede Funktion $u = u(x, t)$, die stetige partielle Ableitungen u_x, u_t nach x und t besitzt und (4.117) identisch erfüllt.

Hat Gl. (4.117) den Aufbau

$$a(x, t)\, u_x + b(x, t)\, u_t + c(x, t)\, u + d(x, t) = 0 , \tag{4.118}$$

so liegt eine *lineare* PDGl vor. Lassen wir bis auf die Terme mit den höchsten Ableitungen — hier also den ersten Ableitungen — nichtlineare Verknüpfungen zu, d. h.

$$a(x, t)\, u_x + b(x, t)\, u_t + c(x, t, u) = 0 , \tag{4.119}$$

so sprechen wir von *halblinearen* PDGl. Schließlich nennen wir eine PDGl *quasilinear*, falls

$$a(x, t, u)\, u_x + b(x, t, u)\, u_t + c(x, t, u) = 0 \tag{4.120}$$

ist. Alle anderen Fälle sind nichtlineare PDGl.

Begnügen wir uns mit den quasilinearen PDGl und zwei unabhängigen Veränderlichen, so läßt sich jede PDGl höherer Ordnung durch ein System von PDGl 1. Ordnung ausdrücken. Ein solches System n-ter Ordnung können wir dann wie folgt formulieren

$$\left.\begin{aligned} &\boldsymbol{A}(x,t,\boldsymbol{u})\,\boldsymbol{u}_x + \boldsymbol{B}(x,t,\boldsymbol{u}_x)\,\boldsymbol{u}_t + \boldsymbol{c}(x,t,\boldsymbol{u}) = \boldsymbol{0}\,,\\ &\boldsymbol{A} = [a_{ij}(x,t,\boldsymbol{u})]\,, \qquad \boldsymbol{B} = [b_{ij}(x,t,\boldsymbol{u})]\,,\\ &\boldsymbol{c} = [c_i(x,t,\boldsymbol{u})]\,, \qquad i,j = 1(1)\,n\,. \end{aligned}\right\} \tag{4.121}$$

Der Charakter des durch die PDGl beschriebenen Prozesses und auch die numerischen Lösungsverfahren sind durch eine Klasseneinteilung der PDGl ausgezeichnet. Wir nennen die PDGl (4.121) *hyperbolisch*, wenn in $x = x_0$, $t = t_0$ die Determinante det $(\boldsymbol{A} - \lambda\boldsymbol{B})$ genau n verschiedene reelle Wurzeln hat. Die PGDl heißt *parabolisch*, wenn genau k verschiedene reelle Wurzeln $0 < k < n$, vorliegen und *elliptisch*, wenn keine reellen Wurzeln auftreten.

Ebenso wie bei den GDGl sind auch bei den PDGl zusätzliche Bedingungen vorgebbar, die erst die Eindeutigkeit der Lösung sichern. Diese zusätzlichen Rand- und Anfangsbedingungen gehen aus den physikalischen Gegebenheiten auf dem Rand des betrachteten Gebietes und zu einem bestimmten Anfangszeitpunkt hervor. Die Notwendigkeit der Vorgabe solcher zusätzlicher Bedingungen folgt aus der Tatsache, daß die PDGl nur die Verknüpfung zwischen den Ableitungen der gesuchten Funktion ausdrückt und somit eine unbegrenzte Menge von Funktionen diese Gleichung erfüllt. Durch die zusätzlichen Bedingungen wird eine einzige Funktion ausgesondert, die die Gleichung und die Rand- bzw. Anfangsbedingungen erfüllt.

Die Möglichkeiten, eine geschlossene Lösung einer PDGl zu erlangen, sind gegenüber den bei den GDGl vorhandenen noch geringer. In der überwiegenden Mehrzahl der Fälle gelingt es, Näherungslösungen für PDGl zu finden, wozu in der Regel Rechner benutzt werden.

Da der Analogrechner unmittelbar nur GDGl zu lösen erlaubt, müssen wir eine PDGl oder ein PDGl-System auf GDGl-Systeme zurückführen. Da diese GDGl-Systeme dann, je nach Genauigkeitsansprüchen, sehr umfangreich sind, ist man schon bei relativ einfachen Problemen bald an den Grenzen des Rechenelementevorrates eines Analogrechners angelangt. Bei der Approximation der Lösung einer PDGl durch die Lösung eines GDGl-Systems wird die Lösung längs Linien erhalten. Wir sprechen daher auch von *Linienverfahren* in diesem Zusammenhang.

Die Ermittlung der Näherungslösung einer PDGl mit dem Digitalrechner muß sich durch elementare Grundoperationen darstellen lassen. Bei der Approximation der partiellen Ableitungen durch finite Differenzenquotienten wird die Lösung nur in diskreten Gitterpunkten angenähert. Es wird daher auch von *Gitterverfahren* gesprochen, häufiger im Gebrauch ist jedoch der Begriff *Differenzenverfahren.*

Bei einem impliziten Differenzenverfahren eines zeitabhängigen Problems z. B. ist in jedem Zeitschritt ein System von algebraischen Gleichungen zu lösen. Wenn die einzige betrachtete Raumkoordinate z. B. N Gitterpunkte enthält, so ist in jedem Zeitschritt eine Matrix (N, N) zu invertieren. Liegt sogar ein nichtlineares Problem vor, so muß in jedem Zeitschritt iteriert werden, d. h., die Matrixinversion muß mehrere Male wiederholt werden, bis eine Konvergenzbedingung erfüllt ist. Diese Operationen erfordern dann immense Rechenzeiten, vor allem, wenn zwei oder drei Raumkoordinaten berücksichtigt werden müssen. Selbst für die schnellsten Digitalrechner entstehen dann Rechenzeiten in der Größenordnung von Stunden.

Wird die Näherungslösung der PDGl mit dem hybriden Rechnersystem erzeugt, so lassen sich Verfahren anwenden, die die hohe Rechengeschwindigkeit des Analogrechners zur Lösung von GDGl mit der Fähigkeit des Digitalrechners, Funktionen zu speichern bzw. algebraische und logische Operationen auszuführen, kombinieren. Wir wollen solche Verfahren wie bisher Hybridverfahren nennen. Charakteristisch für die Hybridverfahren ist also die Rückführung einer PDGl bzw. eines PDGl-Systems auf ein GDGl-System.

Bleiben wir zunächst bei zwei unabhängigen Variablen, nämlich der Raumkoordinate x und der Zeitkoordinate t. Es besteht dann die Möglichkeit, entweder x oder t zu diskretisieren, d. h. auf den Linien $x = x_i(t)$, $x_i = i\,\Delta x$ oder $t = t_j(x)$, $t_j = j\,\Delta t$ die Lösung näherungsweise zu berechnen. Im ersten Fall approximieren wir die Ableitungen in x-Richtung durch finite Differenzen im zweiten Fall in t-Richtung.

4.5.1. Approximation der Ableitungen in x-Richtung durch finite Differenzen

Dieses Verfahren ist auch unter den Bezeichnungen „Diskreter Raum-kontinuierliche Zeit" (DRKZ) bzw. als Parallelverfahren bekannt. Der wesentliche Vorteil des DRKZ-Verfahrens auf einem hybriden Rechnersystem besteht in der Mehrfachausnutzung einer sogenannten *Analogzelle*. Eine Anlogzelle entsteht durch die Zerlegung des GDGl-Systems in Teilsysteme oder Blöcke, wie wir es schon in Kap. 4.1.4. kennengelernt haben.

4.5.1.1. DRKZ-Verfahren für PDGl 1. Ordnung

Vorgelegt sei die PDGl

$$a\frac{\partial u}{\partial x} + \frac{\partial u}{\partial t} = c(x, t, u)\,, \qquad a = \text{konstant}, \tag{4.122}$$

mit den Rand- bzw. Anfangsbedingungen

$$u(0, t) = u_r(t)\,,$$
$$u(x, 0) = u_a(x)\,.$$

Wir teilen nun das x-Intervall $[0, L]$ in n Teilintervalle mit den Endpunkten $x_i = i\,\Delta x$, $i = 0(1)\,n$, $\Delta x = L/n$ und ersetzen die Ableitung in x-Richtung durch den rückwärtigen Differenzenquoitenten in diesen Endpunkten.

Nach der Umordnung erhält das GDGl-System die Form

$$\frac{\mathrm{d}u_i(t)}{\mathrm{d}t} = -\frac{\mathrm{a}}{\Delta x}[u_i(t) - u_{i-1}(t)] + c(x_i, t, u_i) \tag{4.123}$$

mit $u_i(t) = u(x_i, t)$, $i = 1(1)\,n$.

Wir beachten, daß die Kopplung in diesem GDGl-System nur in einer Richtung erfolgt, d. h., mit $u_0(t) = u_r(t)$ beginnend sind alle weiteren $u_i(t)$ jeweils nur mit $u_{i-1}(t)$ verknüpft. Die Anfangsbedingungen für jede Gleichung sind durch die Anfangsbedingung der PDGl in den Punkten x_i gegeben

$$u_i(0) = u(x_i, 0) = u_a(x_i)\,. \tag{4.124}$$

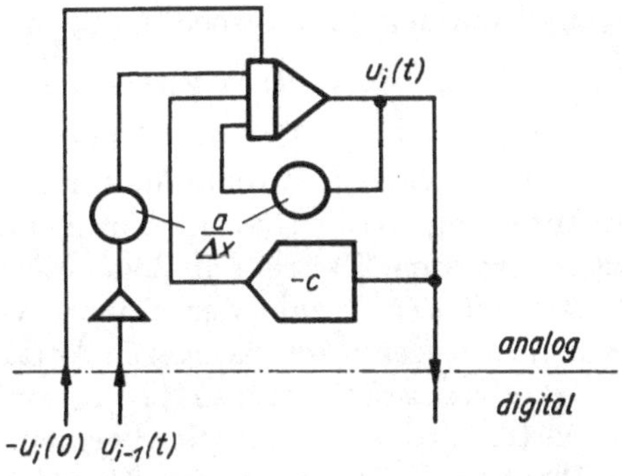

Abb. 4.23. Analogzelle zur Gl. (4.123)

Die Analogzelle ist nun im einfachsten Fall durch eine Gleichung aus (4.123) zu bilden. Ihre Implementierung am hybriden Rechnersystem ist in Abb. 4.23 wiedergegeben. Selbstverständlich lassen sich auch größere Zellen, sogenannte *Makroanalogzellen* bilden. Für die größte Makroanalogzelle, d. h. alle n Gleichungen simultan modelliert, liegt das klassische Analoglösungsverfahren vor.

Mit dem Digitalprogramm ist die Steuerung der Analogzelle durch das Lösungsgebiet zu bewerkstelligen. Dazu gehört in jedem Punkt i das Setzen der Anfangsbedingung $u_i(0)$ und das Rückspiel der Funktion $u_{i-1}(t)$ aus dem Digitalspeicher unter Anwendung einer Interpolation erster Ordnung. Die Funktion $u_i(t)$ wird während der analogen Lösung umgesetzt und somit an diskreten Zeitpunkten t_j gespeichert. Dieser Zyklus wird solange wiederholt, bis $i = n$ ist. Die Funktion $c(x_i, t, u_i)$ erfordert unter Umständen eine weitere Steuerung durch den Digitalrechner, möglicherweise einen Hybrid-Funktionsgeber. Gleiches gilt für $a(x_i, t, u_i)$ im Falle $a \neq$ konst.

4.5.1.2. DRKZ-Verfahren für PDGl 2. Ordnung

Wir betrachten hier die für viele Anwendungsfälle typische parabolisch PDGl

$$\frac{\partial u}{\partial t} = a \frac{\partial^2 u}{\partial x^2}, \qquad a = \text{konstant} . \tag{4.125}$$

Die Anfangsbedingung sei

$$u(x, 0) = u_a(x) , \tag{4.126}$$

die Randbedingungen lauten

$$u(0, t) = u_l(t) , \qquad u(L, t) = u_r(t) . \tag{4.127}$$

Die Unterteilung des Intervalls $[0, L]$ in n Teilintervalle und die Ersetzung der 2. Ableitung durch den zentralen Differenzenquotienten zweiter Ordnung

$$\left.\frac{\partial^2 u}{\partial x^2}\right|_{x=x_i} \approx \frac{u_{i+1}(t) - 2u_i(t) + u_{i-1}(t)}{(\Delta x)^2} \tag{4.128}$$

überführt die PDGl wieder in ein System von GDGl

$$\frac{\mathrm{d}u_i(t)}{\mathrm{d}t} = \frac{a}{(\Delta x)^2}\left[u_{i+1}(t) - 2u_i(t) + u_{i-1}(t)\right] , \qquad i = 1(1)\, n-1 , \tag{4.129}$$

mit $u_0(t) = u_l(t)$, $u_n(t) = u_r(t)$ und den Anfangsbedingungen

$$u_i(0) = u(x_i, 0) = u_a(x_i) \,. \tag{4.130}$$

Die Verkopplung im Gleichungssystem (4.129) ist nicht mehr so einfach wie bei den PDGl 1. Ordnung. Betrachten wir dazu die größte Makroanalogzelle in Abb. 4.24, die der rein analogen Implementierung entspricht. Die Normierung der Rechenschaltung ist dabei außer acht gelassen worden. Bei rein analoger Lösung wächst der Rechenelementebedarf proportional mit der Anzahl der Teilintervalle n. Sind nichtlineare Rechenelemente erforderlich, ist wegen ihrer geringeren Anzahl nur eine grobe Diskretisierung möglich. Wäre z. B. a von x abhängig, so ist $a(x_i)$ einfach durch ein Potentiometer realisierbar. Dieser vorteilhafte Umstand gilt allgemein für nur von x abhängige Koeffizientenfunktionen. Da wir die Lösungen $u_i(t)$ zeitkontinuierlich erhalten, können wir die PDGl als Teilsystem in einem umfangreicheren dynamischen System simulieren, eine Gegebenheit, die für die rein analoge Implementierung spricht.

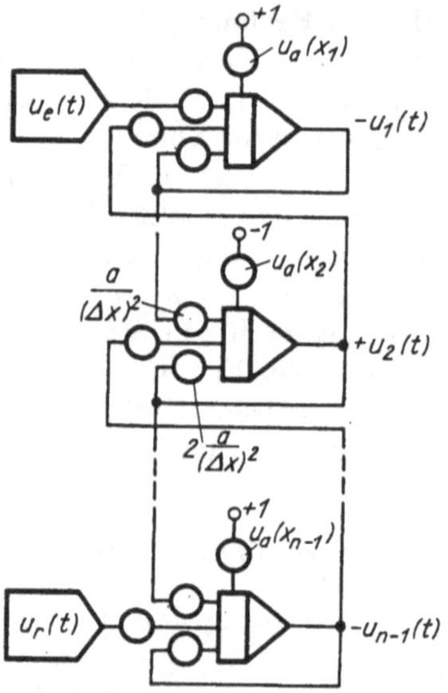

Abb. 4.24. Rechenschaltung für Gl. (4.129) bei rein analoger Lösung

Die Basis des Hybridverfahrens bildet nun wieder die Zerlegung des Gleichungssystems (4.129) in Teilsysteme, was am Analogrechner die Implementierung einer Makroanalogzelle oder einer einfachen Analogzelle zur Folge hat. Dadurch ist besonders bei Bedarf von nichtlinearen Rechenelementen eine feinere Diskretisierung und damit eine erhöhte Genauigkeit erreichbar. Eine Schwierigkeit entsteht jedoch in diesem Zusammenhang, wenn wir die Verkopplung in Gl. (4.129) bzw. in der Abb. 4.24 betrachten. Zur Berechnung von $u_i(t)$ ist nicht nur $u_{i-1}(t)$, sondern auch $u_{i+1}(t)$ erforderlich. Letzteres ist aber nicht bekannt, wenn wir die Zelle von 0 nach L durch das Lösungsgebiet „schieben". Diese sogenannten inneren Randbedingungen der Zelle müssen wir vorgeben, um dann in iterativer Weise das Durchschieben der Zelle so oft zu wiederholen, bis Konvergenz vorliegt. Das Verfahren haben wir in allgemeiner Form schon in Kap. 4.1.4. kennengelernt. Wie wir dort nachweisen konnten, konvergiert das Iterationsverfahren unter den angeführten Bedingungen gleichmäßig gegen die Lösung des GDGl-Systems.

In [89] ist nun eine einfache Betrachtung zur Konvergenzgeschwindigkeit in Abhängigkeit von der Anzahl der Teilintervalle n und der Größe der Makroanalogzelle gemacht worden. Wir betrachten dabei nur den stationären Zustand der Rechenelementeausgänge. Zunächst seien unsere n GDGl des Systems (4.129) in zwei Makroanalogzellen unterteilt. In Abb. 4.25 sind für $n = 5$ über der x-Koordinate die Abweichungen ε der stationären Zustände von den genauen Werten aufgetragen. Jede Makroanalogzelle besteht demnach aus zwei Zellen. Die erste Makroanalogzelle wird links ($x = 0$) mit $u_l(t)$ versorgt, wodurch der Fehler $\varepsilon = 0$ gesichert ist. Rechts wird die erste Makroanalogzelle mit dem Wert der zweiten Makroanalogzelle bei $x = x_3$ versorgt. Dieser Wert ist vor der Iteration zu wählen, er wird in der Regel eine Abweichung ε_0 vom genauen Wert besitzen. Die Abweichung des letzten Integrierers ε_0' in der ersten Makroanalogzelle läßt sich, wegen der linearen Abhängigkeit der Abweichungen von den Stützpunkten, berechnen in der Form

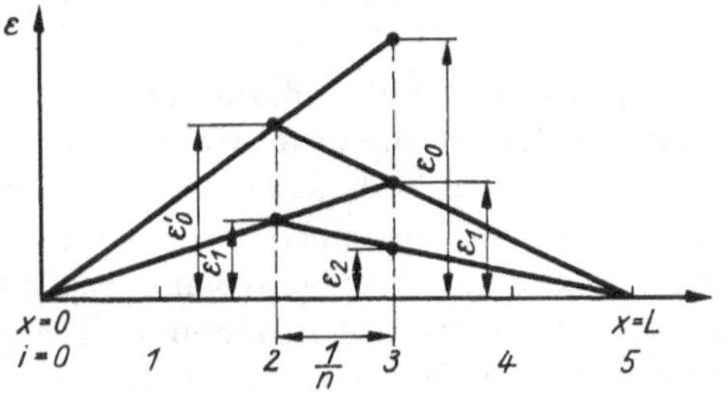

Abb. 4.25. Konvergenz im Falle von zwei Makroanalogzellen

$$\varepsilon_0' = \varepsilon_0 \frac{0,5 - 0,5 \cdot n}{0,5 + 0,5 \cdot n}. \tag{4.131}$$

Bei der Berechnung der zweiten Makroanalogzelle wird der gespeicherte Wert mit dem Fehler ε_0' als linke Randfunktion in die zweite Makroanalogzelle eingespeist, und als rechte Randfunktion dient $u_r(t)$. Die Abweichung bei $x = L$ ist demzufolge Null und der Fehler ε_1 bei $x = x_3$ berechnet sich zu

$$\varepsilon_1 = \varepsilon_0 \cdot \frac{0,5 - 0,5n}{0,5 + 0,5n} \cdot \frac{0,5 - 0,5n}{0,5 + 0,5n} = \varepsilon_0 \left(\frac{n - 1}{n + 1}\right)^2. \tag{4.132}$$

Nach einer Iteration hat sich der Fehler um den Faktor $[(n - 1)/(n + 1)]^2$ reduziert, was bei den folgenden Iterationen genau so sein wird, wie wir aus Abb. 4.25 erkennen können. Nach der k-ten Iteration wird der Fehler $[(n - 1)/(n + 1)]^{2k}$mal dem Anfangsfehler sein. Die Anzahl der Iterationen $k_{1\%}$ und $k_{0,1\%}$ für die der Faktor kleiner 1% bzw. 0,1% wird, sind in Tab. 4.2 angegeben. Eine ähnliche Berechnung ist im Fall von drei Makroanalogzellen möglich [89]. In Tab. 4.3 sind die erforderlichen Iterationen angegeben. In jedem Fall wird mit wachsendem n die Konvergenzgeschwindigkeit geringer und wie aus Tab. 4.2 und 4.3 entnommen werden kann, wächst die Anzahl

Tab. 4.2. Anzahl der Iterationen, um 1% bzw. 0,1% des Ausgangsfehlers ε_0 zu erzeugen (zwei Makrozellen)

n	5	10	15	20	25	30
$k_{1\%}$	6	12	18	23	29	35
$k_{0,1\%}$	9	18	26	35	44	52

Tab. 4.3. Anzahl der Iterationen, um 1% bzw. 0,1% des Ausgangsfehlers ε_0 zu erzeugen (drei Makrozellen)

n	5	10	15	20	25	30
$k_{1\%}$	9	17	24	32	40	47
$k_{0,1\%}$	13	25	36	48	59	71

der Iterationen ungefähr proportional zu n. Außerdem ist zu beachten, je mehr Makrozellen bei festem n benutzt werden, d. h., je weniger Rechenelemente in einer Zelle sind, desto höher ist die erforderliche Anzahl der Iterationen. Wir sollten daher immer bemüht sein, alle verfügbaren Rechenelemente des Analogrechners einzusetzen, um möglichst viele Einfachanalogzellen zu einer Makroanalogzelle zusammenzufassen.

Die Lösung der PDGl (4.125) interessiert in einem endlichen Zeitintervall $[0, T]$, d. h., auch das Lösungsintervall des GDGl-Systems (4.129) ist $[0, T]$. Bei der angeführten iterativen Verbesserung dieser Lösungen ist damit das gesamte Zeitintervall zu durchlaufen. Nun konnte in [142] gezeigt werden, daß es besser ist, die Iteration in Teilzeitintervallen zu betreiben, da bei $t = 0$ beginnend nur in einem Intervall $[0, \Delta T]$ eine Lösungsverbesserung zu beobachten ist. Nach erfolgreicher Konvergenz im Gebiet $0 \leqq x \leqq L$, $0 \leqq t \leqq \Delta T$ wird die iterative Verbesserung im nächsten Zeitintervall $[\Delta T, 2\Delta T]$ betrieben, wobei als Anfangsbedingungen die Endwerte des vorhergehenden Zeitintervalls benutzt werden. Das wird wiederholt, bis alle Teilzeitintervalle durchlaufen sind. Dadurch läßt sich Rechenzeit und auch Speicherplatz sparen

Für die Ausgangswerte der Iteration im ersten Teilzeitintervall empfiehlt es sich, die Extrapolation nullter Ordnung der Anfangswerte $u_a(x_i)$ zu nehmen. Für weitere Teilzeitintervalle können wir entweder wieder die Extrapolation nullter Ordnung der Endwerte des vorhergehenden Zeitintervalls nehmen, oder wir benutzen die Extrapolation erster Ordnung dieser Endwerte. Im letzteren Fall wird eine Konvergenzbeschleunigung zu erwarten sein. Für das Teilzeitintervall $t \in [k\,\Delta T, (k+1)\,\Delta T]$ lautete die Extrapolation erster Ordnung

$$u_i^{(0)}(t) = \overline{u}_i(k\,\Delta T) + \frac{\overline{u}_i(k\,\Delta T) - \overline{u}_i[(k-1)\,\Delta T]}{\Delta T}\,t\,, \quad i = 1(1)\,n-1\,, \quad (4.133)$$

$u_i^{(0)}(t)$ seien die Ausgangswerte — nullte Iteration, $\overline{u}_i$ seien die Lösungswerte nach Abbruch der Iteration an den entsprechenden Argumenten.

Die Implementierung des Verfahrens auf dem hybriden Rechnersystem verlangt die Simultanarbeit von Analog- und Digitalrechner. Zur Lösung des GDGl-Systems (4.129) sind die inneren Randfunktionen vom Digitalrechner in die Analogzelle zurückzuführen. Bei einer Einfachanalogzelle handelt es sich um die Funktionen $u_{i+1}(t)$ und $u_{i-1}(t)$. Hierbei ist unbedingt eine Fehlerkorrektur des Abtast- und Zeitverschiebungsfehlers erforderlich, wie wir uns durch Kap. 4.4.1. überzeugen können. Empfehlenswert ist eine Interpolation erster Ordnung (Kap. 4.4.1.4.). Bei einer Extrapolation nullter Ordnung ist durch einen Zeitvorlauf um eine halbe Tastperiode mindestens die Zeitverschiebung des Haltegliedes nullter Ordnung auszugleichen (Kap. 4.4.1.5.).

Zusammenfassend läßt sich das DRKZ-Verfahren für PDGl 2. Ordnung auf dem hybriden Rechnersystem etwa wie folgt formulieren:

① $k := 0.\ u_i(k\,\Delta T) := u_a(x_i),\ \bar{u}_i[(k-1)\,\Delta T] := \bar{u}_i(k\,\Delta T)$.

② Ausgangswerte der Iteration $u_i^{(0)}(t)$ gemäß Gl. (4.133) für $t \in [k\,\Delta T, (k+1)\,\Delta T]$ auf dem Digitalrechner abspeichern.

③ Iterative Lösung des GDGl-Systems (4.129) in $t \in [k\,\Delta T, (k+1)\,\Delta T]$ auf dem hybriden Rechnersystem, bis sich jeweils aufeinanderfolgende Lösungen um weniger als ε unterscheiden. Aufzeichnung oder Abspeicherung der Lösung.

④ Bei $t = T$ Abbruch, sonst $k := k + 1$ und Fortsetzung mit ②.

Ein weiteres Hybridverfahren für vor allem halblineare parabolische PDGl ist in [100] angegeben. Die Lösung wird bei diesem Verfahren auch in Teilzeitintervallen $[k\,\Delta T, (k+1)\,\Delta T]$ ermittelt. Die Werte $u_{i+1}(t)$, $u_i(t)$ und $u_{i-1}(t)$ in Gl. (4.129) sind dann zur Zeit $t = k\,\Delta T$ bekannt. $u_i(k\,\Delta T)$ dient als Anfangsbedingung. Die Funktionen $u_{i+1}(t)$, $u_i(t)$ und $u_{i-1}(t)$ auf der rechten Seite in Gl. (4.129) werden konstant gesetzt, nämlich $u_{i+1}(k\,\Delta T)$, $u_i(k\,\Delta T)$ und $u_{i-1}(k\,\Delta T)$ und Gl. (4.129) in dieser Form integriert. Auf diese Art und Weise sind keine Iterationsprozesse erforderlich. Die Möglichkeit zur Bildung von Makroanalogzellen bis zur Einfachanalogzelle ist gegeben, wodurch Rechenelemente eingespart werden können. Voraussetzung für die Konvergenz und Stabilität des Verfahrens ist eine hinreichend kleine Zeitschrittweite ΔT. Sie kann jedoch größer sein als im vergleichbaren expliziten Verfahren bei digitaler Lösung.

Beispiel: Eine photochemische Reaktion kann durch das folgende vereinfachte mathematische Modell beschrieben werden

$$\frac{\partial c_1}{\partial z} = \frac{d_1}{w}\left(\frac{\partial^2 c_1}{\partial r^2} + \frac{1}{r}\frac{\partial c_1}{\partial r}\right) + f_1(c_1, c_2, i)$$

$$\frac{\partial c_2}{\partial z} = \frac{d_2}{w}\left(\frac{\partial^2 c_2}{\partial r^2} + \frac{1}{r}\frac{\partial c_2}{\partial r}\right) + f_2(c_1, c_2, i)$$

Randbedingungen:

$$c_1(r, 0) = c_{10}; \qquad c_2(r, 0) = 0;$$

$$\frac{\partial c_1(r_0, z)}{\partial r} = \frac{\partial c_1(r_1, z)}{\partial r} = \frac{\partial c_2(r_0, z)}{\partial r} = \frac{\partial c_2(r_1, z)}{\partial r} = 0\,.$$

$$f_1 = -k_1 e_1 c_1^2(r, z)\, i(r) - 2k_2 c_1(r, z)\, c_2(r, z)$$

$$f_2 = k_1 e_1 c_1^2(r, z)\, i(r) - k_2 c_1(r, z)\, c_2(r, z)$$

$$\frac{\mathrm{d}i}{\mathrm{d}r} = -\frac{1}{r}\, i - e_1 c_1(r, z) \cdot i$$

$$i(r_0) = i_0$$

d_1, d_2, w, k_1, k_2, e_1, c_{10}, i_0 seien gegebene Konstanten. Die Lösung ist im Gebiet $z \in [0, L]$, $r \in [r_0, r_1]$ gesucht.

Durch Diskretisierung der r-Koordinate erhalten wir unter Anwendung unsymmetrischer Differenzenquotienten für die 1. partielle Ableitung

$$\frac{dc_{1,j}}{dz} = \frac{d_1}{w}\left(\frac{c_{1,j+1} - 2c_{1,j} + c_{1,j-1}}{(\Delta r)^2}\right) + \frac{d_1}{w}\left(\frac{1}{r_0 + j\,\Delta r} \cdot \frac{c_{1,j} - c_{1,j-1}}{\Delta r}\right) -$$
$$- k_1 e_1 c_{1,j}^2 \cdot i - 2k_2 c_{1,j} c_{2,j}$$

$$\frac{dc_{2,j}}{dz} = \frac{d_2}{w}\left(\frac{c_{2,j+1} - 2c_{2,j} + c_{2,j-1}}{(\Delta r)^2}\right) + \frac{d_2}{w}\left(\frac{1}{r_0 + j\,\Delta r} \frac{c_{2,j} - c_{2,j-1}}{\Delta r}\right) +$$
$$+ k_1 e_1 c_{1,j}^2 i - k_2 c_{1,j} c_{2,j}\,.$$

Nach Normierung mit $c_1/c_{1m} = C_1$, $c_2/c_{2m} = C_2$, $i/i_m = I$, $\tau = \lambda z$ und Umformung erhalten wir

$$\frac{dC_{1,j}}{d\tau} = \frac{d_1}{\lambda w(\Delta r)^2} C_{1,j+1} + \frac{d_1}{\lambda w}\left(\frac{1}{(\Delta r)^2} - \frac{1}{\Delta r(r_0 + j\,\Delta r)}\right) C_{1,j-1} +$$
$$+ \frac{d_1}{\lambda w}\left(\frac{1}{\Delta r(r_0 + j\,\Delta r)} - \frac{2}{(\Delta r)^2}\right) C_{1,j} - \frac{k_1 e_1 i_m c_{1m}}{\lambda w} I C_{1,j}^2 -$$
$$- \frac{2k_2 c_{2m}}{\lambda w} C_{1,j} \cdot C_{2,j}\,,$$

$$\frac{dC_{2,j}}{d\tau} = \frac{d_2}{\lambda w(\Delta r)^2} C_{2,j+1} + \frac{d_2}{\lambda w}\left(\frac{1}{(\Delta r)^2} - \frac{1}{\Delta r(r_0 + j\,\Delta r)}\right) C_{2,j-1} +$$
$$+ \frac{d_2}{\lambda w}\left(\frac{1}{\Delta r(r_0 + j\,\Delta r)} - \frac{2}{(\Delta r)^2}\right) C_{2,j} + \frac{k_1 e_1 c_{1m}^2 i_m}{\lambda w c_{2m}} I C_{1,j}^2 -$$
$$- \frac{k_2 c_{1m}}{\lambda w} C_{1,j} C_{2,j}\,.$$

Wir beachten, daß der Koeffizient vor $C_{1,j}$ bzw. $C_{2,j}$ auf jeder j-ten Linie neu berechnet und als Potentiometer neu eingestellt werden muß. Die Neueinstellung läßt sich umgehen, wenn wir symmetrische Differenzenquotienten zur Approximation der 1. partiellen Ableitung benutzen. Es gilt dann

$$\frac{dC_{1,j}}{d\tau} = \frac{d_1}{\lambda w}\left(\frac{1}{(\Delta r)^2} + \frac{1}{2\Delta r(r_0 + j\,\Delta r)}\right) C_{1,j+1} + \frac{d_1}{\lambda w}\left(\frac{1}{(\Delta r)^2} - \frac{1}{2\Delta r(r_0 + j\,\Delta r)}\right) C_{1,j-1} -$$
$$- \frac{2d_1}{\lambda w(\Delta r)^2} C_{1,j} - \frac{k_1 e_1 i_m c_{1m}}{\lambda w} I C_{1,j}^2 - \frac{2k_2 c_{2m}}{\lambda w} C_{1,j} C_{2,j}\,,$$

$$\frac{dC_{2,j}}{d\tau} = \frac{d_2}{\lambda w}\left(\frac{1}{(\Delta r)^2} + \frac{1}{2\Delta r(r_0 + j\,\Delta r)}\right) C_{2,j+1} + \frac{d_2}{\lambda w}\left(\frac{1}{(\Delta r)^2} - \frac{1}{2\Delta r(r_0 + j\,\Delta r)}\right) C_{2,j-1} -$$
$$- \frac{2d_2}{\lambda w(\Delta r)^2} C_{2,j} + \frac{k_1 e_1 c_{1m}^2 i_m}{\lambda w c_{2m}} I C_{1,j}^2 - \frac{k_2 c_{1m}}{\lambda w} C_{1,j} C_{2,j}\,.$$

Die GDGl erhält nach der Normierung mit $i/i_m = I$, $\vartheta = \varkappa r$ die Form

$$\frac{dI}{d\vartheta} = -\frac{1}{\vartheta} I - \frac{e_1 c_{1m}}{\varkappa} C_1\left(\frac{\vartheta_j}{\varkappa}, z_k\right) I\,.$$

Die Aufteilung des Lösungsgebietes ist in Abb. 4.26 gezeigt. Die iterative Verbesserung der Lösungen erfolgt nacheinander in Teilintervallen $[0, \Delta L]$, $[\Delta L, 2\Delta L]$, ... Jedes Teilintervall ist wiederum in Elementarintervalle unterteilt. In den Schnittpunkten dieser Intervallinien mit den z-Linien erfolgt die Abtastung bzw. das Rückspiel der Funktionswerte. Die zusätzlichen Speicherlinien dienen zur Realisierung der Randbedingungen (1. Ableitung).

Nachdem die Ausgangswerte der Iteration $C_{1,2}^{(0)}$ längs der z-Linien im 1. Teilintervall abgespeichert wurden, erfolgt die Berechnung von $I(\vartheta)$ auf dem Analogrechner längs der

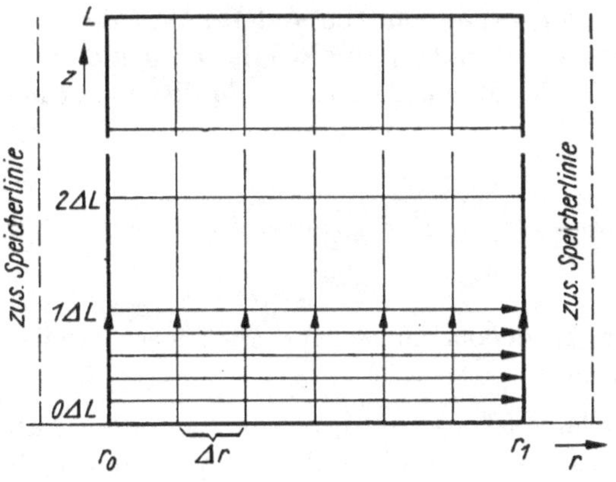

Abb. 4.26. Aufteilung des Lösungsgebietes

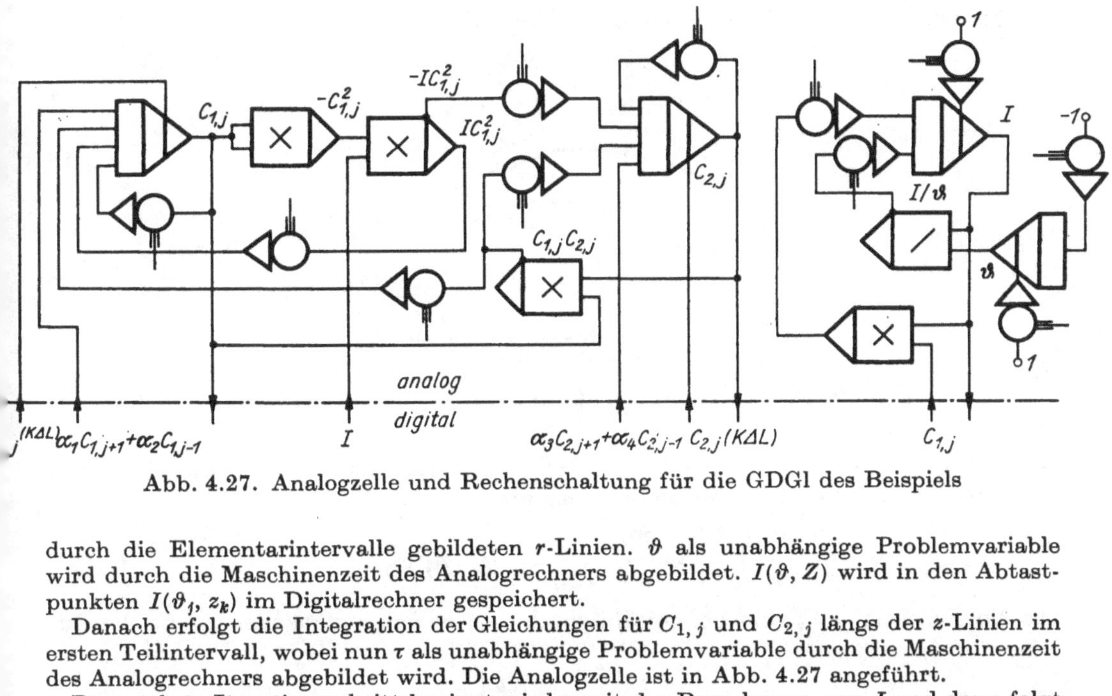

Abb. 4.27. Analogzelle und Rechenschaltung für die GDGl des Beispiels

durch die Elementarintervalle gebildeten r-Linien. ϑ als unabhängige Problemvariable wird durch die Maschinenzeit des Analogrechners abgebildet. $I(\vartheta, Z)$ wird in den Abtastpunkten $I(\vartheta_j, z_k)$ im Digitalrechner gespeichert.

Danach erfolgt die Integration der Gleichungen für $C_{1,j}$ und $C_{2,j}$ längs der z-Linien im ersten Teilintervall, wobei nun τ als unabhängige Problemvariable durch die Maschinenzeit des Analogrechners abgebildet wird. Die Analogzelle ist in Abb. 4.27 angeführt.

Der nächste Iterationsschritt beginnt wieder mit der Berechnung von I und dann folgt die Berechnung von $C_{1,j}$, $C_{2,j}$ bis sich aufeinanderfolgende Lösungen um weniger als ε unterscheiden. Darauf wird das nächste Teilintervall in der gleichen Weise behandelt usw. bis alle Teilintervalle berücksichtigt sind.

4.5.1.3. Steigerung der Approximationsgenauigkeit

Bei den bisher betrachteten PDGl erster und zweiter Ordnung haben wir die partiellen Ableitungen in x-Richtung durch die einfachsten finiten Differenzenquotienten approximiert. Die Herleitung dieser Differenzenquotienten aus TAYLOR-Reihenentwicklungen der Funktion $u(x, t)$ ist üblich. Ein anderer Weg der Herleitung besteht darin, die Lösung $u(x, t)$ um den Punkt x_i durch eine endliche Interpolationsfunktion zu approximieren [140]. Die Koeffizienten dieser Funktion werden dann durch die Forderung bestimmt, daß Funktion und Lösung in den Punkten x_i übereinstimmen müssen.

Die Ableitung

$$\left.\frac{\partial^n u}{\partial x^n}\right|_{x=x_i}$$

läßt sich durch einen Interpolationsansatz annähern (Abb. 4.28), indem folgende Schritte gegangen werden:

① Wähle eine Interpolationsfunktion $I_i(x, t)$ mit $2k + 1$ zeitabhängigen freien Parametern. Diese Parameter werden durch die Interpolationsforderung, daß $I_i(x, t)$ durch die $2k + 1$ Punkte $[x_{i+j}, u_{i+j}(t)]$, $j = -k(1)\,k$ geht, bestimmt.

② Berechne die n-te Ableitung von $I_i(x, t)$ nach x an der Stelle $x = x_i$ und setze sie näherungsweise gleich der gesuchten Ableitung

$$\left.\frac{\partial^n u}{\partial x^n}\right|_{x=x_i} \approx \left.\frac{\partial^n I_i}{\partial x^n}\right|_{x=x_i}. \tag{4.134}$$

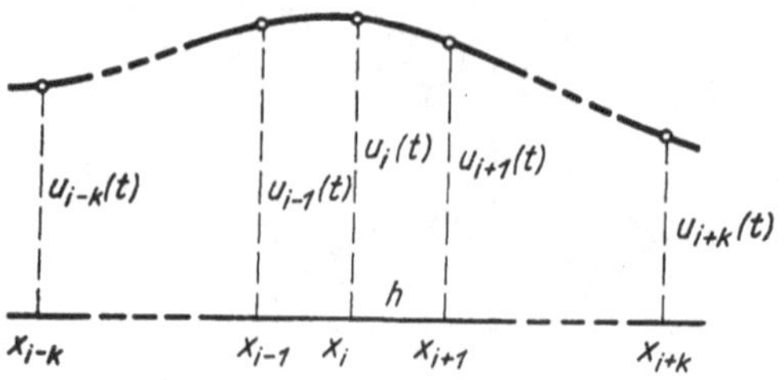

Abb. 4.28. Interpolationsansatz für $u(x, t)$ in $2k + 1$ Punkten symmetrisch zu x_i

Mit einem geeignet gewählten $I_i(x, t)$ erhalten wir dadurch einen linearen Ausdruck in $u_{i+j}(t)$, den wir folgendermaßen notieren wollen

$$\left.\frac{\partial^n u}{\partial x^n}\right|_{x=x_i} \approx \left.\frac{\partial^n I_i}{\partial x^n}\right|_{x=x_i} = \sum_{j=-k}^{k} A_{j,k}^{(n)} u_{i+j}(t)\,. \tag{4.135}$$

Die Koeffizienten $A_{j,k}^{(n)}$ sind bei gewähltem $I_i(x, t)$ nur einmal zu berechnen. Die Differenz

$$\left.\frac{\partial^n I_i}{\partial x^n}\right|_{x=x_i} - \left.\frac{\partial^n u}{\partial x^n}\right|_{x=x_i} \tag{4.136}$$

ist der Abbruchfehler der finiten Differenzenapproximation.

Am meisten wird als Interpolationsfunktion ein Polynom vom Grade $2k$ benutzt, das wir in der Form

$$I_i(x, t) = a_0(t) + a_1(t)\,(x - x_i) + a_2(t)\,(x - x_i)^2 + \ldots + a_{2k}(t)\,(x - x_i)^{2k} \tag{4.137}$$

verwenden wollen. Die Näherung für die n-te partielle Ableitung lautet dann

$$\left.\frac{\partial^n u}{\partial x^n}\right|_{x=x_i} \approx \left.\frac{\partial^n I_i}{\partial x^n}\right|_{x=x_i} = n!\,a_n\,. \tag{4.138}$$

Die Berechnung der freien Parameter a_n erfolgt nach ① durch das lineare inhomogene Gleichungssystem

$$\left.\begin{aligned} a_0 + a_1 \cdot (-kh) + a_2 \cdot (-kh)^2 + \dots + a_{2k} \cdot (-kh)^{2k} &= u_{i-k} \,, \\ a_0 + a_1 \cdot (-kh + h) + a_2 \cdot (-kh + h)^2 + \dots &= u_{i-k+1} \,, \\ &\vdots \\ a_0 + \dots &= u_i \,, \\ &\vdots \\ a_0 + a_1 \cdot (kh) + a_2 \cdot (kh)^2 + \dots + a_{2k} \cdot (kh)^{2k} &= u_{i+k} \,. \end{aligned}\right\} \quad (4.139)$$

Da es sich um ein lineares Gleichungssystem handelt, bestätigt sich die Behauptung, wie wir sie in Gl. (4.135) ausgedrückt haben, nämlich daß die $a_n(t)$ linear von den $u_{i+j}(t)$ abhängen.

Die Lösung von (4.139) für die Fälle $k = 1$, $n = 1$ und $n = 2$ führt auf die Koeffizienten bzw. bekannten Differenzenquotienten

$$\left.\begin{aligned} a_1 &= \frac{u_{i+1} - u_{i-1}}{2h} \quad \text{bzw.} \quad \left.\frac{\partial u}{\partial x}\right|_{x_i} \approx \frac{u_{i+1} - u_{i-1}}{2h} \,, \\ a_2 &= \frac{u_{i+1} - 2u_i + u_{i-1}}{2h^2} \quad \text{bzw.} \quad \left.\frac{\partial^2 u}{\partial x^2}\right|_{x_i} \approx \frac{u_{i+1} - 2u_i + u_{i-1}}{h^2} \,. \end{aligned}\right\} \quad (4.140)$$

In Tab. 4.4 sind weitere Koeffizienten für höhere Genauigkeitsordnungen angeführt.

Tab. 4.4. Koeffizienten in symmetrischen finiten Differenzenquotienten höherer Genauigkeitsordnung

n	k	$A_{-3,k}^{(n)}$	$A_{-2,k}^{(n)}$	$A_{-1,k}^{(n)}$	$A_{0,k}^{(n)}$	$A_{1,k}^{(n)}$	$A_{2,k}^{(n)}$	$A_{3,k}^{(n)}$
1	1			$\frac{-1}{2h}$		$\frac{1}{2h}$		
	2		$\frac{1}{12h}$	$\frac{-8}{12h}$		$\frac{8}{12h}$	$\frac{-1}{12h}$	
	3	$\frac{-1}{60h}$	$\frac{9}{60h}$	$\frac{-45}{60h}$		$\frac{45}{60h}$	$\frac{-9}{60h}$	$\frac{1}{60h}$
2	1			$\frac{1}{h^2}$	-2	$\frac{1}{h^2}$		
	2		$\frac{-1}{12h^2}$	$\frac{16}{12h^2}$	$\frac{-30}{12h^2}$	$\frac{16}{12h^2}$	$\frac{-1}{12h^2}$	
	3	$\frac{2}{180h^2}$	$\frac{-27}{180h^2}$	$\frac{270}{180h^2}$	$\frac{-490}{180h^2}$	$\frac{270}{180h^2}$	$\frac{-27}{180h^2}$	$\frac{2}{180h^2}$

Auch trigonometrische Interpolationsfunktionen können gewählt werden.

$$I_i(x, t) = a_0(t) + \sum_{m=1}^{k} [a_m(t) \cos \omega_m(x - x_i) + b_m(t) \sin \omega_m(x - x_i)] \,. \quad (4.141)$$

Die ω_m sind beliebig wählbar, die $2k + 1$ freien Parameter $a_0, a_1, \dots, a_k, b_1, \dots, b_k$ werden gemäß ① bestimmt. Es gilt

$$\left.\frac{\partial^n u}{\partial x^n}\right|_{x=x_i} \approx \left.\frac{\partial^n I_i}{\partial x^n}\right|_{x=x_i} = \begin{cases} (-1)^{\frac{n}{2}} \sum\limits_{m=1}^{k} \omega_m a_m & (n \text{ gerade})\,, \\ (-1)^{\frac{n-1}{2}} \sum\limits_{m=1}^{k} \omega_m b_m & (n \text{ ungerade})\,. \end{cases} \tag{4.142}$$

Die resultierenden Koeffizienten $A_{j,k}^{(n)}$ unterscheiden sich dann natürlich von denen der Polynominterpolation.

In [140] ist durch den Übergang zur Spektraldarstellung der Funktion $u(x, t)$ gezeigt, wie genau ein Differenzenoperator den entsprechenden Differentialoperator approximiert. Auch der Abbruchfehler läßt sich in der Spektraldarstellung ausdrükken. Wichtigstes Ergebnis ist, daß wir mit den Spektralkomponenten des Spektrums von $u(x, t)$ eine gewisse Grenzfrequenz ω_g nicht überschreiten dürfen, da sonst erhebliche Approximationsfehler gemacht werden. Die Grenzfrequenz beträgt $\omega_g = \pi/h$. Umgekehrt, ist eine höchste signifikante Frequenzkomponente bekannt, ist ein Anhaltspunkt für die zu wählende Schrittweite h gefunden, um möglichst hinreichend unter der Grenzfrequenz zu bleiben.

Das DRKZ-Verfahren läßt sich auch verallgemeinern, wie in [142] gezeigt wurde. Es ist damit ebenfalls eine Genauigkeitssteigerung gegenüber dem klassischen finiten Differenzenverfahren zu erreichen. Jedoch ist beim verallgemeinerten DRKZ-Verfahren die Wahl von geeigneten Koordinatenfunktionen erforderlich, die gewisse Kenntnisse über das Lösungsverhalten, genauer über die Eigenwerte, voraussetzen.

Eine weitere Möglichkeit der Genauigkeitssteigerung der Approximation ist in [93] angegeben. Hier wird zum GDGl-System (4.129) eine Korrekturfunktion $C_i(t)$ addiert, die den Approximationsfehler reduziert

$$\frac{\mathrm{d}u_i(t)}{\mathrm{d}t} = \frac{a}{(\Delta x)^2}\,[u_{i+1}(t) - 2u_i(t) + u_{i-1}(t)] + C_i(t)\,. \tag{4.143}$$

$C_i(t)$ wird im Digitalrechner berechnet und über den DAU in die Analogzelle eingespeist. Die Berechnungsgrundlage bildet eine FOURIER-Reihenapproximation. Eine nichtäquidistante Verteilung der Punkte x_i über der Raumkoordinate so, daß in Gebieten größerer Krümmung mehr Punkte liegen als in schwächer gekrümmten, unterstützt dabei die Genauigkeitssteigerung.

4.5.1.4. DRKZ-Verfahren für zweidimensionale PDGl parabolischen Typs

Wir wollen das Verfahren an der folgenden PDGl erläutern

$$\frac{\partial u}{\partial t} = a\left[\frac{\partial^2 u}{\partial x^2} + \frac{\partial^2 u}{\partial y^2}\right], \quad a = \text{konst.}\,, \tag{4.144}$$

die den Randbedingungen

$$\left.\begin{aligned} u(0, y, t) &= g_1(y, t)\,, \\ u(L_1, y, t) &= g_2(y, t)\,, \\ u(x, 0, t) &= g_3(x, t)\,, \\ u(x, L_2, t) &= g_4(x, t) \end{aligned}\right\} \tag{4.145}$$

und der Anfangsbedingung

$$u(x, y, 0) = g_5(x, y) \tag{4.146}$$

genügt. Die Lösung $u(x, y, t)$ ist somit in einem quaderförmigen Gebiet $x \in [0, L_1]$, $y \in [0, L_2]$ und $t \in [0, T]$ gesucht. Die Raumvariablen x und y diskretisieren wir in der Form $x_i = i\,\Delta x$, $i = 0(1)\,n$, $\Delta x = L_1/n$ und $y_j = j\,\Delta y$, $j = 0(1)\,m$, $\Delta y = L_2/m$, die Zeitvariable bleibt kontinuierlich erhalten. Die räumlichen Ableitungen in Gl. (4.144) werden durch Differenzenquotienten zweiter Ordnung approximiert, was zu folgendem GDGl-System führt

$$\frac{du_{ij}(t)}{dt} = -2a\left[\frac{1}{(\Delta x)^2} + \frac{1}{(\Delta y)^2}\right] u_{ij}(t) + \frac{a}{(\Delta x)^2}[u_{i+1,j}(t) + u_{i-1,j}(t)] + \\ + \frac{a}{(\Delta y)^2}[u_{i,j+1}(t) + u_{i,j-1}(t)], \quad i = 1(1)\,n-1;\ j = 1(1)\,m-1\,. \tag{4.147}$$

Die Funktionen $u_{0j}(t)$, $u_{nj}(t)$, $u_{i0}(t)$ und $u_{in}(t)$ sind durch die entsprechende Randfunktion zu ersetzen. Als Anfangsbedingungen von Gl. (4.147) dienen

$$u_{ij}(0) = u(x_i, y_j, 0) = g_5(x_i, y_j)\,. \tag{4.148}$$

Das GDGl-System (4.147) verlangt die simultane Lösung von $(n-1) \times (m-1)$ Gleichungen, was nur mit einem sehr großen Analogrechner für einfache Problemstellungen noch möglich ist.

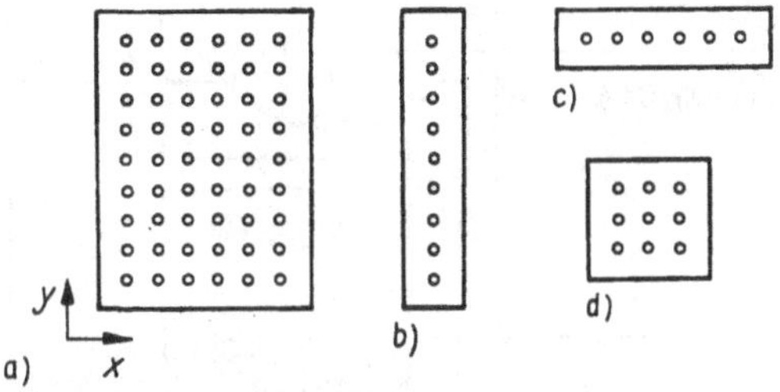

Abb. 4.29. Aufteilung des Lösungsgebietes a) ($n = 7$, $m = 10$) in Makroanalogzellen in Linienform b) und c) bzw. in Blockform d)

Als Hybridverfahren bietet sich wieder die Bildung von Analogzellen an, die zeitgeschachtelt durch das Lösungsgebiet geschoben werden. Wegen der zunächst geschätzten inneren Randfunktionen für jede Analogzelle ist ebenfalls ein Iterationsprozeß nötig. Die Bildungsmöglichkeiten von Analogzellen sind sehr vielgestaltig. Abb. 4.29 zeigt in schematischer Darstellung für $n = 7$, $m = 10$ einige Makroanalogzellen in Linienform und in Blockform. Bei der Linienform wird ein Index in Gl. (4.147) konstant gesetzt und die Linie mit wachsendem anderen Index durch das Lösungsgebiet geschoben, bis nach wiederholtem Durchlauf Konvergenz für alle Lösungsfunktionen vorliegt. Für den Durchschub einer Makroanalogzelle in Blockform gibt es verschiedene Möglichkeiten. Obwohl in Abb. 4.29 für die Makroanalogzellen nach b) und d) annähernd der gleiche Rechenelementeaufwand erforderlich ist (vgl. Abb. 4.30 und 4.31) und die Anzahl der Simulationsläufe innerhalb eines Iterationsschrittes gleich ist, ist die Konvergenz in der Blockform schneller wie [57] experimentell zeigen konnte.

Es empfiehlt sich wiederum wie in Kap. 4.5.1.2. das Zeitintervall $[0, T]$ in Teilzeitintervalle zu zerlegen, die nacheinander zu durchlaufen sind. Dadurch ist wegen der experimentell nachweisbaren höheren Konvergenzgeschwindigkeit einerseits Rechenzeit und wegen der kürzeren Zeiten ΔT andererseits Speicherplatz einzusparen.

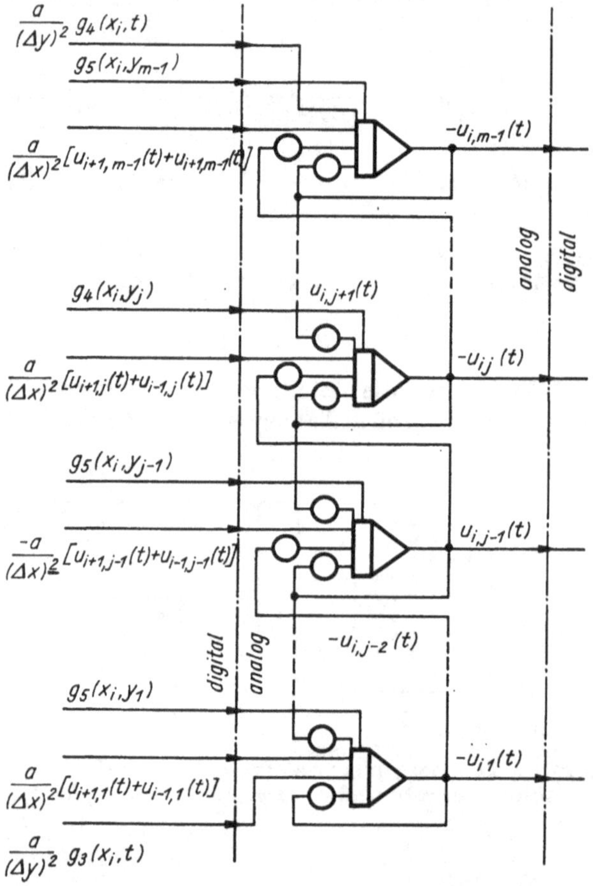

Abb. 4.30. Makroanalogzelle in Linienform

In Anlehnung an das Verfahren der alternierenden Richtungen bei rein digitaler Lösung einer PDGl [98] können wir mit Makroanalogzellen in Linienform folgendes weitere Hybridverfahren benutzen. Für ein Teilzeitintervall $[(k-1)\,\Delta T, k\,\Delta T]$ wird die eine Ortsableitung — z. B. $\partial^2 u/\partial x^2$ — durch eine implizite Differenzenapproximation ersetzt, während die andere Ortsableitung durch eine explizite Differenzenapproximation ausgedrückt wird. Für das nächste Teilzeitintervall wird umgekehrt verfahren, d. h., nach jeweils zwei Teilzeitschritten ist das gesamte Lösungsgebiet in beiden Richtungen durch eine implizite Approximation behandelt. Für zwei Teilzeit-

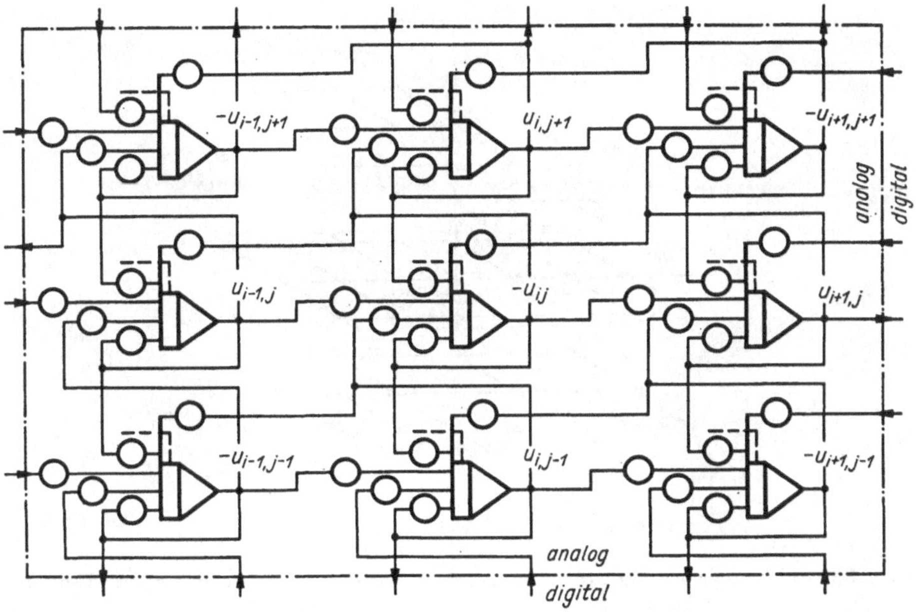

Abb. 4.31. Makroanalogzelle in Blockform

schritte entstehen dabei aus Gl. (4.144) folgende GDGl-Systeme

$$\left.\begin{aligned}\frac{du_{i,j,k}}{dt} &= \frac{a}{(\Delta x)^2}\left[u_{i-1,j,k}(t) - 2u_{i,j,k}(t) + u_{i+1,j,k}(t)\right] + \\ &\quad + \frac{a}{(\Delta y)^2}\left[u_{i,j-1,k-1}(t) - 2u_{i,j,k-1}(t) + u_{i,j+1,k-1}(t)\right], \\ i &= 1(1)\,n-1;\; j = 1(1)\,m-1;\; t \in [(k-1)\,\Delta T, k\,\Delta T],\end{aligned}\right\} \quad (4.149)$$

$$\left.\begin{aligned}\frac{du_{i,j,k+1}}{dt} &= \frac{a}{(\Delta x)^2}\left[u_{i-1,j,k}(t) - 2u_{i,j,k}(t) + u_{i+1,j,k}(t)\right] + \\ &\quad + \frac{a}{(\Delta y)^2}\left[u_{i,j-1,k+1}(t) - 2u_{i,j,k+1}(t) + u_{i,j+1,k+1}(t)\right], \\ i &= 1(1)\,n-1;\; j = 1(1)\,m-1;\; t \in [k\,\Delta T, (k+1)\,\Delta T].\end{aligned}\right\} \quad (4.150)$$

In Gl. (4.149) ist der erste Klammerausdruck die implizite Approximation der Ableitung $\partial^2 u/\partial x^2$, der zweite Klammerausdruck die explizite Approximation der Ableitung $\partial^2 u/\partial y^2$. Da alle Werte mit dem Index $k - 1$ aus dem vorhergehenden Zeitschritt bekannt sind, stellt (4.149) ein GDGl-System von $(n - 1)$ simultan zu lösenden Gleichungen dar. Sie werden als Makroanalogzelle in Linienform parallel zur x-Achse am Analogrechner implementiert. Entsprechend ist mit Gl. (4.150) vorzugehen. Hier sind es $(m - 1)$ Gleichungen, die als Makroanalogzelle parallel zur y-Achse zu implementieren sind. Die Abb. 4.32 veranschaulicht die Vorgehensweise.

Die Implementierung am hybriden Rechnersystem sieht selbstverständlich die Integration der GDGl-Systeme (4.149) und (4.150) auf dem Analogrechner vor. Die

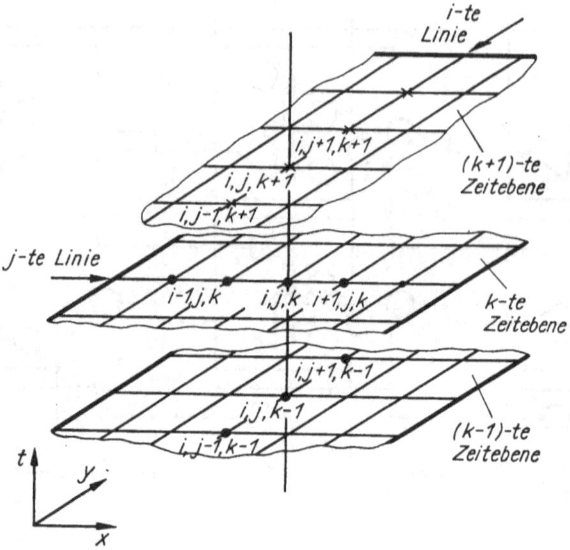

Abb. 4.32. Schematische Darstellung des Verfahrens der alternierenden Richtungen

Lösungen werden auf dem Digitalrechner zwischengespeichert. Die Steuerung der Analogzellenbewegung durch das Gebiet wird ebenfalls durch den Digitalrechner übernommen. Durch geeignete Substitution kann eine einfache Eingabe der Anfangsbedingungen für die Integrierer in jeder Zeitebene erreicht werden [17]. Außerdem ist dadurch eine Genauigkeitssteigerung der Analogrechnerlösung gegeben. Eine weitere Arbeit zum Hybridverfahren der alternierenden Richtungen ist unter [16] angeführt.

4.5.2. Approximation der Ableitung in t-Richtung durch finite Differenzen

Die bisher besprochenen DRKZ-Verfahren benötigen beim Aufbau von Makroanalogzellen viele Rechenelemente oder sind bei Benutzung von Einfachanalogzellen wegen der damit verbundenen größeren Anzahl von Iterationen relativ langsam. Wird die t-Achse diskretisiert, so sprechen wir vom Verfahren „Kontinuierlicher Raum — Diskrete Zeit" (KRDZ) oder auch vom Seriellverfahren. Letztere Bezeichnung erfährt ihren Sinn durch das zeitliche Nacheinander der Lösungslinien. Auch bei den KRDZ-Verfahren ergibt sich der Aufbau von Analogzellen, die sich aber bei Anwendung auf einem hybriden Rechnersystem immer als Einfachanalogzellen erweisen.

4.5.2.1. KRDZ-Verfahren für PDGl 1. Ordnung

Wir betrachten die PDGl

$$a\frac{\partial u}{\partial x} + \frac{\partial u}{\partial t} = c(x, t, u)\,, \quad x \in [0, L],\ 0 \leqq t \tag{4.151}$$

mit den gegebenen Rand- bzw. Anfangsbedingungen

$$\left.\begin{aligned} u(0, t) &= u_r(t) , \\ u(x, 0) &= u_a(x) . \end{aligned}\right\} \tag{4.152}$$

u kann im allgemeinen Fall ein mehrdimensionaler Vektor sein, der Koeffizient a kann eine Funktion $a = a(x, t, u)$ sein. Die Gl. (4.151) ist typisch für die Beschreibung von Transportprozessen, wie z. B. in Wärmeaustauschern und Rohrreaktoren der chemischen Verfahrenstechnik. Wir wollen unsere Betrachtungen auf ein eindimensionales u und $a = \text{const.}$ richten.

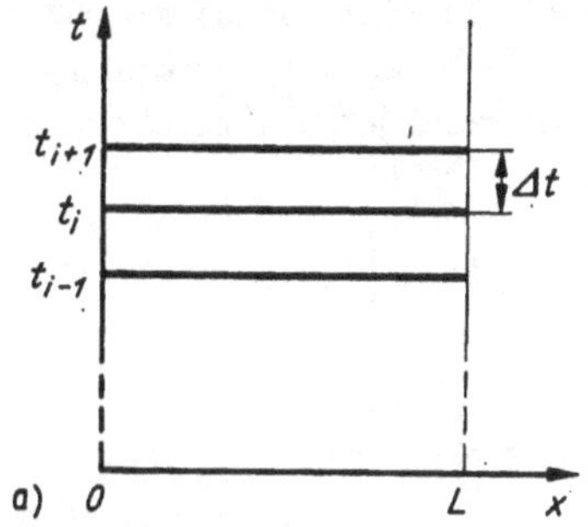

Abb. 4.33 a. KRDZ-Linien im (x, t)-Gebiet

Wir diskretisieren nun die t-Achse, $t_i = i\, \Delta t$, $i = 0, 1, 2, \ldots$, und ersetzen die Ableitung in t-Richtung durch den rückwärtigen Differenzenquotienten (Abb. 4.33a). Außerdem bilden wir ein gewogenes Mittel der restlichen Terme in Gl. (4.151) auf zwei KRDZ-Linien

$$\frac{u_{i+1} - u_i}{t} = (1 - \Theta)\left[-a\,\frac{\mathrm{d}u_{i+1}}{\mathrm{d}x} + c(x, t_{i+1}, u_{i+1})\right] + \\ + \Theta\left[-a\,\frac{\mathrm{d}u_i}{\mathrm{d}x} + c(x, t_i, u_i)\right], \qquad i = 0(1) \ldots, \quad 0 < \Theta < 1 . \tag{4.153}$$

Nach Umordnung erhält das GDGl-System die Form

$$\frac{\mathrm{d}u_{i+1}}{\mathrm{d}x} + \frac{1}{a(1 - \Theta)}\left[\frac{u_{i+1}}{\Delta t} - (1 - \Theta)\, c(x, t_{i+1}, u_{i+1})\right] = \\ = \frac{u_i}{a(1 - \Theta)\,\Delta t} - \frac{\Theta}{a(1 - \Theta)}\left[a\,\frac{\mathrm{d}u_i}{\mathrm{d}x} - c(x, t_i, u_i)\right]. \tag{4.154}$$

Mit der Substitution

$$S_i = u_i - \Theta\, \Delta t\left[a\,\frac{\mathrm{d}u_i}{\mathrm{d}x} - c(x, t_i, u_i)\right] \tag{4.155}$$

läßt sich Gl. (4.154) folgendermaßen notieren

$$\frac{\mathrm{d}u_{i+1}}{\mathrm{d}x} + \frac{1}{a(1 - \Theta)}\left[\frac{u_{i+1}}{\Delta t} - (1 - \Theta)\, c(x, t_{i+1}, u_{i+1})\right] = \frac{S_i}{a(1 - \Theta)\,\Delta t} . \tag{4.156}$$

Aus Gl. (4.151) folgt

$$\left.\frac{\partial u}{\partial t}\right|_{t=t_i} = \left[-a\frac{\partial u}{\partial x} + c(x, t, u)\right]_{t=t_i}, \tag{4.157}$$

d. h., S_i in Gl. (4.155) ist eine Näheıungsfunktion für $u(x, t)$ zur Zeit $t = t_i + \Theta\,\Delta t = t_{i+\Theta}$, wie man sich anhand von Gl. (4.155) in der Form

$$\frac{S_i - u_i}{\Theta\,\Delta t} = -a\frac{\mathrm{d}u_i}{\mathrm{d}x} + c(x, t_i, u_i) \tag{4.158}$$

überzeugen kann.

Ausgangspunkt für ein Hybridverfahren ist die Gl. (4.156), wonach eine Lösung auf der $(i + 1)$-ten KRDZ-Linie berechnet werden kann, wenn es gelingt, $S_i(x)$ zu berechnen und zu speichern während jedes Zeitschrittes.

Aus Gl. (4.155) ergibt sich

$$S_{i+1} = u_{i+1} - \Theta\,\Delta t\left[a\frac{\mathrm{d}u_{i+1}}{\mathrm{d}x} - c(x, t_{i+1}, u_{i+1})\right], \tag{4.159}$$

woraus mit Gl. (4.156)

$$S_{i+1} = u_{i+1} + \frac{\Theta}{1-\Theta}(u_{i+1} - S_i) \tag{4.160}$$

oder

$$S_{i+1} = S_i + \frac{1}{1-\Theta}(u_{i+1} - S_i) \tag{4.161}$$

folgt. Gl. (4.161) zeigt, daß es möglich ist, zur Zeit $t = t_{i+1}$, also auf der sogenannten Integrationslinie, simultan mit der Lösung $u_{i+1}(x)$ die Funktion $S_{i+1}(x)$ zu berechnen und zu speichern. Die gespeicherte Funktion $S_{i+1}(x)$ dient dann zur Integration von Gl. (4.156) auf der $(i + 2)$-ten Integrationslinie usw. Abb. 4.33 b zeigt die Aufeinanderfolge von Integrations- und Speicherlinien im (x, t)-Gebiet. Die Integration läuft von $x = 0$ bis $x = L$, die Anfangsbedingungen für Gl. (4.156) sind die Werte $u_r(t_{i+1})$.

Die Startfunktion $S_0(x)$ können wir uns an der Stelle $t = \Theta\,\Delta t$ aus der GDGl

$$\frac{S_0(x) - u_a(x)}{\Theta\,\Delta t} = -a\frac{\mathrm{d}S_0}{\mathrm{d}x} + c(x, \Theta\,\Delta t, S_0) \tag{4.162}$$

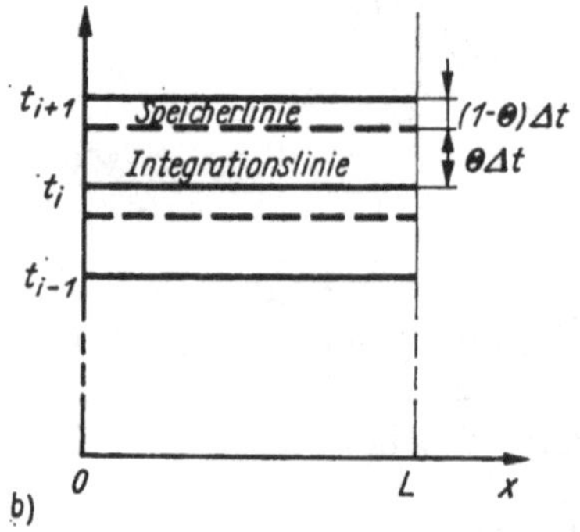

Abb. 4.33 b. Integrations- und Speicherlinien im (x, t)-Gebiet

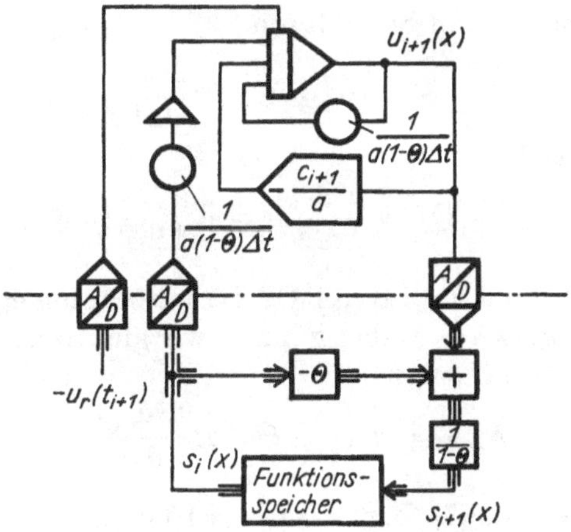

Abb. 4.34. Analogzelle und die Funktionsspeicherung als Blockschaltbild für Gl. (4.156)

ermitteln, wobei als Anfangsbedingung $S_0(0) = u_r(\Theta\,\Delta t)$ gilt. Die Analogzelle sowie die Funktionsspeicherung in symbolischer Weise sind in Abb. 4.34 angegeben. Beim Rückspiel der Funktionen $S_i(x)$ in die Analogzelle ist natürlich eine Interpolation erster Ordnung angebracht. Die Analogzelle ist auch zur Berechnung der Startfunktion $S_0(x)$ geeignet, es muß nur Θ durch $(1 - \Theta)$ ersetzt werden und $S_0(x)$ direkt in den Funktionsspeicher geleitet werden, in dem zu Beginn $u_a(x)$ abgespeichert wurde.

4.5.2.2. KRDZ-Verfahren für PDGl 2. Ordnung

Bei der Anwendung des KRDZ-Verfahrens für PDGl 2. Ordnung treten Probleme auf, die bei PDGl 1. Ordnung nicht zu beobachten waren. Die gleiche Feststellung konnten wir ja auch bei den entsprechenden DRKZ-Verfahren machen. Wir betrachten wieder die einfachste Gleichung, nämlich die FOURIERsche Gleichung

$$\frac{\partial u}{\partial t} = a\frac{\partial^2 u}{\partial x^2}, \quad a = \text{konst., positiv, } x \in [0, L]\,. \tag{4.163}$$

Die Anfangs- bzw. Randbedingungen lauten

$$u(x, 0) = u_a(x); \qquad u(0, t) = u_l(t)\,, \qquad u(L, t) = u_r(t)\,.$$

Analog dem Vorgehen bei PDGl 1. Ordnung diskretisieren wir die Zeitachse und integrieren das resultierende GDGl-System kontinuierlich in x-Richtung. Bezeichnen wir durch $u_i(x) = u(x, t_i)$, $t_i = i\,\Delta t$, dann ergibt sich aus Gl. (4.163)

$$\frac{u_{i+1} - u_i}{\Delta t} = a\left[(1-\Theta)\frac{\mathrm{d}^2 u_{i+1}}{\mathrm{d}x^2} + \Theta\frac{\mathrm{d}^2 u_i}{\mathrm{d}x^2}\right], \quad i = 0(1)\ldots, \quad 0 < \Theta < 1\,, \tag{4.164}$$

oder

$$a(1-\Theta)\,\Delta t\frac{\mathrm{d}^2 u_{i+1}}{\mathrm{d}x^2} - u_{i+1} = -\left[u_i + \Theta a\,\Delta t\frac{\mathrm{d}^2 u_i}{\mathrm{d}x^2}\right]. \tag{4.165}$$

Mit der Substitution der rechten Seite durch

$$S_i = u_i + \Theta a \, \Delta t \frac{d^2 u_i}{dx^2} \tag{4.166}$$

erhalten wir aus Gl. (4.165)

$$a(1 - \Theta) \, \Delta t \frac{d^2 u_{i+1}}{dx^2} - u_{i+1} = -S_i \,. \tag{4.167}$$

In S_i ist die Information über die i-te KRDZ-Linie zusammengefaßt, wie sie zur Integration von u_{i+1} benötigt wird. Dabei können wir gleichzeitig S_{i+1} abspeichern zur folgenden Integration von u_{i+2} usw.

$$S_{i+1} = u_{i+1} + \Theta a \, \Delta t \frac{d^2 u_{i+1}}{dx^2} \,. \tag{4.168}$$

Unter Beachtung von Gl. (4.167) folgt aus Gl. (4.168)

$$S_{i+1} = u_{i+1} + \frac{\Theta}{1 - \Theta} (u_{i+1} - S_i) \tag{4.169}$$

oder

$$S_{i+1} = S_i + \frac{1}{1 - \Theta} (u_{i+1} - S_i) \,. \tag{4.170}$$

Da

$$\left. \frac{\partial u}{\partial t} \right|_{t=t_i} = a \frac{d^2 u_i}{dx^2} \tag{4.171}$$

ist, zeigt Gl. (4.166) in umgeschriebener Form

$$\frac{S_i - u_i}{\Theta \, \Delta t} = a \frac{d^2 u_i}{dx^2} \,, \tag{4.172}$$

daß S_i der Näherungswert für $u(x, t)$ zur Zeit $t = t_i + \Theta \, \Delta t = t_{i+\Theta}$ ist. Wir haben, wie in Abb. 4.33 b angeführt, Integrations- und Speicherlinien zu unterscheiden.

Eine Startrechnung ist nach der GDGl

$$\left. \begin{aligned} \frac{d^2 S_0}{dx^2} &= \frac{1}{\Theta a \, \Delta t} [S_0(x) - u_a(x)] \,, \\ S_0(0) = u_l(\Theta \, \Delta t) \,, &\qquad S_0(L) = u_r(\Theta \, \Delta t) \end{aligned} \right\} \tag{4.173}$$

ausführbar.

Die Grundlage des Hybridverfahrens bildet die Gl. (4.167), die wir in der Form

$$\frac{d^2 u_{i+1}}{dx^2} - \frac{u_{i+1}}{a(1 - \Theta) \, \Delta t} = - \frac{S_i}{a(1 - \Theta) \, \Delta t} \,, \quad i = 0(1) \ldots \tag{4.174}$$

schreiben wollen. Die Randbedingungen der PDGl (4.163) sind auch die Randbedingungen für Gl. (4.174)

$$\left. \begin{aligned} u_{i+1}(0) &= u_l(t_{i+1}) \,, \\ u_{i+1}(L) &= u_r(t_{i+1}) \,. \end{aligned} \right\} \tag{4.175}$$

Wir haben ein typisches Randwertproblem einer GDGl vorliegen, das prinzipiell mit den in Kap. 4.2. angeführten Verfahren zu lösen wäre.

Die Gl. (4.174) bereitet jedoch Lösungsschwierigkeiten, da sie ein instabiles Lösungsverhalten besitzt, instabil insofern, weil kleine Änderungen der Ausgangsgrößen — Anfangs- oder Randbedingungen bzw. Parameter — große Änderungen in der Lösung hervorrufen. Die Gleichung ist also besonders empfindlich gegen solche Änderungen. Betrachten wir deshalb die homogene Gleichung

$$u''_{i+1} - u_{i+1} = 0\,, \qquad u_{i+1}(0) = 1\,, \qquad u'_{i+1}(0) = -1\,,$$

als Anfangswertproblem, so hat es die Lösung $u_{i+1}(x) = \mathrm{e}^{-x}$. Wird jedoch $u'_{i+1}(0)$ leicht gestört, z. B. $u'_{i+1}(0) = -1 + \varepsilon$ bzw. $u'_{i+1}(0) = -1 - \varepsilon$ $(\varepsilon > 0)$, so erhalten wir die Lösungen $u_{i+1,\,\varepsilon}(x) = (1 - \varepsilon/2)\,\mathrm{e}^{-x} + (\varepsilon/2)\,\mathrm{e}^{x}$ bzw. $u_{i+1,\,-\varepsilon}(x) = (1 + \varepsilon/2)\,\mathrm{e}^{-x} - (\varepsilon/2)\,\mathrm{e}^{x}$. Die letzteren Lösungen unterscheiden sich jedoch wesentlich von $u_{i+1}(x)$, da $\lim\limits_{x\to\infty} u_{i+1}(x) = 0$, aber $\lim\limits_{x\to\infty} u_{i+1,\,\varepsilon}(x) = +\infty$ und $\lim\limits_{x\to\infty} u_{i+1,\,-\varepsilon}(x) = -\infty$ gilt. In diesem Sinne ist das Problem instabil. Auch eine Umkehr der Integrationsrichtung, $x \in (L \to 0)$ beseitigt die Instabilität nicht, wie wir uns anhand von $u_{i+1,\,\varepsilon}(x)$ und $u_{i+1,\,-\varepsilon}(x)$ überzeugen können.

Die Überwindung der Stabilitätsschwierigkeiten und die Bewältigung des Randwertproblems gelingt nun durch ein von VICHNEVETSKY [141] vorgeschlagenes Verfahren, das als Zerlegungs- oder Dekompositionsverfahren bekannt wurde. Die Gl. (4.174) wird dabei in ein System von zwei GDGl erster Ordnung zerlegt, von denen eine in positiver x-Richtung und die andere in negativer x-Richtung zu integrieren ist.

4.5.2.3. Zerlegungsverfahren von VICHNEVETSKY

Der Differentialoperator

$$D = \frac{\mathrm{d}^2}{\mathrm{d}x^2} - \frac{1}{a(1-\Theta)\,\Delta t}\,; \qquad a,\,(1-\Theta)\,,\,\Delta t > 0 \tag{4.176}$$

besitzt die charakteristische Gleichung

$$\lambda^2 - \frac{1}{a(1-\Theta)\,\Delta t} = 0\,, \tag{4.177}$$

die ihrerseits zwei reelle Wurzeln

$$\lambda_1 = -\frac{1}{[a(1-\Theta)\,\Delta t]^{1/2}} \tag{4.178}$$

und

$$\lambda_2 = +\frac{1}{[a(1-\Theta)\,\Delta t]^{1/2}} \tag{4.179}$$

hat. In [141] wird nun die Zerlegung

$$D(u) = \left(\frac{\mathrm{d}}{\mathrm{d}x} - \lambda_1\right)\left(\frac{\mathrm{d}}{\mathrm{d}x} - \lambda_2\right) u \tag{4.180}$$

für den Operator in (4.176) gemacht und weiterhin angenommen, $y_{i+1}(x)$ sei eine Lösung von

$$\frac{\mathrm{d}y_{i+1}}{\mathrm{d}x} - \lambda_1 y_{i+1} = -\frac{S_i(x)}{a(1-\Theta)\,\Delta t}, \quad i = 0(1)\,\ldots \tag{4.181}$$

und $z_{i+1}(x)$ sei eine Lösung von

$$\frac{dz_{i+1}}{dx} - \lambda_2 z_{i+1} = y_{i+1}(x)\,, \quad i = 0(1)\,\ldots\,. \tag{4.182}$$

Dann gilt

$$D(z_{i+1}) = \left(\frac{d}{dx} - \lambda_1\right)\left(\frac{d}{dx} - \lambda_2\right) z_{i+1} = \left(\frac{d}{dx} - \lambda_1\right) y_{i+1} = -\frac{S_i(x)}{a(1-\Theta)\,\Delta t}, \tag{4.183}$$

$$\frac{d^2 z_{i+1}}{dx^2} - \frac{1}{a(1-\Theta)\,\Delta t} z_{i+1} = -\frac{S_i(x)}{a(1-\Theta)\,\Delta t}, \tag{4.184}$$

und wir haben mit der Lösung $z_{i+1}(x)$ eine spezielle Lösung des vorgelegten inhomogenen Randwertproblems gefunden. Wir beachten, daß Gl. (4.181) und (4.182) rechentechnisch stabile Gleichungen sind, wenn (4.181) in Vorwärtsrichtung ($0 \to L$) und (4.182) in Rückwärtsrichtung ($L \to 0$, x durch $L - x$ ersetzt!) integriert wird. Die gemachten Überlegungen gelten für beliebige Randbedingungen. Der Einfachheit halber wählen wir

$$y_{i+1}(0) = 0$$

und

$$z_{i+1}(L) = 0\,. \tag{4.185}$$

Zur Ermittlung der allgemeinen Lösung des homogenen Problems wenden wir ebenso die gezeigte Zerlegung an. Jede Funktion $v(x)$, die Lösung von

$$\frac{dv}{dx} - \lambda_1 v = 0 \tag{4.186}$$

ist, ist auch Lösung von $D(v) = 0$, da

$$D(v) = \left(\frac{d}{dx} - \lambda_2\right)\left(\frac{d}{dx} - \lambda_1\right)\cdot v = \left(\frac{d}{dx} - \lambda_2\right)\cdot 0 = 0\,. \tag{4.187}$$

Die Integration von Gl. (4.186) ist stabil in der Vorwärtsrichtung und erfordert einen beliebigen Randwert $\neq 0$ für $x = 0$, z. B. $v(0) = 1$.

Analog dazu ist jede Funktion $w(x)$, die Lösung von

$$\frac{dw}{dx} - \lambda_2 w = 0 \tag{4.188}$$

ist, auch Lösung von $D(w) = 0$. Gl. (4.188) ist stabil in Rückwärtsrichtung und erfordert einen beliebigen Randwert $\neq 0$ für $x = L$, z. B. $w(L) = 1$.

Die allgemeine Lösung des Randwertproblems (4.174) setzt sich dann zusammen aus

$$u_{i+1}(x) = \alpha_{i+1} v(x) + \beta_{i+1} w(x) + z_{i+1}(x)\,, \tag{4.189}$$

wobei die Konstanten α_{i+1} und β_{i+1} aus den beiden Randbedingungen (4.175) bestimmt werden.

$$\left.\begin{aligned} \alpha_{i+1} v(0) + \beta_{i+1} w(0) + z_{i+1}(0) &= u_l(t_{i+1})\,, \\ \alpha_{i+1} v(L) + \beta_{i+1} w(L) + z_{i+1}(L) &= u_r(t_{i+1})\,. \end{aligned}\right\} \tag{4.190}$$

Wenn der Operator D für alle i konstant ist, dann sind $v(x)$ und $w(x)$ zeitunabhängig und brauchen nur einmal zu Beginn der Rechnung ermittelt zu werden.

Zusammenfassend läßt sich das KRDZ-Verfahren für lineare PDGl 2. Ordnung auf einem hybriden Rechnersystem, wie folgt, formulieren:

① Berechne die homogenen Lösungen nach Gl. (4.186) und (4.188) auf dem Analogrechner und speichere sie gleichzeitig auf dem Digitalrechner. $i := 0$.

② Berechne die zwei stabilen GDGl (4.181) und (4.182) mit den Randbedingungen (4.185) auf dem Analogrechner. Dabei wird $S_i(x)$ in Gl. (4.181) aus dem Digitalrechner zugeführt. Der Digitalrechner speichert $y_{i+1}(x)$ und führt es zur Berechnung von $z_{i+1}(x)$ in (4.182) in der Form $y_{i+1}(L-x)$ zurück. $z_{i+1}(x)$ ist gleichzeitig auf dem Digitalrechner zu speichern.

③ Berechne α_{i+1} und β_{i+1} nach Gl. (4.190) und die Lösung $u_{i+1}(x)$ nach Gl. (4.189) auf dem Digitalrechner.

④ Bei Erreichen der vorgesehenen Zeitkoordinate Abbruch, sonst Berechnung von $S_{i+1}(x)$ nach Gl. (4.170) auf dem Digitalrechner, $i := i + 1$ und Fortsetzung mit ②.

Wir beachten, daß auch die Startrechnung nach Gl. (4.173) als $(i-1)$ter Schritt nach diesem Verfahren auszuführen ist, dabei ist nur Θ durch $(1-\Theta)$ zu ersetzen. $u_a(x)$ ist vorher im Digitalrechner abzuspeichern.

Wir wollen im folgenden noch den Fall untersuchen, wenn der Koeffizient in Gl. (4.163) $a = a(x)$ ist. Der Einfachheit halber verzichten wir auf die gewogene Mittelbildung, der sogenannten Θ-Interpolation, bei diesen Untersuchungen. Der Differentialoperator $D(u)$ läßt sich dann wieder in zwei Operatoren zerlegen

$$D(.) = \frac{d^2}{dx^2} - \frac{1}{a(x)\,\Delta t} = \left(\frac{d}{dx} - \lambda_1(x)\right)\left(\frac{d}{dx} - \lambda_2(x)\right). \tag{4.191}$$

Die Stabilitätsforderung lautet ebenso $\lambda_1(x) \leqq 0$ und $\lambda_2(x) \geqq 0$. Es gilt nun:

$$\left(\frac{d}{dx} - \lambda_2(x)\right)\left(\frac{d}{dx} - \lambda_1(x)\right)u(x) = \left(\frac{d}{dx} - \lambda_2(x)\right)\left(\frac{du}{dx} - \lambda_1(x)\,u(x)\right) =$$

$$= \frac{d^2u}{dx^2} - \lambda_2(x)\frac{du}{dx} - \frac{d\lambda_1}{dx}u(x) - \lambda_1(x)\frac{du}{dx} + \lambda_1(x)\,\lambda_2(x)\,u(x) =$$

$$= \left[\frac{d^2}{dx^2} - (\lambda_1(x) + \lambda_2(x))\frac{d}{dx} - \left(\frac{d\lambda_1}{dx} - \lambda_1(x)\,\lambda_2(x)\right)\right]u(x)\,. \tag{4.192}$$

Ein Vergleich mit Gl. (4.191) ergibt die zusätzlichen Bedingungen

$$\lambda_1(x) + \lambda_2(x) = 0\,, \tag{4.193}$$

$$\frac{d\lambda_1}{dx} - \lambda_1(x)\,\lambda_2(x) = \frac{1}{a(x)\,\Delta t} \tag{4.194}$$

oder

$$\lambda_2(x) = -\lambda_1(x)\,, \tag{4.195}$$

$$\frac{d\lambda_1}{dx} + \lambda_1^2(x) = \frac{1}{a(x)\,\Delta t}\,. \tag{4.196}$$

Gl. (4.196) ist eine RICCATIsche Differentialgleichung, die in Vorwärtsrichtung $(0 \to L)$ zu integrieren ist und dabei für jeden Anfangswert $\lambda_1(0) < 0$ eine negative

Lösung besitzt. Die Forderung $\lambda_1(x) \leqq 0$ ist somit erfüllt. Im Fall $a = a(x)$ erweitert sich also das KRDZ-Verfahren noch um die Lösung von Gl. (4.196) unter Beachtung der Bedingung (4.195).

Ist sogar a von x und u abhängig $a = a(x, u)$, tritt für die Zerlegung das zusätzliche Problem auf, daß zur Zeit t_{i+1} in der Gl. (4.174) $a(x, u_{i+1})$ bekannt sein muß. Am einfachsten ist $a(x, u_{i+1})$ durch $a(x, u_i)$ anzunähern, was jedoch nur bei geringen Änderungen von u in t-Richtung und bei kleinen Zeitschrittweiten Δt erlaubt ist. Andererseits ist die Lösung $u_{i+1}^*(x)$, die mit $a(x, u_i)$ gefunden wurde, als Prediktorwert anzusehen, der dann in einer Korrektorlösung mit $a(x, u_{i+1}^*)$ verbessert werden kann. Für höhere Genauigkeitsforderungen ist der Prediktorwert zu extrapolieren

$$u_{i+1}^* = \sum_{j=0}^{J} \alpha_j u_{i-j}; \quad \alpha_j \text{ — konstant} \tag{4.197}$$

und die Korrektorlösung u. U. mehrmals zu verbessern.

Beispiel: Die partielle Differentialgleichung

$$\frac{\partial u}{\partial t} = a \frac{\partial^2 u}{\partial x^2}, \qquad a = \text{konst., positiv}$$

ist mit den Anfangs- bzw. Randbedingungen

$$u(x, 0) = 1; \qquad u(0, t) = u(L, t) = 0$$

unter Anwendung des Zerlegungsverfahrens in iterativer Weise zu lösen.

Ausgehend von Gl. (4.174)

$$\frac{\mathrm{d}^2 u_{i+1}}{\mathrm{d}x^2} - \frac{u_{i+1}}{a(1 - \Theta)\,\Delta t} = -\frac{S_i}{a(1 - \Theta)\,\Delta t}, \qquad i = 0(1)\ldots,$$

können wir diese zerlegen in der Form

$$\left(\frac{\mathrm{d}}{\mathrm{d}x} - \lambda_1\right)\left(\frac{\mathrm{d}}{\mathrm{d}x} - \lambda_2\right) u_{i+1} = -\frac{S_i}{a(1 - \Theta)\,\Delta t}.$$

Abweichend vom bisher angewandten Überlagerungsprinzip zur Lösung des entstehenden Randwertproblems sind wir auch in der Lage, eine iterative Lösung zu betreiben. Dazu definieren wir

$$\frac{\mathrm{d}u_{i+1}}{\mathrm{d}x} - \lambda_2 u_{i+1} = \lambda_2 q_{i+1}.$$

Setzen wir letztere Gleichung in die zerlegte Gl. (4.174) ein, so ergibt sich

$$\frac{\mathrm{d}q_{i+1}}{\mathrm{d}x} - \lambda_1 q_{i+1} = \lambda_1 S_i.$$

Substituieren wir noch $y = L - x$, so wird auch

$$\frac{\mathrm{d}u_{i+1}}{\mathrm{d}y} + \lambda_2 u_{i+1} = -\lambda_2 q_{i+1}$$

in Rückwärtsrichtung stabil. Der Anfangswert $u_{i+1}|_{y=0} = u_{i+1}|_{x=L}$ ist bekannt. Unbekannt ist nur der Anfangswert $q_{i+1}|_{x=0}$, der in iterativer Weise zu verbessern ist. Dazu wird mit einem angenommenen Anfangswert $q_{i+1}^{(0)}|_{x=0}$ begonnen und $q_{i+1}^{(0)}(x)$ in Vorwärtsrichtung berechnet. Damit wird $u_{i+1}^{(0)}(y)$ ermittelt und aus der Differenz des bekannten Wertes $u_{i+1}|_{x=0}$ und dem berechneten $u_{i+1}^{(0)}|_{y=L}$ wird eine Korrektur des Anfangswertes zu $q_{i+1}^{(1)}|_{x=0}$ vorgenommen. Die Iteration wird abgebrochen, wenn die Differenz hinreichend klein ist.

4.5.2.4. *KRDZ-Verfahren für zweidimensionale PDGl parabolischen Typs*

Wir betrachten hierzu die PDGl (4.144) mit ihren Rand- und Anfangsbedingungen (4.145) und (4.146). In dieser PDGl diskretisieren wir die Zeit- und eine Raumkoordinate, z. B. y. Wir erhalten $y_j = j\,\Delta y$, $j = 0(1)\,m$, $\Delta y = L_2/m$ und $t_k = k\,\Delta t$, $k = 0(1)p$, $\Delta t = T/p$. Die Approximation der räumlichen und zeitlichen Ableitung durch Differenzenquotienten führt zum GDGl-System

$$\frac{\mathrm{d}^2 u_{jk}(x)}{\mathrm{d}x^2} = -\frac{1}{(\Delta y)^2}\,[u_{j-1,\,k}(x) - 2u_{jk}(x) + u_{j+1,\,k}(x)] + \frac{1}{a\,\Delta t}\,[u_{jk}(x) - u_{j,\,k-1}(x)]\,. \tag{4.198}$$

Da die Nachbarwerte $u_{j-1,\,k}(x)$ und $u_{j+1,\,k}(x)$ auf der k-ten Zeitebene nicht bekannt sind — implizite Form —, ersetzen wir einfacheitshalber die partielle Ableitung nach y durch

$$\frac{\partial^2 u}{\partial y^2} = \frac{1}{(\Delta y)^2}\,[u_{j-1,\,k-1}(x) - 2u_{j,\;\;-}(x) + u_{j+1,\,k-1}(x)]\,. \tag{4.199}$$

Die Gl. (4.198) erhält damit die Form

$$\frac{\mathrm{d}^2 u_{jk}(x)}{\mathrm{d}x^2} - \frac{u_{jk}(x)}{a\,\Delta t} = S(x) \tag{4.200}$$

mit

$$S(x) = -\frac{1}{(\Delta y)^2}\,[u_{j-1,\,k-1}(x) + u_{j+1,\,k-1}(x)] + \left(\frac{2}{(\Delta y)^2} - \frac{1}{a\,\Delta t}\right) u_{j,\,k-1}(x)\,. \tag{4.201}$$

Die Randbedingungen für Gl. (4.200) lauten:

$$\left.\begin{aligned} u_{jk}(0) &= g_1(y_j, t_k)\,, \\ u_{jk}(L_1) &= g_2(y_j, t_k)\,. \end{aligned}\right\} \tag{4.202}$$

Gl. (4.200) mit den Randbedingungen (4.202) hat das bekannte rechentechnisch instabile Verhalten und kann durch Anwendung der VICHNEVETSKY-Zerlegung (s. Kap. 4.5.2.3.) in stabiler Weise integriert werden.

Auf der Grundlage des *Teilschrittverfahrens* [62] sind eine Reihe von Hybridverfahren entwickelt worden [61], die über ausgezeichnete Eigenschaften verfügen. Das Teilschrittverfahren zerlegt einen Differentialoperator in eine Summe von einfacheren Differentialoperatoren. Für Gl. (4.144) bedeutet das folgende Aufteilung

$$\frac{\partial u}{\partial t} = a\left[\alpha_1(\Delta t, t)\,\frac{\partial^2 u}{\partial x^2} + \alpha_2(\Delta t, t)\,\frac{\partial^2 u}{\partial y^2}\right], \tag{4.203}$$

wobei

$$\alpha_1(\Delta t, t) = 2; \quad \alpha_2(\Delta t, t) = 0; \quad t \in (k\,\Delta t, (k + \tfrac{1}{2})\,\Delta t]\,,$$

$$\alpha_1(\Delta t, t) = 0; \quad \alpha_2(\Delta t, t) = 2; \quad t \in ((k + \tfrac{1}{2})\,\Delta t, (k + 1)\,\Delta t]\,.$$

Die Lösung von Gl. (4.144) wird damit approximiert durch die aufeinanderfolgende Lösung von zwei eindimensionalen Problemen

$$\frac{\partial u}{\partial t} = 2a\,\frac{\partial^2 u}{\partial x^2}, \quad t \in \left(k\,\Delta t, \left(k + \frac{1}{2}\right)\Delta t\right] \tag{4.204}$$

und

$$\frac{\partial u}{\partial t} = 2a \frac{\partial^2 u}{\partial y^2}, \quad t \in \left(\left(k + \frac{1}{2}\right) \Delta t, (k+1) \Delta t\right]. \tag{4.205}$$

Zur Lösung von Gl. (4.204), (4.205) wird nun ein KRDZ-Verfahren angewandt

$$\frac{u_{k+1/2} - u_k}{\frac{\Delta t}{2}} = 2a \frac{\partial^2 u_{k+1/2}}{\partial x^2}, \tag{4.206}$$

$$\frac{u_{k+1} - u_{k+1/2}}{\frac{\Delta t}{2}} = 2a \frac{\partial^2 u_{k+1}}{\partial y^2}. \tag{4.207}$$

Gl. (4.206) gilt für beliebige y-Werte, Gl. (4.207) für beliebige x-Werte. Die Raumkoordinaten $y \in [0, L_2]$, $x \in [0, L_1]$ können daher beliebig diskretisiert werden. Es entsteht dadurch ein weiterer Index j aus $y_j = j\,\Delta y$ bzw. i, aus $x_i = i\,\Delta x$ in Gl. (4.206) und (4.207).

Die Gleichungen sind dann GDGl-Systeme der Form

$$\frac{d^2 u_{k+1/2,j}}{dx^2} - \frac{1}{a\,\Delta t} u_{k+1/2,j}(x) = -\frac{1}{a\,\Delta t} u_{k,j}(x), \tag{4.208}$$

$$\frac{d^2 u_{k+1,i}}{dy^2} - \frac{1}{a\,\Delta t} u_{k+1,i}(y) = -\frac{1}{a\,\Delta t} u_{k+1/2,i}(y) \tag{4.209}$$

mit den entsprechenden Randbedingungen, die aus Gl. (4.145) folgen. In [61] ist gezeigt, daß Gl. (4.208), (4.209) mit einem Approximationsfehler $O(\Delta t)$ behaftet sind und daß das Verfahren bedingungslos stabil ist.

In Abb. 4.35 ist das Verfahren illustriert. Zuerst sind $j = 1(1)\,m - 1$ Randwertprobleme (4.208) in x-Richtung zur Zeit $t = (k + \frac{1}{2})\,\Delta t$ zu lösen und dann $i = 1(1)n-1$ Randwertprobleme (4.209) in Richtung zur Zeit $t = (k+1)\,\Delta t$. Zur Zeit $t = (k + \frac{3}{2})\,\Delta t$ folgt wieder (4.208) usw. Die rechten Seiten ergeben sich immer aus dem vorhergehenden Schritt, für $k = 0$ aus den Anfangsbedingungen (4.146).

Beachtenswert ist, daß die GDGl-Systeme (4.208), (4.209) vollständig entkoppelt sind, was bei der Hybridimplementierung keine Beschränkungen durch zu wenige

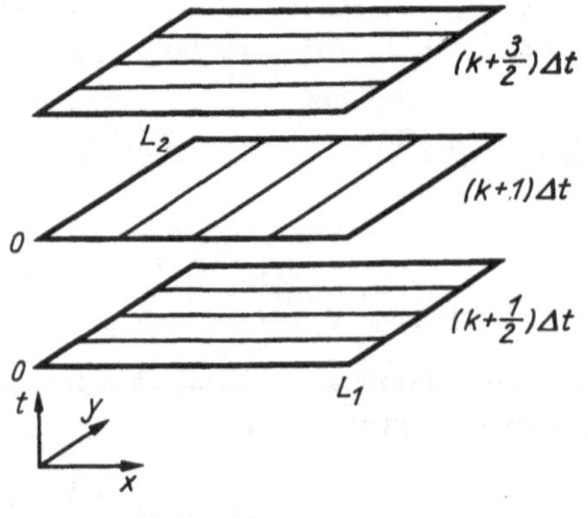

Abb. 4.35. Teilschritte und Integrationslinien innerhalb der x-y-Ebene

Rechenelemente bedeutet. Gl. (4.208) und (4.209) sind jedoch schlecht konditioniert für ein herkömmliches Lösungsverfahren. Abhilfe bringt das Zerlegungsverfahren (s. Kap. 4.5.2.3.).

Für einen Approximationsfehler $O[(\Delta t)^2]$ wird die PDGl (4.144) in folgendes GDGl-System überführt [61]

$$\frac{d^2u_{k+1/2,j}}{dx^2} - \frac{2}{a\,\Delta t}u_{k+1/2,j}(x) = -\frac{4}{a\,\Delta t}u_{k,j}(x) - R_{k,j}(x) \equiv R_{k+1/2,j}(x)\,, \quad (4.210)$$

$$\frac{d^2u_{k+1,i}}{dy^2} - \frac{2}{a\,\Delta t}u_{k+1,i}(y) = -\frac{4}{a\,\Delta t}u_{k+1/2,i}(y) - R_{k+1/2,i}(y) \equiv R_{k+1,i}(y)\,. \quad (4.211)$$

Die rechten Seiten in Gl. (4.210) und (4.211) werden gespeichert, um sie im darauffolgenden Zeitschritt zu benutzen. Gestartet wird mit einer Approximation für $R_{0,j}(x)$

$$R_{0,j}(x) \approx \frac{u_{0,j+1}(x) - 2u_{0,j}(x) + u_{0,j-1}(x)}{(\Delta y)^2} - \frac{2}{a\,\Delta t}u_{0,j}(x)\,. \quad (4.212)$$

Die Werte $u_0(x, y)$ sind durch (4.146) bekannt. Nur durch diese Differenzenapproximation für $k = 0$ wird ein Abbruchfehler in den Raumkoordinaten eingeführt, sonst nicht. Es läßt sich zeigen, daß auch Gl. (4.210), (4.211) hinsichtlich der Approximation der PDGl bedingungslos stabil sind, jedoch als Randwertprobleme selbst schlecht konditioniert sind — Abhilfe Zerlegungsverfahren.

4.5.2.5. *Richtungsdifferenzenverfahren von* Bosgra *und* Buis

Das Verfahren soll an der PDGl 1. Ordnung

$$a(x, t)\frac{\partial u}{\partial x} + \frac{\partial u}{\partial t} = c(x, t, u)\,, \quad x \in [0, L], \quad 0 \leqq t \quad (4.213)$$

erklärt werden [20]. Wir betrachten Abb. 4.36. Für stetig differenzierbares $u(x, t)$ existiert mindestens ein Punkt 3 auf der Linie zwischen den Punkten 1 und 2 für den der Mittelwertsatz für Funktionen zweier Variablen gilt

$$u_2 - u_1 = \Delta x\frac{\partial u}{\partial x}\bigg|_3 + \Delta t\frac{\partial u}{\partial t}\bigg|_3. \quad (4.214)$$

Der Funktionswert im Punkt 3, $u_3 = u(x_3, t_3)$ kann nun linear approximiert werden durch

$$u_3 = \Theta u_1 + (1 - \Theta)\,u_2, \quad 0 < \Theta < 1\,. \quad (4.215)$$

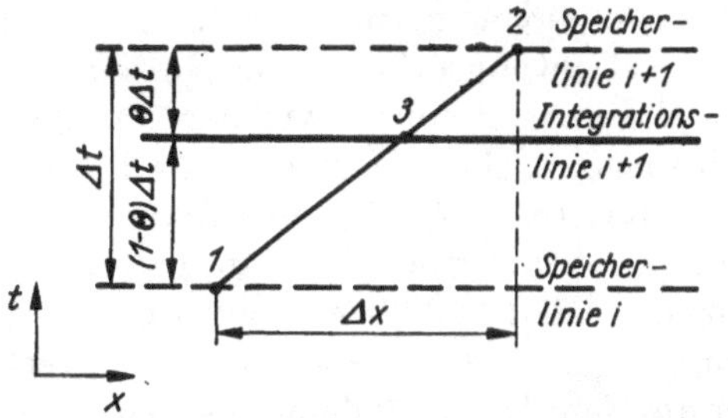

Abb. 4.36. Richtungsdifferenzen-Approximation

Gl. (4.214) können wir umstellen

$$\left.\frac{\partial u}{\partial x}\right|_3 + \frac{\Delta t}{\Delta x}\left.\frac{\partial u}{\partial t}\right|_3 = \frac{u_2 - u_1}{\Delta x}. \tag{4.216}$$

In Punkt 3 gilt auch die PDGl (4.213)

$$\left.\frac{\partial u}{\partial x}\right|_3 + \frac{1}{a_3}\left.\frac{\partial u}{\partial t}\right|_3 = \frac{c_3}{a_3}. \tag{4.217}$$

Dabei seien $a_3 = a(x_3, t_3)$ und $c_3 = c(x_3, t_3, u_3)$. Die Richtungsableitung von u ist gegeben durch

$$\frac{\mathrm{d}u}{\mathrm{d}x} = \frac{\partial u}{\partial x} + \frac{\partial u}{\partial t}\frac{\mathrm{d}t}{\mathrm{d}x} = \frac{\partial u}{\partial x} + \alpha\frac{\partial u}{\partial t}. \tag{4.218}$$

Aus Gl. (4.216) und (4.217) können wir im Punkt 3 die Richtungsableitung ermitteln

$$\left.\frac{\partial u}{\partial x}\right|_3 + \alpha\left.\frac{\partial u}{\partial t}\right|_3 = \frac{u_2 - u_1}{\Delta x - a_3\,\Delta t}\,[1 - \alpha a_3] + \frac{c_3}{a_3 - \dfrac{\Delta x}{\Delta t}}\left[1 - \alpha\frac{\Delta x}{\Delta t}\right]. \tag{4.219}$$

Setzen wir $\alpha = 0$, erhalten wir die GDGl längs der Integrationslinie

$$\left.\frac{\mathrm{d}u}{\mathrm{d}x}\right|_3 = \frac{u_2 - u_1}{\Delta x - a_3\,\Delta t} + \frac{c_3}{a_3 - \dfrac{\Delta x}{\Delta t}}, \tag{4.220}$$

woraus mit Hilfe von Gl. (4.215) folgt

$$\left.\frac{\mathrm{d}u}{\mathrm{d}x}\right|_3 = \frac{1}{1-\Theta}\,\frac{u_3 - u_1}{\Delta x - a_3\,\Delta t} + \frac{c_3}{a_3 - \dfrac{\Delta x}{\Delta t}}. \tag{4.221}$$

Für die Speicherlinie mit dem Punkt 1 gelte nun allgemein der Zeitindex i, dann gehört zur Integrationslinie mit dem Punkt 3 der Zeitindex $i + (1 - \Theta)\,\Delta t$. Gl. (4.221) schreibt sich dann in Anlehnung an die bisher üblichen Bezeichnungen

$$\frac{\mathrm{d}u_{i+1}}{\mathrm{d}x} = \frac{1}{1-\Theta}\,\frac{u_{i+1}(x) - S_i(x)}{\Delta x - a_{i+1}\,\Delta t} + \frac{c_{i+1}}{a_{i+1} - \dfrac{\Delta x}{\Delta t}} \tag{4.222}$$

mit $a_{i+1} = a\big(x, t_i + (1 - \Theta)\,\Delta t\big)$ und $c_{i+1} = c\big(x, t_i + (1 - \Theta)\,\Delta t, u_{i+1}\big)$.

Für den Fall $\Delta x = 0$, d. h. Differenzenapproximation nur in t-Richtung, entspricht Gl. (4.222) der in Kap. 4.5.2.1. hergeleiteten Gl. (4.156).

Das Wesentliche bei der Richtungsdifferenzenapproximation besteht also darin, daß sie zwischen versetzt liegenden Punkten auf den Speicherlinien ausgeführt wird im Gegensatz zu den bisherigen Approximationen, die entweder in x-Richtung (Kap. 4.5.1.) oder in t-Richtung (Kap. 4.5.2.) ausgeführt wurden.

Betrachten wir Θ, Δx und Δt als gewählte Parameter, so können wir auf einem hybriden Rechnersystem die GDGl (4.222) analog integrieren. Günstig ist, wenn es auch gelingt, die Funktionen a_{i+1} und c_{i+1} auf dem Analogrechner zu realisieren. Die Funktion $S_i(x)$ ist vorher auf dem Digitalrechner gespeichert und wird bei der Lösung von Gl. (4.222) unter Anwendung einer Extra- oder Interpolation auf den Analogrechner zurückgeführt. Die gefundene Lösung $u_{i+1}(x)$ wird gleichzeitig als $S_{i+1}(x)$ auf dem Digitalrechner abgespeichert gemäß der aus Gl. (4.215) folgenden Beziehung

$$S_{i+1}(x) = \frac{1}{1-\Theta} u_{i+1}(x) - \frac{\Theta}{1-\Theta} S_i(x) . \tag{4.223}$$

Mit laufendem i wird so jeweils eine Integrationslinie zwischen zwei Speicherlinien gebracht.

Die Analogzelle zur Gl. (4.222) und die Funktionsspeicherung in Blockschaltbildform zeigt die Abb. 4.37. Zur Vereinfachung der weiteren Überlegungen sei a nur von t abhängig oder konstant. Prinzipiell können sie auch auf $a = a(x, t)$ übertragen werden. Die Gl. (4.222) und damit auch die Analogzelle zeigt nun wieder ein rechentechnisch

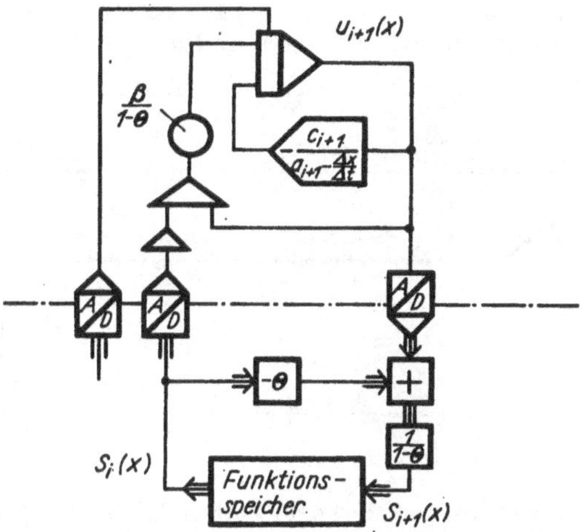

Abb. 4.37. Analogzelle, bzw. die Funktionsspeicherung als Blockschaltbild,

$$\beta = \frac{1}{\Delta X - a_{i+1}\, \Delta t}$$

instabiles Verhalten in Abhängigkeit vom Vorzeichen von β. Gl. (4.222) ist stabil bei Integration in Vorwärtsrichtung — positive x-Richtung —, wenn

$$\beta = \Delta x - a_{i+1}\, \Delta t < 0 \tag{4.224}$$

und, sie ist stabil bei Integration in Rückwärtsrichtung — negative x-Richtung —, wenn

$$\beta = \Delta x - a_{i+1}\, \Delta t > 0 . \tag{4.225}$$

Δx hat ein negatives Vorzeichen, wenn die x-Koordinate im Punkt 2 kleiner ist als im Punkt 1 in Abb. 4.36. Das bedeutet, wir sind in der Lage, in positiver als auch negativer x-Richtung rechentechnisch stabil zu integrieren, wenn es nur gelingt, Δx in Vorzeichen und Betrag so groß zu machen, daß Ungl. (4.224) und (4.225) erfüllt werden. Das Vorzeichen von a_{i+1} kann dann beliebig sein. Die Abb. 4.38 zeigt alle möglichen diesbezüglichen Fälle. Für positive Integrationsrichtung müssen die Winkel $\varphi = \arctan (\Delta t/\Delta x)$ größer als φ_0 sein und für negative Integrationsrichtung kleiner als φ_0 sein.

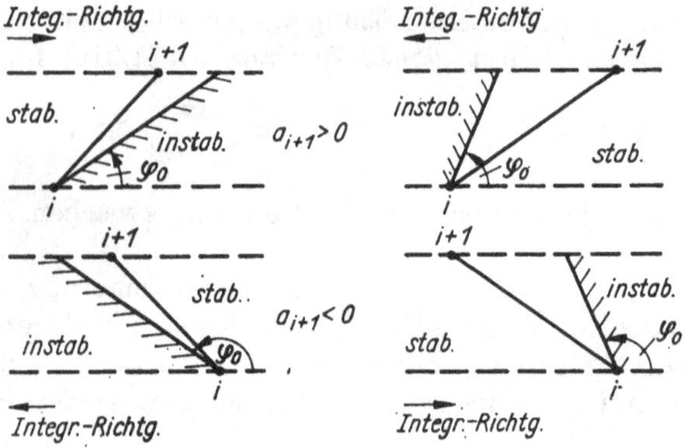

Abb. 4.38. Stabilitätsgrenzen $\varphi_0 = \arctan(1/a_{i+1})$ für positive und negative Integrationsrichtung bei $a_{i+1} > 0$ und $a_{i+1} < 0$

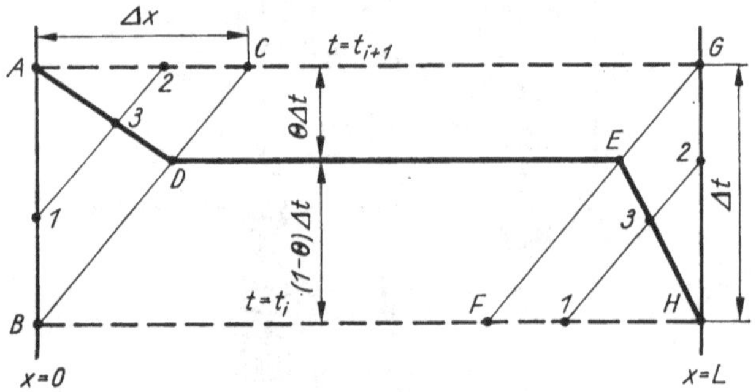

Abb. 4.39. Richtungsdifferenzenverfahren an den Rändern

Bei den bisherigen Betrachtungen haben wir die Anfangs- und Randbedingungen für Gl. (4.213) $u(x, 0) = u_a(x)$ und $u(0, t) = u_r(t)$ außer acht gelassen. Die Anwendung des Richtungsdifferenzenverfahrens an den Rändern ist auch etwas problematisch. Wir betrachten dazu Abb. 4.39. Die Gl. (4.222) gilt nur auf der Integrationslinie zwischen den Punkten D und E. Wir können aber das Verfahren auch in den verbleibenden „Ecken" anwenden. Im Dreieck ABC beginnt das Verfahren im Punkt A und läuft zum Punkt D. Die Randwerte dienen als Punkte 1, mit denen die Analogzelle versorgt wird, um längs der Integrationslinie AD die jeweiligen Punkte 3 zu berechnen. Die Speicherwerte — Punkte 2 — für das nächste Zeitintervall werden dann wieder nach Gl. (4.223) berechnet und abgespeichert.

Beachtenswert ist, daß das Verhältnis $\Delta x/\Delta t$ und der Wert des Parameters Θ im Dreieck ABC die gleichen sind, wie im Parallelogramm $BCFG$. Nur die Werte Δx und Δt selbst ändern sich linear beim Durchlaufen des Dreieckes ABC gemäß

$$\left.\begin{aligned} \Delta x' &= \Delta x \cdot kx\,, \\ \Delta t' &= \Delta t \cdot kx\,. \end{aligned}\right\} \tag{4.226}$$

Im Punkt A ist $kx = 0$ und im Punkt D ist $kx = 1$. k ist somit festgelegt.

Die Koordinaten von Punkt D lauten $\big((1 - \Theta)\,\Delta x, t_i + (1 - \Theta)\,\Delta t\big)$. Die Integration längs der Linie AD verlangt demzufolge einen Wert α in Gl. (4.219) von

$-\Theta\, \Delta t/(1-\Theta)\, \Delta x$ und somit lautet die GDGl nun

$$\frac{\mathrm{d}u_{i+1}}{\mathrm{d}x} = \frac{\partial u_{i+1}}{\partial x} - \frac{\Theta}{1-\Theta}\frac{\Delta t}{\Delta x}\frac{\partial u_{i+1}}{\partial t} =$$
$$= \frac{1}{1-\Theta}\frac{u_{i+1}(x) - S_i(x)}{\Delta x - a_{i+1}\,\Delta t}\cdot\frac{1}{kx}\cdot\left[1 + \frac{\Theta}{1-\Theta}\frac{a_{i+1}\,\Delta t}{\Delta x}\right] +$$
$$+ \frac{1}{1-\Theta}\frac{c_{i+1}}{a_{i+1} - \frac{\Delta x}{\Delta t}}. \tag{4.227}$$

Diese GDGl (4.227) kann mit der gleichen Analogzelle wie in Abb. 4.37 gelöst werden, nur der Faktor β ist mit

$$\frac{1}{kx}\left[1 + \frac{\Theta}{1-\Theta}\frac{a_{i+1}\,\Delta t}{\Delta x}\right]$$

und die Funktionserzeugung $c_{i+1}/(a_{i+1} - \Delta x/\Delta t)$ ist mit dem Faktor $1/(1-\Theta)$ zu multiplizieren. Der Anfangswert $u_{i+1}(0)$ ist durch $u_r(t_{i+1})$ gegeben. Die Werte $S_i(x)$ sind die Randwerte $u_r(t)$, die in negativer Zeitrichtung durchlaufen werden. Im Punkt D werden die Koeffizienten in der GDGl geändert, so daß Gl. (4.222) entsteht und im Punkt E ist wieder eine Veränderung der GDGl erforderlich.

Entlang der Integrationslinie EH gilt die GDGl

$$\frac{\mathrm{d}u_{i+1}}{\mathrm{d}x} = \frac{\partial u_{i+1}}{\partial x} - \frac{1-\Theta}{\Theta}\frac{\Delta t}{\Delta x}\frac{\partial u_{i+1}}{\partial t} =$$
$$= \frac{1}{1-\Theta}\frac{u_{i+1}(x) - S_i(x)}{\Delta x - a_{i+1}\,\Delta t}\cdot\frac{1}{k(L-x)}\left[1 + \frac{1-\Theta}{\Theta}\frac{a_{i+1}\,\Delta t}{\Delta x}\right] +$$
$$+ \frac{1}{\Theta}\frac{c_{i+1}}{a_{i+1} - \frac{\Delta x}{\Delta t}}. \tag{4.228}$$

Die Gerade $k(L-x)$ hat im Punkt H den Wert 0 und im Punkt E den Wert 1, woraus k bestimmt werden kann.

Der Digitalrechner versorgt nun die Analogzelle in Form von $S_i(x)$ mit Werten entlang der Linie FH in positiver x-Richtung. Aus $u_{i+1}(x)$ werden über Gl. (4.223) die Werte auf der Linie GH in negativer t-Richtung ermittelt. Der Wert für β in der Analogzelle der Abb. 4.37 ist nun mit dem Faktor

$$\frac{1}{k(L-x)}\left[1 + \frac{1-\Theta}{\Theta}\frac{a_{i+1}\,\Delta t}{\Delta x}\right]$$

und die Funktionserzeugung mit dem Faktor $1/\Theta$ zu multiplizieren.

Die unbestimmten Ausdrücke $\big(u_{i+1}(x) - S_i(x)\big)/kx$ in Gl. (4.227) für $x \to 0$ und $\big(u_{i+1}(x) - S_i(x)\big)/\big(k(L-x)\big)$ in Gl. (4.228) für $x \to L$ bleiben endlich, so daß keine zusätzlichen Fehler dadurch erzeugt werden.

4.5.2.6. *Fehleranalysis des Richtungsdifferenzenverfahrens*

Im vorangegangenen Kapitel konnten wir zeigen, daß das Richtungsdifferenzenverfahren für $\Delta x = 0$ auch den Standardfall des KRDZ-Verfahrens enthält. Wir können das Richtungsdifferenzenverfahren deshalb auch als verallgemeinertes KRDZ-Verfahren bezeichnen. In [18] ist dafür eine Fehleranalysis aufgestellt, die auch die Auswahl optimaler Implementierungsparameter erlaubt, d. h. solcher Parameter beim Modellaufbau, die bei der Simulation rechentechnische Stabilität garantieren.

Betrachten wir Abb. 4.40, so wissen wir, daß auf der unteren Speicherlinie nur an diskreten Punkten die Funktionswerte $S_i(x)$ in die Analogzelle zurückgespielt werden und daß die auf der Integrationslinie kontinuierlich gewonnenen Werte $u_{i+1}(x)$ auf der oberen Speicherlinie infolge der notwendigen Tastung ebenfalls nur in diskreten Punkten abgespeichert werden. Auf jeder Speicherlinie ist die Anzahl der Speicherpunkte gleich, jeweils zwei Speicherpunkte sind durch die Richtungsdifferenzenapproximation verbunden, wie in Abb. 4.40 gezeigt. Es entsteht ein Gitterelement, das durch die Punkte $ABCD$ gekennzeichnet ist.

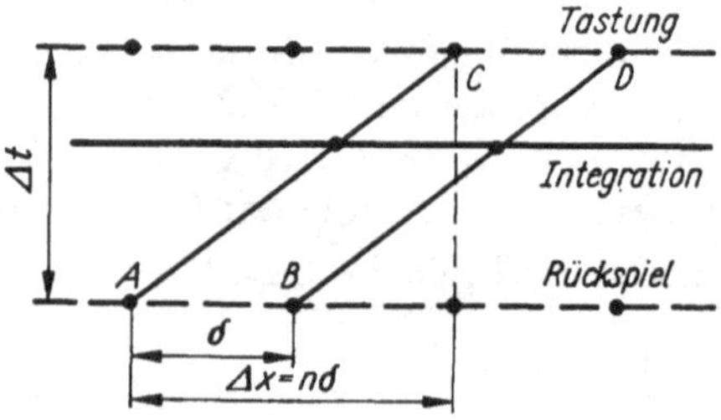

Abb. 4.40. Gitterelement des Richtungsdifferenzenverfahrens

Die Fehleranalysis beschreitet nun folgenden Weg. Ausgangspunkt ist die hyperbolische PDGl

$$a(x, t)\frac{\partial u}{\partial x} + \frac{\partial u}{\partial t} = 0\,, \quad x \in [0, L], \quad t \geqq 0\,. \tag{4.229}$$

Die rechte Seite ist ohne Einfluß auf die Untersuchung und ist deshalb gleich Null gesetzt worden. Die Funktionswerte in den Punkten A, B, C sind entweder als Rand- oder Anfangswerte oder von vorhergehenden Zeitschritten bekannt. Wir lösen dann die zu Gl. (4.229) gehörige GDGl

$$\frac{\mathrm{d}u_{i+1}}{\mathrm{d}x} = A[u_{i+1}(x) - S_i(x)] \tag{4.230}$$

mit

$$A = \frac{1}{(1 - \Theta)\,(\Delta x - a_{i+1}\,\Delta t)} \tag{4.231}$$

analytisch und bestimmen

$$S_{i+1}(x) = \frac{1}{1 - \Theta}\,u_{i+1}(x) - \frac{\Theta}{1 - \Theta}\,S_i(x) \tag{4.232}$$

für den Punkt D. Außerdem machen wir TAYLOR-Entwicklungen im Punkt D und drücken die Funktionswerte in A, B, C dadurch aus. Die TAYLOR-Entwicklung in die analytische Lösung eingesetzt, läßt erkennen, welche Fehler durch das Richtungsdifferenzenverfahren verursacht werden.

Beim Funktionsrückspiel sollen eine Extrapolation nullter Ordnung (ENO) und eine Interpolation erster Ordnung (IEO) unterschieden werden. Der Bezugspunkt sei A mit den Koordinaten $(0, 0)$, dann haben die anderen Punkte die Koordinaten B: $(\delta, 0)$; C: $(n\delta, \Delta t)$ und D: $\big((n + 1)\,\delta, \Delta t\big)$.

Für ENO gilt im Gitterelement:

$$\left.\begin{aligned} S_i(x) &= S_i(0)\,, \quad 0 \leqq x < \gamma\,, \\ S_i(x) &= S_i(\delta)\,, \quad \gamma \leqq x < \delta\,, \end{aligned}\quad 0 \leqq \gamma < \delta\,. \right\} \tag{4.233}$$

Durch Einführung von γ ist die Möglichkeit gegeben, die Treppenfunktion wahlweise zu verschieben, was für eine Fehlerkompensation wünschenswert ist. Für IEO gilt im Gitterelement:

$$S_i(x) = S_i(0) + \frac{S_i(\delta) - S_i(0)}{\delta}\,x\,, \quad 0 \leqq x < \delta\,. \tag{4.234}$$

Die analytische Integration der erforderlichenfalls linearisierten Gl. (4.230) — a_{i+1} durch einen Mittelwert im Gitterelement angenähert — führt zur bekannten Lösung

$$u_{i+1}(\delta) = u_{i+1}(0) \exp(A\delta) - \int_0^\delta \exp[A(\delta - \tau)]\, AS_i(\tau)\, d\tau\,. \tag{4.235}$$

In Gl. (4.235) wird zunächst Gl. (4.233) und dann (4.234) eingesetzt und die Integration ausgeführt. Mit Hilfe von G. (4.232) läßt sich dann S_{i+1} in D berechnen:

$$S_{i+1}[(n + 1)\,\delta, \Delta t] = k_A S_i(0, 0) + k_B S_i(\delta, 0) + k_C S_{i+1}(n\delta, \Delta t)\,. \tag{4.236}$$

Die Koeffizienten k_A, k_B und k_C betragen bei ENO:

$$\left.\begin{aligned} k_A &= -\exp(A\delta) + \frac{1}{1 - \Theta} \exp[A(\delta - \gamma)]\,, \\ k_B &= 1 - \frac{1}{1 - \Theta} \exp[A(\delta - \gamma)]\,, \\ k_C &= \exp(A\delta); \end{aligned}\right\} \tag{4.237}$$

IEO:

$$\left.\begin{aligned} k_A &= -\exp(A\delta) - \frac{1 - \exp(A\delta)}{A\delta(1 - \Theta)}\,, \\ k_B &= 1 + \frac{1 - \exp(A\delta)}{A\delta(1 - \Theta)}\,, \\ k_C &= \exp(A\delta)\,. \end{aligned}\right\} \tag{4.238}$$

Durch Gl. (4.236) ist eine Differenzengleichung gefunden, die den analytisch berechneten Speicherwert im Punkt D auf der Basis des Richtungsdifferenzenverfahrens ermittelt.

Machen wir nun die TAYLOR-Reihenentwicklungen für die Punkte A, B, C vom Punkt D aus und schreiben der Einfachheit halber für $S_{i+1}[(n+1)\,\delta, \Delta t] = S_{i+1}(D)$

$$\left.\begin{aligned}
S_i(A) &= S_i(0,0) = S_{i+1}(D) - (n+1)\,\delta\frac{\partial S_{i+1}(D)}{\partial x} - \Delta t\frac{\partial S_{i+1}(D)}{\partial t} + \\
&\quad + \frac{[(n+1)\,\delta]^2}{2}\frac{\partial^2 S_{i+1}(D)}{\partial x^2} + \frac{(\Delta t)^2}{2}\frac{\partial^2 S_{i+1}(D)}{\partial t^2} + \\
&\quad + \Delta t(n+1)\,\delta\frac{\partial^2 S_{i+1}(D)}{\partial x\partial t} - + \dots, \\
S_i(B) &= S_i(\delta,0) = S_{i+1}(D) - n\delta\frac{\partial S_{i+1}(D)}{\partial x} - \Delta t\frac{\partial S_{i+1}(D)}{\partial t} + \\
&\quad + \frac{(n\delta)^2}{2}\frac{\partial^2 S_{i+1}(D)}{\partial x^2} + \frac{(\Delta t)^2}{2}\frac{\partial^2 S_{i+1}(D)}{\partial t^2} + \\
&\quad + \Delta t\, n\delta\frac{\partial^2 S_{i+1}(D)}{\partial x\,\partial t} - + \dots, \\
S_{i+1}(C) &= S_i(n\delta, \Delta t) = S_{i+1}(D) - \delta\frac{\partial S_{i+1}(D)}{\partial x} + \frac{\delta^2}{2}\frac{\partial^2 S_{i+1}(D)}{\partial x^2} - + \dots
\end{aligned}\right\} \tag{4.239}$$

Die Entwicklungen (4.239) in Gl. (4.236) eingesetzt, ergibt

$$\begin{aligned}
S_{i+1}(D) &= (k_A + k_B + k_C)\,S_{i+1}(D) - (k_A + k_B)\,\Delta t\frac{\partial S_{i+1}(D)}{\partial t} - \\
&\quad - [(n+1)\,k_A + nk_B + k_C]\,\delta\frac{\partial S_{i+1}(D)}{\partial x} + (k_A + k_B)\frac{\Delta t^2}{2}\frac{\partial^2 S_{i+1}(D)}{\partial t^2} + \\
&\quad + [(n+1)^2\,k_A + n^2 k_B + k_C]\frac{\delta^2}{2}\frac{\partial^2 S_{i+1}(D)}{\partial x^2} + \\
&\quad + [(n+1)\,k_A + nk_B]\,\Delta t\,\delta\frac{\partial^2 S_{i+1}(D)}{\partial x\,\partial t} - + \dots .
\end{aligned} \tag{4.240}$$

Aus Gl. (4.229) folgt unter Beachtung, daß a_{i+1} im Gitterelement näherungsweise konstant gesetzt wurde

$$\frac{\partial^2 S_{i+1}(D)}{\partial t^2} = a_{i+1}^2\frac{\partial^2 S_{i+1}(D)}{\partial x^2} \tag{4.241}$$

und

$$\frac{-\partial^2 S_{i+1}(D)}{\partial x\,\partial t} = a_{i+1}\frac{\partial^2 S_{i+1}(D)}{\partial x^2}. \tag{4.242}$$

Damit sind alle Ableitungen 2. Ordnung in Gl. (4.240) nur durch Ableitungen 2. Ordnung in x-Richtung auszudrücken

$$\begin{aligned}
&(k_A + k_B)\,\Delta t\frac{\partial S_{i+1}(D)}{\partial t} + [(n+1)\,k_A + nk_B + k_C]\,\delta\frac{\partial S_{i+1}(D)}{\partial x} + \\
&\quad + S_{i+1}(D)\,(1 - k_A - k_B - k_C) = \frac{\partial^2 S_{i+1}(D)}{\partial x^2}\left\{k_A\left[\frac{a_{i+1}^2\,\Delta t^2}{2} + \right.\right. \\
&\left.\left. + \frac{\delta^2}{2}(n+1)^2 - (n+1)\,a_{i+1}\delta\,\Delta t\right] + k_B\left[\frac{a_{i+1}^2\,\Delta t^2}{2} + \frac{n^2\delta^2}{2} - n\,\Delta t\,\delta a_{i+1}\right] + k_C\frac{\delta^2}{2}\right\} + \dots
\end{aligned} \tag{4.243}$$

Wir können nun feststellen, welche Gleichung eigentlich durch Anwendung des Richtungsdifferenzenverfahrens auf einem hybriden Rechnersystem gelöst wird. Vernachlässigen wir Terme von höherer als zweiter Ordnung und erinnern uns der Tatsache, daß die auf den Speicherlinien mit $S(x)$ bezeichneten Funktionen selbstverständlich auch Lösungen der Gl. (4.229) sind, so können wir Gl. (4.243) umschreiben unter gleichzeitigem Einsetzen der Koeffizienten nach Gl. (4.237) und (4.238).

ENO:

$$\frac{\partial u}{\partial t} + \frac{\delta}{a\,\Delta t}\left[n + \frac{1}{1-\Theta}\,\frac{\exp[A(\delta-\gamma)]}{1-\exp(A\delta)}\right] a\,\frac{\partial u}{\partial x} =$$
$$= a^2\,\Delta t\left\{\frac{1}{2}\left(1-\frac{n\delta}{a\,\Delta t}\right)^2 + \frac{\delta}{a\,\Delta t}\,\frac{1}{1-\exp(A\delta)}\left\{-\exp(A\delta)\left(\frac{n\delta}{a\,\Delta t}-1\right)+\right.\right.$$
$$\left.\left. + \frac{1}{1-\Theta}\exp[A(\delta-\gamma)]\left[\left(n+\frac{1}{2}\right)\frac{\delta}{a\,\Delta t}-1\right]\right\}\right\}\frac{\partial^2 u}{\partial x^2}\,; \tag{4.244}$$

IEO:

$$\frac{\partial u}{\partial t} + a\,\frac{\partial u}{\partial x} = a^2\,\Delta t\left(1-\frac{n\delta}{a\,\Delta t}\right)\left[\frac{\delta}{a\,\Delta t}\left(\frac{1}{2}n - \frac{1}{2} - \frac{1}{\exp(A\delta)-1}\right) - \frac{1}{2}\right]\cdot\frac{\partial^2 u}{\partial x^2}. \tag{4.245}$$

Betrachten wir den Grenzwert für δ, $\Delta t \to 0$ in Gl. (4.244) und (4.245), so läßt sich zeigen, daß (4.245) dabei zur Gl. (4.229) strebt. Das Richtungsdifferenzenverfahren mit IEO ist somit konsistent. Gl. (4.244) dagegen strebt dabei gegen

$$\frac{\partial u}{\partial t} + a_0\,\frac{\partial u}{\partial x} = 0 \tag{4.246}$$

mit im allgemeinen $a_0 \neq a$. Die Konsistenz mit ENO ist daher nicht allgemein gesichert. Sie kann nur erreicht werden,

a) wenn γ — die Verschiebung der Treppenfunktion beim Rückspiel — so gewählt wird, daß $a_0 = a$ wird. Für γ gilt dann

$$\frac{\gamma}{\delta} = -\frac{1}{A\delta}\ln\left[(1-\Theta)\,(\exp(-A\delta)-1)\left(\frac{a\,\Delta t}{\delta}-n\right)\right], \tag{4.247}$$

b) bei Gewährleistung, daß im Grenzübergang δ, $\Delta t \to 0$ entweder gleichzeitig der Quotient $\delta/a\,\Delta t \to 0$ oder auch der Quotient $(n\delta)/(a\,\Delta t) \to 1$ strebt.

Die Anwendung der ENO ist beschränkt auf Fälle, wo $\delta/a\,\Delta t \ll 1$ ist oder eine Verschiebung γ eingeführt werden kann. In [18] sind Abschätzungen angegeben, wonach im Bereich $\delta/a\,\Delta t < 0{,}01$ bei $\Theta = 0{,}5$ bis $\delta/a\,\Delta t < 0{,}02$ bei $\Theta = 0$ die ENO ohne größere Fehler — etwa 1% — anwendbar ist. Für γ wird dabei $\gamma \approx 0{,}5\delta$ empfohlen. Wird γ nach Gl. (4.247) bestimmt, dann sind die Koeffizienten vor der zweiten Ableitung $\partial^2 u/\partial x^2$ in Gl. (4.244) und (4.245) gleich. Dieser Koeffizient ist als ein fehlerhafter Diffusionskoeffizient zu betrachten, der durch das Richtungsdifferenzenverfahren „eingeschleppt" wurde. Wir bezeichnen ihn mit

$$k = a^2\,\Delta t\left(1-\frac{n\delta}{a\,\Delta t}\right)\left[\frac{\delta}{a\,\Delta t}\left(\frac{1}{2}n - \frac{1}{2} - \frac{1}{\exp(A\delta)-1}\right) - \frac{1}{2}\right]. \tag{4.248}$$

Für den Standardfall des KRDZ-Verfahrens für PDGl 1. Ordnung ($\Delta x = 0$) beträgt dieser spurenhafte Diffusionskoeffizient

$$k|_{\Delta x=0} = -\frac{a^2\,\Delta t}{2} - \frac{a\delta}{2}\coth\left(\frac{A\delta}{2}\right). \tag{4.249}$$

Interessant ist die Arbeit [143], in der verschiedene numerische Fehler als spurenhafte physikalische Koeffizienten interpretiert werden und in der das gleiche Ergebnis wie in Gl. (4.249) hergeleitet wird.

Der Zusammenhang zwischen den Implementierungsparametern Δt, $\Delta x = n\delta$, δ, Θ und k ist deutlich durch folgende asymptotische Ausdrücke für k ausgedrückt

a) $\left|\frac{n\delta}{a\,\Delta t} - 1\right| \ll 1 \quad \searrow \quad k \approx \frac{a\delta}{2}\left|\frac{n\delta}{a\,\Delta t} - 1\right|,$

b) $\frac{\delta}{a\,\Delta t} \ll 1 \quad \searrow \quad k \approx a^2\,\Delta t\left(\frac{1}{2} - \Theta\right)\left(1 - \frac{n\delta}{a\,\Delta t}\right)^2,$

c) $\frac{\delta}{a\,\Delta t} \ll 1$ und $\frac{n\delta}{a\,\Delta t} \ll 1 \quad \searrow \quad k \approx a^2\,\Delta t\left(\frac{1}{2} - \Theta\right),$

d) $\frac{\delta}{a\,\Delta t} \ll 1$ und $\Theta = 0{,}5 \quad \searrow \quad k \approx \frac{a\delta}{6}\frac{\delta}{a\,\Delta t}.$

Aus diesen Ausdrücken resultiert eine möglichst gleichgroße Wahl von $n\delta$ und $a\,\Delta t$. Das heißt, die Tastperiode δ muß nicht unbedingt so klein wie möglich sein, es kommt auf die richtige Neigung der Richtungsdifferenzenquotienten an. Die Wahl $\Theta = 0{,}5$ ist günstig, jedoch wie praktische Erfahrungen zeigen, nicht im Falle des Standard-KRDZ-Verfahrens ($\Delta x = 0$).

Die Wahl von Θ beeinflußt wesentlich die Stabilität des in Zeitrichtung fortschreitenden Rechenprozesses. Zur Untersuchung dieses Einflusses ist ähnlich wie in Kap. 4.5.1.3. ein Übergang in den Frequenzbereich mit Hilfe der Fourier-Transformation angebracht. Ohne näher darauf einzugehen, gilt für das Richtungsdifferenzenverfahren folgender komplexe Verstärkungsfaktor [20], [19]:

$$G(j\omega) = 1 + \frac{1 - \exp(A\delta)}{A\delta(1-\Theta)} - \frac{[\exp(A\delta) - 1]^2}{A\delta(1-\Theta)\,[\exp(j\omega\delta) - \exp(A\delta)]}. \tag{4.250}$$

Dieser Verstärkungsfaktor beschreibt die Übertragung des Spektrums der räumlichen Abhängigkeit der Lösung u zwischen zwei Zeitlinien. Die Forderung für Stabilität in Zeitrichtung lautet verständlicherweise

$$|G(j\omega)| < 1\,. \tag{4.251}$$

Daraus folgt für Θ die Bedingung

$$\Theta < 1 - \frac{\frac{\delta}{a\,\Delta t}}{2\,\operatorname{arctanh}\left(\frac{\delta}{a\,\Delta t}\right)}. \tag{4.252}$$

Für den Fall $\delta/a\,\Delta t \ll 1$ ist $\operatorname{arctanh}(\delta/a\,\Delta t) \approx \delta/a\,\Delta t$, und die Stabilitätsforderung lautet $\Theta < 1/2$. Für andere Implementierungsparameter, wo $\delta/a\,\Delta t$ größere Werte annimmt, wächst auch die Stabilitätsgrenze für Θ bis $\Theta = 1$ für $\delta/a\,\Delta t \to 1$.

Der rechentechnisch eingebrachte Diffusionskoeffizient kann andererseits benutzt werden, um einen real vorhandenen Diffusionskoeffizienten d zu modellieren. Es besteht dadurch die Möglichkeit, eine Gleichung der Form

$$\frac{\partial u}{\partial t} + a\frac{\partial u}{\partial x} = d\frac{\partial^2 u}{\partial x^2} \tag{4.253}$$

auf einem hybriden Rechnersystem mit geringem Fehler zu lösen, indem d durch die Wahl der Implementierungsparameter erzeugt wird.

In [19] wird ausführlich auf diese Möglichkeit eingegangen. Wichtig ist dabei das Ergebnis, daß für $a = 0$ in Gl. (4.253) auch für die Diffusionsgleichung, wie wir sie in Kap. 4.5.2.2. behandelt haben, die bisherige Fehleranalysis übertragen werden kann. Der durch das Hybridverfahren eingebrachte zusätzliche Diffusionskoeffizient beträgt dann [19]:

$$k = -\,d\frac{\lambda\delta}{2}\coth\left(\frac{\lambda\delta}{2}\right). \tag{4.254}$$

Die Stabilitätsgrenze für Θ lautet dann:

$$\Theta < 1 - \frac{\sinh(\lambda\delta)}{\lambda\delta(1+\cosh(\lambda\delta))} \tag{4.255}$$

mit

$$\lambda = 1/\sqrt{d\,\Delta t(1-\Theta)}\,. \tag{4.256}$$

Beispiel [147]: Die Gleichungen einer einphasigen elektrischen Übertragungsleitung lauten

$$\frac{\partial i}{\partial t} + \frac{1}{L}\frac{\partial u}{\partial x} = -\frac{R}{L}i\,,$$

$$\frac{\partial u}{\partial t} + \frac{1}{C}\frac{\partial i}{\partial x} = -\frac{G}{C}u\,,$$

wo $i(x, t)$ der Strom und $u(x, t)$ die Spannung bedeuten. L, C, R, G sind spezifische elektrische Konstanten bezogen auf die Längeneinheit.

Diese Gleichungen können auf die charakteristische Normalform transformiert werden (s. Kap. 4.5.3.1.)

$$\frac{\partial w_1}{\partial t} + \frac{1}{\sqrt{LC}}\frac{\partial w_1}{\partial x} = -\left(\frac{R}{2L}+\frac{G}{2C}\right)w_1 - \left(\frac{R}{2L}-\frac{G}{2C}\right)w_2\,,$$

$$\frac{\partial w_2}{\partial t} - \frac{1}{\sqrt{LC}}\frac{\partial w_2}{\partial x} = -\left(\frac{R}{2L}+\frac{G}{2C}\right)w_2 - \left(\frac{R}{2L}-\frac{G}{2C}\right)w_1\,,$$

wobei gilt

$$w_1 = \left(i + \sqrt{\frac{C}{L}}u\right); \qquad w_2 = \left(i - \sqrt{\frac{C}{L}}u\right).$$

Mit den Abkürzungen

$$\frac{R}{2L}+\frac{G}{2C} = A; \qquad \frac{R}{2L}-\frac{G}{2C} = B$$

erhalten wir

$$\frac{\partial w_1}{\partial t} + \frac{1}{\sqrt{LC}}\frac{\partial w_1}{\partial x} = -Aw_1 - Bw_2\,,$$

$$\frac{\partial w_2}{\partial t} - \frac{1}{\sqrt{LC}}\frac{\partial w_2}{\partial x} = -Aw_2 - Bw_1\,.$$

Wir wenden nun das KRDZ-Verfahren an und setzen den Interpolationsfaktor $\Theta = 1/2$. Es sei $w_{1j}(x)$ die Approximation von $w_1(x, j\,\Delta t)$ und $\tilde{w}_{2j}(x)$ die von $w_2(x, j\,\Delta t)$.

Dann gilt

$$\frac{w_{1,j+1} - w_{1j}}{\Delta t} + \frac{1}{2\sqrt{LC}}\left(\frac{dw_{1,j+1}}{dx} + \frac{dw_{1j}}{dx}\right) = -\frac{A}{2}(w_{1,j+1} + w_{1,j}) - \frac{B}{2}(\tilde{w}_{2,j+1} + \tilde{w}_{2j})\,.$$

Nach Umformung erhalten wir

$$\frac{dw_{1,j+1}}{dx} + 2\sqrt{LC}\left(\frac{1}{\Delta t} + \frac{A}{2}\right)w_{1,j+1} = -2\sqrt{LC}\,\frac{B}{2}\,\tilde{w}_{2,j+1} + \frac{2\sqrt{LC}}{\Delta t}\,\tilde{w}_{1,j+1/2}\,, \tag{I}$$

wobei als

$$\tilde{w}_{1,j+1/2} = w_{1j} - \frac{\Delta t}{2}\left(\frac{1}{\sqrt{LC}}\frac{dw_{1j}}{dx} + Aw_{1j} + B\tilde{w}_{2j}\right)$$

definiert wurde. $\tilde{w}_{1,j+1/2}$ approximiert $w_1\left(x, \left(j + \frac{1}{2}\right)\Delta t\right)$ mit zwei Gliedern der TAYLOR-Reihe

$$\tilde{w}_{1,j+1/2} = w_{1j} + \frac{\Delta t}{2}\left[\frac{\partial w_1}{\partial t}\right]_j,$$

wie man sich leicht überzeugen kann.

Außerdem läßt sich folgende rekursive Beziehung herleiten. Es gilt zunächst

$$\tilde{w}_{1,j+3/2} = w_{1,j+1} - \frac{\Delta t}{2}\left(\frac{1}{\sqrt{LC}}\frac{dw_{1,j+1}}{dx} + Aw_{1,j+1} + B\tilde{w}_{2,j+1}\right),$$

woraus mit Gl. (I)

$$\tilde{w}_{1,j+3/2} = 2w_{1,j+1} - \tilde{w}_{1,j+1/2} \tag{II}$$

folgt.

In gleicher Weise können wir aus

$$\frac{w_{2,j+3/2} - w_{2,j+1/2}}{\Delta t} - \frac{1}{2\sqrt{LC}}\left(\frac{dw_{2,j+3/2}}{dx} + \frac{dw_{2,j+1/2}}{dx}\right) =$$

$$= -\frac{A}{2}(w_{2,j+3/2} + w_{2,j+1/2}) - \frac{B}{2}(\tilde{w}_{1,j+3/2} + \tilde{w}_{1,j+1/2})$$

die Beziehungen

$$\frac{dw_{2,j+3/2}}{dx} = 2\sqrt{LC}\left(\frac{1}{\Delta t} + \frac{A}{2}\right)w_{2,j+3/2} = 2\sqrt{LC}\,\frac{B}{2}\,\tilde{w}_{1,j+3/2} - \frac{2\sqrt{LC}}{\Delta t}\,\tilde{w}_{2,j+1}\,, \tag{III}$$

$$\tilde{w}_{2,j+2} = 2w_{2,j+3/2} - \tilde{w}_{2,j+1} \tag{IV}$$

finden.

Die Berechnung der Lösungen längs aufeinanderfolgender Linien geschieht in der Reihenfolge der Gleichungen (I), (II), (III) bzw. (IV) und wiederholt sich so lange, bis die gewünschte Endzeit erreicht ist. Die rechentechnische Stabilität (s. Kap. 4.5.2.2.) der Gl. (III) verlangt eine „Rückwärtsintegration" von $x = x_{max}$ zu $x = 0$.

Für die Implementierung am Hybridrechensystem empfiehlt sich noch eine Inkrementaldarstellung. Subtrahieren wir von Gl. (I) auf beiden Seiten den Term

$$\frac{d\tilde{w}_{1,j+1/2}}{dx} + 2\sqrt{LC}\left[\left(\frac{1}{\Delta t} + \frac{A}{2}\right)\tilde{w}_{1,j+1/2} + \frac{B}{2}\,w_{2,j+1/2}\right],$$

so erhalten wir mit den Definitionen

$$\Delta w_{1,j+1} = w_{1,j+1} - \tilde{w}_{1,j+1/2}$$

und

$$\Delta\tilde{w}_{2,j+1} = \tilde{w}_{2,j+1} - w_{2,j+1/2}$$

die Gleichung

$$\frac{\mathrm{d}\Delta w_{1,j+1}}{\mathrm{d}x} + 2\sqrt{LC}\left(\frac{1}{\Delta t} + \frac{A}{2}\right)\Delta w_{1,j+1} = -\frac{\mathrm{d}\tilde{w}_{1,j+1/2}}{\mathrm{d}x} - $$

$$- 2\sqrt{LC}\left[\frac{A}{2}\tilde{w}_{1,j+1/2} + \frac{B}{2}(w_{2,j+1/2} + \Delta\tilde{w}_{2,j+1})\right]. \tag{V}$$

Auf ähnliche Weise bekommen wir

$$\frac{\mathrm{d}\Delta w_{2,j+3/2}}{\mathrm{d}x} - 2\sqrt{LC}\left(\frac{1}{\Delta t} + \frac{A}{2}\right)\Delta w_{2,j+3/2} = -\frac{\mathrm{d}\tilde{w}_{2,j+1}}{\mathrm{d}x} + $$

$$+ 2\sqrt{LC}\left[\frac{A}{2}\tilde{w}_{2,j+1} + \frac{B}{2}(w_{1,j+1} + \Delta\tilde{w}_{1,j+3/2})\right]. \tag{VI}$$

Am Analogrechner werden nur Inkrementallösungen berechnet, die im Digitalrechner zur „vollen“ Lösung ergänzt werden. Der Vorteil besteht dabei darin, daß über den ADU nur die Inkrementallösung im Wertevorrat der Maschineneinheit übertragen zu werden braucht und somit geringere Rundungsfehler entstehen. Die Ableitungen $\mathrm{d}\tilde{w}_{1,j+1/2}/\mathrm{d}x$ bzw. $\mathrm{d}\tilde{w}_{2,j+1}/\mathrm{d}x$ in Gl. (V) und (VI) sind im Digitalrechner durch numerische Differentiation zu bilden.

4.5.3. Charakteristikenverfahren

Das Charakteristikenverfahren ist seiner Natur nach als Hybridverfahren geeignet, da dabei eine PDGl oder ein PDGl-System in ein GDGl-System umgewandelt wird. Die GDGl sind jedoch nicht längs paralleler Linien zu den Achsen zu integrieren, sondern längs der sog. charakteristischen Linien. Eine solchermaßen gefundene Lösung der PDGl heißt dann Charakteristik. Das Charakteristikenverfahren ist somit ebenfalls ein Linienverfahren. Das Richtungsdifferenzenverfahren haben wir noch zu den KRDZ-Verfahren gerechnet. Seine enge Verwandtschaft zum Charakteristikenverfahren wird offenbar werden.

4.5.3.1. Transformation auf die Normalform, Charakteristiken

Wir haben schon einmal betont, daß sich alle PDGl höherer Ordnung bei zwei unabhängigen Variablen auf quasilineare PDGl-Systeme erster Ordnung reduzieren lassen. Demzufolge besitzen diese Systeme erhöhte Bedeutung. Ein solches System sei in der Form

$$\boldsymbol{A}(x, t, \boldsymbol{u})\frac{\partial \boldsymbol{u}}{\partial x} + \boldsymbol{B}(x, t, \boldsymbol{u})\frac{\partial \boldsymbol{u}}{\partial t} = \boldsymbol{c}(x, t, \boldsymbol{u}) \tag{4.257}$$

gegeben. Darin sind $\boldsymbol{A}$, $\boldsymbol{B}$ n-reihige quadratische Matrizen, $\boldsymbol{c}$ ein n-dimensionaler Vektor. $\boldsymbol{u}(x, t)$ ist der gesuchte n-dimensionale Lösungsvektor.

Das Charakteristikenverfahren ist auf hyperbolische PDGl-Systeme beschränkt. Für diesen Typ besitzt die Matrix $\boldsymbol{B}^{-1}\boldsymbol{A}$ genau n verschiedene reelle Eigenwerte $\lambda_1, \dots, \lambda_n$. Die Matrix $\boldsymbol{B}^{-1}\boldsymbol{A}$ läßt sich also diagonalisieren.

$$\boldsymbol{B}^{-1}\boldsymbol{A} = \boldsymbol{M}^{-1}\boldsymbol{\Lambda}\boldsymbol{M}. \tag{4.258}$$

$\boldsymbol{M}$ ist eine nichtsinguläre Transformationsmatrix, $\boldsymbol{\Lambda}$ die Diagonalmatrix der Eigenwerte. Multiplizieren wir Gl. (4.257) mit $\boldsymbol{M}\boldsymbol{B}^{-1}$ von links, erhalten wir die charakteristische Normalform

$$\boldsymbol{\Lambda M}\frac{\partial \boldsymbol{u}}{\partial x} + \boldsymbol{M}\frac{\partial \boldsymbol{u}}{\partial t} = \boldsymbol{d}\,, \tag{4.259}$$

wobei $\boldsymbol{d} = \boldsymbol{MB}^{-1}\boldsymbol{c}$ gesetzt wurde.

In ausführlicher Schreibweise stellt sich Gl. (4.259) folgendermaßen dar

$$\left.\begin{aligned}
m_{11}\left(\lambda_1\frac{\partial u_1}{\partial x} + \frac{\partial u_1}{\partial t}\right) + \dots + m_{1n}\left(\lambda_n\frac{\partial u_n}{\partial x} + \frac{\partial u_n}{\partial t}\right) &= d_1,\\
m_{21}\left(\lambda_1\frac{\partial u_1}{\partial x} + \frac{\partial u_1}{\partial t}\right) + \dots + m_{2n}\left(\lambda_n\frac{\partial u_n}{\partial x} + \frac{\partial u_n}{\partial t}\right) &= d_2\,,\\
\dots\dots\dots\dots\dots\dots\dots\dots\dots\dots\dots\dots\dots\dots\\
m_{n1}\left(\lambda_1\frac{\partial u_1}{\partial x} + \frac{\partial u_1}{\partial t}\right) + \dots + m_{nn}\left(\lambda_n\frac{\partial u_n}{\partial x} + \frac{\partial u_n}{\partial t}\right) &= d_n\,.
\end{aligned}\right\} \tag{4.260}$$

Im linearen und halblinearen Fall sind $\boldsymbol{M}$ und $\boldsymbol{\Lambda}$ nicht mehr von $\boldsymbol{u}$ abhängig, also nur noch von x und t. $\boldsymbol{M}(x, t)$ sei stetig differenzierbar, und es gelte

$$\boldsymbol{w}(x, t) = \boldsymbol{M}(x, t)\,\boldsymbol{u}(x, t)\,. \tag{4.261}$$

Aus Gl. (4.261) folgen die partiellen Ableitungen

$$\boldsymbol{\Lambda}(x, t)\,\boldsymbol{M}(x, t)\frac{\partial \boldsymbol{u}}{\partial x} = \boldsymbol{\Lambda}(x, t)\left[\frac{\partial \boldsymbol{w}}{\partial x} - \frac{\partial \boldsymbol{M}}{\partial x}\boldsymbol{u}(x, t)\right], \tag{4.262}$$

$$\boldsymbol{M}(x, t)\frac{\partial \boldsymbol{u}}{\partial t} = \frac{\partial \boldsymbol{w}}{\partial t} - \frac{\partial \boldsymbol{M}}{\partial t}\boldsymbol{u}(x, t)\,. \tag{4.263}$$

Die Normalform (4.259) vereinfacht sich damit zu

$$\boldsymbol{\Lambda}(x, t)\left[\frac{\partial \boldsymbol{w}}{\partial x} - \frac{\partial \boldsymbol{M}}{\partial x}\boldsymbol{u}(x, t)\right] + \frac{\partial \boldsymbol{w}}{\partial t} - \frac{\partial \boldsymbol{M}}{\partial t}\boldsymbol{u}(x, t) = \boldsymbol{d} \tag{4.264}$$

bzw. zu

$$\boldsymbol{\Lambda}(x, t)\frac{\partial \boldsymbol{w}}{\partial x} + \frac{\partial \boldsymbol{w}}{\partial t} = \boldsymbol{g}\,. \tag{4.265}$$

Dabei ist $\boldsymbol{g} = \boldsymbol{g}(x, t) = \left[\boldsymbol{\Lambda}(x, t)\frac{\partial \boldsymbol{M}}{\partial x} + \frac{\partial \boldsymbol{M}}{\partial t}\right]\boldsymbol{u}(x, t) + \boldsymbol{d}(x, t, \boldsymbol{u})$ gesetzt worden. Die Vereinfachung verdeutlicht sich am besten in ausführlicher Schreibweise im Vergleich zu Gl. (4.260)

$$\left.\begin{aligned}
\lambda_1\frac{\partial w_1}{\partial x} + \frac{\partial w_1}{\partial t} &= g_1\,,\\
\lambda_2\frac{\partial w_2}{\partial x} + \frac{\partial w_2}{\partial t} &= g_2\,,\\
\dots\dots\dots&\dots\\
\lambda_n\frac{\partial w_n}{\partial x} + \frac{\partial w_n}{\partial t} &= g_n\,.
\end{aligned}\right\} \tag{4.266}$$

In jeder Gleichung kommen nur Ableitungen einer Variablen vor, die Kopplung der Gleichungen geschieht nur über die g_i, $i = 1(1)\,n$. Es gelingt auch oft, quasilineare PDGl auf die Normalform (4.266) zu bringen. Dann sind die λ_i jedoch Funktionen von x, t und $\boldsymbol{u}$.

Die linken Seiten in Gl. (4.266) stellen ihrerseits Richtungsableitungen dar. Die Richtungsableitung einer vektorwertigen Funktion $\boldsymbol{f}(x, t)$ ist definiert als

$$\frac{\mathrm{d}\boldsymbol{f}}{\mathrm{d}t} = \frac{\partial \boldsymbol{f}}{\partial t} + \frac{\partial \boldsymbol{f}}{\partial x}\frac{\mathrm{d}\varphi}{\mathrm{d}t}, \tag{4.267}$$

d. h., es handelt sich um die Ableitung von $\boldsymbol{f}$ in Richtung einer Kurve, die in der t-x-Ebene liegt und durch $x = \varphi(t)$ vorgegeben ist. Wir definieren in jedem Punkt der t-x-Ebene n charakteristische Richtungen

$$\frac{\mathrm{d}x}{\mathrm{d}t} = \lambda_i(x, t)\,, \quad i = 1(1)\,n\,. \tag{4.268}$$

Die Lösungen dieser GDGl bezeichnen wir als charakteristische Linien. Bei Beachtung von Gl. (4.267) und (4.268) reduziert sich Gl. (4.266) auf ein GDGl-System

$$\frac{\mathrm{d}w_i}{\mathrm{d}t} = g_i(x, t)\,. \tag{4.269}$$

Die längs der charakteristischen Linien gefundenen Lösungen nennen wir Charakteristiken. Sie sind durch Lösung der GDGl-Systeme (4.268) und (4.269) auffindbar. Für die Implementierung auf einem hybriden Rechnersystem gibt es nun verschiedene Wege.

4.5.3.2. *Hybridimplementierung nach* McAvoy

Vorgelegt sei ein hyperbolisches PDGl-System in der Normalform

$$\lambda_i(x, t, \boldsymbol{u})\frac{\partial u_i}{\partial x} + \frac{\partial u_i}{\partial t} = g_i(x, t, \boldsymbol{u})\,, \quad i = 1(1)\,n\,, \tag{4.270}$$

dessen Lösung im Halbstreifen $x \in [0, L]$, $t \geqq 0$ gesucht ist. Die charakteristischen Richtungen von Gl. (4.270) sind definiert durch

$$\frac{\mathrm{d}x}{\mathrm{d}t} = \lambda_i(x, t, \boldsymbol{u})\,, \quad i = 1(1)\,n\,, \tag{4.271}$$

und in diesen Richtungen lautet Gl. (4.270)

$$\frac{\mathrm{d}u_i}{\mathrm{d}t} = g_i(x, t, \boldsymbol{u})\,, \quad i = 1(1)\,n\,. \tag{4.272}$$

Beide GDGl-Systeme werden als charakteristische GDGl bezeichnet.

Wir diskretisieren die t-Koordinate und interessieren uns für Lösungspunkte, die über den Schnittpunkten der charakteristischen Linien mit den Geraden $t = \text{const.}$ liegen. Das heißt, die Lösung im oben definierten Halbstreifen ist nur in diskreten Punkten gesucht. Für $t = 0$ seien die diskreten Punkte $x_j = j\,\Delta x$, $j = 1(1)\,m$, vorgegeben. Wir können dann längs der charakteristischen Linien nach Gl. (4.271) fort-

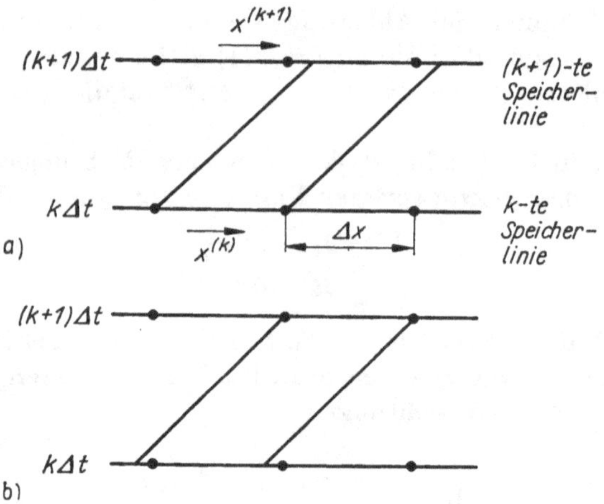

Abb. 4.41. Speicherpunkte und charakteristische Linien im Zeitintervall $[t, t + \Delta t]$

schreiten bis zum Schnittpunkt mit der Linie Δt = const. In Abb. 4.41 a) ist es generell für die k-te und $(k + 1)$-te Speicherlinie gezeigt. Dabei liegen in der Regel die Schnittpunkte nicht auf den erforderlichen Speicherpunkten. Einen Ausweg aus der Problematik erreichen wir durch folgendes Vorgehen. Wir diskretisieren Gl. (4.271) — Euler-Verfahren — und erhalten

$$x^{(k+1)} = x^{(k)} + \Delta t\, \lambda_i(x, t, \boldsymbol{u}) \,. \tag{4.273}$$

Gl. (4.273) drückt die funktionelle Abhängigkeit $x^{(k+1)}(x^{(k)})$ aus. Wir suchen nun umgekehrt solche charakteristischen Linien, daß ihre Schnittpunkte auf der $(k + 1)$-ten Speicherlinie mit einem entsprechenden Speicherpunkt zusammenfallen (Abb. 4.41 b). Dazu erzeugen wir Gl. (4.273) auf dem Analogrechner (s. Abb. 4.42). x^k wird als kontinuierliche Funktion längs der k-ten Speicherlinie bereitgestellt. Über einen Komparator, der nacheinander die Speicherpunktkoordinaten $x_j = j\,\Delta x$, $j = 1(1)\,m$ erhält, wird geprüft, ob $x^{(k+1)} = x_j^{(k+1)}$, also Speicherpunkt ist.

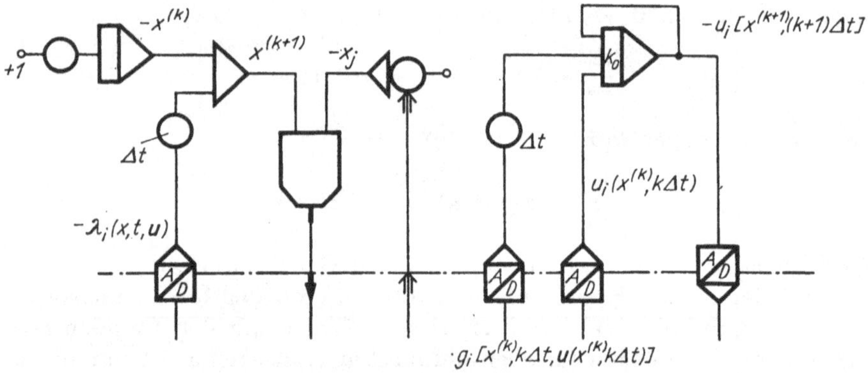

Abb. 4.42. Implementierung der Gl. (4.273) und (4.274) am hybriden Rechnersystem, $k_0 \gg 1$

Außerdem diskretisieren wir auch Gl. (4.272)

$$u_i[x_j^{(k+1)}, (k+1)\,\Delta t] = u_i(x^{(k)}, k\,\Delta t) + \Delta t g_i[x^{(k)}, k\,\Delta t, \boldsymbol{u}(x^{(k)}, k\,\Delta t)]\,. \quad (4.274)$$

Die Komponenten des Vektors $\boldsymbol{u}(x_j^{(k)}, k\,\Delta t)$ sind im Digitalrechner gespeichert, es läßt sich durch D/A-Umsetzung und gegebenenfalls Interpolation eine kontinuierliche Funktion $\boldsymbol{u}(x^{(k)}, k\,\Delta t)$ daraus erzeugen. Die Rechenschaltung für Gl. (4.274) ist ebenfalls in Abb. 4.42 angeführt. Sobald der Komparator einen Speicherpunkt feststellt, wird der Analogrechner in Halten gebracht und der Wert $u_{i,j}^{(k+1)}$ im Digitalrechner abgespeichert. Für jede Komponente $u_i(x, t)$ sind Gl. (4.273) und (4.274) simultan am Analogrechner zu lösen. Die Funktionen $\lambda_i(x, t, \boldsymbol{u})$ und $g_i[x^{(k)}, k\,\Delta t, \boldsymbol{u}(x^{(k)}, k\,\Delta t)]$ sind entweder durch Hybrid-Tabellenlesetechnik im Digitalrechner oder durch Hybrid-Funktionsgeber (s. Kap. 4.3.) zu erzeugen. Nur bei einfachen Funktionen ist ihre Erzeugung direkt auf dem Analogrechner möglich. Die Kopplung der einzelnen Komponenten des Lösungsvektors erfolgt offensichtlich nur über λ_i und g_i und ist bei der Implementierung entsprechend zu berücksichtigen.

In Randnähe — $x = 0$ und $x = L$ — sind Gl. (4.273) und (4.274) nicht mehr zulässig, da hier $x^{(k+1)}$-Werte erzeugt würden, die außerhalb des interessierenden Lösungsgebietes liegen, bzw. $x^{(k)}$-Werte benötigt würden, die nicht vorhanden sind. Abb. 4.43 zeigt den Zulässigkeitsbereich für Gl. (4.273) und (4.274) für positives und negatives λ_i. An den Rändern ist deshalb das Verfahren zu modifizieren.

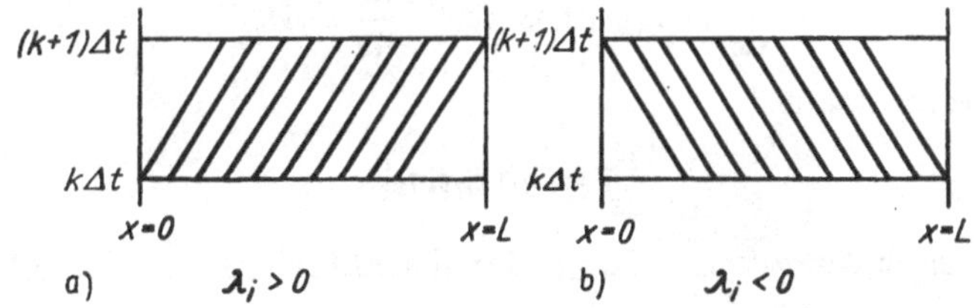

Abb. 4.43. Zulässigkeitsbereiche der Anwendung von Gl. (4.273) und (4.274)

Wir setzen voraus, daß $\boldsymbol{u}(0, t)$ gegeben ist und nehmen $\lambda_i < 0$ an. Da $\boldsymbol{u}(0, t)$ im Digitalrechner gespeichert ist, kann es von $(k+1)\,\Delta t$ bis $k\,\Delta t$ in kontinuierlicher Form zum Analogrechner zurückgespielt werden. Gl. (4.271) kann daher für $x = 0$ direkt integriert werden

$$x^{(k+1)} = \int_{(k+1)\,\Delta t}^{\vartheta} \lambda_i[0, \vartheta, \boldsymbol{u}(0, \vartheta)]\,\mathrm{d}\vartheta\,. \quad (4.275)$$

In der Rechenschaltung in Abb. 4.42 ist dann nur ein Integrierer zur Erzeugung von $x^{(k+1)}$ erforderlich. Der Komparator stoppt diese Integration, wenn ein Speicherpunkt $x_j^{(k+1)}$ gefunden wurde.

Die diskretisierte Gl. (4.272) hat nun die Form

$$u_i[x_j^{(k+1)}, (k+1)\,\Delta t] = u_i(0, \vartheta) + [(k+1)\,\Delta t - \vartheta]\, g_i[0, \vartheta, \boldsymbol{u}(0, \vartheta)]\,. \quad (4.276)$$

Die Rechenschaltung in Abb. 4.42 ist dahingehend zu modifizieren, daß g_i durch einen Multiplizierer mit einer über einen Integrierer erzeugten Geradenfunktion $[(k+1)\,\Delta t - \vartheta]$, $\vartheta \in [(k+1)\,\Delta t, k\,\Delta t]$ zu multiplizieren ist. Die Modifikationen der Rechenschaltung, wie sie durch Gl. (4.275) und (4.276) ausgedrückt sind, sind über gesteuerte Schalter automatisch bei Erreichen des Randgebietes zu realisieren. Ein

Beispiel zu diesem Verfahren und einige vergleichende Bemerkungen zum Richtungsdifferenzenverfahren von Bosgra und Buis sind [86] zu entnehmen. Die wichtigste Erkenntnis ist, daß das Charakteristikenverfahren und das Richtungsdifferenzenverfahren sprungförmige Störungen in Gl. (4.257) richtig widerspiegeln, während das KRDZ-Verfahren solche Effekte nicht richtig in der Lösung zum Ausdruck bringt.

4.5.3.3. *Semicharakteristikenverfahren nach* André

Das Verfahren ist auf zwei Gleichungen der Normalform

$$\frac{\partial u_i}{\partial t} + \lambda_i(x, t, \boldsymbol{u}) \frac{\partial u_i}{\partial x} = g_i(x, t, \boldsymbol{u}), \quad i = 1, 2, \tag{4.277}$$

beschränkt. $\boldsymbol{u} = (u_1 u_2)^T$. Zu beiden PDGl gehören die GDGl

$$\frac{\mathrm{d}u_i}{\mathrm{d}t} = g_i(x, t, \boldsymbol{u}), \quad i = 1, 2, \tag{4.278}$$

die längs der beiden charakteristischen Linien gelten. André [2] drückt nun beide Gl. (4.278) längs einer charakteristischen Linie aus und erhält somit für die Implementierung am hybriden Rechnersystem gewisse Vorteile. Die GDGl für die gemeinsame charakteristische Linie sei

$$\frac{\mathrm{d}x}{\mathrm{d}s} = \lambda_1(x, t, \boldsymbol{u}), \qquad \frac{\mathrm{d}t}{\mathrm{d}s} = 1. \tag{4.279}$$

Die Gl. (4.278) ergibt somit

$$\frac{\mathrm{d}u_1}{\mathrm{d}s} = g_1(x, t, \boldsymbol{u}). \tag{4.280}$$

Für die Richtungsableitung von u_2 längs der charakteristischen Linie $[x(s), t(s)]$ folgt mit Gl. (4.279)

$$\frac{\mathrm{d}u_2}{\mathrm{d}s} = \frac{\partial u_2}{\partial t}\frac{\mathrm{d}t}{\mathrm{d}s} + \frac{\partial u_2}{\partial x}\frac{\mathrm{d}x}{\mathrm{d}s} = \frac{\partial u_2}{\partial t} + \frac{\partial u_2}{\partial x}\lambda_1(x, t, \boldsymbol{u}). \tag{4.281}$$

Unter Berücksichtigung von Gl. (4.277) erhalten wir daraus

$$\frac{\mathrm{d}u_2}{\mathrm{d}s} = [\lambda_1(x, t, \boldsymbol{u}) - \lambda_2(x, t, \boldsymbol{u})] \frac{\partial u_2}{\partial x} + g_2(x, t, \boldsymbol{u}). \tag{4.282}$$

Die Gl. (4.280) und (4.282) sind die charakteristischen GDGl längs der durch Gl. (4.279) bestimmten charakteristischen Linie.

Wir diskretisieren nun Gl. (4.280) und (4.282) bezüglich s, indem wir $\mathrm{d}u_i/\mathrm{d}s$, $i = 1, 2$ längs der charakteristischen Linie durch

$$\frac{u_i\big(x, (k+1)\,\Delta t\big) - u_i(x - \Delta x, \Delta t)}{\Delta s} \tag{4.283}$$

ersetzen.

$$u_1^{(k+1)}(x) - u_1^{(k)}(x - \Delta x) = \Delta s\, g_1\big(x, (k+1)\,\Delta t, \boldsymbol{u}^{(k+1)}\big), \tag{4.284}$$

$$[\lambda_2\big(x, (k+1)\,\Delta t, \boldsymbol{u}^{(k+1)}\big) - \lambda_1\big(x, (k+1)\,\Delta t, \boldsymbol{u}^{(k+1)}\big)] \frac{\mathrm{d}u_2^{(k+1)}}{\mathrm{d}x} + \frac{1}{\Delta s} u_2(x)^{(k+1)} =$$

$$= g_2\big(x, (k+1)\,\Delta t, \boldsymbol{u}^{(k+1)}\big) + \frac{1}{\Delta s} u_2^{(k)}(x - \Delta x). \tag{4.285}$$

Beide Gl. (4.284) und (4.285) sind am hybriden Rechnersystem zu implementieren. Der wesentliche Unterschied zum KRDZ-Verfahren ist, daß Δs eine Änderung in Zeit- und Ortsrichtung bedeutet

$$\Delta t = \Delta s , \tag{4.286}$$

$$\Delta x = \lambda_1^{(k+1)} \Delta s . \tag{4.287}$$

Die enge Beziehung zum Richtungsdifferenzenverfahren ist offensichtlich (vgl. Kap. 4.5.2.5.).

4.5.4. Verfahren der Funktionalapproximation

Die Verfahren der Funktionalapproximation stellen eine weitere Möglichkeit dar, die Lösung von PDGl auf GDGl zurückzuführen und sind damit für die Implementierung auf einem hybriden Rechnersystem geeignet. Wir wollen uns im folgenden auch nur auf Anfangs-Randwertprobleme beschränken, bei denen die Überführung ein GDGl-System ergibt. Dei bei Randwertproblemen mögliche Reduzierung auf im allgemeinen nichtlineare Gleichungssysteme soll uns nur zur Erläuterung der Basisverfahren interessieren.

Das wesentliche der Verfahren ist, daß die Lösung $u(\boldsymbol{x})$ einer PDGl approximiert wird durch eine Ansatzfunktion, die häufig in linearer Form

$$\bar{u}(\boldsymbol{x}) = \sum_{i=1}^{N} a_i f_i(\boldsymbol{x}) \tag{4.288}$$

gewählt wird. Die $f_i(\boldsymbol{x})$ sind sogenannte Koordinatenfunktionen, deren sinnvolle Wahl u. a. auch eine Schwierigkeit der Verfahren darstellt. Die Koeffizienten a_i sind dann so zu bestimmen, daß die Abweichung der Ansatzfunktion zur Lösungsfunktion möglichst gering bleibt.

4.5.4.1. Basisverfahren der Funktionalapproximation

Zu den Basisverfahren gehören einerseits das Ritzsche Verfahren als direktes Verfahren der Variationsrechnung und andererseits verschiedene Verfahren, deren Gemeinsamkeit in der Beurteilung eines gewichteten Restes besteht. Letztere werden deshalb auch als „Gewichtete Rest-Verfahren" zusammengefaßt.

Für Variationsprobleme besteht bekanntlich ein Zusammenhang zwischen dem zu minimierenden Funktional und der Eulerschen Differentialgleichung. Das zu minimierende Funktional laute im einfachsten Fall — eine unabhängige Variable —

$$J(u) = \int_G F(x, u, u')\, \mathrm{d}G , \tag{4.289}$$

wobei G das Definitionsgebiet der Funktion $u(x)$ ist. Die zugehörige Eulersche Differentialgleichung ist dann

$$\frac{\partial F}{\partial u} - \frac{\partial}{\partial x}\left(\frac{\partial F}{\partial u'}\right) = 0 . \tag{4.290}$$

Das Ritzsche Verfahren besteht nun darin, eine Ansatzfunktion $u = \bar{u}(x, a_1, \dots, a_N)$, die die Randbedingungen erfüllt, direkt in Gl. (4.289) einzusetzen und die Werte der unbestimmten Koeffizienten a_i aus den Gleichungen

$$\frac{\partial J(\bar{u})}{\partial a_i} = 0\,, \quad i = 1(1)\,N\,, \tag{4.291}$$

zu bestimmen.

Demzufolge läßt sich die PDGl (4.290) näherungsweise lösen, indem das zugehörige Funktional (4.289) gebildet wird, in das eine geeignet gewählte Ansatzfunktion eingesetzt wird und indem durch die Gl. (4.291) die Koeffizienten a_i bestimmt werden.

Bei den Verfahren des gewichteten Restes ist der Zusammenhang zwischen PDGl und Funktional nicht erforderlich. Die PDGl sei in der Form

$$\left.\begin{aligned} L[u] &= \varphi(\boldsymbol{x})\,, \\ B_j[u] &= \gamma_j(\boldsymbol{x})\,, \quad j = 1(1)\,m \end{aligned}\right\} \tag{4.292}$$

gegeben. Der Vektor der unabhängigen Variablen $\boldsymbol{x}$ sei im Gebiet G definiert. L sei ein linearer oder nichtlinearer Differentialoperator, B_j seien die entsprechenden Randbedingungen. Wir setzen dann eine Näherungslösung für Gl. (4.292) an in der linearen Form

$$\bar{u}(x) = f_0(x) + \sum_{i=1}^{N} a_i f_i(\boldsymbol{x})\,. \tag{4.293}$$

Die f_i, $i = 1(1)\,N$, sind so auszuwählen, daß sie erstens linear unabhängig sind, zweitens Elemente eines vollständigen Funktionensystems sind und drittens spezielle Eigenarten des Problems berücksichtigen, wie Symmetrie, Monotonie u. ä. Außerdem müssen die f_i die Randbedingungen erfüllen. Empfehlenswert ist folgende Aufteilung

$$\left.\begin{aligned} B_j[f_0] &= \gamma_j\,, \quad j = 1(1)\,m\,, \\ B_j[f_i] &= 0\,, \quad j = 1(1)\,m,\ i \neq 0\,. \end{aligned}\right\} \tag{4.294}$$

Wenn wir die Ansatzfunktion (4.293) in die PDGl (4.292) einsetzen, können wir einen Rest definieren

$$R(\boldsymbol{a}, \boldsymbol{f}) = \varphi - L[\bar{u}] = \varphi - L\left[f_0 + \sum_{i=1}^{N} a_i f_i(\boldsymbol{x})\right]. \tag{4.295}$$

Die Absicht besteht nun darin, mit einer beschränkten Menge von Funktionen f_i den Rest R im bestimmten Sinne möglichst klein zu machen. Bei allen Verfahren des gewichteten Restes versuchen wir deshalb das gewogene Mittel

$$\int_G W_k\, R\, \mathrm{d}G\,, \quad k = 1(1)\,N\,, \tag{4.296}$$

des Restes R bezüglich einer Gewichtsfunktion W_k, $k = 1(1)\,N$ zum Verschwinden zu bringen. Diese Forderung ergibt N algebraische, im allgemeinen nichtlineare Gleichungen zur Bestimmung der a_i.

Je nach Auswahl der Gewichtsfunktion unterscheiden sich nun die Verfahren des gewichteten Restes. Am bekanntesten ist das Galerkin-Verfahren, wo einfach $W_k = f_k$ gesetzt wird, und es gilt

$$\int_G f_k R\, \mathrm{d}G = 0\,, \quad k = 1(1)\,N\,. \tag{4.297}$$

Beim Fehlerquadrat-Verfahren wird das Integral über das Quadrat des Restes bezüglich der a_k minimiert, d. h.

$$\frac{\partial}{\partial a_k} \int_G R^2 \, \mathrm{d}G = 2 \int_G \frac{\partial R}{\partial a_k} R \, \mathrm{d}G = 0 \, , \quad k = 1(1)\, N \, . \tag{4.298}$$

Hier ist $W_k = \partial R / \partial a_k$.

Andere bekannte Verfahren sind z. B. das Momentenverfahren oder das Kolloka-tions-Verfahren [145], [22].

4.5.4.2. *Funktionalapproximation für zeitabhängige Probleme*

Wir betrachten das Anfangs-Randwertproblem in der Unbekannten $u(x, t)$

$$\frac{\partial u}{\partial t} = X[u] + g(x, t) ; \quad x \in D, \ t \geqq 0 \, . \tag{4.299}$$

$X[.]$ ist ein im allgemeinen nichtlinearer partieller Differentialoperator m-ter Ordnung bezüglich x und $g(x, t)$ ist gegeben. Wir suchen die Lösung im Gebiet G definiert als $\{D, t \geqq 0\}$. D ist ein Raumgebiet, im vorliegenden eindimensionalen Fall das Intervall $[0, L]$.

Die Anfangs-Randbedingungen lauten:

$$u(x, 0) = u_0(x) \, , \quad x \in D \, , \tag{4.300}$$

$$B_j[u] = \gamma_j(x, t) \, , \quad j = 1(1)\, m ; \ t \geqq 0 \, . \tag{4.301}$$

Die Auswahl der Ansatzfunktion hängt von den Randbedingungen ab. Für *lineare homogene Randbedingungen*, d. h. $\gamma_j = 0$, $j = 1(1)\, m$, setzen wir an

$$\bar{u}(x, t) = \sum_{i=1}^{N} a_i(t) \, f_i(x) \, . \tag{4.302}$$

Damit sind die homogenen Randbedingungen identisch erfüllbar, wenn sie durch alle Koordinatenfunktionen $f_i(x)$ erfüllt werden. Für die Gl. (4.299) und die Anfangsbedingungen (4.300) entstehen Reste. Der Gleichungsrest:

$$R(\bar{u}) = \frac{\partial \bar{u}}{\partial t} - X[\bar{u}] - g(x, t) = \sum_{i=1}^{N} \frac{\mathrm{d}a_i}{\mathrm{d}t} f_i(x) - X\left[\sum_{i=1}^{N} a_i f_i\right] - g(x, t) \, . \tag{4.303}$$

Der Anfangswertrest:

$$A(\bar{u}) = \bar{u}(x, 0) - u_0(x) = \sum_{i=1}^{N} a_i(0) \, f_i(x) - u_0(x) \, . \tag{4.304}$$

Die Randwertreste

$$S_j(\bar{u}) = B_j[\bar{u}] - \gamma_j(x, t) \, , \quad j = 1(1)\, m \tag{4.305}$$

verschwinden, wie schon betont, unter der gemachten Voraussetzung $B_j[f_i] = 0$, $\gamma_j = 0$.

Der Gleichungsrest (4.303) ist nicht nur abhängig von $a_i(t)$ und $f_i(x)$, sondern auch von $\mathrm{d}a_i/\mathrm{d}t$. Wir wenden daher zweckmäßigerweise beim Fehlerquadrat-Verfahren

$$\frac{\partial}{\partial\left(\frac{\mathrm{d}a_k}{\mathrm{d}t}\right)} \int_0^L R^2\,\mathrm{d}x = 2 \int_0^L \frac{\partial R}{\partial\left(\frac{\mathrm{d}a_k}{\mathrm{d}t}\right)} R\,\mathrm{d}x = 0\,, \quad k = 1(1)\,N\,, \tag{4.306}$$

die Minimierung bezüglich der zeitlichen Ableitung der Koeffizienten a_k an. Mit der bekannten Definition für das Skalarprodukt zweier Funktionen $h_1(x)$ und $h_2(x)$

$$\langle h_1, h_2\rangle = \int_D h_1 \cdot h_2\,\mathrm{d}D \tag{4.307}$$

schreibt sich Gl. (4.306) unter Beachtung von Gl. (4.303)

$$\frac{\partial\langle R, R\rangle}{\partial\left(\frac{\mathrm{d}a_k}{\mathrm{d}t}\right)} = 2\langle R, f_k\rangle = 0\,, \quad k = 1(1)\,N\,. \tag{4.308}$$

Einsetzen von Gl. (4.303) führt zu

$$\left\langle\left(\sum_{i=1}^{N} \frac{\mathrm{d}a_i}{\mathrm{d}t} f_i - X\left[\sum_{i=1}^{N} a_i f_i\right] - g\right), f_k\right\rangle = 0\,, \quad k = 1(1)\,N\,, \tag{4.309}$$

oder zu

$$\sum_{i=1}^{N} \frac{\mathrm{d}a_i}{\mathrm{d}t} \langle f_i, f_k\rangle = \left\langle X\left[\sum_{i=1}^{N} a_i f_i\right], f_k\right\rangle + \langle g, f_k\rangle\,, \quad k = 1(1)\,N\,. \tag{4.310}$$

Damit ist ein GDGl-System zur Bestimmung der unbekannten $a_i(t)$ gefunden.

In Matrizenschreibweise stellt es sich folgendermaßen dar

$$\boldsymbol{F}\frac{\mathrm{d}\boldsymbol{a}}{\mathrm{d}t} = \left\langle X\left[\sum_{i=1}^{N} a_i f_i\right], \boldsymbol{f}\right\rangle + \langle g, \boldsymbol{f}\rangle\,. \tag{4.311}$$

Dabei ist

$$\boldsymbol{F} = \begin{bmatrix} \langle f_1, f_1\rangle & \langle f_2, f_1\rangle & \cdots & \langle f_N, f_1\rangle \\ \langle f_2, f_1\rangle & \langle f_2, f_2\rangle & \cdots & \langle f_N, f_2\rangle \\ \cdots & \cdots & \cdots & \cdots \\ \langle f_N, f_1\rangle & \langle f_N, f_2\rangle & \cdots & \langle f_N, f_N\rangle \end{bmatrix} \tag{4.312}$$

eine symmetrische Matrix, während

$$\boldsymbol{a} = \begin{bmatrix} a_1(t) \\ a_2(t) \\ \vdots \\ a_N(t) \end{bmatrix}; \qquad \langle\cdot, \boldsymbol{f}\rangle = \begin{bmatrix} \langle\cdot, f_1\rangle \\ \langle\cdot, f_2\rangle \\ \vdots \\ \langle\cdot, f_N\rangle \end{bmatrix} \tag{4.313}$$

Spaltenvektoren bilden. Unter der Voraussetzung, daß $\boldsymbol{F}^{-1}$ existiert, können wir Gl. (4.311) umformen zu

$$\frac{\mathrm{d}\boldsymbol{a}'}{\mathrm{d}t} = \boldsymbol{F}^{-1}\left(\left\langle X\left[\sum_{i=1}^{N} a_i f_i\right], \boldsymbol{f}\right\rangle + \langle g, \boldsymbol{f}\rangle\right). \tag{4.314}$$

Bilden die Koordinatenfunktionen ein Orthonormalsystem, d. h.

$$\langle f_i, f_k \rangle = \begin{cases} 1 & \text{für } i = k, \\ 0 & \text{für } i \neq k, \end{cases} \tag{4.315}$$

so sind $\boldsymbol{F}$ und $\boldsymbol{F}^{-1}$ Einheitsmatrizen und Gl. (4.311) bzw. (4.314) vereinfachen sich. Andererseits vereinfachen sich beide Gleichungen auch, wenn $X[.]$ ein linearer partieller Differentialoperator ist. Es gilt dann

$$\boldsymbol{F} \frac{\mathrm{d}\boldsymbol{a}}{\mathrm{d}t} = \boldsymbol{D}\boldsymbol{a} + \langle g, \boldsymbol{f} \rangle \tag{4.316}$$

bzw.

$$\frac{\mathrm{d}\boldsymbol{a}}{\mathrm{d}t} = \boldsymbol{F}^{-1}(\boldsymbol{D}\boldsymbol{a} + \langle g, \boldsymbol{f} \rangle) \tag{4.317}$$

mit

$$\boldsymbol{D} = \begin{bmatrix} \langle X[f_1], f_1 \rangle & \langle X[f_2], f_1 \rangle & \dots & \langle X[f_N], f_1 \rangle \\ \vdots & & & \\ \langle X[f_1], f_N \rangle & \langle X[f_2], f_N \rangle & \dots & \langle X[f_N], f_N \rangle \end{bmatrix} \tag{4.318}$$

als Konstantmatrix.

Die Anfangsbedingungen zum GDGl-System (4.311) oder (4.314) werden durch eine unabhängige Minimierung des Anfangswertrestes (4.304) gewonnen. Wir wenden wiederum das Fehlerquadrat-Verfahren an und erhalten

$$\frac{1}{2} \frac{\partial}{\partial a_k(0)} \langle A, A \rangle = \langle A, f_k \rangle = \left\langle \sum_{i=1}^{N} a_i(0)\, f_i(x) - u_0(x), f_k \right\rangle = 0\,, \quad k = 1(1)\, N\,. \tag{4.319}$$

Damit ist ein lineares Gleichungssystem zur Bestimmung der N unbekannten Anfangswerte $a_i(0)$ gefunden. In Matrixschreibweise lautet es

$$\boldsymbol{F}\boldsymbol{a}(0) = \langle u_0(x), \boldsymbol{f} \rangle\,. \tag{4.320}$$

Sind die *Randbedingungen* (4.301) *linear* und *inhomogen*, bilden wir folgende Ansatzfunktion

$$\overline{u}(x, t) = f_0(x, t) + \sum_{i=1}^{N} a_i(t)\, f_i(x)\,, \tag{4.321}$$

wobei die Koordinatenfunktionen so zu wählen sind, daß

$$B_j[f_0(x, t)] = \gamma_j(x, t)\,, \tag{4.322}$$

$$B_j[f_i(x)] = 0\,, \quad j = 1(1)\, m, \quad i = 1(1)\, N\,, \tag{4.323}$$

gilt. Damit erfüllt $\overline{u}(x, t)$ die Randbedingungen, d. h., die Randwertreste (4.305) verschwinden. Es bleiben wiederum Gleichungs- und Anfangswertrest zu minimieren. Das Vorgehen ist analog dem im Fall linearer homogener Randbedingungen.

$$\frac{1}{2} \frac{\partial \langle R, R \rangle}{\partial \left(\frac{\mathrm{d}a_k}{\mathrm{d}t} \right)} = \langle R, f_k \rangle = \left\langle \frac{\partial f_0}{\partial t}, f_k \right\rangle + \sum_{i=1}^{N} \frac{\mathrm{d}a_i}{\mathrm{d}t} \langle f_i, f_k \rangle -$$

$$- \left\langle X\left[f_0 + \sum_{i=1}^{N} a_i f_i \right], f_k \right\rangle - \langle g, f_k \rangle = 0\,, \quad k = 1(1)\, N\,. \tag{4.324}$$

Mit der Definition einer nur von der Zeit abhängigen Funktion

$$\alpha_k(t) = \langle f_0, f_k \rangle \tag{4.325}$$

können wir Gl. (4.324) in Matrixschreibweise notieren

$$\frac{\mathrm{d}}{\mathrm{d}t}(\boldsymbol{F}^{-1}\boldsymbol{\alpha} + \boldsymbol{a}) = \boldsymbol{F}^{-1}\left\langle X\left[f_0 + \sum_{i=1}^{N} a_i f_i\right], \boldsymbol{f}\right\rangle + \boldsymbol{F}^{-1}\langle g, \boldsymbol{f}\rangle . \tag{4.326}$$

Der Vektor der Koeffizientenfunktionen ist dann einfach aus

$$\boldsymbol{a} = (\boldsymbol{F}^{-1}\boldsymbol{\alpha} + \boldsymbol{a}) - \boldsymbol{F}^{-1}\boldsymbol{\alpha} \tag{4.327}$$

zu berechnen.

Auch im Fall nichtlinearer Randbedingungen ist der Ansatz (4.321) möglich. Die Befriedigung der Randbedingungen erfordert jedoch dann die Behandlung nichtlinearer algebraischer Gleichungen, die je nach vorliegenden Randbedingungen unterschiedlich geartet sind.

Wenn der Operator $X[.]$ und homogene Randbedingungen ein selbstadjungiertes Problem formulieren, bilden die Eigenfunktionen eines solchen Problems ein orthogonales Funktionensystem. Wählen wir die Koordinatenfunktionen $f_i(x)$ aus diesem Funktionensystem, entsteht der zusätzliche Vorteil, daß die resultierenden GDGl vollständig entkoppelt sind.

In diesem Zusammenhang ist das Modal-Simulations-Verfahren erwähnenswert, wie es in [139], [69] und [114] angeführt wird.

4.5.4.3. Verfahren der finiten Elemente

Das Verfahren der finiten Elemente ist eine spezielle Vorgehensweise in der Funktionalapproximation, die besondere Vorteile gegenüber den klassischen Ritz-Galerkin-Verfahren besitzt. Ursprünglich als reines Ingenieurverfahren benutzt, wurde erst später der mathematische Bezug zum Ritz-Galerkin-Verfahren erkannt [157], [130].

An die Ansatzfunktionen $\bar{u}(\boldsymbol{x})$ müssen wir die Forderungen stellen, daß einerseits sie allgemein genug sind, um die Lösung $u(\boldsymbol{x})$ möglichst genau zu approximieren und daß sie andererseits jedoch auch so beschaffen sind, daß man mit ihnen auf einem Rechner die erforderliche Minimierung in bequemer Weise ausführen kann. Gerade der letzte Umstand ist für die meisten bekannten vollständigen Koordinatenfunktionensysteme nicht gewährleistet.

Beim Verfahren der finiten Elemente wird das interessierende Lösungsgebiet in kleinere Teilgebiete zerlegt, deren Form leicht durch einen Rechner zu identifizieren ist, d. h. etwa mit wenig Informationen abzuspeichern ist. Solche Teilgebiete sind im zweidimensionalen Gebiet Dreiecke oder Rechtecke. In jedem Teilgebiet wird den Ansatzfunktionen eine äußerst einfache Gestalt gegeben, die normalerweise durch Polynome niedrigen Grades erreichbar ist. In der Regel ersten bis maximal fünften Grades. Diese Ansatzfunktionen müssen bestimmte Stetigkeitsforderungen zu den Nachbargebieten erfüllen. Für das Teilgebiet einschließlich der gewählten einfachen Ansatz- oder Basisfunktion wird der Begriff finites Element gebraucht.

Die Randbedingungen sind weitaus einfacher anzunähern auf den Kanten eines Dreieckes oder Rechteckes, als global entlang einer komplizierteren Berandung. Eine

Genauigkeitssteigerung des Verfahrens wird nicht durch komplexere Ansatzfunktionen - Erhöhung von N — erreicht, sondern durch feinere Unterteilung der Teilbereiche bei gleichen Basisfunktionen.

Die grundsätzlichen Schritte im Verfahren der finiten Elemente sind also folgende

1. Aufstellung des zur PDGl gehörenden Variationsproblems,
2. Konstruktion der Ansatzfunktionen durch stückweise Polynome,
3. Berechnung der Matrizen für das lineare Gleichungssystem und Lösung desselben.

Für die Implementierung am hybriden Rechnersystem interessieren uns die zeitabhängigen PDGl mehr, da auch hier durch Anwendung der finiten Elemente ein System von GDGl resultiert. Zur Veranschaulichung der Vorgehensweise betrachten wir die parabolische PDGl

$$\frac{\partial u}{\partial t} = k \frac{\partial^2 u}{\partial x^2}, \quad k = \text{konstant}, \tag{4.328}$$

mit den Anfangs- bzw. Randbedingungen

$$\left.\begin{aligned} u(x, 0) &= u_a(x), \\ u(0, t) &= u_l(t), \qquad u(L, t) = u_r(t). \end{aligned}\right\} \tag{4.329}$$

Gl. (4.328) ist die EULERsche Differentialgleichung zum Variationsproblem (s. Kap. 4.5.4.1.)

$$J(u) = \int_G \frac{1}{2} k \left(\frac{\partial u}{\partial x}\right)^2 \mathrm{d}x + \int_G u \frac{\partial u}{\partial t} \mathrm{d}x. \tag{4.330}$$

Die x-Achse wird im Intervall $[0, L]$ in n gleichgroße Teilintervalle der Länge h unterteilt.

Als Ansatzfunktion bilden wir

$$\overline{u} = \sum_{i=1}^{N} a_i(t) f_i(x) = \boldsymbol{f}^T(x) \cdot \boldsymbol{a}(t). \tag{4.331}$$

Wir setzen als einfachste Koordinaten- oder Basisfunktionen lineare der Form

$$f_i = b_i + m_i x \tag{4.332}$$

an. Für f_i gelte in den Knoten x_j zwischen den Teilgebieten

$$f_i(x_j) = \begin{cases} 1 & \text{für } i = j, \\ 0 & \text{für } i \neq j. \end{cases} \tag{4.333}$$

Dadurch ist der Wert der Koeffizienten $a_i(t)$ an der Stelle x_i gleich dem Wert $\overline{u}(x_i, t)$. Betrachten wir das Element mit den beiden Knoten $x_{i-1} = (i-1)h$ und $x_i = ih$, dann gilt

$$f_{i-1}(x) = i - \frac{x}{h}, \tag{4.334}$$

$$f_i(x) = 1 - i + \frac{x}{h}. \tag{4.335}$$

Die Minimierung führen wir nun für ein Element aus — Index e — und erhalten

$$\frac{\partial J_e}{\partial a_j} = \int\limits_{G_e} \left[k \frac{\partial \bar{u}}{\partial x} \frac{\partial}{\partial a_j}\left(\frac{\partial \bar{u}}{\partial x}\right) + \frac{\partial \bar{u}}{\partial a_j} \frac{\partial \bar{u}}{\partial t} + \bar{u} \frac{\partial}{\partial a_j}\left(\frac{\partial \bar{u}}{\partial t}\right)\right] \mathrm{d}x = 0\,, \tag{4.336}$$

$$\frac{\partial J_e}{\partial a_j} = \int\limits_{(i-1)h}^{ih} \left[k \left(\bar{u}_{i-1} \frac{\partial f_{i-1}}{\partial x} + \bar{u}_i \frac{\partial f}{\partial x}\right) \frac{\partial f_i}{\partial x} + f_j \cdot \frac{\mathrm{d}}{\mathrm{d}t}(\bar{u}_{i-1} f_{i-1} + \bar{u}_i f_i)\right] \mathrm{d}x = 0\,,$$

$$j = i-1, i\,. \tag{4.337}$$

Dabei haben wir von der Tatsache $a_j(t) = \bar{u}(x_j, t) = \bar{u}_j$ Gebrauch gemacht. In Matrixschreibweise lautet Gl. (4.337)

$$\frac{\partial J_e}{\partial \boldsymbol{a}} = \boldsymbol{H}_e \bar{\boldsymbol{u}} + \boldsymbol{C}_e \frac{\mathrm{d}\bar{\boldsymbol{u}}}{\mathrm{d}t} = 0 \tag{4.338}$$

mit

$$\left.\begin{aligned} \boldsymbol{H}_e &= [h_{jl}]_e = k \int\limits_{(i-1)h}^{ih} \frac{\partial f_j}{\partial x} \cdot \frac{\partial f_l}{\partial x} \mathrm{d}x = k \int\limits_{(i-1)h}^{ih} m_j m_l \, \mathrm{d}x\,,\\ \boldsymbol{C}_e &= [c_{jl}]_e = \int\limits_{(i-1)h}^{ih} f_j f_l \, \mathrm{d}x\,, \quad j, l = i-1, i,\\ \bar{\boldsymbol{u}} &= [\bar{u}(x_j, t)]\,. \end{aligned}\right\} \tag{4.339}$$

Die Elementmatrizen $\boldsymbol{H}_e$ und $\boldsymbol{C}_e$ sind symmetrisch und ergeben unter Beachtung von Gl. (4.334) und (4.335)

$$\boldsymbol{H}_e = \frac{k}{h}\begin{bmatrix} 1 & -1 \\ -1 & 1 \end{bmatrix}; \qquad \boldsymbol{C}_e = \frac{h}{6}\begin{bmatrix} 2 & 1 \\ 1 & 2 \end{bmatrix}.$$

Durch Zusammenfassung über alle Elemente erhalten wir ein System von GDGl, das die Lösung der PDGl (4.328) in diskreten Linien $\bar{u}(x_j, t)$, $j = 0(1)\,n$ approximiert

$$\frac{k}{h}\begin{bmatrix} 1 & -1 & 0 & \dots & & & \\ -1 & 2 & -1 & 0 & \dots & & \\ 0 & -1 & 2 & -1 & & & \\ & & & \ddots & & & \\ & & & -1 & 2 & -1 \\ & & & 0 & -1 & 1 \end{bmatrix}\begin{bmatrix} u_0 \\ u_1 \\ \vdots \\ u_n \end{bmatrix} + \frac{h}{6}\begin{bmatrix} 2 & 1 & 0 & 0 & \dots & \\ 1 & 4 & 1 & 0 & \dots & \\ 0 & 1 & 4 & 1 & \dots & \\ & & & \ddots & & \\ & & & 1 & 4 & 1 \\ & & & 0 & 1 & 2 \end{bmatrix}\frac{\mathrm{d}}{\mathrm{d}t}\begin{bmatrix} u_0 \\ u_1 \\ \vdots \\ u_n \end{bmatrix} = 0\,. \tag{4.340}$$

Die Anfangsbedingungen sind $u_j(0) = u_a(x_j)$. $u_0(t) = u_l(t)$ und $u_n(t) = u_r(t)$ sind vorgegeben. Für die Implementierung am Analogrechner empfiehlt sich die folgende Umstellung

$$\left.\begin{aligned} \frac{\mathrm{d}u_1}{\mathrm{d}t} &= \frac{2k}{7h^2}(9u_0 - 15u_1 + 6u_2) - \frac{2}{7}\frac{\mathrm{d}u_2}{\mathrm{d}t}\,,\\ \frac{\mathrm{d}u_i}{\mathrm{d}t} &= \frac{3k}{2h^2}(u_{i-1} - 2u_i + u_{i+1}) - \frac{1}{4}\left(\frac{\mathrm{d}u_{i-1}}{\mathrm{d}t} + \frac{\mathrm{d}u_{i+1}}{\mathrm{d}t}\right), \quad i = 2(1)\,n-2\,,\\ \frac{\mathrm{d}u_{n-1}}{\mathrm{d}t} &= \frac{2k}{7h^2}(6u_{n-2} - 15u_n + 9u_{n-1}) - \frac{2}{7}\frac{\mathrm{d}u_{n-2}}{\mathrm{d}t}\,. \end{aligned}\right\} \tag{4.341}$$

Beim Vergleich mit Gl. (4.129) stellen wir eine andere Verkopplung der Gleichungen in (4.341) fest. Der Frage nach der Approximationsgenauigkeit bei Verfahren der endlichen Differenzen und der finiten Elemente ist in [146] nachgegangen worden. Mit Hilfe der dort benutzten Frequenzmethode ist z. B. die Approximationsgenauigkeit von Gl. (4.129) und (4.341) gleich.

4.5.5. Monte-Carlo-Verfahren

Monte-Carlo-Verfahren zur Lösung von PDGl beruhen auf dem Zusammenhang zwischen bestimmten Prozessen der Wahrscheinlichkeitsrechnung und der Potentialtheorie. Der PDGl wird dabei ein stochastisches Modell zugeordnet, dessen statistische Parameter die Lösung der PDGl in einem vorgegebenen Punkt ermitteln. Es existieren eine Reihe von Arbeiten zu diesem Problemkreis, z. B. [82], [73], [63], [55], [154] und hervorzuheben [35], auf die wir uns bei den folgenden Ausführungen beziehen wollen.

Als Hybridverfahren ist das Monte-Carlo-Verfahren besonders geeignet, da das stochastische Modell ein GDGl-System darstellt, das tausendemal gelöst werden muß, um mit einer bestimmten Wahrscheinlichkeit die Lösung im betrachteten Punkt angeben zu können.

Im Prinzip sind zeitabhängige und zeitunabhängige PDGl mit dem Verfahren behandelbar. Als Hybridverfahren hat das Monte-Carlo-Verfahren besondere Bedeutung für elliptische Randwertprobleme für zwei und mehr unabhängige Variable erlangt.

4.5.5.1. Hybrid-Monte-Carlo-Verfahren für elliptische PDGl

Das Wesen des Verfahrens besteht darin, von einem interessierenden Punkt im Lösungsgebiet ausgehend sogenannte Zufallspfade aufzubauen, die den Rand irgendwo schneiden. Aus einer großen Zahl von derart gefundenen Randwerten wird auf die Lösung im Ausgangspunkt aller Zufallspfade geschlossen (s. Abb. 4.44).

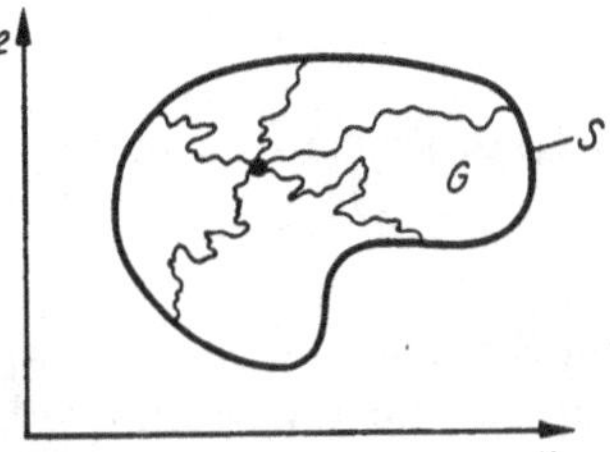

Abb. 4.44. Zufallspfade im Lösungsgebiet G bis zum Rand S

Gegeben sei eine PDGl der Form

$$\sum_{i=1}^{n} a_i(\boldsymbol{x}) \frac{\partial u}{\partial x_i} + \frac{1}{2} \sum_{i,j=1}^{n} b_{ij}(\boldsymbol{x}) \frac{\partial^2 u}{\partial x_i \, \partial x_j} - d(\boldsymbol{x})\, u(\boldsymbol{x}) = g(\boldsymbol{x}) \,. \tag{4.342}$$

Gesucht ist die Lösung $u(\boldsymbol{x})$ im Lösungsgebiet $G \subset R^n$, die folgende Randbedingungen erfüllt

$$\lim_{\boldsymbol{x} \to \boldsymbol{x}_r} u(\boldsymbol{x}) = f(\boldsymbol{x}_r) \,, \quad \boldsymbol{x}_r \in S \,. \tag{4.343}$$

Für die Koeffizienten und die rechte Seite sollen dabei in G folgende Bedingungen gelten: $b_{ij}(\boldsymbol{x}) = b_{ji}(\boldsymbol{x})$; $a_i(\boldsymbol{x})$, $b_{ij}(\boldsymbol{x})$, $g(\boldsymbol{x})$ seien beschränkt, $d(\boldsymbol{x}) \geqq 0$; $a_i(\boldsymbol{x})$, $b_{ij}(\boldsymbol{x})$, $d(\boldsymbol{x})$ und $g(\boldsymbol{x})$ genügen einer LIPSCHITZ-Bedingung und für alle n-Tupel $(l_1, l_2, \dots, l_n) \neq (0, 0, \dots, 0)$ sei $\sum_{i,j=1}^{n} b_{ij}(x)\, l_i \cdot l_j \geqq k \sum_{i=1}^{n} l_i^2$, $k > 0$.

Diesem so vorgelegten Randwertproblem läßt sich ein stochastisches Modell in Form der ITOschen Integralgleichung (s. [35], S. 62) zuordnen. Der Erwartungswert aller durch Schnitt des Zufallspfades mit der Randkurve S gefundenen Randwerte wäre exakt gleich der Lösung $u(\boldsymbol{x})$ im Ausgangspunkt. Leider ist der in Form der Lösung der ITOschen Integralgleichung gegebene stochastische Prozeß numerisch nicht realisierbar, und wir müssen einen Ersatzprozeß benutzen, der den gewünschten Prozeß und somit auch die Lösung $u(\boldsymbol{x})$ annähert.

Seien $\boldsymbol{a}(\boldsymbol{x}) = [a_1(\boldsymbol{x}) \dots a_n(\boldsymbol{x})]^T$ der Vektor und $\boldsymbol{B}(\boldsymbol{x}) = [b_{ij}(\boldsymbol{x})]$, $i = j = 1(1)\, n$, die symmetrische Matrix, die sich aus den Koeffizienten der PDGl bilden. $\boldsymbol{C}(\boldsymbol{x})$ sei die positive Wurzel von $\boldsymbol{C}^2(\boldsymbol{x}) = \boldsymbol{B}(\boldsymbol{x})$, woraus $\boldsymbol{C}^T(\boldsymbol{x}) = \boldsymbol{C}(\boldsymbol{x})$ folgt. Mit Hilfe geeigneter voneinander unabhängiger Rauschgeneratoren (s. Kap. 4.8.2.) $\boldsymbol{N}_t = [N_{t,1} N_{t,2} \dots N_{t,n}]^T$ erzeugen wir den Ersatzprozeß $\boldsymbol{x}_t = [x_{t,1} x_{t,2} \dots x_{t,n}]^T$ als eindeutige Lösung des stochastischen GDGl-Systems

$$\frac{\mathrm{d}x_{t,i}}{\mathrm{d}t} = a_i(\boldsymbol{x}_t) - \frac{1}{2} \sum_{j,k=1}^{n} c_{kj}(\boldsymbol{x}_t) \cdot \frac{\partial c_{ij}(\boldsymbol{x}_t)}{\partial x_k} + \sum_{j=1}^{n} c_{ij}(\boldsymbol{x}_t)\, N_{t,j}\,, \quad i = 1(1)\, n\,. \tag{4.344}$$

Die Anfangsbedingungen für Gl. (4.344) sind durch den gewünschten Lösungspunkt $\boldsymbol{x} \in G$ gegeben, d. h.

$$x_{0,i} = x_i\,, \quad i = 1(1)\, n\,. \tag{4.345}$$

Durch Gl. (4.344) werden Zufallspfade $\boldsymbol{x}_t(\omega)$ aufgebaut, die in $\boldsymbol{x} \in G$ starten und nach einer vom Pfad abhängigen Zeit $\tau(\omega)$ den Rand S erreichen. Hier nehmen sie den Wert $\boldsymbol{x}_\tau(\omega)$ an und $f(\boldsymbol{x}_\tau(\omega))$ ist eine sogenannte Realisierung (s. Kap. 4.8.1.) der Zufallsgröße $f(\boldsymbol{x}_\tau)$. Wir bilden dann

$$F(\boldsymbol{x}_\tau) = \exp\left[-\int_0^\tau d(\boldsymbol{x}_s)\,\mathrm{d}s\right] f(\boldsymbol{x}_\tau) - \int_0^\tau \exp\left[-\int_0^t d(\boldsymbol{x}_s)\,\mathrm{d}s\right] \cdot g(\boldsymbol{x}_t)\,\mathrm{d}t \tag{4.346}$$

und setzen $F(\omega) = F(\boldsymbol{x}_\tau(\omega))$.

Für eine große Anzahl N von Stichproben $\omega_1, \dots, \omega_N$ ist dann der Erwartungswert $E_x(F(\boldsymbol{x}_\tau))$ ein Näherungswert für die Lösung u im Punkte $\boldsymbol{x} \in G$. Den Erwartungswert seinerseits approximieren wir in bekannter Weise durch das arithmetische Mittel

$$F_x^N = \frac{1}{N} \sum_{i=1}^{N} F(\omega_i)\,. \tag{4.347}$$

Durch die Ersetzung von E_x durch F_x^N wird der Fehler δ verursacht. Es läßt sich zeigen, daß mit einer Wahrscheinlichkeit von 95% gilt

$$|\delta| < \varepsilon\,, \quad \text{falls } N \geqq 4\sigma^2(f(\boldsymbol{x}_\tau))/\varepsilon^2\,.$$

σ^2 ist die Streuung von $f(\boldsymbol{x}_\tau)$. Daraus resultieren praktische Werte von $N \approx 10^3 \dots 2 \times 10^3$.

Wenn $\boldsymbol{B}(\boldsymbol{x}) = \boldsymbol{B}$ bzw. $\boldsymbol{C}(\boldsymbol{x}) = \boldsymbol{C}$ konstante Diagonalmatrizen sind, reduziert sich Gl. (4.344) auf

$$\frac{\mathrm{d}x_{t,i}}{\mathrm{d}t} = a_i(\boldsymbol{x}_t) + \sum_{j=1}^{n} c_{ij}(\boldsymbol{x}_t)\, N_{t,j}\,, \quad i = 1(1)\,n\,. \tag{4.348}$$

Für $d(\boldsymbol{x}) = g(\boldsymbol{x}) = 0$ ist $F(\boldsymbol{x}_\tau(\omega)) = f(\boldsymbol{x}_\tau(\omega))$, und der Näherungswert der Lösung $u(\boldsymbol{x})$ ist

$$f_x^N = \frac{1}{N} \sum_{i=1}^{N} f(\omega_i)\,. \tag{4.349}$$

Die Implementierung des Verfahrens auf dem hybriden Rechnersystem sieht etwa folgende Aufteilung vor. Die stochastischen GDGl (4.344) mit den Anfangsbedingungen (4.345) werden auf dem Analogrechner modelliert. Dazu sind analoge oder hybride Rauschgeneratoren zur Erzeugung der unabhängigen Realisierungen $N_{t,1}, N_{t,2}, \ldots, N_{t,n}$ erforderlich (s. Kap. 4.8.2.). Der Abbruch des Zufallspfades, sobald der Rand S erreicht ist, wird mit Hilfe von Komparatoren und logischen Rechenelementen erreicht. Die Berechnung von N Stichproben $F(\boldsymbol{x}_\tau)$ ist je nach Gestalt von $c(\boldsymbol{x})$ und $g(\boldsymbol{x})$ am Analog- oder Digitalrechner ausführbar und die Berechnung des arithmetischen Mittels wird schließlich am Digitalrechner ausgeführt.

Ein Vergleich des Hybrid-Monte-Carlo-Verfahrens mit anderen Lösungsverfahren für PDGl zeigt Vor- und Nachteile. Vorteilhaft ist:

1. Rechenschaltung und Digitalprogramm sind einfach, es werden wenig Rechenelemente und wenig Speicherplatz benötigt.
2. Bei Veränderung des Randes und der Randbedingungen braucht nur die Abbruchlogik und die Berechnung von $F(\boldsymbol{x}_\tau)$ verändert zu werden.
3. Die Lösungen für verschiedene Punkte $\boldsymbol{x} \in G$ werden unabhängig voneinander berechnet, wodurch keine Fehlerakkumulation auftreten kann.
4. Die Zahl der Stichproben — Rechenläufe — zur Erzielung einer Genauigkeit ε, hängt bei fester Wahrscheinlichkeit nur von und $\sigma^2(f(\boldsymbol{x}_\tau))$ ab, nicht aber vom Dimensionsparameter n.

Nachteilig ist:

1. Es sind geeignete Rauschgeneratoren erforderlich, was an einem hybriden Rechnersystem nicht zwangsläufig der Fall ist.
2. Das Verfahren liefert die Lösung nur in einzelnen Punkten.
3. Die erreichbare Genauigkeit ist dem Wahrscheinlichkeitscharakter gemäß begrenzt und daher nicht direkt mit der Genauigkeit eines Differenzenverfahrens zu vergleichen.

4.6. Hybridverfahren zur Parameteroptimierung und Identifikation

Die Suche eines Optimums gehört mit zu den hervorragendsten Problemen aller angewandten Wissenschaften. Einen besonderen Platz nimmt dabei die Parameteroptimierung ein, die eine bestimmte Menge von Parametern so auswählt, daß das Verhalten des Systems dem optimalen Verhalten möglichst nahe kommt. Das optimale Verhalten ist vorher durch Auswahl eines sinnvollen Kriteriums zu definieren.

Handelt es sich um einen oder höchstens zwei Parameter, so ist man in der Lage, bei der Simulation des Systemverhaltens am Analogrechner das Optimum von Hand zu ermitteln. Bei einer größeren Parameteranzahl sind rechnergestützte Suchverfahren erforderlich, von denen einige in den folgenden Kapiteln behandelt werden.

Im engen Zusammenhang zur Parameteroptimierung steht das Problem der Modellierung oder Identifikation. Gegeben sind hierbei Beobachtungen über die Eingänge und die Ausgänge des Systems und gesucht ist ein mathematisches Modell des Systems (s. Kap. 1.1.2. und 1.1.3.).

Die Suche des mathematischen Modells kann unter zwei verschiedenen Voraussetzungen erfolgen, abhängig von der A-priori-Information über das System. Ist überhaupt nichts über das System bekannt, so liegt ein „black box"-Modellierungsproblem vor. Hier müssen Struktur und Parameter in systematischer Suche identifiziert werden. Häufiger sind Systeme vorgegeben, über die schon viel bekannt ist, wenigstens die Struktur und für die nur noch die Parameter festgelegt werden müssen. Die Struktur läßt sich in solchen Fällen von Grundgesetzen der Natur herleiten.

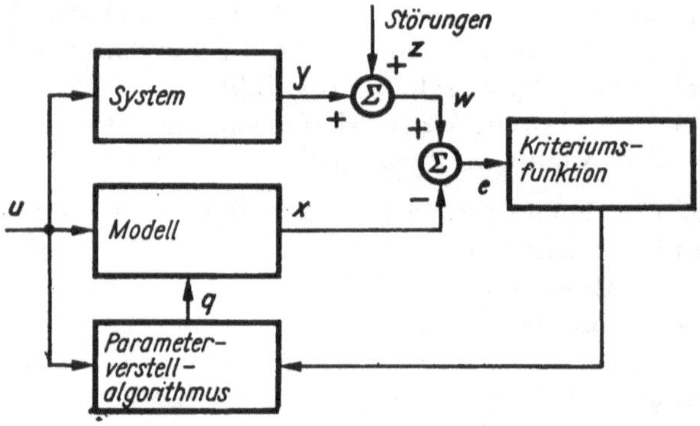

Abb. 4.45. Schematische Darstellung des Modellierungsproblems

Eine schematische Darstellung des Modellierungsproblems ist in Abb. 4.45 gegeben. Aus der Abbildung ist ersichtlich, daß die Problematik in drei Teile zerfällt:

1. Bestimmung der Struktur des Modells, d. h. die Auswahl der mathematischen Beschreibungsgleichungen und die Selektierung der unbekannten Parameter.
2. Auswahl einer Kriteriumsfunktion, durch die die Güte der Anpassung des Modellverhaltens an das Systemverhalten beurteilt werden kann, wenn System und Modell durch die gleiche Eingangsfunktion erregt werden.
3. Auswahl eines Algorithmus oder einer Strategie für die Verstellung der Parameter in solcher Weise, daß die Differenz zwischen System- und Modellverhalten, beurteilt durch die Kriteriumsfunktion, minimal wird.

Statt des Begriffes Identifikation wird auch oft der Begriff Parameterschätzung benutzt. Letzterer ist dann anwendbar, wenn die beobachteten Ausgänge gestört sind (s. z in Abb. 4.45), was in der Regel der Fall ist.

Bei der Parameteroptimierung wollen wir generell zwischen statischer und dynamischer Parameteroptimierung unterscheiden. Die statische besitzt als Hybridverfahren nur geringe Bedeutung. Wir beschäftigen uns hier zum Zwecke der Vorbereitung auf die dynamische Parameteroptimierung damit.

4.6.1. Statische Parameteroptimierung

Wir sprechen von statischer Parameteroptimierung, wenn eine Augenblicksrelation zwischen dem Parametervektor $\boldsymbol{q}$ und der Kriteriumsfunktion $F(\boldsymbol{q})$ existiert. Das heißt, sobald der Parametervektor $\boldsymbol{q}$ verstellt wird ($\boldsymbol{q} + \Delta\boldsymbol{q}$), stellt sich augenblicklich der Funktionswert $F(\boldsymbol{q} + \Delta\boldsymbol{q})$ ein. Die untersuchten Systeme und Modelle werden dann im technischen Sprachgebrauch als statische Systeme bezeichnet. Ihre Beschreibungsgleichungen — mathematische Modelle — sind algebraische Gleichungen oder Ungleichungen. Im mathematischen Sprachgebrauch ausgedrückt liegen Probleme der linearen und nichtlinearen Optimierung vor. Bei dynamischen Systemen existiert diese Augenblicksrelation nicht und deshalb wird überhaupt zwischen statischer und dynamischer Parameteroptimierung unterschieden.

Das Problem besteht also in der Minimierung der Funktion $F = F(\boldsymbol{q})$, wo $\boldsymbol{q}$ ein m-dimensionaler Parametervektor ist. Die Maximierung einer Funktion ist das gleiche wie die Minimierung der negativen Funktion, so daß wir nur die Minimierung zu betrachten brauchen

$$\min \{F(\boldsymbol{q}) : \boldsymbol{q} \in R^m\} . \tag{4.350}$$

Im allgemeinen existieren für das Minimierungsproblem Beschränkungen, die entweder während des Minimierungsprozesses oder durch das Minimum berücksichtigt werden müssen. Im einfachsten Fall kann jeder Parameter durch einen größten und kleinsten Wert beschränkt sein

$$q_{ik} \leqq q_i \leqq q_{ig} , \quad i = 1(1)\, m . \tag{4.351}$$

Diese, aber auch andere Beschränkungen, können allgemeiner durch eine Menge von Beschränkungsfunktionen ausgedrückt werden

$$g_j(\boldsymbol{q}) \geqq 0 , \quad j = 1(1)\, l . \tag{4.352}$$

Jeder Vektor $\boldsymbol{q}$, der die Beschränkungen befriedigt, wird ein zulässiger Parametervektor genannt. Er liegt in einem zulässigen Bereich G, ausgedrückt durch $\boldsymbol{q} \in G$. G ist abgeschlossen, wenn die Gleichheitszeichen in (4.351) und (4.352) gelten, andernfalls ist G offen.

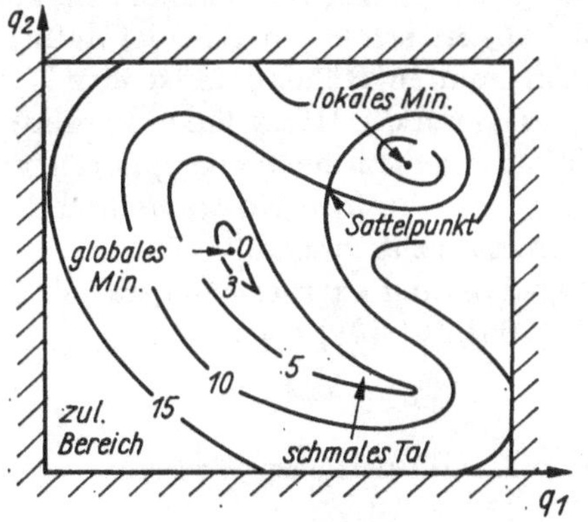

Abb. 4.46. Höhenliniendarstellung und einige typische Gegebenheiten in einem zweidimensionalen beschränkten Bereich

Betrachten wir zur Erläuterung weiterer Begriffe die Abb. 4.46. Der zulässige Bereich ist durch konstante obere und untere Grenzen — schraffiert — festgelegt. Er enthält ein globales bzw. ein lokales Minimum und einen Sattelpunkt. Da es keine Verfahren zum unmittelbaren Auffinden des globalen Minimums gibt, müssen wir unsere Betrachtungen auf die Suche nach lokalen Minima beschränken. Ein Sattelpunkt erscheint als Minimum oder als Maximum, je nachdem, in welcher Richtung man sich ihm nähert.

Ein lokales Minimum ist nun folgendermaßen bestimmbar. Unter der Voraussetzung der Existenz des Gradienten

$$\nabla \boldsymbol{F} = \left[\frac{\partial F}{\partial q_1} \frac{\partial F}{\partial q_2} \cdots \frac{\partial F}{\partial q_m}\right]^T \tag{4.353}$$

und der sog. HESSEschen Matrix

$$\boldsymbol{H} = \begin{bmatrix} \frac{\partial^2 F}{\partial q_1^2} & \frac{\partial^2 F}{\partial q_1 \partial q_2} & \cdots & \frac{\partial^2 F}{\partial q_1 \partial q_m} \\ \frac{\partial^2 F}{\partial q_2 \partial q_1} & \frac{\partial^2 F}{\partial q_2^2} & \cdots & \frac{\partial^2 F}{\partial q_2 \partial q_m} \\ \vdots & & & \vdots \\ \frac{\partial^2 F}{\partial q_m \partial q_1} & \frac{\partial^2 F}{\partial q_m \partial q_2} & \cdots & \frac{\partial^2 F}{\partial q_m^2} \end{bmatrix} \tag{4.354}$$

hat F ein Minimum an der Stelle $\boldsymbol{q} = \boldsymbol{q}^*$, wenn dort der Gradient verschwindet und die HESSEsche Matrix positiv definit ist. Letzteres bedeutet $\boldsymbol{q}^{*T}\boldsymbol{H}\boldsymbol{q}^* < 0$ für beliebige $\boldsymbol{q}^* \neq 0$.

Weiterhin wichtig ist der Begriff der *Konvexität.* Eine streng konvexe Funktion ist eine solche, die nicht durch eine lineare Interpolation zwischen zwei beliebigen Punkten auf ihrer Oberfläche unterboten werden kann. Das Gegenteil davon ist eine streng konkave Funktion. Wenn die erste und zweite Ableitung einer Funktion existieren, bedeutet strenge Konvexität, daß die HESSEsche Matrix positiv definit ist und umgekehrt. Nur im Falle, daß $F(\boldsymbol{q})$ streng konvex ist und G eine streng konvexe nicht leere Teilmenge des R^m ist, besitzt das Minimierungsproblem ein einziges Minimum.

Bei praktischen Problemen ist die Konvexität nicht immer gesichert. Ein schmales gekrümmtes Tal (s. Abb. 4.46) ist schon ein Beispiel dafür, denn durch eine lineare Interpolation längs der gekrümmten Höhenlinie ist eine Unterbietung der Funktion $F(q_1, q_2)$ möglich. Ideal ist es, wenn die Höhenlinien konzentrische Kreise bilden oder im mehrdimensionalen Fall konzentrische Hypersphären vorliegen. Man sollte versuchen, durch Normierungen der einzelnen Komponenten des Parametervektors einer solchen idealen Hypersphäre nahezukommen.

Über die nichtlineare Optimierung existiert eine reichhaltige Literatur, der interessierte Leser sei z. B. auf [102], [4], [31] verwiesen.

4.6.1.1. Kontinuierliches Gradientenverfahren

Das unbeschränkte Minimierungsproblem (4.350) kann auf dem hybriden Rechnersystem durch das kontinuierliche Gradientenverfahren gelöst werden.

Das Verfahren beginnt in einem Startpunkt und bewegt einen Suchpunkt solange, bis ein Ruhepunkt erreicht ist, in dem der Gradient verschwindet. Durch die Bewegung des Suchpunktes $\boldsymbol{q} = \boldsymbol{q}(t)$ wird $F(\boldsymbol{q}(t))$ implizit zeitabhängig. Damit die Bewegung möglichst schnell zum Ruhepunkt erfolgt, ist es nötig, die zeitliche Änderung der Kriteriumsfunktion zu maximieren. Es gilt

$$\frac{\mathrm{d}F}{\mathrm{d}t} = \frac{\partial F}{\partial q_1} \cdot \frac{\mathrm{d}q_1}{\mathrm{d}t} + \frac{\partial F}{\partial q_2} \frac{\mathrm{d}q_2}{\mathrm{d}t} + \dots + \frac{\partial F}{\partial q_m} \frac{\mathrm{d}q_m}{\mathrm{d}t}, \tag{4.355}$$

$$\frac{\mathrm{d}F}{\mathrm{d}t} = \left\langle \boldsymbol{grad}\, F|_{\boldsymbol{q}(t)}, \frac{\mathrm{d}\boldsymbol{q}}{\mathrm{d}t} \right\rangle. \tag{4.356}$$

Das skalare Produkt der beiden Vektoren $\boldsymbol{grad}\, F|_{\boldsymbol{q}(t)} = \nabla \boldsymbol{F}$ und $\mathrm{d}\boldsymbol{q}/\mathrm{d}t$ nimmt sein Maximum an, wenn beide Vektoren in jedem Zeitpunkt parallel sind, d. h., wenn entsprechende Vektorkomponenten proportional zueinander sind. Letzteres kann in Vektorform ausgedrückt werden durch

$$\frac{\mathrm{d}\boldsymbol{q}}{\mathrm{d}t} = \boldsymbol{K}\, \nabla \boldsymbol{F}(\boldsymbol{q}). \tag{4.357}$$

$\boldsymbol{K}$ ist eine Diagonalmatrix, mit $k_{ii} < 0$ für eine Minimierung.

Gl. (4.357) ist für eine Implementierung am Analogrechner geeignet. Es treten dabei jedoch zwei Unzulänglichkeiten auf. Die Geschwindigkeit des Suchpunktes verlangsamt sich bei Annäherung an das Minimum, und wegen der begrenzten Genauigkeit des Analogrechners können besonders bei flachem Funktionsverlauf in der Umgebung des Minimums beträchtliche Fehler entstehen. Deshalb werden die Koeffizienten k_{ii} oft zeitabhängig gemacht. Ist $k_{ii} = k =$ konstant für alle i, so sprechen wir vom Verfahren des steilsten Abstieges. Dieses Verfahren als Spezialfall des kontinuierlichen Gradientenverfahrens hat eine lineare Konvergenz. Die Konvergenz kann überlinear gestaltet werden bei Verwendung von monoton wachsenden Koeffizientenfunktionen $k_{ii} = k_{ii}(t)$. Häufig werden Stufenfunktionen benutzt, die einfach durch Änderung der Zeitnormierung der Integrierer erreicht werden können.

Die Wahl verschiedener k_{ii} kann auch als eine Transformation

$$\boldsymbol{q} = \boldsymbol{D}\boldsymbol{p}, \qquad k\boldsymbol{D}^2 = \boldsymbol{K} \tag{4.358}$$

aufgefaßt werden, wodurch die Konvergenzrate in allen Koordinatenrichtungen normiert erscheint. Auf die resultierende Funktion $\boldsymbol{F}(\boldsymbol{D}\boldsymbol{p})$ ist dann das Verfahren des steilsten Abstieges anzuwenden

$$\frac{\mathrm{d}\boldsymbol{p}}{\mathrm{d}t} = k\, \nabla_p \boldsymbol{F}(\boldsymbol{D}\boldsymbol{p}). \tag{4.359}$$

Voraussetzung für die wirksame Anwendung der Transformation ist die genaue Kenntnis der Funktion $F(\boldsymbol{q})$ im gesamten interessierenden Bereich.

Wie schon erwähnt, führen alle Minimierungsverfahren nicht zum unmittelbar globalen Minimum, sondern sind vielmehr in der Lage, eins der lokalen Minima aufzufinden. Der Suchprozeß, wie er nach Gl. (4.357) am Analogrechner implementiert ist, ist dann noch mit einer am Digitalrechner realisierten globalen Suchstrategie zu überlagern. Dabei wird der Startpunkt $\boldsymbol{q}(0)$, wie er als Anfangsbedingung in Gl. (4.357) auftritt, in geeigneter Weise verändert.

4.6.1.2. Gleichungs- und Ungleichungsbeschränkungen

Bei Vorliegen von Beschränkungen versucht man, die Problemstellung auf eine andere, im wesentlichen unbeschränkte, Problemstellung zu reduzieren. Das kann einmal erreicht werden, indem wir die Parameter transformieren und die Kriteriumsfunktion unverändert lassen [6], zum anderen aber auch dadurch, daß die Kriteriumsfunktion modifiziert wird durch Einfügung einer sogenannten *Straffunktion*. Wir wollen uns auf letztere Vorgehensweise beschränken.

Für Gleichungsbeschränkungen stellt sich das Minimierungsproblem in kurzer Schreibweise folgendermaßen dar

$$\left.\begin{aligned} \min\{F(\boldsymbol{q}):\boldsymbol{q}\in G\subset R^m\}\,,\\ G=\{\boldsymbol{q}:g_j(\boldsymbol{q})=0;\,j=1(1)\,l<m\}\,\cdot \end{aligned}\right\} \tag{4.360}$$

Die Straffunktionen können verschieden konstruiert sein, ihre grundsätzliche Aufgabe ist es, die Kriteriumsfunktion beim Verlassen des zulässigen Bereiches G stark zu vergrößern, um damit die Auswahl solcher Parameterwerte zu bestrafen.

Beispiele von Kriteriumsfunktionen einschließlich Straffunktionen sind [25]:

$$H_1(\boldsymbol{q},p)=\big(F(\boldsymbol{q})-p\big)^2+r\sum_{j=1}^{l}g_j^2(\boldsymbol{q})\,,\quad r>0\,, \tag{4.361}$$

$$H_2(\boldsymbol{q})\quad=F(\boldsymbol{q})+r\sum_{j=1}^{l}|g_j(\boldsymbol{q})|\,, \tag{4.362}$$

$$H_3(\boldsymbol{q})\quad=w(\boldsymbol{q})\,F(\boldsymbol{q})+r\sum_{j=1}^{l}g_j^2(\boldsymbol{q}) \tag{4.363}$$

mit

$$w(\boldsymbol{q})=\begin{cases}1 & \text{für } \boldsymbol{q}\in G\,,\\ 0 & \text{für } \boldsymbol{q}\notin G\,.\end{cases} \tag{4.364}$$

In Gl. (4.361) ist p ein zusätzlicher Parameter, der für $p=F_{\min}$ die Funktion $H_1(\boldsymbol{q},p)$ minimiert an der Stelle $\boldsymbol{q}=\boldsymbol{q}_{\min}$.

Wenden wir das kontinuierliche Gradientenverfahren auf Gl. (4.363) bzw. (4.364) an, so ist am Analogrechner folgende GDGl zu lösen

$$\frac{\mathrm{d}\boldsymbol{q}}{\mathrm{d}t}=-\left\{[1-\operatorname{sign}\big(-\delta+\operatorname{norm}(g_1,\dots,g_l)\big)]\,\nabla\boldsymbol{F}(\boldsymbol{q})+2r\sum_{j=1}^{l}g_j(\boldsymbol{q})\cdot\boldsymbol{grad}\,g_j(\boldsymbol{q})\right\}. \tag{4.365}$$

Unter norm $(g_1,\dots,g_l)$ wollen wir dabei eine reelle Zahl mit folgenden Eigenschaften verstehen:

$$\left.\begin{aligned} \operatorname{norm}(g_1,\dots,g_l)>\delta>0 &\quad \text{für } \boldsymbol{q}\notin G_r\supset G\,,\\ \delta>\operatorname{norm}(g_1,\dots,g_l)>0 &\quad \text{für } \boldsymbol{q}\in G_r\backslash G,\ G_r\supset G\,. \end{aligned}\right\} \tag{4.366}$$

G_r sei ein Bereich, der G um einen schmalen Randbereich überdeckt. Der kleine Parameter $\delta>\varepsilon$ wurde eingeführt, um $\operatorname{sign}\big(-\delta+\operatorname{norm}(g_j)\big)=-1$ zu definieren für $\operatorname{norm}(g_j)\approx 0$. Bei Anwendung von $H_3(\boldsymbol{q})$ werden zunächst die Beschränkungen befriedigt, ehe die Minimierung von $\boldsymbol{F}(\boldsymbol{q})$ ausgeführt wird. Im Randbereich $G_r\backslash G$ — Differenz von G_r und G — wird der Suchpunkt verstärkt in das Gebiet G zurückgeführt.

Für Ungleichungsbeschränkungen haben wir das Problem

$$\left.\begin{aligned} &\min \{F(\boldsymbol{q}) : \boldsymbol{q} \in G \subset R^m\}\,, \\ &G = \{\boldsymbol{q} : g_j(\boldsymbol{q}) \leqq 0,\, j = 1(1)\, l < m\} \end{aligned}\right\} \tag{4.367}$$

zu lösen. Es kann zu einem unbeschränkten Problem reduziert werden, wenn wir die Straffunktion wie folgt einfügen

$$H_4(\boldsymbol{q}) = F(\boldsymbol{q}) + \sum_{j=1}^{l} f_j(g_j(\boldsymbol{q}))\,. \tag{4.368}$$

Die Funktionen f_j wählen wir so, daß

1. $f_j(g_j(\boldsymbol{q})) = 0$ für $\boldsymbol{q} \in G$ für alle j,
2. ***grad*** $f_j(g_j(\boldsymbol{q}))$ genügend überwiegt gegenüber ***grad*** $F(\boldsymbol{q})$ für alle j, für die die Beschränkung $g_j(\boldsymbol{q}) \leqq 0$ verletzt wird.

Nehmen wir z. B.

$$f_j = r_j[1 + \operatorname{sign} g_j(\boldsymbol{q})]\, g_j^2(\boldsymbol{q})\,, \quad j = 1(1)\, l\,, \tag{4.369}$$

so erhalten wir für das kontinuierliche Gradientenverfahren

$$\frac{d\boldsymbol{q}}{dt} = -\boldsymbol{K}\left[\nabla \boldsymbol{F}(\boldsymbol{q}) + 2 \sum_{j=1}^{l} r_j(1 + \operatorname{sign} g_j)\, g_j \nabla \boldsymbol{g}_j\right]. \tag{4.370}$$

Im Falle des weniger Rechenelemente benötigenden Kriteriums

$$f_j = r_j[1 + \operatorname{sign} g_j(\boldsymbol{q})]\, g_j(\boldsymbol{q}) \tag{4.371}$$

erhalten wir

$$\frac{d\boldsymbol{q}}{dt} = -\boldsymbol{K}\left[\nabla \boldsymbol{F}(\boldsymbol{q}) + \sum_{j=1}^{l} r_j(1 + \operatorname{sign} g_j)\, \nabla \boldsymbol{g}_j\right]. \tag{4.372}$$

In Gl. (4.372) sind keine Multiplizierer erforderlich, wie sie in Gl. (4.370) zur Bildung von $g_j \cdot \partial g_j/\partial q_k$ benötigt werden.

Außer den angegebenen Verfahren der Straffunktionen sind noch andere zur Behandlung der Beschränkungen angebracht, wie das Verfahren der zulässigen Richtungen [102], [158] oder das Gradientenprojektionsverfahren [110], [109].

4.6.2. Dynamische Parameteroptimierung

Die Problemformulierung einer dynamischen Parameteroptimierung lautet wie folgt:

$$\min \{F(\boldsymbol{q}, T) : \boldsymbol{q} \in G \subset R^m\}\,, \tag{4.373}$$

$$F(\boldsymbol{q}, T) = \int_{t_0}^{T} g[\boldsymbol{x}_g(t), \boldsymbol{x}(\boldsymbol{q}, t)]\, dt\,, \tag{4.374}$$

$$\left.\begin{aligned} &\frac{d\boldsymbol{x}}{dt} = \boldsymbol{f}[\boldsymbol{x}, \boldsymbol{q}, t]\,, \quad t \in [t_0, T]\,, \\ &\boldsymbol{x}(t_0) = \boldsymbol{x}_0\,. \end{aligned}\right\} \tag{4.375}$$

Im Gegensatz zur statischen Parameteroptimierung ist nun keine Augenblicksrelation zwischen Parametervektor $\boldsymbol{q}$ und $F(\boldsymbol{q})$ gegeben, sondern die Integration des GDGl-

Systems

$$\frac{\mathrm{d}\boldsymbol{x}}{\mathrm{d}t} = \boldsymbol{f}\,, \qquad \boldsymbol{x}(t_0) = \boldsymbol{x}_0\,, \tag{4.376}$$

$$\frac{\mathrm{d}F}{\mathrm{d}t} = g\,, \qquad F(t_0) = 0\,, \tag{4.377}$$

erfordert eine endliche Zeit, nämlich die Rechenzeit $T - t_0$. Darüber hinaus ist erforderlich, daß während dieser Zeit $\boldsymbol{q}$ konstant bleibt, da andernfalls Gl. (4.374) keine Funktion $F(\boldsymbol{q})$, sondern ein Funktional bedeuten würde. Zur Funktionaloptimierung s. Kap. 4.7.

$\boldsymbol{x}_g(t)$ soll eine gewünschte Funktion für das Verhalten des dynamischen Systems sein. $g[\boldsymbol{x}_g(t), \boldsymbol{x}(\boldsymbol{q}, t)]$ stellt ein geeignetes Maß dar zur Messung der Differenz zwischen $\boldsymbol{x}_g$ und $\boldsymbol{x}$ zu jedem Zeitpunkt t.

Im Falle der Identifikation tritt an die Stelle der gewünschten Funktion $\boldsymbol{x}_g(t)$ die gemessene Ausgangsfunktion $\boldsymbol{w}(t)$ des Systems oder bei vernachlässigter Störung die Funktion $\boldsymbol{y}(t)$ (s. Abb. 4.45). Die Kriteriumsfunktion (4.374) hat bei Identifizierungsproblemen häufig folgende Form

$$F(\boldsymbol{q}, T) = \int_{t_0}^{T} [\boldsymbol{x}(\boldsymbol{q}, t) - \boldsymbol{y}(t)]^T \boldsymbol{W}[\boldsymbol{x}(\boldsymbol{q}, t) - \boldsymbol{y}(t)]\,\mathrm{d}t\,. \tag{4.378}$$

$\boldsymbol{W}$ ist dabei eine geeignete Gewichtsmatrix in Diagonalform und weiterhin ist die gleiche Dimension für $\boldsymbol{y}$ und $\boldsymbol{x}$ vorausgesetzt. Es sind jedoch auch andere Kriteriumsfunktionen definierbar, siehe z. B. hierzu [6], [101].

Bemerkenswert ist hier noch der Tatbestand, daß bei der Identifikation Probleme auftreten können, die „linear in den Parametern" sind, obwohl die Prozeßdynamik — GDGl-System (4.375) — nichtlinear ist. Bei gegebenen Beschränkungen liegt dann ein Problem der linearen Optimierung vor. Umgekehrt können nichtlineare Optimierungsprobleme auftreten, obwohl die Prozeßdynamik linear ist. Solche Probleme werden „nichtlinear in den Parametern" genannt. Zu dieser Frage siehe [101].

Zur Lösung des dynamischen nichtlinearen Optimierungsproblems lassen sich nun alle aus der statischen nichtlinearen Optimierung bekannten Verfahren direkt oder in modifizierter Form anwenden. Die Modifikationen tragen dem Umstand Rechnung, daß keine Augenblicksrelation zwischen Parametervektor $\boldsymbol{q}$ und Kriteriumsfunktion $F(\boldsymbol{q})$ existiert. Wir wollen zunächst Verfahren aufzeigen, die Informationen über den Gradienten benutzen und dann solche anführen, die ohne solche Informationen die Minimumsuche betreiben.

Die Implementierung aller im folgenden angegebenen Verfahren auf einem hybriden Rechnersystem teilt die Aufgaben grundsätzlich so auf, daß die Lösung der Gl. (4.375) auf dem Analogrechner erfolgt und die Minimierungsstrategie durch den Digitalrechner erledigt wird. Die Berechnung der Kriteriumsfunktion (4.374) erfolgt in der Regel auf dem Analogrechner, ist aber auch auf den Digitalrechner delegierbar. Der große ökonomische Vorteil der Hybridverfahren zur Parameteroptimierung und Identifikation resultiert aus der schnellen und billigen Lösung der Gl. (4.375) bzw. der Berechnung von (4.374), die, wie sich zeigen wird, oft ausgeführt werden müssen.

4.6.2.1. Diskretes Gradientenverfahren

Das kontinuierliche Gradientenverfahren kann nicht angewandt werden, da zwischen $\boldsymbol{q}$ und $F(\boldsymbol{q})$ keine Augenblicksrelation existiert und demzufolge der Gradient nicht in jedem Augenblick exakt definiert ist (s. Gl. (4.356)). Das Verfahren wird deshalb wie folgt abgewandelt (s. Abb. 4.47). Gestartet wird wieder in einem geeignet gewählten Startpunkt $\boldsymbol{q}(0) = \boldsymbol{q}^{(0)}$, in dem $F(\boldsymbol{q}^{(0)}) = F^{(0)}$ berechnet wird. Danach werden die Komponenten des Gradienten berechnet $\frac{\partial F^{(0)}}{\partial q_1}, \frac{\partial F^{(0)}}{\partial q_2}, \dots, \frac{\partial F^{(0)}}{\partial q_m}$ und ein diskreter Parameteränderungsvektor

$$\Delta \boldsymbol{q}^{(0)} = \boldsymbol{K} \Delta \boldsymbol{F}^{(0)} \tag{4.379}$$

analog der Gl. (4.357) ermittelt. Bei einer Minimierung sind die $k_{ii} < 0$, d. h., es wird ein Schritt entgegen der Gradientenrichtung getan. Der neue Parametervektor ergibt sich dann zu

$$\boldsymbol{q}^{(1)} = \boldsymbol{q}^{(0)} + \Delta \boldsymbol{q}^{(0)} . \tag{4.380}$$

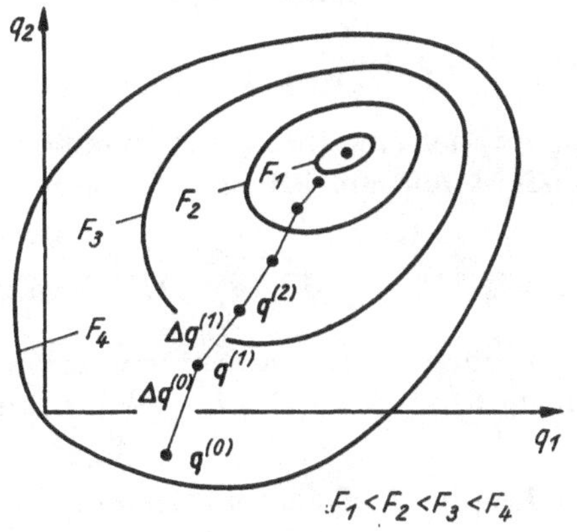

Abb. 4.47. Diskretes Gradientenverfahren

Dieses Vorgehen wird wiederholt, bis das Minimum erreicht ist. Der Nachteil des kontinuierlichen Gradientenverfahrens, nämlich die sich verringernde Schrittweite $\Delta \boldsymbol{q}^{(i)}$ bei Annäherung an das Minimum, bleibt erhalten. Deshalb unterscheiden sich die verschiedenen Implementationen hauptsächlich durch die Wahl der k_{ii} und die Ermittlung der Komponenten des Gradientenvektors.

Am geeignetsten sind solche k_{ii}, die die größte Verringerung der Kriteriumsfunktion in einem Schritt ermöglichen. Es wird z. B. folgendermaßen vorgegangen:

① Gegeben sei ein beliebiger Startpunkt $\boldsymbol{q}^{(0)}$ mit $F^{(0)}$.

② Die Richtung der Parameterverstellung wird durch Gradientenberechnung festgelegt.

③ Aus

$$\min \{F(\boldsymbol{q}^{(0)} + \boldsymbol{K} \nabla \boldsymbol{F}^{(0)}) \colon k_{ii} = k < 0, i = 1(1)\, m\} = F(\boldsymbol{q}^{(0)} + \boldsymbol{K}^* \nabla \boldsymbol{F}^{(0)}) = F^{(1)}$$

wird durch ein eindimensionales Optimierungsverfahren eine solche Matrix $k\boldsymbol{E} = \boldsymbol{K} = \boldsymbol{K}^*$ gesucht, für die in einem Schritt der minimalste Wert der Kriteriumsfunktion längs der ermittelten Parameterverstellrichtung erreicht wird.

④ Mit dem neuen Parametervektor $\boldsymbol{q}^{(1)}$ wird die Prozedur ab ② wiederholt, bis ein Abbruchkriterium, etwa in der Art $\|\boldsymbol{q}^{(r)} - \boldsymbol{q}^{(r-1)}\| \leqq \varepsilon_1$ und $|F^{(r)} - F^{(r-1)}| \leqq \varepsilon_2$, erfüllt ist.

Ein eindimensionales Optimierungsverfahren zur Bestimmung von $\boldsymbol{K}^*$ in jedem Schritt ist wie folgt möglich:

① Auswahl des größtmöglichen Schrittes als Ausgangswert auf der Basis des verallgemeinerten NEWTON-Verfahrens (s. Kap. 4.6.2.3. Gl. (4.389))

$$\Delta \boldsymbol{q}^{(r,0)} = \frac{-F(\boldsymbol{q}^{(r)}) \cdot \nabla F(\boldsymbol{q}^{(r)})}{\nabla F^T(\boldsymbol{q}^{(r)}) \cdot \nabla F(\boldsymbol{q}^{(r)})}.$$

② Verringerung der Schrittweite in binären Stufen, bis ein Minimum für F längs der Parameterverstellrichtung gefunden wurde

$$F^{(r,l)} = F\left(\boldsymbol{q}^{(r)} + \frac{1}{2^l}\Delta \boldsymbol{q}^{(r,0)}\right), \quad l = 0(1) \ldots .$$

Es gilt dann $\boldsymbol{K}^* \nabla F^{(r)} = \frac{1}{2^L}\Delta \boldsymbol{q}^{(r,0)}$, wenn für $l = L$ $F^{(r,L-1)} > F^{(r,L)} < F^{(r,L+1)}$ erreicht ist. Zweckmäßig ist auch eine Interpolation mit den letzten drei gefundenen Werten der Kriteriumsfunktion, um $\boldsymbol{K}^*$ zu verbessern

$$\boldsymbol{K}^{**} = \frac{3\boldsymbol{K}^*}{4} \cdot \frac{F^{(r,L-1)} - 5F^{(r,L)} + 4F^{(r,L+1)}}{F^{(r,L-1)} - 3F^{(r,L)} + 2F^{(r,L+1)}}.$$

Bleiben noch einige Ausführungen zur Gradientenberechnung zu machen. Die Komponenten des Gradienten im r-ten Schritt, $\nabla F^{(r)}$ können auf zwei Wegen berechnet werden.

1. Durch Berechnung der Empfindlichkeitsfunktionen (s. Kap. 4.1.5.) oder
2. näherungsweise durch Differenzenquotienten.

Legen wir z. B. die Kriteriumsfunktion (4.378) zugrunde, so erhalten wir für die j-te Gradientenkomponente

$$\frac{\partial F(\boldsymbol{q})}{\partial q_j} = \int_{t_0}^{T} 2[\boldsymbol{x}(\boldsymbol{q}, t) - \boldsymbol{y}(t)]^T \cdot \boldsymbol{W} \frac{\partial \boldsymbol{x}(\boldsymbol{q}, t)}{\partial q_j} \mathrm{d}t . \tag{4.381}$$

$\partial \boldsymbol{x}/\partial q_j$ ist aber der Empfindlichkeitsvektor $\boldsymbol{s}_j(t)$, der durch Lösung der Empfindlichkeitsgleichung (s. Kap. 4.1.5.1. Gl. (4.38)) gewonnen werden kann. Die Lösung der Empfindlichkeitsgleichung bedeutet auf jeden Fall einen zusätzlichen Aufwand, der neben der Zustandsgleichung (4.375) mindestens die Lösung eines linearen GDGl-Systems n-ter Ordnung bedeutet (s. Kap. 4.1.5.2.).

Die näherungsweise Berechnung geschieht durch Bildung des Differenzenquotienten 1. Ordnung

$$\frac{\partial F(\boldsymbol{q})}{\partial q_j} \approx \frac{F(\boldsymbol{q} + \boldsymbol{\delta q}_j) - F(\boldsymbol{q})}{\delta q_j} . \tag{4.382}$$

Der Vektor $\boldsymbol{\delta q}_j$ enthält dabei nur in der j-ten Komponente eine kleine endliche Änderung δq_j. Diese Änderung ist am hybriden Rechnersystem in einfacher Weise durch geringfügiges Verstellen der Digitalpotentiometer zu erreichen. Wir beachten, daß dadurch kein zusätzlicher gerätetechnischer Aufwand erforderlich ist, wie es die Berechnung der Empfindlichkeitsfunktionen verlangt.

4.6.2.2. Quasikontinuierliches Gradientenverfahren

Die Notwendigkeit für ein diskretes Gradientenverfahren war durch die Dynamik des Parameterverstellvorganges bedingt, wie wir uns im vorangegangenen Kapitel überzeugen konnten. Wenn wir dafür sorgen, daß die Parameterverstellung so langsam erfolgt, daß sie nahezu ohne Einfluß auf die Systemdynamik ist, so können wir das folgende quasikontinuierliche Gradientenverfahren anwenden [118].

Als Kriteriumsfunktion wählen wir der Zweckmäßigkeit halber

$$F(\boldsymbol{q}) = [\boldsymbol{x}(\boldsymbol{q}, t) - \boldsymbol{y}(t)]^T [\boldsymbol{x}(\boldsymbol{q}, t) - \boldsymbol{y}(t)] . \tag{4.383}$$

In Analogie zum kontinuierlichen Gradientenverfahren setzen wir an

$$\frac{d\boldsymbol{q}}{dt} = \boldsymbol{K} \nabla \boldsymbol{F}(q) . \tag{4.384}$$

Nun ist

$$\nabla \boldsymbol{F}(\boldsymbol{q}) = 2\boldsymbol{S}^T[\boldsymbol{x}(\boldsymbol{q}, t) - \boldsymbol{y}(t)] \tag{4.385}$$

mit $\boldsymbol{S}$ als Empfindlichkeitsmatrix (s. Kap. 4.1.5.1.). $\boldsymbol{S}$ ist als Lösung der Empfindlichkeitsgleichung erhältlich. Damit ergibt sich

$$\frac{d\boldsymbol{q}}{dt} = 2\boldsymbol{K}\boldsymbol{S}^T[\boldsymbol{x}(\boldsymbol{q}, t) - \boldsymbol{y}(t)] . \tag{4.386}$$

Je näher wir dem Minimum kommen, desto besser ist die Voraussetzung des relativ langsamen Parameterverstellens erfüllt. Die Elemente der $\boldsymbol{K}$-Matrix können nicht beliebig groß gemacht werden, da sonst die Konvergenz gefährdet ist. Exakte Untersuchungen über das Konvergenzverhalten des quasikontinuierlichen Gradientenverfahrens liegen bisher nicht vor.

4.6.2.3. Verallgemeinertes Newton-*Verfahren*

Betrachten wir die Taylor-Reihenentwicklung

$$F(\boldsymbol{q}) = F(\boldsymbol{q}^{(r)}) + [\nabla \boldsymbol{F}(\boldsymbol{q}^{(r)})]^T (\boldsymbol{q} - \boldsymbol{q}^{(r)}) + \tfrac{1}{2} (\boldsymbol{q} - \boldsymbol{q}^{(r)})^T \boldsymbol{H}(\boldsymbol{q}^{(r)}) (\boldsymbol{q} - \boldsymbol{q}^{(r)}) + \cdots , \tag{4.387}$$

so wird bekanntlich eine Nullstelle der Funktion $F(\boldsymbol{q})$ angenähert durch lineare Extrapolation von $F(\boldsymbol{q}^{(r)})$ nach Null gefunden. Aus Gl. (4.387) resultiert somit

$$0 = F(\boldsymbol{q}^{(r)}) + [\nabla \boldsymbol{F}(\boldsymbol{q}^{(r)})]^T \Delta \boldsymbol{q}^{(r)} , \tag{4.388}$$

$$\Delta \boldsymbol{q}^{(r)} = -\left[\frac{F(\boldsymbol{q}^{(r)})}{[\nabla \boldsymbol{F}(\boldsymbol{q}^{(r)})]^T \nabla \boldsymbol{F}(\boldsymbol{q}^{(r)})}\right] \nabla \boldsymbol{F}(\boldsymbol{q}^{(r)}) . \tag{4.389}$$

Der in eckigen Klammern stehende Term entspricht der Diagonalmatrix beim diskreten Gradientenverfahren.

Die Ermittlung der Schrittweite nach Gl. (4.389) setzt das Minimum zu $F(\boldsymbol{q}^*) = 0$ voraus. Das Verfahren kann aber auch unbeachtet der gemachten Voraussetzung zu Beginn einer Minimierung eingesetzt werden, versagt jedoch, wenn es in die Nähe eines Minimums $F(\boldsymbol{q}^*) \neq 0$ gelangt.

In Anbetracht der notwendigen Bedingung für ein Minimum $\nabla F(\boldsymbol{q}^*) = \boldsymbol{0}$ können wir das obige NEWTON-Verfahren verallgemeinern. Wir differenzieren zu diesem Zweck Gl. (4.387) und setzen die Ableitung Null. Glieder höherer Ordnung werden vernachlässigt

$$\nabla F(\boldsymbol{q}) = \boldsymbol{0} = \nabla F(\boldsymbol{q}^{(r)}) + \boldsymbol{H}(\boldsymbol{q}^{(r)}) \Delta \boldsymbol{q}^{(r)} . \tag{4.390}$$

Daraus folgt

$$\Delta \boldsymbol{q}^{(r)} = - [\boldsymbol{H}(\boldsymbol{q}^{(r)})]^{-1} \nabla F(\boldsymbol{q}^{(r)}) . \tag{4.391}$$

Vergleichen wir wieder mit dem diskreten Gradientenverfahren, so stellen wir fest, daß die Matrix $\boldsymbol{K}$ durch die Inverse der HESSEschen Matrix ersetzt wird. Für quadratische Funktionen $F(\boldsymbol{q})$ ist mit Gl. (4.391) das Minimum in einem einzigen Schritt zu erreichen. Obwohl also quadratische Konvergenz vorliegt, sind mit dem verallgemeinerten NEWTON-Verfahren eine Reihe von Schwierigkeiten verbunden. $\boldsymbol{H}$ muß positiv definit sein (s. Kap. 4.6.1.), andernfalls kann Divergenz in der schrittweisen Minimierung auftreten. Außerdem ist die Berechnung von $\boldsymbol{H}$ und ihrer Inversen eine zeitaufwendige Prozedur.

Für nichtquadratische Funktionen $F(\boldsymbol{q})$ ist der Parametervektor iterativ zu verbessern gemäß

$$\boldsymbol{q}^{(r+1)} = \boldsymbol{q}^{(r)} + \Delta \boldsymbol{q}^{(r)} = \boldsymbol{q}^{(r)} - [\boldsymbol{H}(\boldsymbol{q}^{(r)})]^{-1} \nabla F(\boldsymbol{q}^{(r)}) . \tag{4.392}$$

Ist z. B. die Kriteriumsfunktion in einfacher Weise das Integral über das Fehlerquadrat einer skalaren Größe (s. Gl. (4.378) Kap. 4.6.2.)

$$F(\boldsymbol{q}) = \int_0^T [x(\boldsymbol{q}, t) - y(t)]^2 \, \mathrm{d}t = \int_0^T e^2 \, \mathrm{d}t , \tag{4.393}$$

dann gilt

$$\nabla F(\boldsymbol{q}) = 2 \int_0^T e \nabla \boldsymbol{x}(\boldsymbol{q}, t) \, \mathrm{d}t . \tag{4.394}$$

Die HESSEsche Matrix erhalten wir, indem wir ∇F nach jedem Parameter q_j, $j = 1(1)\,m$ differenzieren (vgl. Gl. (4.3.53) und (4.354) in Kap. 4.6.1.).

$$\boldsymbol{H}(\boldsymbol{q}) = 2 \int_0^T \left\{ \nabla \boldsymbol{x} \nabla \boldsymbol{x}^T + e \cdot \left[\frac{\partial^2 x}{\partial q_i \, \partial q_j} \right] \right\} \mathrm{d}t . \tag{4.395}$$

Zur Vereinfachung wird der zweite Term in Gl. (4.395) weggelassen, und wir erhalten das auch als GAUSS-NEWTON-Verfahren bekannte Vorgehen

$$\boldsymbol{q}^{(r+1)} = \boldsymbol{q}^{(r)} - [\boldsymbol{J}(\boldsymbol{q}^{(r)})]^{-1} \nabla F(\boldsymbol{q}^{(r)}) , \tag{4.396}$$

wobei für die Matrix

$$\boldsymbol{J}(\boldsymbol{q}) = 2 \int_0^T [\nabla \boldsymbol{x}(\boldsymbol{q}, t) \, \nabla \boldsymbol{x}^T(\boldsymbol{q}, t)] \, \mathrm{d}t \tag{4.397}$$

gilt.

4.6.2.4. *Verfahren der parallelen Tangenten*

Da die Gradientenverfahren divergieren oder sehr langsam konvergieren können, gibt es verschiedene Vorgehensweisen zur Verbesserung der Gradientenverfahren. Zunächst wollen wir uns kurz dem Verfahren der parallelen Tangenten, wie es in Abb. 4.48 für zwei Parameter illustriert ist, zuwenden. Die Minimumsuche beginne im Punkt P_0 mit einer eindimensionalen Minimierung entgegen der Gradientenrichtung. Sie führt auf diese Weise zur Punktfolge $P_0, P_1, P_2, \dots$. Die Verbindung der Punkte P_0 und P_2

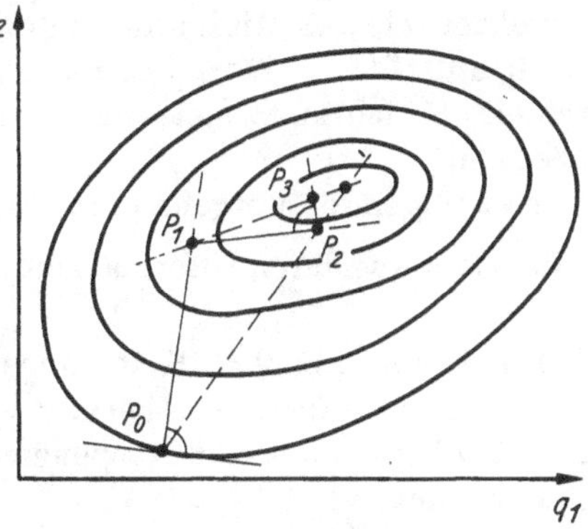

Abb. 4.48. Verfahren der parallelen Tangenten

ergibt dann eine Richtung, die auf die Umgebung des Minimums weist. Bei Hinzunahme des Punktes P_3 läßt sich durch den Schnitt der beiden Richtungsgeraden näherungsweise das Minimum lokalisieren. Das diskrete Gradientenverfahren würde zwischen beiden Richtungsgeraden oszillierend in das Minimum laufen und somit mehr Zeit benötigen. Die Überlegungen können auf einen mehrdimensionalen Parameterraum entsprechend übertragen werden [153].

4.6.2.5. Fletcher-Powell-*Verfahren*

Zur Zeit ist das Fletcher-Powell-Verfahren allgemein als eines der leistungsfähigsten Minimierungsverfahren aus der Klasse der Gradientenverfahren anerkannt. Es kombiniert die Vorzüge des diskreten Gradientenverfahrens und des verallgemeinerten Newton-Verfahrens. Dabei werden die quadratischen Konvergenzeigenschaften in der Nähe des Minimums erhalten, aber der Aufwand, der zur Bildung der Inversen der Hesseschen Matrix $\boldsymbol{H}^{-1}$ erforderlich ist, wird vermieden.

$\boldsymbol{D}^{(r)}$ sei die r-te Näherung für die Inverse der Hesseschen Matrix, sei also positiv definit und quadratisch (m, m). Das Fletcher-Powell-Verfahren berechnet dann einen Parameterverstellvektor zu

$$\Delta \boldsymbol{q}^{(r)} = -\mu^{(r)} \boldsymbol{D}^{(r)} \nabla \boldsymbol{F}(\boldsymbol{q}^{(r)}) , \qquad (4.398)$$

wobei $\mu^{(r)}$ ein Faktor ist, der längs $\nabla \boldsymbol{F}(\boldsymbol{q}^{(r)})$ zu einem relativen Minimum von $F^{(r+1)}$ führt. Nachdem $\Delta \boldsymbol{q}^{(r)}$ berechnet ist, wird mit dem Hilfsvektor

$$\Delta \boldsymbol{g}^{(r)} = \nabla \boldsymbol{F}^{(r+1)} - \nabla \boldsymbol{F}^{(r)} \qquad (4.399$$

eine verbesserte Matrix $\boldsymbol{D}^{(r+1)}$, wie folgt, berechnet:

$$\boldsymbol{D}^{(r+1)} = \boldsymbol{D}^{(r)} + \boldsymbol{A}^{(r)} + \boldsymbol{B}^{(r)}, \tag{4.400}$$

$$\boldsymbol{A}^{(r)} = \frac{\Delta \boldsymbol{q}^{(r)}[\Delta \boldsymbol{q}^{(r)}]^T}{[\Delta \boldsymbol{q}^{(r)}]^T \Delta \boldsymbol{g}^{(r)}}, \tag{4.401}$$

$$\boldsymbol{B}^{(r)} = \frac{-\boldsymbol{D}^{(r)} \Delta \boldsymbol{g}^{(r)}[\Delta \boldsymbol{g}^{(r)}]^T \boldsymbol{D}^{(r)}}{[\Delta \boldsymbol{g}^{(r)}]^T \boldsymbol{D}^{(r)} \Delta \boldsymbol{g}^{(r)}}. \tag{4.402}$$

Es kann gezeigt werden, daß, wenn $F(\boldsymbol{q})$ eine quadratische Funktion ist und $\boldsymbol{q}$ ein m-dimensionaler Parametervektor ist, das Minimum nach $m + 1$ Schritten gefunden wird. Es gilt dann $\nabla \boldsymbol{F}^{(m)} = \boldsymbol{0}$ und $\boldsymbol{D}^{(m)} = \boldsymbol{H}^{-1}$. Bei nichtquadratischer Kriteriumsfunktion, jedoch auch durch einen nichtzuvermeidenden Fehlereinfluß des Rechners, wird die Schrittanzahl größer sein.

Als Hybridverfahren ist etwa folgendes Vorgehen angebracht:

① Eingabe von $\boldsymbol{q}^{(0)}$, $\boldsymbol{D}^{(0)}$; falls keine anderen Informationen über $\boldsymbol{D}^{(0)}$, setze $\boldsymbol{D}^{(0)} = \boldsymbol{E}$. $r := 0$.

② Berechnung der GDGl (4.375) einschließlich Kriteriumsfunktion (4.374) auf dem Analogrechner. Berechnung des Gradienten näherungsweise oder durch Empfindlichkeitsanalyse auf dem Analogrechner mit Abspeicherung der Gradientenkomponenten auf dem Digitalrechner.

③ Berechnung einer Parameterverstellrichtung $\boldsymbol{D}^{(r)}\nabla \boldsymbol{F}^{(r)}$ auf dem Digitalrechner und anschließende Suche eines relativen Minimums längs dieser Richtung durch einen eindimensionalen Suchprozeß

$$\mu^{(r)} = \min_{\mu} \{ F(\boldsymbol{q}^{(r)} - \mu \boldsymbol{D}^{(r)} \nabla \boldsymbol{F}^{(r)}) \}.$$

Dabei wird zur Berechnung der GDGl und der Kriteriumsfunktion der Analogrechner benutzt.

④ Berechnung eines neuen Parametervektors

$$\boldsymbol{q}^{(r+1)} = \boldsymbol{q}^{(r)} - \mu^{(r)} \boldsymbol{D}^{(r)} \nabla \boldsymbol{F}(\boldsymbol{q}^{(r)})$$

auf dem Digitalrechner.

⑤ Konvergenztest auf der Basis

$$|F^{(r+1)} - F^{(r)}| < \varepsilon_1 \quad \text{und/oder} \quad ||\boldsymbol{q}^{(r+1)} - \boldsymbol{q}^{(r)}|| < \varepsilon_2$$

auf dem Digitalrechner. Zweckmäßigerweise sollte der Test erst nach m Iterationen erstmals eingeschaltet werden.

⑥ Bei nichterfülltem Konvergenztest Ermittlung von $\nabla \boldsymbol{F}(\boldsymbol{q}^{(r+1)})$ analog wie unter ② und Bildung von $\Delta \boldsymbol{g}^{(r)}$ nach Gl. (4.399), sowie $\boldsymbol{D}^{(r+1)}$ nach Gl. (4.400), (4.401) und (4.402) auf dem Digitalrechner.

$r := r + 1$ und Wiederholung ab Schritt ③.

4.6.2.6. Relaxationsverfahren

Die bisher geschilderten Verfahren benutzten Informationen über den Gradienten, um ein Minimum der Kriteriumsfunktion festzustellen. Die Ermittlung des Gradienten bildet jedoch in den genannten Verfahren einen nicht unerheblichen Aufwand, so daß auch eine Reihe gradientenfreier Verfahren zur Anwendung gelangen. Sie werden häufig auch als direkte Verfahren bezeichnet.

Am einfachsten ist dabei, den gesamten Parameterraum zu diskretisieren und für jede Parameterkombination die Kriteriumsfunktion zu berechnen und ihren jeweils kleinsten Wert abzuspeichern. Dieses Verfahren ist selbstverständlich nur für eine kleine Anzahl von Parametern zu empfehlen. Es hat jedoch den Vorteil, daß Parameterbeschränkungen einfach zu berücksichtigen sind und daß es auf einem hybriden Rechnersystem leicht zu implementieren ist.

Effektivere Suchverfahren müssen ein Absuchen des gesamten Parameterraumes vermeiden. Beim Relaxationsverfahren wird deshalb die Suche längs eines Parameters so lange fortgesetzt, bis ein lokales Minimum gefunden wird. Dieser Parameterwert wird festgehalten und längs des nächsten Parameters die Suche bis zu einem weiteren

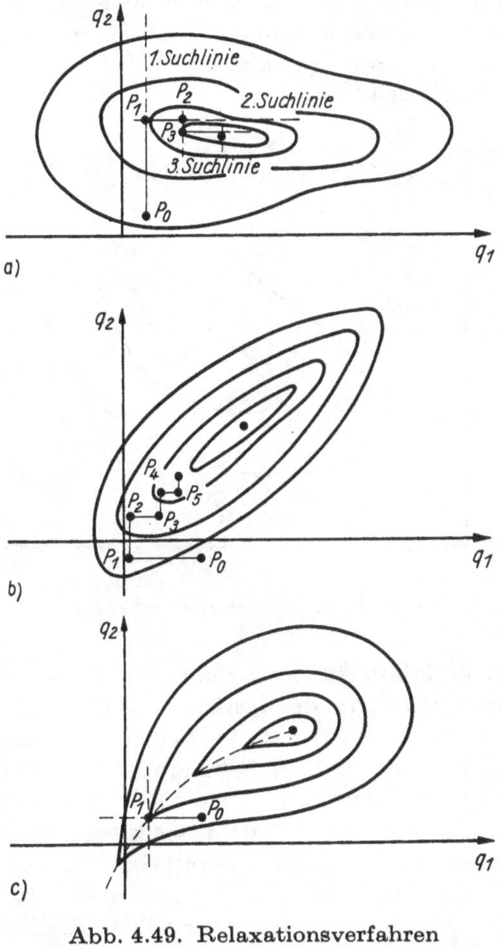

Abb. 4.49. Relaxationsverfahren
a) Suchlinien und Achsen der Höhenlinien nahezu parallel
b) Suchlinien und Achsen der Höhenlinien nicht parallel
c) Steckenbleiben des Suchprozesses

lokalen Minimum fortgesetzt. Das wird so lange wiederholt, bis keine Verkleinerung der Kriteriumsfunktion mehr beobachtet werden kann. Die Vorgehensweise ist in Abb. 4.49 für zwei Parameter veranschaulicht. Dabei ist das Verfahren sehr effektiv, wenn die Symmetrieachsen der durch die Höhenlinien begrenzten Flächen annähernd parallel zu den Suchlinien, also parallel zu den Koordinatenachsen liegen (Abb. 4.49a). Ist das nicht der Fall (Abb. 4.49b), sind viele Suchschritte erforderlich, ja es kann sogar passieren, daß das Verfahren steckenbleibt, wie es Abb. 4.49c zeigt.

4.6.2.7. *Rastersuchverfahren*

Das Rastersuchverfahren ist besser in der Lage, sich in Richtung schmaler Täler effektiv fortzubewegen, da es versucht, die Suchrichtung an die „Symmetrieachse" durch das Tal anzupassen. Zunächst erkundet das Verfahren die Nachbarschaft eines ausgewählten Punktes $\boldsymbol{q}^{(r)}$ durch Suchschritte bestimmter Länge. Wenn eine aussichtsreiche Suchrichtung gefunden wurde, wird die Funktion in der gleichen Richtung fortschreitend berechnet, solange, wie $F(\boldsymbol{q})$ kleiner wird. Danach erfolgt wieder eine Erkundung der Nachbarschaft usw.

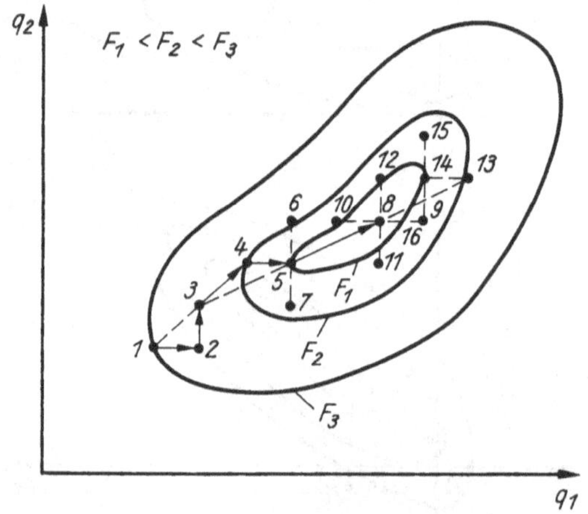

Abb. 4.50. Rastersuchverfahren

In Abb. 4.50 ist das Verfahren für zwei Parameter demonstriert. Der Startpunkt $\boldsymbol{q}^{(1)}$ sei der erste Basispunkt $\boldsymbol{b}^{(1)}$, um den zunächst die Erkundungsschritte ausgeführt werden. Der erste Erkundungsschritt geht in Richtung q_1 und ergibt $\boldsymbol{q}^{(2)}$. Da $F(\boldsymbol{q}^{(2)}) < F(\boldsymbol{q}^{(1)})$, wird $\boldsymbol{q}^{(2)}$ aufbewahrt und die Erkundung in Richtung q_2 fortgesetzt. Da $F(\boldsymbol{q}^{(3)}) < F(\boldsymbol{q}^{(2)})$, wird $\boldsymbol{q}^{(3)}$ an Stelle von $\boldsymbol{q}^{(2)}$ gespeichert. Damit sind alle nötigen Erkundungsschritte abgeschlossen und $\boldsymbol{q}^{(3)}$ wird der zweite Basispunkt $\boldsymbol{b}^{(2)}$. Nun wird ein Rasterschritt gemacht zu $\boldsymbol{q}^{(4)} = 2\boldsymbol{b}^{(2)} - \boldsymbol{b}^{(1)}$, d. h. in der Richtung $\boldsymbol{b}^{(2)} - \boldsymbol{b}^{(1)}$. $F(\boldsymbol{q}^{(4)})$ wird nicht sofort mit $F(\boldsymbol{q}^{(3)})$ verglichen, sondern es wird eine weitere Serie von Erkundungsschritten angeschlossen, um zu versuchen, die Suchrichtung zu verbessern. Der beste Punkt, der in Abb. 4.50 gefunden werden kann, ist $\boldsymbol{q}^{(5)}$ und da $F(\boldsymbol{q}^{(5)}) < F(\boldsymbol{q}^{(3)})$, wird $\boldsymbol{q}^{(5)}$ zum dritten Basispunkt $\boldsymbol{b}^{(3)}$. Die Suche wird fortgesetzt mit einem Rasterschritt zu $\boldsymbol{q}^{(8)} = 2\boldsymbol{b}^{(3)} - \boldsymbol{b}^{(2)}$.

Wenn ein Rasterschritt und darauf folgende Erkundungsschritte fehlschlagen, wie z. B. um $q^{(13)}$ in Abb. 4.50, geht das Verfahren zum vorhergehenden Basispunkt zurück. Wenn hier alle Erkundungsschritte erfolglos sind, wie z. B. bei $q^{(8)}$, wird das Suchraster verworfen und die Erkundungsschrittweiten werden reduziert. Danach wird das Verfahren an diesem Basispunkt neu gestartet. Das Verfahren wird beendet, wenn die Parameterschrittweiten eine vorgebbare Schranke unterschreiten.

4.6.2.8. POWELL-*Verfahren*

Für eine quadratische Funktion

$$F(\boldsymbol{q}) = \tfrac{1}{2}\,\boldsymbol{q}^T\boldsymbol{A}\boldsymbol{q} + \boldsymbol{b}^T\boldsymbol{q} + c \tag{4.403}$$

mit der konstanten symmetrischen Matrix $\boldsymbol{A}(m, m)$ und dem konstanten Vektor $\boldsymbol{b}$, bzw. der Konstanten c, läßt sich zeigen, daß, wenn die Suche nacheinander in den konjugierten Richtungen erfolgt, das Minimum nach m Schritten erreicht ist [105]. Zwei Vektoren $\boldsymbol{u}^{(i)}$ und $\boldsymbol{u}^{(j)}$ werden bezüglich der Matrix $\boldsymbol{A}$ konjugiert — auch $\boldsymbol{A}$-konjugiert oder $\boldsymbol{A}$-orthogonal — genannt, wenn

$$\boldsymbol{u}^{(i)\,T}\boldsymbol{A}\boldsymbol{u}^{(j)} = 0\,, \quad i \neq j\,, \tag{4.404}$$

gilt. Die Konjugiertheit ist eine Verallgemeinerung der Orthogonalität [102], [4].

Für nichtquadratische Kriteriumsfunktionen ist das Verfahren ebenfalls anwendbar, jedoch gilt dann obige Aussage nur näherungsweise.

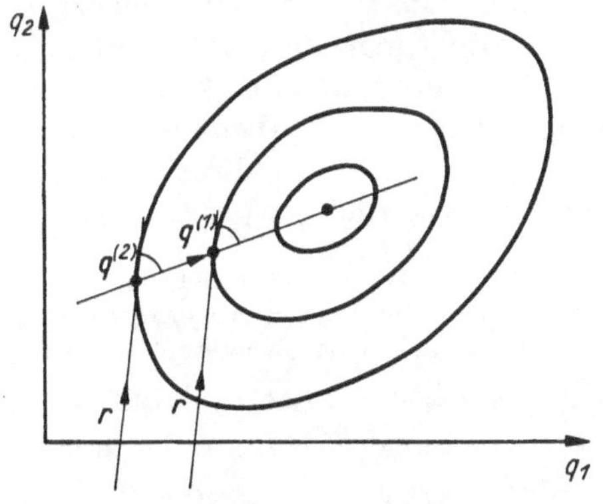

Abb. 4.51. Prinzip des POWELL-Verfahrens

Das POWELL-Verfahren läßt sich veranschaulichen durch folgende gegebene Tatsache. Jede Linie durch das Minimum einer quadratischen Funktion (4.403) schneidet die Flächen $F(\boldsymbol{q})$ = konstant unter gleichen Winkeln. In Abb. 4.51 ist es für zwei Parameter gezeigt. Die Schlußfolgerung aus dieser Tatsache ist, wenn zwei Minima $\boldsymbol{q}^{(1)}$ und $\boldsymbol{q}^{(2)}$ gefunden wurden längs zwei paralleler Richtungen $\boldsymbol{r}$, dann ist das Minimum der quadratischen Funktion $F(\boldsymbol{q})$ in Richtung $\boldsymbol{q}^{(1)} - \boldsymbol{q}^{(2)}$ gelegen. Diese Richtung ist $\boldsymbol{A}$-konjugiert zu $\boldsymbol{r}$, da folgendes gilt:

$$\boldsymbol{r}^T\boldsymbol{g}^{(i)} = 0\,, \quad i = 1, 2\,, \tag{4.405}$$

$$\boldsymbol{g}^{(i)} = \nabla F(\boldsymbol{q}^{(i)}) = \boldsymbol{A}\boldsymbol{q}^{(i)} + \boldsymbol{b}\,, \quad i = 1, 2\,. \tag{4.406}$$

Gl. (4.405) gilt, da der Gradient immer senkrecht auf den Flächen $F(\boldsymbol{q}) =$ konstant steht. Differenzbildung ergibt

$$0 = \boldsymbol{r}^T(\boldsymbol{g}^{(1)} - \boldsymbol{g}^{(2)}) = \boldsymbol{r}^T\boldsymbol{A}(\boldsymbol{q}^{(1)} - \boldsymbol{q}^{(2)}) , \tag{4.407}$$

was die A-Konjugiertheit der Vektoren $\boldsymbol{r}$ und $\boldsymbol{q}^{(1)} - \boldsymbol{q}^{(2)}$ nachweist. Ein Algorithmus für das POWELL-Verfahren muß folgende Schritte beinhalten:

Der Startpunkt sei $\boldsymbol{q}^{(0)}$.

① Beginne die Suche längs der Koordinatenrichtungen, d. h. wie beim Relaxationsverfahren. Die Suchrichtungen $\boldsymbol{r}^{(1)}, \boldsymbol{r}^{(2)}, \dots, \boldsymbol{r}^{(m)}$ sind gegeben durch $\boldsymbol{r}^{(i)} = \boldsymbol{e}^{(i)}$, wo $\boldsymbol{e}^{(i)} = (0, \dots, 0, 1, 0, \dots, 0)^T$, $i = 1(1)\,m$.

② Mit den gegebenen $\boldsymbol{r}^{(1)}, \boldsymbol{r}^{(2)}, \dots, \boldsymbol{r}^{(m)}$ führe die Suche aus, d. h., finde ein μ_i^* so, daß

$$F(\boldsymbol{q}^{(i-1)} + \mu_i^*\boldsymbol{r}^{(i)})$$

zum Minimum wird. Definiere

$$\boldsymbol{q}^{(i)} = \boldsymbol{q}^{(i-1)} + \mu_i^*\boldsymbol{r}^{(i)} , \quad i = 1(1)\,m .$$

③ Bilde eine neue Richtung $\boldsymbol{r}$ durch $\boldsymbol{r} = \boldsymbol{q}^{(m)} - \boldsymbol{q}^{(0)}$ und ersetze $\boldsymbol{r}^{(1)}, \dots, \boldsymbol{r}^{(m)}$ durch $\boldsymbol{r}^{(2)}, \dots, \boldsymbol{r}^{(m)}, \boldsymbol{r}$. Bezeichne letztere durch Umindizierung wieder mit $\boldsymbol{r}^{(1)}, \dots, \boldsymbol{r}^{(m)}$.

④ Minimiere $F(\boldsymbol{q}^{(m)} + \mu\boldsymbol{r}^{(m)})$, d. h. in der neuen Richtung, und ersetze $\boldsymbol{q}^{(0)}$ durch $\boldsymbol{q}^{(m)} + \mu^*\boldsymbol{r}^{(m)}$.

Benutze diesen Punkt als neuen Startpunkt für die nächste Iteration und gehe zu ②.

Nach m solchen Iterationsschritten sind alle Suchrichtungen gegenseitig konjugiert für eine quadratische Kriteriumsfunktion. Bedauerlicherweise können durch den beschriebenen Algorithmus Suchrichtungen erzeugt werden, die linear abhängig sind. Die Folge davon ist, daß das Verfahren nicht zu konvergieren braucht. POWELL selbst hat daher sein Verfahren modifiziert [105] aber erst ZANGWILL [156] hat eine solche Form für das Verfahren vorgeschlagen, die diese möglichen Schwierigkeiten überwindet. Siehe zu dieser Problematik auch [53].

Beispiel [14]: Für ein nichtlineares Antriebssystem ist ein lineares Modell zweiter Ordnung so zu finden, daß die Abweichungen der beiden Ausgangsfunktionen minimal werden.

Die Gleichungen für das nichtlineare Antriebssystem lauten:

$$\dot{e}_g(t) + 10e_g(t) = 17{,}5e_a; \qquad e_g(0) = 0 ,$$

$$\dot{c}(t) + 1{,}5c(t) = 5e_g(t) - 15\omega(t); \qquad c(0) = 0 ,$$

$$m(t) = \begin{cases} 50c(t), & \text{wenn } c(t) \leqq 0{,}5 , \\ 25 \operatorname{sign} c(t), & \text{sonst} , \end{cases}$$

$$\dot{\omega}(t) + 3\omega(t) = 0{,}1m(t); \qquad \omega(0) = 0 .$$

Für das lineare Modell zweiter Ordnung gelte:

$$\dot{y}_1(t) = y_2(t); \qquad y_1(0) = 0 ,$$

$$\dot{y}_2(t) + 2\zeta\omega_n y_2(t) = K\omega_n^2 e_a - \omega_n^2 y_1(t); \qquad y_2(0) = 0 .$$

Die Kriteriumsfunktion lautet:

$$I = \int_0^T [y_1(t) - \omega(t)]^2 \, dt .$$

Als Eingangsfunktion $e_a(t)$ werde ein Einheitssprung benutzt. K als stationärer Verstärkungsfaktor wird zu 0,5503 gewählt. Die stationären Werte von $y_1(t)$ und $\omega(t)$ sind damit nach der Einschwingzeit T gleich. Gesucht sind die Parameter $\alpha_1 = \omega_n^2$ und $\alpha_2 = \zeta\omega_n$.

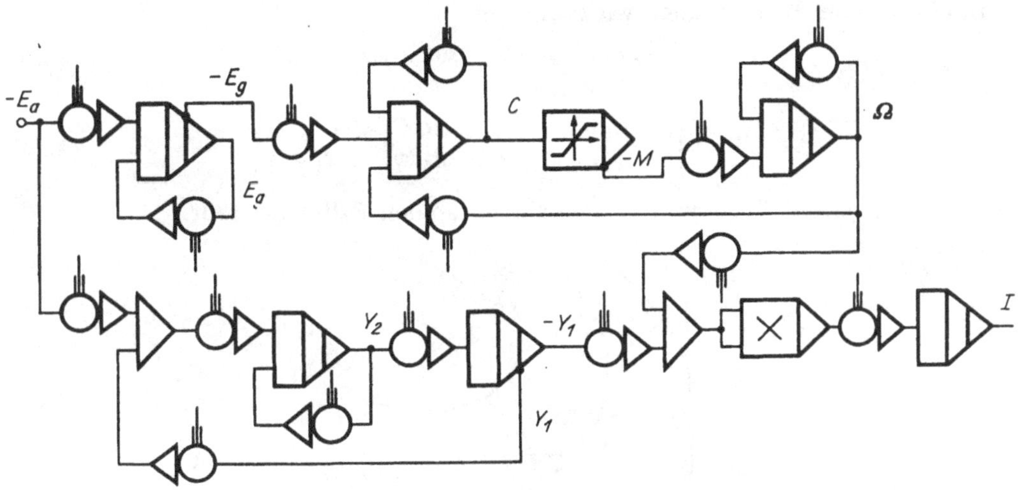

Abb. 4.52. Rechenschaltung zum Beispiel „nichtlineares Antriebssystem"

Tab. 4.5. Ergebnisse des Beispiels „nichtlineares Antriebssystem"

Verfahren	Anz. der Iterationen	Anz. der Funkt.-Berechgn.	Anz. der Iterationen	Anz. der Funkt.-Berechgn.	Anz. der Iterationen	Anz. der Funkt.-Berechgn.
	$\zeta^{(0)} = 0,3$; $\omega_n^{(0)} = 3,0$ $I_{\text{anf}} = 47,72 \cdot 10^{-3}$		$\zeta^{(0)} = 0,7$; $\omega_n^{(0)} = 6,0$ $I_{\text{anf}} = 4,61 \cdot 10^{-3}$		$\zeta^{(0)} = 0,5$; $\omega_n^{(0)} = 9,0$ $I_{\text{anf}} = 15,90 \cdot 10^{-3}$	
POW	4	351	6	495	14	1011
FL-POW	9	268	14	361	17	482

Die Rechenschaltung ist in Abb. 4.52 gezeigt. Die Ergebnisse bei Anwendung des POWELL-Verfahrens (POW) und des FLETCHER-POWELL-Verfahrens (FL-POW) sind in Tab. 4.5 aufgeführt. Es wurden drei verschiedene Startwerte $\zeta^{(0)}$, $\omega_n^{(0)}$ benutzt. Die Anfangswerte der Kriteriumsfunktion I_{anf} sind ebenfalls angeführt. Der Endwert der Kriteriumsfunktion betrug in allen angeführten Fällen $I_{\text{end}} = 1,685 \cdot 10^{-3}$ und die zugehörigen Parameterwerte lauten $\zeta = 0,467$ bzw. $\omega_n = 5,581$.

Die Anzahl der „Funktionsberechnungen" entspricht der Zahl der Rechenläufe des Analogrechners. Diese Zahl ist aussagekräftiger als die Anzahl der Iterationen hinsichtlich der Effektivität eines Verfahrens.

4.6.2.9. Zufallssuchverfahren

Auf einem hybriden Rechnersystem ist die in [106] vorgeschlagene sogenannte „tastende" Zufallssuche gut anwendbar. Das Grundverfahren besteht aus folgenden Schritten. Ausgehend von einem Basispunkt $\boldsymbol{q}^{(0)}$ wird die Kriteriumsfunktion in $\boldsymbol{q}^{(0)} + \Delta\boldsymbol{q}^{(0)}$ berechnet, wobei $\Delta\boldsymbol{q}^{(0)}$ ein Vektor mit fester Länge – Schrittweite – aber zufälliger Richtung ist. Wenn $F(\boldsymbol{q}^{(0)} + \Delta\boldsymbol{q}^{(0)}) < F(\boldsymbol{q}^{(0)})$ – ein Erfolg –, wird der Basispunkt nach $\boldsymbol{q}^{(0)} + \Delta\boldsymbol{q}^{(0)}$ verlegt, andernfalls verbleibt $\boldsymbol{q}^{(0)}$ der Basispunkt und ein anderer Zufallsschritt wird gemacht.

In allgemeiner Form können wir schreiben

$$\boldsymbol{q}^{(r+1)} = \boldsymbol{q}^{(r)} + \delta^{(r)} \boldsymbol{\Delta q}^{(r)} \tag{4.408}$$

mit

$$\delta^{(r)} = \begin{cases} 1 & \text{wenn } F(\boldsymbol{q}^{(r)} + \boldsymbol{\Delta q}^{(r)}) < F(\boldsymbol{q}^{(r)})\,, \\ 0 & \text{wenn } F(\boldsymbol{q}^{(r)} + \boldsymbol{\Delta q}^{(r)}) > F(\boldsymbol{q}^{(r)})\,. \end{cases} \tag{4.409}$$

In Abb. 4.53 ist das Verfahren im zweidimensionalen Fall dargestellt.

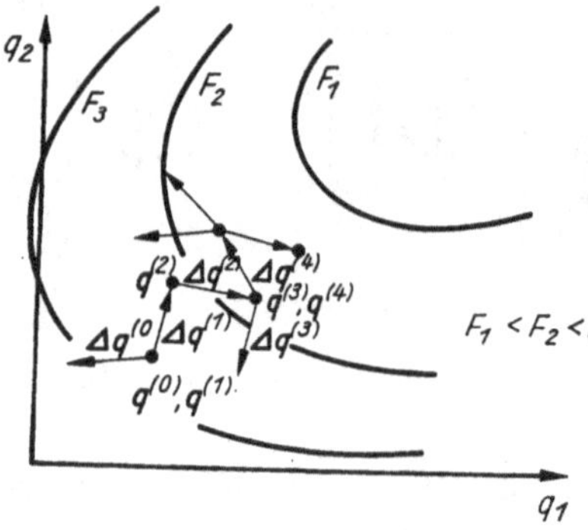

Abb. 4.53. „Tastende" Zufallssuche

Dieses Grundverfahren kann in verschiedenster Weise modifiziert werden [151]. Die Schrittweiten können zufällig gemacht werden in Länge und Richtung, indem jede Komponente $\Delta q_i^{(r)}$, $i = 1(1)\, m$ einer von m unabhängigen Gleich- oder Gauss-Verteilungen entnommen wird. Eine andere Modifikation betrifft die Bewertung eines Versuchsschrittes als Erfolg oder Mißerfolg durch eine Schwellwertstrategie. Diese fordert eine bestimmte prozentuale Änderung der Kriteriumsfunktion, ehe ein Erfolg anerkannt wird

$$F(\boldsymbol{q}^{(r)}) - F(\boldsymbol{q}^{(r+1)}) > \eta F(\boldsymbol{q}^{(r)})\,, \quad 0 < \eta < 1\,, \tag{4.410}$$

oder

$$\frac{F(\boldsymbol{q}^{(r)}) - F(\boldsymbol{q}^{(r+1)})}{F(\boldsymbol{q}^{(r)})} < \eta\,. \tag{4.411}$$

Zu Beginn der Suche empfiehlt es sich, eine große relative Änderung zu verlangen, wodurch das Verfahren gezwungen wird, eine erfolgreiche Suchrichtung auszuwählen. Das ist besonders vorteilhaft, wenn erfolgreiche Schritte benutzt werden, um folgende Schritte darauf aufzubauen. Dazu ist im weiteren noch etwas gesagt. Am Ende der Suche sollten wir uns selbstverständlich mit kleineren Schwellwerten begnügen.

Problematisch ist die Steuerung der Schrittweite. Die Schrittweite $\Delta q_i^{(r)}$ drücken wir in der Regel durch einen bestimmten Prozentsatz des nominellen Parameterwertes $q_i^{(r)}$ in einem Basispunkt aus. Ist die Schrittweite klein, dann ist fast jeder zweite Schritt ein Erfolg, aber die durchschnittliche Verringerung von $F(\boldsymbol{q})$ pro Schritt ist klein. Andererseits führt eine große Schrittweite zu einem geringen Verhältnis von Erfolgen zu Versuchen. Auf der Basis dieser Erfahrungstatsachen sind verschiedene Vorschläge für die Schrittweitensteuerung gemacht worden. Ein solcher Vorschlag lautet z. B., Vergrößerung von $|\boldsymbol{\Delta q}^{(r)}|$, wenn eine Funktionsverringerung in zwei aufeinanderfolgenden Versuchen vorkommt und Verkleinerung von $|\Delta \boldsymbol{q}^{(r)}|$, wenn keine Funktionsverringerung in drei Versuchen auftritt. Weitere Hinweise zu dieser Problematik sind [151] zu entnehmen.

Es wurde schon angedeutet, daß die Konvergenz einer tastenden Zufallssuche beschleunigt werden kann, wenn wir Informationen von vorherigen Versuchen bei der Auswahl der Richtung weiterer Versuche ausnutzen. Wenn der letzte Schritt einen Erfolg brachte, wird er für den nächsten Versuch wiederholt benutzt, d. h. $\Delta \boldsymbol{q}^{(r+1)} = \Delta \boldsymbol{q}^{(r)}$. Bringt er dagegen einen Mißerfolg, so wird $\Delta \boldsymbol{q}^{(r+1)} = -\Delta \boldsymbol{q}^{(r)}$. Selbstverständlich kann man das letztere nicht bei zwei aufeinanderfolgenden Mißerfolgen anwenden, da sonst ein endloser Zyklus aufgebaut würde. Andere Möglichkeiten zur Suchrichtungsanpassung sind in [151] angeführt.

Ist ein lokales Minimum gefunden, dann können wir den Suchbereich darum ausdehnen, um einen Bereich zu entdecken für den $F(\boldsymbol{q}) < F(\boldsymbol{q}^*)$ gilt. Eine andere Möglichkeit ist, von verschiedenen Startpunkten auszugehen in der Hoffnung, daß ein Suchprozeß im globalen Minimum endet. Der gute Mensch-Maschine-Kontakt beim hybriden Rechnersystem ist sicher eine Unterstützung bei der Suche nach einem globalen Optimum.

Die tastende Zufallssuche als auch das in Kap. 4.6.2.7. behandelte Rastersuchverfahren sind wenig beeinflußbar durch Störungen, wie sie am Analogrechner in Form von Ungenauigkeiten auftreten können. Der Fortgang der Suche wird durch die Bestimmung von Erfolg oder Mißerfolg bestimmt und nicht durch die Berechnung von Funktionsdifferenzen.

Im Vergleich zu anderen Parameteroptimierungsverfahren scheint das Zufallssuchverfahren bei einer großen Parameteranzahl Vorteile zu besitzen, besonders, wenn wir beachten, daß es geringe Rechen- und Speicheranforderungen an den Digitalrechner stellt. In [106] ist z. B. gezeigt, daß die mittlere Progreßrate einer tastenden Zufallssuche in Gradientenrichtung die eines diskreten Gradientenverfahrens übersteigt, wenn die Anzahl der Parameter vier überschreitet bei vorausgesetzter unimodaler Kriteriumsfunktion. Für verschiedene quadratische Kriteriumsfunktionen zeigt das verallgemeinerte Newton-Verfahren (Kap. 4.6.2.3.) ein Anwachsen der Funktionsberechnungen $F(\boldsymbol{q})$ proportional mit m^2 — m Anzahl der Parameter — und ein Steigen der Rechenzeit mit m^3. Für die tastende Zufallssuche konnte entsprechend m und m^2 festgestellt werden.

4.7. Hybridverfahren zur optimalen Steuerung

Im Kap. 4.6. suchten wir bestimmte feste Werte — die Parameter —, für die eine Kriteriumsfunktion einen optimalen Wert einnimmt. Wir wollen uns nun dem Problem zuwenden, eine oder mehrere Funktionen zu suchen, für die eine Kriteriumsfunktion optimal wird.

Diese Problemstellung ist relativ häufig in der Technik und Ökonomie anzutreffen. Im Hinblick auf den Einsatz eines hybriden Rechnersystems interessieren uns hier vorrangig optimale Steuerungen zeitkontinuierlicher Prozesse. Die optimale Steuerung zeitdiskreter Prozesse tritt auch oft auf, soll jedoch hier außer acht gelassen werden.

Die Zeitkontinuität der gesteuerten Prozesse bedeutet jedoch nicht, daß auch die Zustandsvariablen oder die Steuerfunktionen selbst stetig sind. Für eine Reihe von praktischen Problemen haben gerade die Steuerfunktionen Sprungstellen.

Ähnlich wie die Parameter sind auch die Steuerfunktionen gewissen Beschränkungen unterworfen. Ihre Amplituden dürfen z. B. gewisse Werte nicht überschreiten. Steuerfunktionen, die im gesamten interessierenden Zeitintervall den Beschränkungen genügen und stückweise stetig sind, nennen wir zulässige Steuerfunktionen oder kurz zulässige Steuerungen.

Aber auch die Zustandsvariablen des Prozesses können zusätzlichen Beschränkungen unterworfen sein. Gerade durch die Auferlegung von Beschränkungen sind die klassischen Verfahren der Variationsrechnung nicht mehr anwendbar, und wir haben erst in jüngster Vergangenheit Verfahren angeboten bekommen, die die im Gegensatz zur Parameteroptimierung weitaus schwierigere Problematik der optimalen Steuerungen zu lösen gestatten. Einen schnellen Überblick zur Aufgabenstellung erhalten wir durch [13], ein tieferer Einblick ist z. B. durch [104] oder [5] zu erhalten.

4.7.1. Grundaufgabe der optimalen Steuerung

Gegeben sei ein zeitkontinuierlicher Prozeß mit dem mathematischen Modell

$$\dot{\boldsymbol{x}}(t) = \boldsymbol{f}[\boldsymbol{x}(t), \boldsymbol{u}(t)] \,. \tag{4.412}$$

$\boldsymbol{x}(t) \in R^n$ ist der Zustandsvektor des Prozesses, $\boldsymbol{u}(t) \in U \subseteq R^r$ der zulässige Steuervektor mit $r \leqq n$. Die vektorwertige Funktion $\boldsymbol{f}$ ergibt sich aus der Spezifik des Prozesses, sie sei für alle $\boldsymbol{x}$ des Zustandsraumes und alle $\boldsymbol{u}$ des Steuerraumes definiert und einschließlich ihrer partiellen Ableitungen erster Ordnung nach $\boldsymbol{x}$ stetig.

Der Anfangszustand sei gegeben durch

$$\boldsymbol{x}(t_0) = \boldsymbol{x}_0 \,. \tag{4.413}$$

Die Aufgabe besteht nun darin, eine zulässige Steuerung $\boldsymbol{u}(t)$ zu finden, die den Prozeß von seinem Anfangszustand $\boldsymbol{x}(t_0)$ in einen gewünschten Endzustand $\boldsymbol{x}(T)$ überführt und dabei das Funktional

$$I(\boldsymbol{u}) = \int_{t_0}^{T} f_0[\boldsymbol{x}(t), \boldsymbol{u}(t)] \, \mathrm{d}t \tag{4.414}$$

minimiert. $\boldsymbol{x}(t)$ ist dann die Trajektorie, die dem Steuervektor $\boldsymbol{u}(t)$ entspricht und die die Bedingungen $\boldsymbol{x}(t_0) = \boldsymbol{x}_0$ sowie $\boldsymbol{x}(T) = \boldsymbol{x}_T$ erfüllt. f_0 soll dabei den gleichen Voraussetzungen wie die f_i, $i = 1(1)\,n$, in Gl. (4.412) genügen.

Den optimalen Steuervektor von $\boldsymbol{x}_0$ nach $\boldsymbol{x}_T$ wollen wir mit $u^*(t)$ und die ihm entsprechende optimale Trajektorie mit $\boldsymbol{x}^*(t)$ bezeichnen. Wir beachten, daß in der Grundaufgabe T nicht gegeben ist und sich erst mit der Bestimmung der optimalen Steuerung ergibt.

Oft wird statt vom Problem der optimalen Steuerung auch von der Funktional- oder Trajektorienoptimierung gesprochen.

Das Funktional (4.414) können wir mit in das GDGl-System (4.412) übernehmen. Durch die GDGl

$$\dot{x}_0(t) = f_0[\boldsymbol{x}(t), \boldsymbol{u}(t)] \tag{4.415}$$

führen wir eine neue Zustandsvariable $x_0(t)$ ein. Damit ergibt sich aus Gl. (4.412) und (4.415)

$$\dot{x}_i(t) = f_i[\boldsymbol{x}(t), \boldsymbol{u}(t)] , \quad i = 0(1)\, n , \tag{4.416}$$

und es gilt

$$x_0(t_0) = 0 , \qquad x_0(T) = I(\boldsymbol{u}) . \tag{4.417}$$

Ist unser GDGl-System (4.412) nicht autonom, d. h., $\boldsymbol{f}[\boldsymbol{x}(t), \boldsymbol{u}(t), t]$ ist explizit zeitabhängig, so führen wir eine $(n + 1)$-te Zustandsvariable

$$x_{n+1}(t) = t \tag{4.418}$$

ein. Wir nehmen damit zu (4.412) die GDGl

$$\left.\begin{aligned} \dot{x}_{n+1}(t) &= 1 , \\ x_{n+1}(t_0) &= 0 \end{aligned}\right\} \tag{4.419}$$

hinzu und erhalten auf diese Art und Weise ein autonomes GDGl-System.

4.7.2. Pontrjaginsches Maximumprinzip

Das Pontrjaginsche Maximumprinzip bildet die Basis für einige Verfahren zur Lösung der gestellten Grundaufgabe und weiterer darauf zurückführbarer Aufgabenstellungen. Seine Bedeutung für die Theorie optimaler Prozesse ist vergleichbar mit den notwendigen Bedingungen für das Extremum einer differenzierbaren Funktion. Einerseits können wir damit prüfen, ob eine bestimmte zulässige Steuerung sowie die ihr entsprechende Trajektorie optimal sein kann und andererseits können wir damit eine optimalitätsverdächtige Steuerung ermitteln.

Zur Formulierung des Maximumprinzips führen wir Hilfsvariable $p_i(t)$, $i = 0(1)\, n$ ein, die zu den Komponenten der Zustandsgleichung (4.416) in folgender Beziehung stehen

$$\dot{p}_i(t) = - \sum_{k=0}^{n} \frac{\partial f_k(\boldsymbol{x}, \boldsymbol{u})}{\partial x_i} p_k(t) , \quad i = 0(1)\, n . \tag{4.420}$$

Das System (4.420) wird als das zum System (4.416) adjungierte oder Kozustandssystem bezeichnet. Der Vektor $\boldsymbol{p}(t)$ ist deshalb als adjungierter oder Kozustandsvektor bekannt. Das System (4.420) ist ein lineares GDGl-System mit zeitvariablen Koeffizienten. Es besitzt für beliebige Anfangswerte $p_i(t_0)$, $i = 0(1)\, n$ eine eindeutige Lösung $\boldsymbol{p}(t)$, die vom Steuervektor $\boldsymbol{u}(t)$ und der Trajektorie $\boldsymbol{x}(t)$ abhängt. Außer $\boldsymbol{p}(t)$ führen wir noch die skalare Größe

$$H(\boldsymbol{p}, \boldsymbol{x}, \boldsymbol{u}) = \sum_{i=0}^{n} p_i f_i(\boldsymbol{x}, \boldsymbol{u}) \tag{4.421}$$

ein, die als Hamilton-Funktion bezeichnet wird. Damit lassen sich Gl. (4.416) und (4.420) zum folgenden Hamilton-System vereinigen:

$$\left.\begin{aligned} \dot{x}_i(t) &= \frac{\partial H}{\partial p_i}, & i &= 0(1)\, n , \\ \dot{p}_i(t) &= -\frac{\partial H}{\partial x_i}, & i &= 0(1)\, n . \end{aligned}\right\} \tag{4.422}$$

Die HAMILTON-Funktion hat für die Formulierung der notwendigen Optimalitätsbedingung folgende Bedeutung. Setzen wir für $\boldsymbol{p}$ und $\boldsymbol{x}$ in Gl. (4.421) feste Vektoren $\boldsymbol{p}$ und $\boldsymbol{x}$ ein, so kann man die Frage nach dem Supremum über $\boldsymbol{u} \in U$ für $H(\tilde{\boldsymbol{p}}, \tilde{\boldsymbol{x}}, \boldsymbol{u})$ stellen. Wir wollen dieses Supremum mit $M(\tilde{\boldsymbol{p}}, \tilde{\boldsymbol{x}})$ bezeichnen

$$M(\tilde{\boldsymbol{p}}, \tilde{\boldsymbol{x}}) = \sup_{\boldsymbol{u} \in U} H(\tilde{\boldsymbol{p}}, \tilde{\boldsymbol{x}}, \boldsymbol{u}) \,. \tag{4.423}$$

Es gibt das Maximum von H bei festem $\tilde{\boldsymbol{p}}$ und $\tilde{\boldsymbol{x}}$ an. Wir können nun das PONTRJAGINsche Maximumprinzip anführen:

Für die Überführung des Zustandes von $\boldsymbol{x}_0$ in $\boldsymbol{x}_T$ durch einen optimalen zulässigen Steuervektor $\boldsymbol{u}^*(t)$, $t \in [t_0, T]$ längs einer optimalen Trajektorie $\boldsymbol{x}^*(t)$ ist notwendig, daß ein entsprechender stetiger Kozustandsvektor $\boldsymbol{p}^*(t)$ mit folgenden Eigenschaften existiert:

1. $\boldsymbol{p}^*(t)$ besitzt wenigstens eine nicht identisch verschwindende Komponente, d. h. $\boldsymbol{p}^*(t) \equiv \boldsymbol{0}$ für $t \in [t_0, T]$.
2. Die HAMILTON-Funktion $H[\boldsymbol{p}(t), \boldsymbol{x}(t), \boldsymbol{u}]$ als Funktion von $\boldsymbol{u} \in U$ nimmt für beliebiges $t \in [t_0, T]$ in $\boldsymbol{u}^* = \boldsymbol{u}^*(t)$ ihr Maximum an
$$H[\boldsymbol{p}^*(t), \boldsymbol{x}^*(t), \boldsymbol{u}^*(t)] = M[\boldsymbol{p}^*(t), \boldsymbol{x}^*(t)] \,. \tag{4.424}$$
3. Im Endzeitpunkt T gelten die Beziehungen
$$p_0^*(t) \leqq 0 \,, \qquad M[\boldsymbol{p}^*(T), \boldsymbol{x}^*(T)] = 0 \,. \tag{4.425}$$

Es gilt weiterhin: Erfüllen $\boldsymbol{p}^*(t)$, $\boldsymbol{x}^*(t)$ und $\boldsymbol{u}^*(t)$ das GDGl-System (4.422) sowie die Bedingung (4.424), dann sind $p_0^*(t)$ und $M[\boldsymbol{p}^*(t), \boldsymbol{x}^*(t)]$ als Funktionen der Zeit konstant. Es genügt dann, die Bedingung (4.425) für ein beliebiges $t \in [t_0, T]$ nachzuprüfen.

Zur Ermittlung einer optimalen Steuerung, wie sie die Grundaufgabe formuliert, ist also die simultane Lösung der Zustands- und der Kozustandsgleichungen erforderlich bzw. die Berechnung und Optimierung der HAMILTON-Funktion über den zulässigen Steuerungen $\boldsymbol{u}(t)$.

4.7.3. Abwandlungen der Grundaufgabe und des Maximumprinzips

In der Grundaufgabe haben wir autonome Zustandsgleichungen, feste Zustände $\boldsymbol{x}(t_0)$ und $\boldsymbol{x}(T)$ bzw. freie Zeit $T - t_0$ vorgegeben. Das Funktional war vom Typ eines Integrals. Wir können nun einige Abwandlungen der Grundaufgabe in Abhängigkeit vom Charakter der Zustandsgleichungen, ihren Randbedingungen und vom Typ des Funktionals angeben. Auf bestimmte Möglichkeiten in dieser Hinsicht ist ja am Ende von Kap. 4.7.1. schon eingegangen worden.

4.7.3.1. Zeitoptimale Probleme

Besteht zum Beispiel das Problem, ein Fahrzeug in minimaler Zeit von einem Ort zu einem anderen zu bewegen, so können wir dieses Problem als Abwandlung der Grundaufgabe beschreiben. Wir setzen

$$f_0(\boldsymbol{x}, \boldsymbol{u}) = 1 \,, \tag{4.426}$$

und das Funktional lautet

$$I(\boldsymbol{u}) = T - t_0 . \tag{4.427}$$

Wir suchen also einen Steuervektor $\boldsymbol{u}(t)$, der einen Zustand $\boldsymbol{x}_0$ in kürzester Zeit in einen anderen Zustand $\boldsymbol{x}_T$ überführt. Diese zeitoptimalen Probleme bilden neben der Grundaufgabe, die wir auch als Minimal-Integral-Problem bezeichnen können, eine wichtige Klasse der optimalen Steuerungsprobleme.

Sind außerdem die rechten Seiten des mathematischen Modells (4.412) linear in allen Argumenten, d. h., gilt

$$\left.\begin{aligned} \dot{\boldsymbol{x}}(t) &= \boldsymbol{A}(t)\,\boldsymbol{x}(t) + \boldsymbol{B}(t)\,\boldsymbol{u}(t) , \\ \boldsymbol{x}(t_0) &= \boldsymbol{x}_0 , \end{aligned}\right\} \tag{4.428}$$

so haben wir lineare zeitoptimale Probleme vorliegen, über deren Lösung bisher das meiste ausgesagt ist.

Auch für die Aufgabe der Zeitoptimalität gilt ein Maximumprinzip, das sich aus dem allgemeinen Prinzip ableiten läßt. Da $f_0(\boldsymbol{x}, \boldsymbol{u}) \equiv 1$ ist, erhalten wir für H

$$H = p_0 + \sum_{i=1}^{n} p_i f_i(\boldsymbol{x}, \boldsymbol{u}) . \tag{4.429}$$

Wir reduzieren nun den Vektor $\boldsymbol{p}$ um p_0 und bezeichnen $\overline{H}$ zu

$$\overline{H}(\boldsymbol{p}, \boldsymbol{x}, \boldsymbol{u}) = \sum_{i=1}^{n} p_i f_i(\boldsymbol{x}, \boldsymbol{u}) . \tag{4.430}$$

Daraus folgt

$$H = p_0 + \overline{H} \tag{4.431}$$

und das reduzierte Hamilton-System

$$\left.\begin{aligned} \dot{x}_i(t) &= \frac{\partial \overline{H}}{\partial p_i} , & i &= 1(1)\,n , \\ \dot{p}_i(t) &= -\frac{\partial \overline{H}}{\partial x_i} , & i &= 1(1)\,n . \end{aligned}\right\} \tag{4.432}$$

Wir führen nun eine Größe $\overline{M}(\tilde{\boldsymbol{p}}, \tilde{\boldsymbol{x}})$ ein

$$\overline{M}(\tilde{\boldsymbol{p}}, \tilde{\boldsymbol{x}}) = \sup_{\boldsymbol{u} \in U} \overline{H}(\tilde{\boldsymbol{p}}, \tilde{\boldsymbol{x}}, \boldsymbol{u}) , \tag{4.433}$$

wobei wegen Gl. (4.431) gilt

$$\overline{M} = M - p_0 . \tag{4.434}$$

Die beiden Bedingungen (4.425) lassen sich dann zusammenfassen zu

$$\overline{M}[\boldsymbol{p}^*(T), \boldsymbol{x}^*(T)] = -p_0(T) \geqq 0 . \tag{4.435}$$

Das Maximumprinzip für Zeitoptimalität lautet dann genauso, wie das für die Grundaufgabe, nur daß der Vektor $\boldsymbol{p}^*$ um p_0 reduziert ist, H bzw. M durch $\overline{H}$ bzw. $\overline{M}$ zu ersetzen sind und im Endzeitpunkt die Relation (4.435) erfüllt sein muß.

4.7.3.2. Probleme mit freien Enden

Probleme mit freien Enden werden solche genannt, deren Anfangspunkt $\boldsymbol{x}_0$ oder Endpunkt $\boldsymbol{x}_T$ — oder beide Punkte — nicht bestimmt ist. Gegeben sind lediglich gewisse Mannigfaltigkeiten S_0 oder S_T, auf denen diese Punkte liegen. Die Mannigfaltigkeit S besteht aus der Punktmenge des R^n, die durch den Schnitt der Hyperflächen

$$F_k(\boldsymbol{x}) = 0\,, \quad k = 1(1)\, m \leqq n\,, \tag{4.436}$$

bestimmt wird. Eine glatte Mannigfaltigkeit ist $(n - m)$-dimensional, wenn in jedem Punkt $\boldsymbol{x} \in S$ die Vektoren $\boldsymbol{grad}\; F_k$ linear unabhängig sind. Anders ausgedrückt, jeder Vektor

$$\sum_{k=1}^{m} \lambda_k\, \boldsymbol{grad}\; F_k$$

mit beliebigem nicht gleichzeitig verschwindenden Koeffizienten λ_k ist orthogonal zu S.

Wir wollen nun den Endpunkt $\boldsymbol{x}_T$ als frei betrachten und können dafür in Abwandlung der Grundaufgabe folgende Aufgabe formulieren: Die Trajektorie $\boldsymbol{x}(t)$ genüge dem System

$$\left.\begin{aligned} \dot{\boldsymbol{x}}(t) &= \boldsymbol{f}[\boldsymbol{x}(t), \boldsymbol{u}(t)]\,,\\ \boldsymbol{x}(t_0) &= \boldsymbol{x}_0\,. \end{aligned}\right\} \tag{4.437}$$

Unter den zulässigen Steuervektoren $\boldsymbol{u}(t)$, $t \in [t_0, T]$ ist diejenige zu bestimmen, der $\boldsymbol{x}(t_0)$ in $\boldsymbol{x}(T)$ unter der Bedingung

$$F_k[\boldsymbol{x}(T)] = 0\,, \quad k = 1(1)\, m\,, \tag{4.438}$$

— beliebiger Punkt von S — überführt und für den das Funktional

$$I(u) = \int_{t_0}^{T} f_0(\boldsymbol{x}, \boldsymbol{u})\, \mathrm{d}t \tag{4.439}$$

minimal wird.

Es sei D der Tangentialraum an die Mannigfaltigkeit S im Punkte $\boldsymbol{x}(T)$. Wir können dann das Maximumprinzip ergänzen durch folgende *Transversalitätsbedingung*:

Der Vektor $\boldsymbol{p}(t)$ erfüllt am Ende der Trajektorie $\boldsymbol{x}(t)$ die Transversalitätsbedingung, wenn $\boldsymbol{p}(T)$ orthogonal zu D ist, d. h., für jeden in D liegenden Vektor $\boldsymbol{q}$ gilt

$$\sum_{i=1}^{n} p_i(T)\, q_i = \langle \boldsymbol{p}(T), \boldsymbol{q} \rangle = 0\,. \tag{4.440}$$

Anders ausgedrückt

$$\boldsymbol{p}(T) = -\sum_{k=1}^{m} \lambda_k\, \boldsymbol{grad}\; F_k|_{t=T}\,. \tag{4.441}$$

4.7.3.3. Probleme mit anderem Optimierungskriterium

Bisher haben wir das Optimierungskriterium in der Form (4.414) kennengelernt. Diese Problemstellung heißt auch Aufgabe von LAGRANGE. Ein anderes Optimierungskriterium ist es, eine Funktion $F[\boldsymbol{x}(T)]$ des Endpunktes zu minimieren. Wir nennen es auch Aufgabe von MAYER. Ein weiteres Kriterium — Aufgabe von BOLZA — setzt sich aus beiden additiv zusammen

$$I(u) = F[\boldsymbol{x}(T)] + \int_{t_0}^{T} f_0(\boldsymbol{x}, \boldsymbol{u})\,\mathrm{d}t\,. \tag{4.442}$$

Alle genannten Probleme lassen sich ineinander überführen. Besteht die Aufgabe, $F[\boldsymbol{x}(T)]$ zu minimieren, dann wandelt sich das Maximumprinzip folgendermaßen ab:

Für die Optimalität einer Steuerung $\boldsymbol{u}(t)$ ist notwendig die Existenz eines stetigen, nichtidentisch verschwindenden Kozustandsvektors $\boldsymbol{p}(t)$ als Lösung von

$$\dot{p}_i(t) = -\sum_{k=1}^{n} \frac{\partial f_k}{\partial x_i} p_k(t)\,, \quad i = 1(1)\,n\,, \tag{4.443}$$

mit den Transversalitätsbedingungen

$$p_i(T) = -\left.\frac{\partial F}{\partial x_i}\right|_{t=T} - \sum_{k=1}^{m} \lambda_k \left.\frac{\partial F_k}{\partial x_i}\right|_{t=T}. \tag{4.444}$$

Für die HAMILTON-Funktion

$$\overline{H} = \sum_{i=1}^{n} p_i f_i \tag{4.445}$$

muß dann gelten

$$\max_{u} \overline{H}[\boldsymbol{p}(t), \boldsymbol{x}(t), \boldsymbol{u}] = \overline{H}[\boldsymbol{p}^*(t), \boldsymbol{x}^*(t), \boldsymbol{u}^*(t)]\,, \tag{4.446}$$

$$\max \overline{H}|_{t=T} = 0\,. \tag{4.447}$$

Ist z. B.

$$F[\boldsymbol{x}(T)] = \sum_{i=1}^{n} c_i x_i(T) \tag{4.448}$$

zu minimieren, so ist $\partial F/\partial x_i = c_i$, und es folgt

$$p_i(T) = -c_i - \sum_{k=1}^{m} \lambda_k \left.\frac{\partial F_k}{\partial x_i}\right|_{t=T}. \tag{4.449}$$

4.7.4. Hybridimplementierung des Maximumprinzips

Die Lösung eines optimalen Steuerungsproblems mit Hilfe des Maximumprinzips erscheint auf einem hybriden Rechnersystem als günstig durchführbar, da

1. die simultane Lösung der Zustands- und Kozustandsgleichungen und
2. die Berechnung und Maximierung der HAMILTON-Funktion über dem zulässigen Steuervektor

Aufgaben sind, die durch den Analogrechner zeiteffektiv auszuführen sind.

Die Zustandsgleichungen und die Kozustandsgleichungen als GDGl-Systeme $(n + 1)$-ter Ordnung (s. (4,416) und (4.420)) verlangen für ihre eindeutige Lösung $2n + 2$ unabhängige Randbedingungen. Diese Randbedingungen können wir folgendermaßen zusammenstellen:

- n Anfangsbedingungen sind durch den Anfangszustand zur Zeit $t = t_0$ gegeben.
- Wenn der Endzustand fest ist, sind n weitere Endbedingungen zur Zeit $t = T$ gegeben. Ist der Endpunkt frei, dann werden die Bedingungen (4.438) und die

Transversalitätsbedingungen (4.441) benutzt, um n weitere Bedingungen für die Zustands- bzw. Kozustandsvariablen zur Zeit $t = T$ zu erhalten.
- eine weitere Bedingung ist $x_0(t_0) = 0$
- die letzte Bedingung ist die Endbedingung $p_0(T) = \text{konst} \leqq 0$.

Der Nachteil dieser Bedingungen ist, daß ein Teil von ihnen für $t = t_0$ und ein Teil für $t = T$ gegeben ist. Wir haben also eine typische Zweipunktrandwertproblematik vorliegen. Für die Kozustandsgleichungen sind keine Anfangswerte bekannt. Zur Lösung des Randwertproblems können wir die in Kap. 4.2. angeführten Verfahren heranziehen, es treten jedoch Stabilitäts- oder Empfindlichkeitsschwierigkeiten auf, auf die wir anhand eines einfachen Beispiels kurz hinweisen wollen.

Es sei $\dot{x} = -ax + bu$, $a > 0$. Die Lösung der homogenen Gleichung lautet $x(t) = \exp(-at)\, x(t_0)$. Die Kozustandsgleichung $\dot{p} = ap$ hat jedoch die Lösung $p(t) = \exp(+at)\, p(t_0)$. Nun läßt sich am Analogrechner $p(t)$ sehr ungenau realisieren, da durch die erforderliche Normierung ein sehr kleiner Wert $p(t_0)$ eingestellt werden muß, der mit einem großen Eingabefehler behaftet ist. Da Zustands- und Kozustandsgleichung simultan zu lösen sind, bringt auch das Rechnen von T nach t_0 keine Abhilfe.

Am hybriden Rechnersystem ist es im Prinzip möglich, die Zustandsgleichungen vorwärts — von t_0 nach T — mit angenommenen Anfangsbedingungen für die Kozustandsgleichungen zu integrieren und dann die Kozustandsgleichung rückwärts — von T nach t_0 — zu integrieren. Dadurch sind die angenommenen Anfangsbedingungen iterativ zu verbessern.

Die Lösung des Randwertproblems erfordert also irgendeines der in Kap. 4.2. angegebenen iterativen Verfahren, um die unbekannten Anfangsbedingungen der Kozustandsgleichungen zu ermitteln.

Eine weitere iterative Prozedur ist erforderlich, um zu sichern, daß aus den Trajektorien $\boldsymbol{x}(t)$, die die Randbedingungen erfüllen, diejenige ausgewählt wird, die die Hamilton-Funktion maximiert. Der so entstehende doppelte Iterationsprozeß ist rechentechnisch kompliziert und zeitaufwendig.

Mit Hilfe des kontinuierlichen Gradientenverfahrens (s. Kap. 4.6.1.1.) läßt sich diese Maximierung kontinuierlich ausführen, indem wir am Analogrechner die Be-

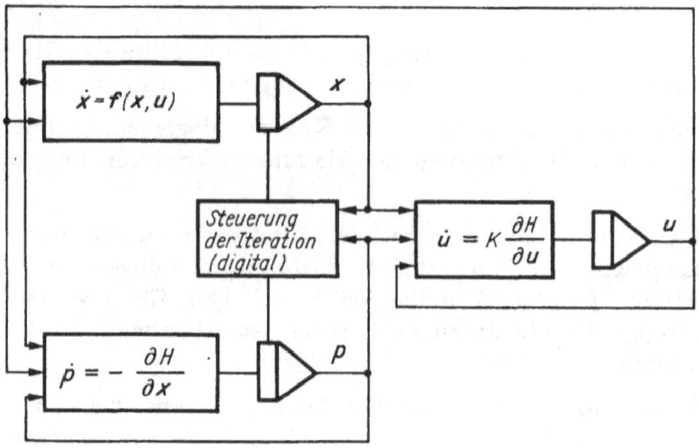

Abb. 4.54. Blockschaltbild der Hybridimplementierung des Maximumprinzips

ziehung

$$\frac{\mathrm{d}u_i}{\mathrm{d}t} = K\frac{\partial H}{\partial u_i}, \quad i = 1(1)\,r \tag{4.450}$$

realisieren. K ist eine geeignet groß gewählte positive Konstante. In Abb. 4.54 ist die prinzipielle Vorgehensweise bei der Hybridimplementierung des Maximumprinzips in Blockschaltbildform dargestellt. Der Integrierer für u_i wird nie in Stellung Anfangswert gebracht, so daß er die Anfangswerte von $\boldsymbol{x}(t)$ nnd $\boldsymbol{p}(t)$ verarbeiten kann, um $\boldsymbol{u}(0)$ zu erzeugen. Bei jedem Rechnerlauf wird so die Hamilton-Funktion zwangsläufig maximiert ohne zusätzlichen Iterationsprozeß. Bei Beschränkungen für $\boldsymbol{u}(t)$ und auch $\boldsymbol{x}(t)$ ist die Einführung von Straffunktionen möglich [72].

4.7.4.1. Verfahren für lineare zeitoptimale Probleme

Für ein lineares Steuerungsproblem

$$\left.\begin{aligned}\dot{\boldsymbol{x}}(t) &= \boldsymbol{A}(t)\,\boldsymbol{x}(t) + \boldsymbol{B}(t)\,\boldsymbol{u}(t)\,,\\ \boldsymbol{x}(t_0) &= \boldsymbol{x}_0\end{aligned}\right\} \tag{4.451}$$

sei gefordert, es von $\boldsymbol{x}_0$ in den Koordinatenursprung $\boldsymbol{x}(T) = \boldsymbol{0}$ des Zustandsraumes in minimaler Zeit zu überführen. Die zulässigen Steuerfunktionen seien folgendermaßen beschränkt

$$|u_i(t)| \leqq N\,, \quad i = 1(1)\,r\,. \tag{4.452}$$

Die Hamilton-Funktion (s. Gl. (4.429), Kap. 4.7.3.1.) lautet dann

$$H = p_0 + \boldsymbol{p}^T\boldsymbol{A}\boldsymbol{x} + \boldsymbol{p}^T\boldsymbol{B}\boldsymbol{u}\,. \tag{4.453}$$

Bei linearen zeitoptimalen Steuerungsaufgaben können wir anhand analytischer Überlegungen die Steuerfunktion bestimmen, die H maximiert. Betrachten wir (4.453), so ist ersichtlich, daß uns die Maximierung von H über $\boldsymbol{u}$ gelingt, wenn wir den Term $\boldsymbol{p}^T\boldsymbol{B}\boldsymbol{u}$ immer positiv gestalten, unabhängig davon, wie sich die beiden anderen Terme in ihrem Vorzeichen verhalten. Das erreichen wir, indem wir jede Komponente von $\boldsymbol{u}$ ihren Maximalwert N einnehmen lassen (s. (4.452)) und ihr Vorzeichen gleich dem der entsprechenden Komponente des Vektors $\boldsymbol{p}^T\boldsymbol{B}$ machen. Das heißt, es gilt

$$u_k^* = N \operatorname{sign} \sum_{i=1}^{r} p_i B_{ik}\,, \quad k = 1(1)\,r\,. \tag{4.454}$$

Die optimale Steuerung ist also eine stückweise konstante Funktion, die entweder ihren positiven Maximalwert $+N$ oder ihren negativen $-N$ einnimmt. Unbekannt sind uns nur noch die Umschaltzeitpunkte.

Die eindeutige Festlegung dieser Punkte und damit der optimalen Steuerfunktion gelingt gemäß dem Maximumprinzip, indem wir neben den Zustandsvariablen die Kozustandsvariablen aus einem Zweipunktrandwertproblem berechnen.

Ein für lineare Probleme geeignetes Verfahren dazu ist von Neustadt [91] vorgeschlagen worden. Die Lösung von Gl. (4.451) ist gegeben durch

$$\boldsymbol{x}(t) = \boldsymbol{\Phi}(t, t_0)\left[\boldsymbol{x}_0 + \int_{t_0}^{t} [\boldsymbol{\Phi}(\tau, t_0)]^{-1}\,\boldsymbol{B}(\tau)\,\boldsymbol{u}(\tau)\,\mathrm{d}\tau\right]. \tag{4.455}$$

$\boldsymbol{\Phi}(t, t_0)$ ist die (n, n) nichtsinguläre Fundamental- oder Übertragungsmatrix des linearen GDGl-Systems (s. Kap. 4.1.4.). Nun sei $t = T$ und $\boldsymbol{x}(T) = \boldsymbol{0}$. Gl. (4.455) läßt sich dann nach $\boldsymbol{x}_0$ auflösen

$$\boldsymbol{x}_0 = -\int_{t_0}^{T} [\boldsymbol{\Phi}(\tau, t_0)]^{-1} \boldsymbol{B}(\tau)\, \boldsymbol{u}(\tau)\, \mathrm{d}\tau\,. \tag{4.456}$$

Bei einem zeitoptimalen Problem ist $\boldsymbol{x}_0$ bekannt, die minimale Zeit $T - t_0$ unbekannt. Gesucht ist also eine zulässige Steuerung $\boldsymbol{u}(t)$, die Gl. (4.456) für einen gegebenen Anfangszustand $\boldsymbol{x}_0$ in der kleinsten möglichen Zeit befriedigt.

Diese Steuerung hat sicherlich die Form, wie sie in Gl. (4.454) ausgedrückt ist, wobei, wie schon einmal betont, ihre Eindeutigkeit von den Anfangsbedingungen der Kozustandsvariablen $\boldsymbol{p}(t_0) = \boldsymbol{\eta}$ abhängt. Wir schreiben daher

$$u_k(t, \boldsymbol{\eta}) = N \operatorname{sign} [\boldsymbol{p}^T(t, \boldsymbol{\eta})\, \boldsymbol{B}(t)]_k\,, \quad k = 1(1)\, r\,. \tag{4.457}$$

Setzen wir diese Steuerung in Gl. (4.456) ein, so folgt

$$\boldsymbol{z}(t, \boldsymbol{\eta}) = -\int_{t_0}^{t} [\boldsymbol{\Phi}(\tau, t_0)]^{-1} \boldsymbol{B}(\tau)\, \boldsymbol{u}(\tau, \boldsymbol{\eta})\, \mathrm{d}\tau \tag{4.458}$$

als Näherungsvektor für den bekannten Anfangszustand. Wenn der erforderliche Kozustand $\boldsymbol{p}(t_0) = \boldsymbol{\eta}$ gefunden wird, ist $\boldsymbol{z}(T, \boldsymbol{\eta}) = \boldsymbol{x}_0$.

NEUSTADT empfiehlt nun folgendes Iterationsverfahren:

① Wähle einen Anfangsvektor $\boldsymbol{\eta}^{(0)}$. In Ermangelung genauerer Vorstellungen über $\boldsymbol{\eta}^{(0)}$ kann $\boldsymbol{\eta}^{(0)} = -\boldsymbol{x}(t_0)/||\boldsymbol{x}(t_0)||$ genommen werden. $j := 0$.

② Berechne auf dem Analogrechner die Zustands- und Kozustandsgleichungen mit den gegebenen und angenommenen Anfangsbedingungen $\boldsymbol{x}(t_0)$ und $\boldsymbol{\eta}^{(j)}$. Berechne außerdem $\boldsymbol{u}(t, \boldsymbol{\eta}^{(j)})$ bzw. $\boldsymbol{z}(t, \boldsymbol{\eta}^{(j)})$ nach den Beziehungen (4.457) und (4.458). Übertrage $\boldsymbol{\eta}^{(j)}$ und $\boldsymbol{z}$ in diskreter Form $\boldsymbol{z}(t_i, \boldsymbol{\eta}^{(j)})$ in den Digitalrechner. Stoppe die Integration, wenn das skalare Produkt

$$\langle \boldsymbol{\eta}^{(j)}, [\boldsymbol{z}(t_i, \boldsymbol{\eta}^{(j)}) - \boldsymbol{x}_0] \rangle = 0$$

ist, und speichere die Zeit $t_i = T(\boldsymbol{\eta}^{(j)})$.

③ Berechne am Digitalrechner

$$\boldsymbol{\eta}^{(j+1)} = \boldsymbol{\eta}^{(j)} - k[\boldsymbol{z}\big(T(\boldsymbol{\eta}^{(j)}), \boldsymbol{\eta}^{(j)}\big) - \boldsymbol{x}_0]$$

mit einem geeigneten skalaren Faktor k und übertrage die Änderung der Anfangsbedingung auf den Analogrechner. Setze den Analogrechner in Rechnen und wiederhole ab ② bis die Änderung der Anfangsbedingungen $k[\boldsymbol{z} - \boldsymbol{x}_0]$ eine vorgebbare Schranke unterschreitet.

Ein anderes Verfahren, was auch für lineare zeitoptimale Probleme geeignet ist, ist von MAYBACH [85] angegeben worden. Die Suche der Anfangsbedingungen für die Kozustandsgleichungen wird auf die Minimierung einer Kriteriumsfunktion zurückgeführt. Als Minimierungsverfahren wird eine modifizierte Zufallssuche (s. Kap. 4.6.2.9.) eingesetzt. MAYBACH gibt auch für eine bestimmte Klasse von Zustandsgleichungen eine Vereinfachung des Maximumprinzips an.

4.7.4.2. Verfahren auf der Basis der Empfindlichkeitsfunktionen und weitere Verfahren

In Anlehnung an Kap. 4.1.5. können wir die Empfindlichkeitsmatrix der Endzustandsvariablen $\boldsymbol{x}(T)$ bezüglich der Anfangskozustandsvariablen $\boldsymbol{p}(t_0) = \boldsymbol{\eta}$ definieren

$$\mathbf{S}_\eta^x = \frac{\partial \boldsymbol{x}(T)}{\partial \boldsymbol{\eta}} . \tag{4.459}$$

Die Empfindlichkeitsmatrix (4.459) hat Elemente der Form

$$s_{ij} = \frac{\partial x_i(T)}{\partial \eta_j}, \quad i, j = 0(1)\, n , \tag{4.460}$$

die am einfachsten näherungsweise durch kleine Suchschritte ermittelt werden. Dazu ist $\boldsymbol{\eta}$ geringfügig zu stören und die Störung des Endzustandes zu speichern. Das kann am hybriden Rechnersystem mit Digitalpotentiometern leicht realisiert werden. Der Anfangswertvektor ist dann iterativ nach

$$\boldsymbol{\eta}^{(k+1)} = \boldsymbol{\eta}^{(k)} - [\mathbf{S}_\eta^x]^{-1}\, \Delta^{(k)}\boldsymbol{x}(T) \tag{4.461}$$

zu verbessern. $\Delta^{(k)}\boldsymbol{x}(T)$ ist die Differenz zwischen dem vorgegebenen und dem im k-ten Schritt erreichten Endzustand.

Ein weiteres Verfahren zur Implementierung des Maximumprinzips ist in [90] angeführt. Bei der Anwendung dieses Verfahrens sollte auch [88] beachtet werden. Außerdem sind Implementierungen auf hybriden Rechnersystemen in [15] und [45] zu finden.

Beispiel: Für das dynamische System

$$\begin{aligned}
\dot{x}_1(t) &= -0{,}5x_1(t) + 5x_2(t); & x_1(0) &= 10\\
\dot{x}_2(t) &= -5x_1(t) - 0{,}5x_2(t) + u(t); & x_2(0) &= 10\\
\dot{x}_3(t) &= -0{,}6x_3(t) + 10x_4(t); & x_3(0) &= 10\\
\dot{x}_4(t) &= -10x_3(t) - 0{,}6x_4(t) + u(t); & x_4(0) &= 10
\end{aligned}$$

ist die Steuerfunktion $u^*(t)$ gesucht, die den Zustandsvektor $\boldsymbol{x}(t)$ zur Zeit $T = 4{,}2$ möglichst nahe in den Koordinatenursprung überführt. Die Steuerung unterliege der Restriktion $|u(t)| \leqq 1$. Die zu minimierende Kriteriumsfunktion können wir somit in der Form

$$F[\boldsymbol{x}(T)] = \sum_{i=1}^{4} x_i^2(T) , \qquad T = 4{,}2$$

formulieren. Es liegt somit eine Aufgabe nach MAYER vor.

Das Maximumprinzip verlangt dann die Erfüllung folgender Bedingungen (s. Kap. 4.7.3.3.):

1. $\boldsymbol{x}^*(t)$ und $u^*(t)$ erfüllen die Zustandsgleichungen
2. Es existiert ein Kozustandsvektor $\boldsymbol{p}(t)$ als Lösung von

$$\begin{aligned}
\dot{p}_1(t) &= 0{,}5p_1(t) + 5p_2(t)\\
\dot{p}_2(t) &= -5p_1(t) + 0{,}5p_2(t)\\
\dot{p}_3(t) &= 0{,}6p_3(t) + 10p_4(t)\\
\dot{p}_4(t) &= -10p_3(t) + 0{,}6p_4(t)
\end{aligned}$$

3. Die Transversalitätsbedingungen

$$p_i(T) = -2x_i^*(T) , \qquad i = 1(1)\, 4$$

4. Die Maximierung der HAMILTON-Funktion durch $u^*(t)$ (s. Kap. 4.7.4.1.)

$$u^*(t) = 1 \cdot \operatorname{sign}[p_2(t) + p_4(t)] .$$

Da die Bedingungen für den Kozustandsvektor auf der rechten Seite ($t = T$) formuliert sind, die für den Zustandsvektor auf der linken Seite ($t = 0$), ist die Bestimmung von $u^*(t)$ auf ein Randwertproblem zurückgeführt.

Dieses Randwertproblem läßt sich auf ein Parameteroptimierungsproblem umformulieren: Gesucht sind die Parameter $q_k = p_k(0)$, so daß die entsprechenden Lösungen der Zustands- und Kozustandsgleichungen mit $u(t) = \operatorname{sign}[p_2(t) + p_4(t)]$ die Kriteriumsfunktion

$$I = \sum_{i=1}^{4} [p_i(T) + 2x_i(T)]^2 , \qquad T = 4,2$$

erfüllen.

Als optimale Parameterwerte ergaben sich: $p_1(0) = 0,140$, $p_2(0) = 0,121$, $p_3(0) = 0,071$, $p_4(0) = 0,078$.

4.7.5. Direkte Hybridverfahren zur optimalen Steuerung

Die auf dem Maximumprinzip beruhenden Implementierungen führten zu einem Zweipunktrandwertproblem mit seinen bekannten Schwierigkeiten. Die Konvergenz der angewandten iterativen Verfahren ist nur dann gesichert, wenn wir sie mit hinreichend nahen Startwerten für den gesuchten Anfangswertevektor beginnen. Außerdem ist durch die erforderliche Lösung der Kozustandsgleichungen der Rechenelementeaufwand für den Analogrechner verdoppelt.

Zur Vermeidung dieser Nachteile sind für die Implementierung am hybriden Rechnersystem sogenannte „direkte" Verfahren geeignet. Bei diesen Verfahren wird der Einfluß einer Störung der Steuerfunktion $\boldsymbol{u}(t)$ auf den Zustand $\boldsymbol{x}(t)$ und das Kriteriumsfunktional $I(\boldsymbol{x}, \boldsymbol{u})$ beobachtet, und aus dem beobachteten Einfluß wird eine Modifikation an der Steuerfunktion vorgenommen, um eine optimale Steuerfunktion im Sinne der Grundaufgabe zu erhalten. Diese direkten Verfahren sind im Grunde genommen Gradientenverfahren, wobei der Gradient im Steuerfunktionenraum zu bilden ist.

4.7.5.1. Linearisierungsverfahren

In Kap. 4.6.1.1. bzw. 4.6.2.1. haben wir das Gradientenverfahren zur Optimierung einer Funktion mehrerer Variablen angewandt. Es läßt sich zeigen, daß dieses Vorgehen auch auf Funktionale $I(\boldsymbol{u})$ anwendbar ist [66], [21]. Der Gradient bedeutet dann eine bestimmte Richtung im Funktionenraum längs der eine Optimierung des vorgegebenen Kriteriumsfunktionals durchzuführen ist.

Das mathematische Modell sei gegeben durch

$$\left.\begin{aligned} \dot{\boldsymbol{x}}(t) &= \boldsymbol{f}[\boldsymbol{x}(t), u(t)] , \\ \boldsymbol{x}(t_0) &= \boldsymbol{x}_0 , \end{aligned}\right\} \tag{4.462}$$

wobei wir zur Vereinfachung nur eine skalare Steuerung $u(t)$ zulassen wollen. Als Kriterium diene

$$I(u) = I[\boldsymbol{x}(T)] . \tag{4.463}$$

Die Endzeit T sei vorgegeben.

Wir setzen nun eine angenommene Ausgangssteuerfunktion $u^{(0)}(t)$ in Gl. (4.462) ein und erhalten eine Nominaltrajektorie $\boldsymbol{x}^{(0)}(t)$. Entsprechend ergibt sich $I^{(0)} = I[\boldsymbol{x}^{(0)}(T)]$. Modifizieren wir die Steuerfunktion durch Hinzufügen einer Störfunktion $\delta u(t)$, so haben wir

$$u^{(1)}(t) = u^{(0)}(t) + \delta u(t)\,, \tag{4.464}$$

was zu

$$\boldsymbol{x}^{(1)}(t) = \boldsymbol{x}^{(0)}(t) + \delta\boldsymbol{x}(t) \tag{4.465}$$

führt. Die Störung der Trajektorie $\delta\boldsymbol{x}(t)$ läßt sich durch Lösung der Störungsgleichung

$$\left.\begin{aligned} \delta\dot{\boldsymbol{x}}(t) &= \boldsymbol{F}(t)\,\delta\boldsymbol{x}(t) + \boldsymbol{g}(t)\,\delta u(t)\,, \\ \delta\boldsymbol{x}(t_0) &= \boldsymbol{0} \end{aligned}\right\} \tag{4.466}$$

berechnen. Dabei bedeuten

$$\boldsymbol{F}(t) = \left[\frac{\partial f_i}{\partial x_j}\right]_{\boldsymbol{x}=\boldsymbol{x}^{(0)}}, \quad \begin{aligned} i &= 1(1)\,n \text{ Zeilen} \\ j &= 1(1)\,n \text{ Spalten} \end{aligned} \tag{4.467}$$

die JACOBI-Matrix und

$$\boldsymbol{g}(t) = \left[\frac{\partial f_i}{\partial u}\right]_{u=u^{(0)}}, \quad i = 1(1)\,n \text{ Zeilen} \tag{4.468}$$

einen Vektor, sie sind somit bekannte Funktionen der Zeit. Wir beachten, daß Gl. (4.466) eine lineare GDGl ist, es wird deshalb vom Linearisierungsverfahren gesprochen.

Eine Lösung von Gl. (4.466) ist gegeben durch

$$\delta\boldsymbol{x}(t) = \delta\boldsymbol{\Phi}(t, t_0)\left[\delta\boldsymbol{x}(t_0) + \int_{t_0}^{t} [\delta\boldsymbol{\Phi}(\tau, t_0)]^{-1}\,\boldsymbol{g}(\tau)\,\delta u(\tau)\,\mathrm{d}\tau\right]. \tag{4.469}$$

$\delta\boldsymbol{\Phi}(t, t_0)$ ist die Fundamental- oder Übertragungsmatrix. Da das Kriterium (4.463) nur den Endzustand verlangt, ist die Fundamentalmatrix und damit die Lösung (4.469) vereinfacht zu berechnen, wie in [66] gezeigt. Es wird dabei zu den adjungierten oder Kozustandsgleichungen übergegangen. Den Kozustand wollen wir wieder mit $\boldsymbol{p}(t)$ bezeichnen. Als Ergebnis dieser Vereinfachungen erhalten wir

$$\delta I = \sum_{i=1}^{n} p_i(t_0)\,\delta x_i(t_0) + \int_{t_0}^{T} \left(\sum_{i=1}^{n} p_i(\tau)\,\frac{\partial f_i}{\partial u}\right)\delta u(\tau)\,\mathrm{d}\tau \tag{4.470}$$

mit

$$\delta I = I[\boldsymbol{x}^{(1)}(T)] - I[\boldsymbol{x}^{(0)}(T)]\,. \tag{4.471}$$

Der Kozustand resultiert aus

$$\dot{p}_i(t) = -\sum_{j=1}^{n} \frac{\partial f_j}{\partial x_i}\,p_j(t)\,, \quad i = 1(1)\,n\,, \tag{4.472}$$

oder in Vektorform aus

$$\dot{\boldsymbol{p}}(t) = -\boldsymbol{F}^T(t)\,\boldsymbol{p}(t) \tag{4.473}$$

mit der transponierten Matrix $\boldsymbol{F}^T$. Dieses GDGl-System ist rückwärts bezüglich der Zeit zu integrieren, und zwar mit den Anfangsbedingungen

$$p_i(T) = \left.\frac{\partial I}{\partial x_i}\right|_{t=T}. \tag{4.474}$$

Unsere Absicht besteht darin, eine solche Störung der Steuerfunktion $\delta u(t)$ zu suchen, daß die resultierende Veränderung in der Kriteriumsfunktion (s. (4.4.70), (4.471)) negativ und so groß wie möglich wird. Eine Analyse der Gl. (4.470) ergibt, daß die größte Änderung δI erreicht wird, wenn gilt

$$\delta u(t) = K \sum_{i=1}^{n} p_i(\tau) \frac{\partial f_i}{\partial u} \tag{4.475}$$

mit K als Konstante. Unter Beachtung der Definition der HAMILTON-Funktion (4.421) läßt sich Gl. (4.475) in der Form

$$\delta u(t) = K \frac{\partial H}{\partial u} \tag{4.476}$$

schreiben.

Für die Konstante K können wir aus Gl. (4.470) und (4.476) folgende Beziehung angeben

$$K = \frac{\sigma}{\int\limits_{t_0}^{T} \left[\frac{\partial H}{\partial u}\right]^2 \mathrm{d}t}, \tag{4.477}$$

wenn wir eine feste Änderung der Kriteriumsfunktion $\sigma = |\delta I|^{(j)}$ im j-ten Iterationsschritt annehmen. Damit erhält Gl. (4.476) die Form

$$\delta u(t) = \frac{\partial H/\partial u}{\int\limits_{t_0}^{T} \left[\frac{\partial H}{\partial u}\right]^2 \mathrm{d}t} \sigma . \tag{4.478}$$

Als Hybridverfahren können wir folgende Schritte angeben:

① Wähle eine Ausgangssteuerfunktion $u^{(0)}(t)$, und speichere sie im Digitalrechner ab. $j := 0$.

② Integriere (4.462) von t_0 nach T auf dem Analogrechner mit $u^{(j)}(t)$, und speichere $\boldsymbol{x}(t)$ punktweise im Digitalrechner. Berechne $I[\boldsymbol{x}^{(j)}(T)]$.

③ Integriere (4.472) von T nach t_0 auf dem Analogrechner mit der Anfangsbedingung (4.474), und speichere $\boldsymbol{p}(t)$ punktweise im Digitalrechner.

④ Berechne $\delta u^{(j)}(t)$ mit einem vorgegebenen σ nach (4.478) auf dem Digitalrechner. Dabei muß $\boldsymbol{g}^{(j)}(t)$ punktweise im Digitalrechner vorhanden sein.

⑤ Bilde $u^{(j+1)}(t) = u^{(j)}(t) + \delta u^{(j)}(t)$, und überführe es in den Analogrechner zur Wiederholung von Schritt ②. Ein Abbruch ist erreicht, wenn $|\delta u^{(j)}(t)|$ eine vorgebbare Schranke unterschreitet, oder die Änderung von $I[\boldsymbol{x}^{(j)}(T)]$ hinreichend klein ist.

Die bekannte Darstellung des Gradientenverfahrens ist an sich nicht typisch in Erscheinung getreten. Die Information über den Gradienten im Funktionenraum ist jedoch in der Ableitung $\partial H/\partial u$ enthalten.

4.7.5.2. Störungsimpulsverfahren

Bei der Hybridimplementierung des Maximumprinzips wie auch beim Linearisierungsverfahren sind die partiellen Ableitungen $\partial f_j/\partial x_i$ und $\partial f_j/\partial u_i$ erforderlich, die bei nicht erfüllten entsprechenden Voraussetzungen nicht zu bestimmen sind. Auf diese Schwierigkeit sei nochmals hingewiesen, besonders deshalb, weil das Störungsimpulsverfahren die Kozustandsvariablen und die HAMILTON-Funktion nicht nötig hat und somit auch die erwähnten Ableitungen nicht zu bilden braucht.

Das Störungsimpulsverfahren ist seiner Natur nach ein Gradientenverfahren im Funktionenraum, das in äußerst einfacher Weise den Gradienten näherungsweise berechnet. Die Problemstellung sei die gleiche, wie in Gl. (4.462) und (4.463) in Kap. 4.7.5.1. formuliert. Eine verbesserte Steuerungsfunktion läßt sich dann schrittweise berechnen durch

$$u^{(j+1)}(t) = u^{(j)}(t) + KG_u^I(t) . \tag{4.479}$$

$G_u^I(t)$ ist der Gradient des Kriteriumsfunktionals bezüglich der Steuerfunktion $u(t)$. K ist der übliche Proportionalitätsfaktor, wodurch die Änderung der Steuerfunktion proportional ihrem Einfluß auf das Kriteriumsfunktional gemacht wird.

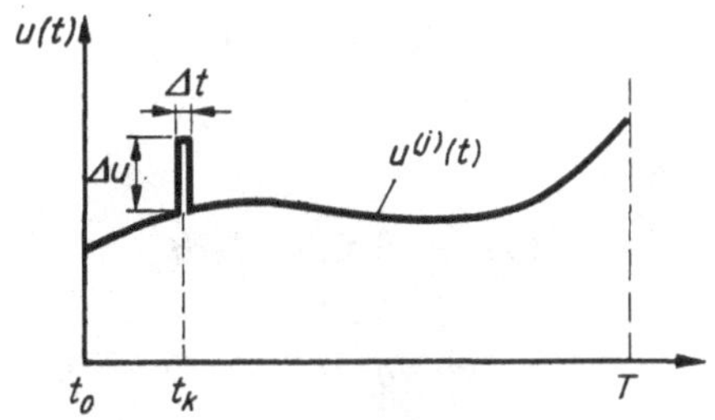

Abb. 4.55. Störimpuls zu $u^{(j)}(t)$

Wir können $G_u^I(t_k)$ für eine beliebige Zeit t_k, $t_k \in [t_0, T]$ berechnen, indem wir zu dieser Zeit einen Störimpuls zu $u^{(j)}(t)$ addieren (s. Abb. 4.55) und das resultierende I mit dem ungestörten I vergleichen. Die Differenz ΔI wird dann einfach gleich $G_u^I(t_k)$ gesetzt. Durch Wiederholung dieser Vorgehensweise mit Störimpulsen zu verschiedenen Zeiten t_k in $[t_0, T]$ können wir G_u^I als Funktion von t_k bestimmen. Obwohl für jedes t_k die Berechnung von Gl. (4.462) und (4.463) erforderlich ist zur Tabellierung von $G_u^I(t_k)$, $k = 0(1)\,N$, kann auf einem hybriden Rechnersystem der Gradient $G_u^I(t)$ in einigen Sekunden ermittelt werden.

Der Digitalrechner speichert die Tabelle $G_u^I(t_k)$, $k = 0(1)\,N$, um sie zur Berechnung von (4.479) zu benutzen. Die Konstante K wird sukzessive so lange vergrößert, bis keine Zunahme bei I mehr zu beobachten ist. Damit ist der Iterationsschritt beendet, und das letzte $u^{(j+1)}(t)$ wird als neuer Nominalwert benutzt, für den erneut der Gradient $G_u^I(t)$ zu berechnen ist usw.

Statt der Störimpulse in der Steuerfunktion können wir auch äquivalente Störsprünge in den Zustandsvariablen einführen, um den Gradienten näherungsweise zu ermitteln. In der Gl. (4.462) sei die Steuerung $u(t) + k\delta(t - t_k)$, mit $\delta(t - t_k)$ als Einheitsimpuls zur Zeit $t = t_k$. Schreiben wir Gl. (4.462) in der Form

$$\dot{x}_i(t) = f_i[\boldsymbol{x}(t), u(t)] + \frac{\partial f_i}{\partial u} k\delta(t - t_k) , \quad i = 1(1)\,n \tag{4.480}$$

und integrieren, so ergibt sich

$$x_i(t) = x_i(t_0) + \int_{t_0}^{t} f_i[\boldsymbol{x}(\tau), u(\tau)]\, d\tau + k \left.\frac{\partial f_i}{\partial u}\right|_{t=t_k} h(t - t_k)\,, \quad i = 1(1)\, n\,. \tag{4.481}$$

$h(t - t_k)$ ist der Einheitssprung zur Zeit $t = t_k$, d. h.

$$h(t - t_k) = \begin{cases} 0 & t_0 \leqq t \leqq t_k\,, \\ 1 & t_k < t\,. \end{cases} \tag{4.482}$$

Am Analogrechner können die Störsprungterme in (4.481) durch digitalgesteuerte D/A-Schalter eingeführt werden. Durch die Störsprungterme sind größere äquivalente Störimpulse realisierbar, ohne auf Normierungsschwierigkeiten zu stoßen, was sonst der Fall wäre.

Liegt der Fall eines Steuerungsproblems mit freien Enden (s. Kap. 4.7.3.2.) vor, so ist außer den Systemgleichungen

$$\left.\begin{aligned} \dot{\boldsymbol{x}}(t) &= \boldsymbol{f}[\boldsymbol{x}(t), u(t)]\,, \\ \boldsymbol{x}(t_0) &= \boldsymbol{x}_0 \end{aligned}\right\} \tag{4.483}$$

und dem Kriteriumsfunktional

$$I(u) = \int_{t_0}^{T} f_0(\boldsymbol{x}, u)\, dt \tag{4.484}$$

noch die Endbedingung

$$F[\boldsymbol{x}(T)] = 0 \tag{4.485}$$

zu erfüllen. Die Endbedingung können wir in einem modifizierten Kriteriumsfunktional

$$\tilde{I}(u) = I(u) + K_F F(\boldsymbol{x}(T))] \tag{4.486}$$

unterbringen, wo K_F eine große Konstante ist. Das Störimpulsverfahren ist dann genauso anzuwenden wie beschrieben, nur daß $\tilde{I}(u)$ statt $I(u)$ zu minimieren ist.

Auf einem hybriden Rechnersystem sind zur Realisierung des Störimpulsverfahrens folgende Schritte zu gehen.

① Wähle eine möglichst der optimalen Steuerung nahegelegene Ausgangssteuerfunktion $u^{(0)}(t_k)$, $t_k = k\,\Delta t$, $k = 0(1)\,N$, und speichere sie im Digitalrechner. $j := 0$.

② Integriere Gl. (4.483) auf dem Analogrechner unter Rückführung von $u^{(j)}(t_k)$ aus dem Digitalrechner, und berechne $I^{(j)} = I(u^{(j)})$, und speichere es im Digitalrechner.

③ Störe jeden Funktionswert $u^{(j)}(t_k)$ einzeln, und berechne den Zuwachs des Kriteriums $\Delta_k I^{(j)} = G_u^I(t_k)$ unter Wiederholung der Operationen in ② für $k = 0(1)\,N$.

④ Finde die nächste Approximation der Steuerung

$$u^{(j+1)}(t_k) = u^{(j)}(t_k) + K\,\Delta_k I^{(j)}\,, \quad k = 0(1)\,N\,,$$

und vergrößere darin K solange unter Wiederholung der Operationen in ②, bis $\Delta_k I^{(j)}$ sich innerhalb vorgegebener Grenzen bewegt.

⑤ Benutze $u^{(j+1)}(t_k)$ als neue Nominalsteuerung $u^{(j)}(t_k)$, und wiederhole die Schritte ab ③ bis $I^{(j)} = I(u^{(j)})$ nicht mehr verbessert wird mit einem vernünftigen Faktor K.

Wenn wir mehrere Steuerfunktionen haben, ist das Verfahren in der angegebenen Weise für jede Steuerfunktion auszuführen. Wir beachten weiterhin, daß durch die angegebene Prozedur das Problem der optimalen Steuerung auf ein dynamisches Parameteroptimierungsproblem zurückgeführt wurde. Als Parameter dienen dabei die Funktionswerte $u^{(j)}(t_k)$, die nach einem diskreten Gradientenverfahren verstellt werden.

Beispiel: Untersucht werde der Start einer einstufigen Orbitalrakete mit konstantem Schub. Es interessiert der Verlauf des Anstellwinkels $\alpha(t)$ über der Zeit, der einen minimalen Brennstoffverbrauch garantiert beim Aufstieg bis zur geforderten Höhe und erforderlichen Orbitalgeschwindigkeit. Abb. 4.56 zeigt die Geometrie des Problems. Der Zu-

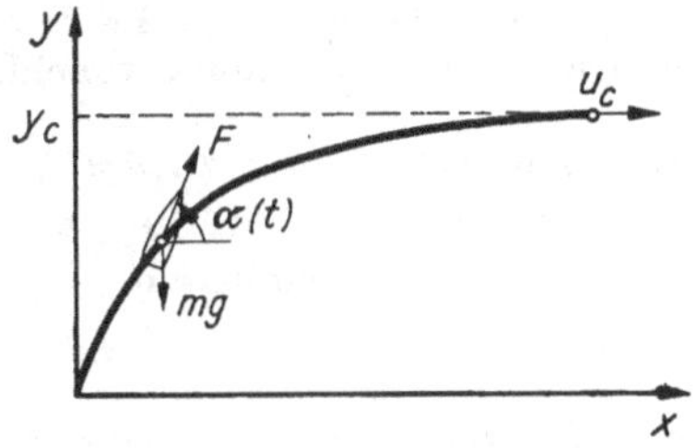

Abb. 4.56. Orbitalraketenstart

stand der Rakete ist durch die fünf Variablen x — horizontaler Weg; y — vertikaler Weg; u — horizontale Geschwindigkeit; v — vertikale Geschwindigkeit; beschrieben. Die Zustandsgleichungen lauten:

$$\dot{x}(t) = u(t) \tag{I}$$

$$\dot{y}(t) = v(t) \tag{II}$$

$$\dot{u}(t) = b \cos \alpha(t) \tag{III}$$

$$\dot{v}(t) = b \sin \alpha(t) - g \,. \tag{IV}$$

b ist eine konstante Schubbeschleunigung. Die drei Endbedingungen bei Brennschluß lauten:

$$\Phi_0 = u(T) - u_c = 0 \tag{V}$$

$$\Phi_1 = v(T) = 0 \tag{VI}$$

$$\Phi_2 = y(T) - y_c = 0 \,. \tag{VII}$$

Dabei ist y_c die Höhe und u_c die Geschwindigkeit des Orbits.

Für einen konstanten Schub entspricht der Forderung nach minimalem Brennstoff eine minimale Endzeit. Die zu minimierende Kriteriumsfunktion ist demzufolge

$$I = T \,.$$

Die Gl. (V) wird benutzt zur Berechnung von T. Der Analogrechner wird einfach bei $u(t) = u_c$ in HALTEN gebracht. Die Werte $\Phi_1(T)$ und $\Phi_2(T)$ können dabei ebenfalls ermittelt werden.

Wir wollen zur Lösung das Störsprungverfahren gemäß Gl. (4.481) anwenden und erhalten deshalb

$$u(t) = u(0) + \int_0^t \mathrm{b} \cos \alpha(\tau) \, d\tau - k\mathrm{b} \sin [\alpha(t)]_{t=t_k} \cdot h(t - t_k) \,, \tag{VIII}$$

$$v(t) = v(0) + \int_0^t \big(\mathrm{b} \sin \alpha(\tau) - g\big) \, d\tau + k\mathrm{b} \cos [\alpha(t)]_{t=t_k} \cdot h(t - t_k) \,. \tag{IX}$$

Die Gradienten werden dann mit verschiedenen Konstanten k berechnet, indem die Differenz von gestörtem und ungestörtem I, Φ_1 und Φ_2 genommen wird. Bezeichnen wir die Gradienten entsprechend mit $G_\alpha^I(t)$, $G_\alpha^{\Phi 1}(t)$ und $G_\alpha^{\Phi 2}(t)$, so ist eine neue Steuerung (Anstellwinkel) durch den Ausdruck

$$\alpha^{(j+1)}(t) = \alpha^{(j)}(t) + K[G_\alpha^I(t) + K_1 G_\alpha^{\Phi 1}(t) + K_2 G_\alpha^{\Phi 2}(t)] \qquad \text{(X)}$$

zu berechnen. K ist eine negative Konstante, da wir ein Minimum von I suchen. Für ein gewähltes K sind K_1 und K_2 so auszulegen, daß die beiden Endbedingungen (VI) und (VII) befriedigt werden. Das kann erreicht werden, indem eine Reihe von Trajektorien simuliert werden und in jedem Lauf die Konstanten K_1 bzw. K_2 proportional zu Φ_1 bzw. Φ_2 verringert werden, bis die Endbedingungen erfüllt sind. Außerdem muß natürlich $\alpha^{(j+1)}(t)$ einen kleineren Wert I ermitteln als für $\alpha^{(j)}(t)$. Nun kann K erhöht werden, wobei jedesmal K_1 bzw. K_2 so einzustellen sind, daß $\Phi_1 = \Phi_2 = 0$ gilt, bis I sich nicht weiter verringert. Die erreichte Steuerung $\alpha^{(j+1)}(t)$ ist dann die beste, ausgehend von $\alpha^{(j)}(t)$. Der Prozeß wird dann mit $j := j + 1$ wiederholt, bis eine vernachlässigbare Verringerung von I gefunden wurde.

Beachtenswert ist, daß mit jedem Störsprung zu $t = t_k$ alle drei erforderlichen Gradienten G_α^I, $G_\alpha^{\Phi 1}$ und $G_\alpha^{\Phi 2}$ gleichzeitig berechnet werden, so daß die Endbedingungen im wesentlichen keine zusätzliche Rechenzeit veranlassen.

4.7.5.3. Zufälliges Störimpulsverfahren

Wie schon im vorangehenden Kapitel betont, wird durch das Störimpulsverfahren das Funktionaloptimierungsproblem auf ein dynamisches Parameteroptimierungsproblem zurückgeführt. Es lag daher auch der Gedanke nahe, die in Kap. 4.6.2.9. angeführten Zufallssuchverfahren zur Ermittlung der optimalen Steuerung anzuwenden [76]. Der Vorzug der Zufallssuchverfahren liegt darin, daß sie bei einer großen Parameteranzahl den Gradientenverfahren überlegen sind, und die Parameteranzahl ist ja im vorliegenden Fall besonders hoch. Außerdem ist ein Zufallssuchverfahren am hybriden Rechnersystem relativ einfach zu implementieren.

Das zufällige Störimpulsverfahren, angewandt auf die in Kap. 4.7.5.2. formulierte Problemstellung (4.483) und (4.484) oder (4.486), würde dann folgende Schritte umfassen:

① Berechne $I = I^{(0)}$ für eine gewählte diskontinuierliche Steuerung $u^{(0)}(t_k)$. $j := 0$.

② Störe alle Funktionswerte $u^{(j)}(t_k)$ gleichzeitig durch Hinzufügen von zufälligen Störimpulsen $\Delta u(t_k)$, $k = 0(1)\,N$ und berechne das Kriteriumsfunktional $I^{(j)} + \Delta I$, das dieser gestörten Steuerung entspricht.

③ Wenn das Kriterium nicht genügend verbessert wurde, d. h., es gilt $\Delta I > -\varepsilon < 0$, so liegt eine erfolglose Störung vor, und die Funktion $u^{(j)}(t_k)$ ist mit einer neuen Menge von zufälligen Impulsen zu stören, bis ein Erfolg $\Delta I < -\varepsilon < 0$ eintritt. Setze dann

$$u^{(j+1)}(t_k) = u^{(j)}(t_k) + \Delta u(t_k)\,,$$
$$I^{(j+1)} = I^{(j)} + \Delta I\,.$$

④ Wiederhole diese Prozedur mit $j := j + 1$ ab ② solange, bis $I^{(j)}$ sich nicht mehr ändert nach einer vorgegebenen Zahl von zufälligen Störungen.

Die zufälligen Störimpulse können bei einer Hybridimplementierung entweder auf dem Digitalrechner oder durch einen Analograuschgenerator erzeugt werden.

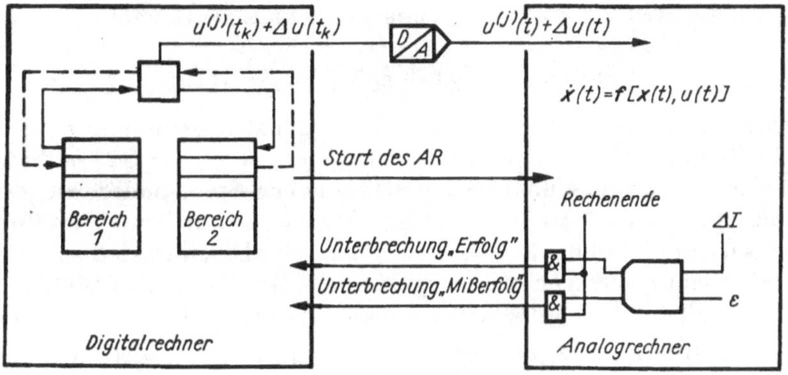

Abb. 4.57. Blockschaltbild der Hybridimplementierung des zufälligen Störimpulsverfahrens

Die Abb. 4.57 zeigt im Blockschaltbild die Hybridimplementierung mit Erzeugung der zufälligen Störimpulse auf dem Digitalrechner. Zwei aufeinanderfolgende diskontinuierliche Steuerungen $u^{(j)}(t_k)$ und $u^{(j+1)}(t_k)$ werden in den Speicherbereichen 1 und 2 gespeichert. Über den DAU wird $u^{(j+1)}(t_k) = u^{(j)}(t_k) + \Delta u(t_k)$ in den Analogrechner überführt, um dort das GDGl-System (4.483) zu lösen und den Wert $I^{(j+1)}$ in einem Analogspeicher festzuhalten. Jeder Analogrechnerlauf wird durch den Digitalrechner gestartet. Ob am Ende der Rechnung ein „Erfolg" oder „Mißerfolg" vorliegt, wird dem Digitalrechner über Unterbrechungssignale mitgeteilt. Im Falle eines Mißerfolges wird die Prozedur einfach wiederholt, wobei der Bereich 2 überschrieben wird. Wenn der Komparator einen Erfolg melden kann, ist die gerade im Bereich 2 befindliche Steuerfunktion in den Bereich 1 zu überführen. Praktisch wird es durch Adressenmodifikation am einfachsten erreicht.

Wird ein analoger Rauschgenerator benutzt, findet die zufällige Störung der Funktion $u^{(j)}(t)$ auf dem Analogrechner statt, eine erfolgreiche Störung muß dann über einen ADU in den Bereich 2 des Digitalrechners übertragen werden.

Zur Beschleunigung der Konvergenz des Verfahrens sind einige Modifikationen angebracht, ähnlich denen, die wir schon im Kap. 4.6.2.9. angeführt haben. Solche Modifikationen betreffen z. B. die Reduktion der Störimpulsamplitude mit Annäherung an das Optimum und eine Wiederholung erfolgreicher Störungskombinationen. Außerdem empfiehlt es sich zunächst, mit einer geringen Stützstellenzahl, sagen wir $N = 20$, zu beginnen, um sie dann zur genaueren Approximation von $u^{(j)}(t)$ zu erhöhen. Dabei kann dann gleichzeitig die mittlere Amplitude der Störimpulse reduziert werden.

4.7.5.4. Approximation der Steuerung durch Splinefunktionen

Wir gehen wieder aus von der Grundaufgabe mit

$$\left.\begin{aligned} \dot{\boldsymbol{x}}(t) &= \boldsymbol{f}[\boldsymbol{x}(t), u(t)]\,, \\ \boldsymbol{x}(t_0) &= \boldsymbol{x}_0 \end{aligned}\right\} \tag{4.487}$$

$$I(u) = \int_{t_0}^{T} f_0[\boldsymbol{x}(t), u(t)]\,\mathrm{d}t\,. \tag{4.488}$$

Zur Vereinfachung haben wir nur eine einkomponentige Steuerung zugelassen.

Ersetzen wir die Steuerung $u(t)$ durch eine endliche Linearkombination, z. B. in der Form

$$u(t) = q_0 + q_1 t + q_2 t^2 + \dots + q_m t^m , \tag{4.489}$$

so überführen wir die o. a. Grundaufgabe der optimalen Steuerungen wieder in ein dynamisches Parameteroptimierungsproblem, wobei die q_i, $i = 0(1)\, m$ die gesuchten Parameter sind (vgl. Kap. 4.6.2.). Bekanntlich haben Splinefunktionen bessere Approximationseigenschaften als höhergradige Polynome der Form (4.489), und wir wollen daher $u(t)$ durch Splines 3. Grades ersetzen. Das bedeutet, daß wir $u(t)$ in $[t_0, T]$ durch glattes Aneinanderfügen von Polynomen 3. Grades an den Stellen $t_k = k\,\Delta t$, $k = 1(1)\, N-1$, $\Delta t = (T - t_0)/N$ bilden wollen. Wir haben also N Polynome 3. Grades

$$\left.\begin{aligned} u_k(t) &= c_{0k} + c_{1k}(t - t_k) + c_{2k}(t - t_k)^2 + c_{3k}(t - t_k)^3 , \\ t_k &\leqq t \leqq t_{k+1}, \quad k = 0(1)\, N - 1 . \end{aligned}\right\} \tag{4.490}$$

Aus der Definition der Splinefunktionen folgen für die Koeffizienten c_{ik} $3(N-1)$ Bedingungen

$$\left.\begin{aligned} u_k(t_{k+1}) &= u_{k+1}(t_{k+1}) , \\ \dot{u}_k(t_{k+1}) &= \dot{u}_{k+1}(t_{k+1}) , \\ \ddot{u}_k(t_{k+1}) &= \ddot{u}_{k+1}(t_{k+1}) , \quad k = 0(1)\, N - 2 , \end{aligned}\right\} \tag{4.491}$$

die die „Glattheit" des Überganges von einem Polynom zum anderen sichern. Für die Bestimmung der Koeffizienten c_{ik} in Gl. (4.490) benötigen wir jedoch $4N$ Bedingungen, so daß $N + 3$ Koeffizienten frei wählbar sind. Differenzieren wir (4.490) dreimal, so erhalten wir

$$\dddot{u}_k(t) = 6 c_{3k} , \quad k = 0(1)\, N - 1 . \tag{4.492}$$

Am hybriden Rechnersystem läßt sich nun in einfacher Weise die Splinefunktion $u_k(t)$, $k = 0(1)\, N - 1$ durch dreimalige Integration auf dem Analogrechner erzeugen (s. Abb. 4.58). An den Eingang der Integriererkette übertragen wir vom Digitalrechner aus die für jedes Intervall $[t_k, t_{k+1}]$ charakteristische Konstante $\dddot{u}_k(t) = 6c_{3k}$

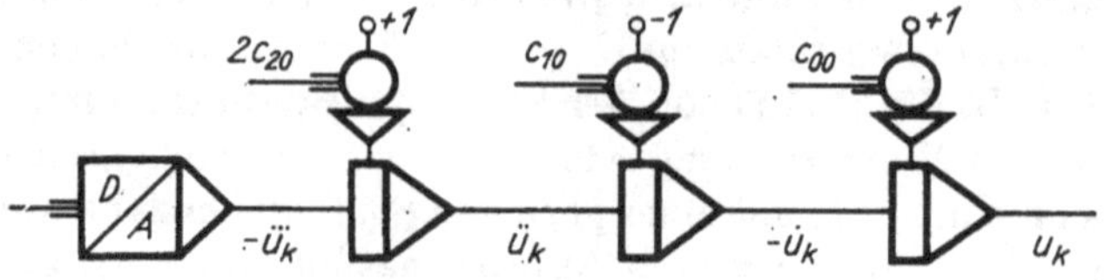

Abb. 4.58. Erzeugung einer Splinefunktion 3. Grades

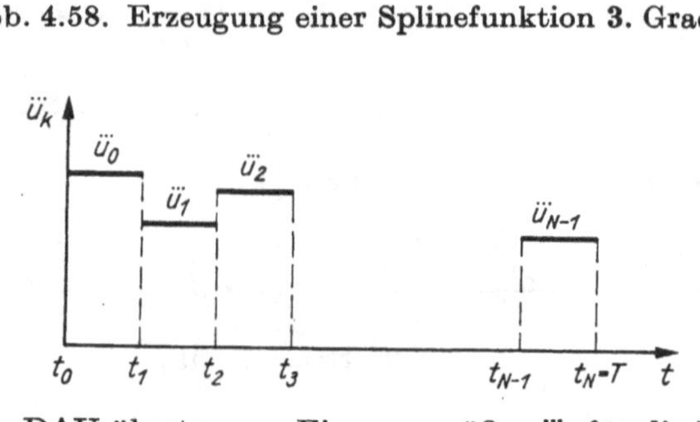

Abb. 4.59. Vom DAU übertragene Eingangsgrößen $\dddot{u}_k$ für die Integriererkette

(s. Abb. 4.59). Außerdem setzen wir die Anfangswerte der Integrierer auf c_{00}, c_{10} und $2c_{20}$. Damit sind die $N + 3$ frei wählbaren Koeffizienten festgelegt. Die restlichen $3(N - 1)$ Bedingungen nach Gl. (4.491) werden durch die Steuerung der Integrierer erreicht. Die Integrierer gehen nur für Zeiten $t < t_0$ in die Stellung AW. Im Innern jedes Intervalls rechnen sie — Zustand RE — und am jeweiligen Intervallende halten sie — Zustand HA. Dadurch wird der in (4.491) geforderte stetige Übergang von der nullten bis zur zweiten Ableitung erreicht.

Für unsere in Gl. (4.487) und (4.488) gegebene Grundaufgabe ist somit ein äquivalentes dynamisches Parameteroptimierungsproblem gefunden worden, in dem die c_{00}, c_{10}, $2c_{20}$ und $6c_{3k}$, $k = 0(1)\,N - 1$ als freie Parameter dienen. Zur Minimierung der Kriteriumsfunktion können die bekannten Optimierungsstrategien angewandt werden. Die Ausdehnung auf eine mehrkomponentige Steuerung ist durch Aufbau weiterer Integriererketten zu erreichen.

4.8. Hybridverfahren zur Simulation und Analyse zufälliger Prozesse

Bisher haben wir, außer in Kap. 4.5.5., angenommen, daß die mathematischen Modelle der untersuchten realen Objekte und Prozesse ausschließlich in determinierter Form gegeben sind. Eine genauere Betrachtung zeigt aber, daß alle Erscheinungsformen der Materie zufälliger Natur sind und daß es nur unter bestimmten Bedingungen erlaubt ist, diese zufälligen Erscheinungen als ausgemittelt zu betrachten, was dann einem determinierten Verhalten entspricht.

Wollen wir ein dynamisches System unter Beachtung der zufälligen Erscheinungen simulieren, so müssen wir die Anfangsbedingungen, die Parameter oder auch die Eingangsfunktionen zufälligen Änderungen unterwerfen. Zur Erlangung einer großen Wahrscheinlichkeit für richtige Ergebnisse sind dann eine sehr große Anzahl, praktisch tausende bis zehntausende, von Simulationsläufen erforderlich. Die Notwendigkeit und die Effektivität der Hybridrechentechnik treten dabei offen zu Tage. Das dynamische System wird auf dem Analogrechner in repetierender Weise simuliert, die interessierenden Zustandsvariablen werden getastet und in den Digitalrechner übertragen. Hier erfolgt dann die Berechnung der statistischen Kenngrößen und Funktionen. Letzteres kann aber auch schon teilweise auf dem Analogrechner erfolgen. Ein hybrides Rechnersystem kann außerdem benutzt werden, um die Daten eines Echtzeitsystems im On-line- oder die auf Magnetband gespeicherten Daten im Off-line-Betrieb statistisch zu analysieren.

4.8.1. Grundbegriffe der Wahrscheinlichkeitsrechnung

Wir bezeichnen ein Ereignis A, das unter gegebenen Bedingungen eintreten kann, aber nicht eintreten muß, als zufälliges Ereignis. Führen wir einen Versuch, dessen Ergebnis ein zufälliges Ereignis A ist, beliebig oft aus, so strebt mit wachsender Zahl n unabhängig durchgeführter Versuche die relative Häufigkeit m/n der Erfolge m zu einer festen Zahl. Diese Zahl wird dem Ereignis A unter den gegebenen Bedingungen in Form der *Wahrscheinlichkeit* $p(A)$ des Ereignisses zugeordnet.

Wird den vorhandenen Bedingungen eine weitere Bedingung B (auch als weiteres Ereignis aufzufassen) auferlegt, so wird das Ereignis A ein bedingtes Ereignis A/B. Die bedingte Wahrscheinlichkeit drückt sich dann wie folgt aus:

$$p(A/B) = p(A \wedge B)/p(B) . \tag{4.493}$$

Ist die bedingte Wahrscheinlichkeit gleich der unbedingten, d. h.

$$p(A/B) = p(A) , \tag{4.494}$$

so ist das Ereignis A vom Ereignis B statistisch unabhängig. Es gilt dann der Multiplikationssatz der Wahrscheinlichkeitsrechnung

$$p(A \wedge B) = p(A) \cdot p(B) . \tag{4.495}$$

Der Summensatz gilt, wenn sich die Ereignisse A, B gegenseitig ausschließen

$$p(A \vee B) = p(A) + p(B) . \tag{4.496}$$

Die Wahrscheinlichkeit des sicheren Ereignisses S ist $p(S) = 1$, die des unmöglichen Ereignisses U ist $p(U) = 0$.

Eine Größe x, die vom Zufall abhängig bestimmte Werte annimmt, ist eine eindimensionale statistische Variable oder eine eindimensionale *Zufallsgröße*. Sie ist eindeutig charakterisiert, wenn wir angeben, mit welchen Wahrscheinlichkeiten Werte aus allen möglichen Intervallen auftreten

$$F(u) = p(-\infty < x < u) . \tag{4.497}$$

$F(u)$ wird *Verteilungsfunktion* genannt. Es ist $\lim\limits_{u \to -\infty} F(u) = 0$ und $\lim\limits_{u \to +\infty} F(u) = 1$. Eine Verteilungsfunktion existiert für diskrete als auch für kontinuierliche Zufallsgrößen.

Ist $F(u)$ differenzierbar für alle Werte u, so heißt

$$\frac{\mathrm{d}F(u)}{\mathrm{d}u} = f(u) \tag{4.498}$$

Wahrscheinlichkeitsdichte oder auch *Verteilungsdichte, Dichtefunktion.*

Wichtige Kenndaten für eindimensionale Zufallsgrößen sollen im folgenden angeführt werden, dabei wollen wir kontinuierliche und diskrete Zufallsgrößen berücksichtigen.

Mittelwert (Erwartungswert):

$$M(x) = \int_{-\infty}^{\infty} u f(u)\,\mathrm{d}u , \tag{4.499}$$

$$M(x) = \sum_i u_i p_i . \tag{4.500}$$

Varianz oder *Streuung*:

$$\sigma^2(x) = \int_{-\infty}^{\infty} [u - M(x)]^2 f(u)\,\mathrm{d}u , \tag{4.501}$$

$$\sigma^2(x) = \sum_i [u_i - M(x)]^2 p_i . \tag{4.502}$$

Die Wurzel σ wird als mittlere quadratische Abweichung bezeichnet. Allgemeiner sind das *Anfangsmoment*

$$M_k = M(x^k) = \int_{-\infty}^{\infty} u^k f(u)\, du\,, \tag{4.503}$$

$$M_k = M(x^k) = \sum_i u_i^k p_i \tag{4.504}$$

und das *Zentralmoment*

$$m_k = M\{[x - M(x)]^k\} = \int_{-\infty}^{\infty} [u - M(x)]^k f(u)\, du\,, \tag{4.505}$$

$$m_k = \sum_i [u_i - M(x)]^k p_i\,. \tag{4.506}$$

Es gilt dann $M_1 = M(x)$ und

$$\sigma^2(x) = M_2 - (M_1)^2\,. \tag{4.507}$$

Für eine zweidimensionale Zufallsgröße (x, y) ist eine Verteilungsfunktion in der Form

$$F(u, v) = p(-\infty < x < u, -\infty < y < v) \tag{4.508}$$

definiert. Für diese Funktion gilt

$$\left.\begin{aligned} &F(u, v) \leqq F(u', v') \quad \text{für } u \leqq u' \text{ und } v \leqq v'\,,\\ &F(-\infty, v) = F(u, -\infty) = 0\,,\\ &F(+\infty, v) = F(v)\,, \qquad F(u, +\infty) = F(u)\,, \end{aligned}\right\} \tag{4.509}$$

$$f(u, v) = \frac{\partial^2 F(u, v)}{\partial x\, \partial y} \tag{4.510}$$

ist die entsprechende zweidimensionale Wahrscheinlichkeitsdichte oder Dichtefunktion.

$$f_1(u) = \int_{-\infty}^{\infty} f(u, v)\, dv\,, \tag{4.511}$$

$$f_2(v) = \int_{-\infty}^{\infty} f(u, v)\, du \tag{4.512}$$

sind die Randdichtefunktionen.

Randmittelwerte:

$$M_u(x) = \int_{-\infty}^{\infty} u f_1(u)\, du\,, \tag{4.513}$$

$$M_v(y) = \int_{-\infty}^{\infty} v f_2(v)\, dv\,. \tag{4.514}$$

Randvarianzen:

$$\sigma_u^2(x) = \int_{-\infty}^{\infty} [u - M_u(x)]^2 f_1(u)\, du\,, \tag{4.515}$$

$$\sigma_v^2(y) = \int_{-\infty}^{\infty} [v - M_v(y)]^2 f_2(v)\, dv\,. \tag{4.516}$$

Kovarianz:

$$\sigma_{uv}(x, y) = \int_{-\infty}^{\infty} \int_{-\infty}^{\infty} [u - M_n(x)]\, [v - M_v(y)]\, f(u, v)\, du\, dv\,. \tag{4.517}$$

Korrelationskoeffizient:

$$\varrho_{uv} = \frac{\sigma_{uv}}{\sigma_u \sigma_v} . \tag{4.518}$$

Allgemeiner sind die Momente

$$M_{kl} = \int_{-\infty}^{\infty} \int_{-\infty}^{\infty} u^k v^l f(u, v) \, du \, dv , \tag{4.519}$$

$$m_{kl} = \int_{-\infty}^{\infty} \int_{-\infty}^{\infty} (u - M_{10})^k \, (v - M_{01})^l \, f(u, v) \, du \, dv . \tag{4.520}$$

Es gilt dann $M_{10} = M_u(x)$, $M_{01} = M_v(y)$ bzw.

$$\sigma_u^2(x) = M_{20} - M_{10}^2 , \tag{4.521}$$

$$\sigma_v^2(y) = M_{02} - M_{01}^2 \tag{4.522}$$

und $m_{11} = \sigma_{uv}(x, y)$. m_{11} wird auch als Korrelationsmoment bezeichnet.

Eine Funktion, deren Werte sich für jeden vorgegebenen Wert der unabhängigen Variablen zufällig ändern, wollen wir eine *zufällige Funktion* nennen. Zufällige Funktionen, bei denen die unabhängige Variable die Zeit ist, werden *zufällige Prozesse* oder *stochastische Prozesse* genannt. Eine einzelne im Versuch registrierte zufällige Funktion heißt eine *Realisierung* des zufälligen Prozesses.

Die statistische Untersuchung eines zufälligen Prozesses richtet sich aber nicht auf eine einzelne Realisierung, sondern auf die Gesamtheit der Realisierungen, um hier den bisherigen Überlegungen entsprechende Kenndaten eines zufälligen Prozesses zu ermitteln.

Von besonderem Interesse in diesem Zusammenhang sind

a) die eindimensionale Zufallsgröße (zufällige Funktion) $x(t)$,
b) die zwei beliebigen Zeitpunkten zugeordnete zweidimensionale Zufallsgröße $[x(t_1), x(t_2)]$ eines Prozesses,
c) die zwei beliebigen Zeitpunkten zugeordnete zweidimensionale Zufallsgröße $[x(t_1), y(t_2)]$ von zwei verschiedenen Prozessen.

Mit Hilfe der Momente der unter a) bis c) genannten Zufallsgrößen sind folgende Funktionen definiert.

Mittelwertsfunktion:

$$\overline{x}(t) = M\{x(t)\} . \tag{4.523}$$

Streuungsfunktion:

$$\sigma_x^2(t) = M\{x^2(t)\} - M^2\{x(t)\} . \tag{4.524}$$

Autokorrelationsfunktion:

$$\psi_x(t_1, t_2) = M\{[x(t_1) - \overline{x}(t_1)] \, [x(t_2) - \overline{x}(t_2)]\} . \tag{4.525}$$

Kreuzkorrelationsfunktion:

$$\psi_{xy}(t_1, t_2) = M\{[x(t_1) - \overline{x}(t_1)] \, [y(t_2) - \overline{y}(t_2)]\} . \tag{4.526}$$

Besondere Bedeutung haben *stationäre* zufällige Prozesse, bei denen der Mittelwert $\overline{x}(t)$ konstant ist und die Autokorrelationsfunktion nur von der Differenz $\tau = t_2 - t_1$ abhängt, bzw. für alle τ endlich bleibt. Gilt für zwei zufällige Prozesse, daß sie einzeln stationär sind und ihre Kreuzkorrelationsfunktion nur von $\tau = t_2 - t_1$ abhängt bzw.

für alle τ-Werte endlich ist, so nennen wir beide Prozesse stationär verbunden. Wichtige Eigenschaften der Korrelationsfunktionen sind:

$$\text{a)}\ \psi_{xy}(\tau) = \psi_{xy}(-\tau)\,, \qquad \psi_x(\tau) = \psi_x(-\tau)\,, \tag{4.527}$$

$$\text{b)}\ [\psi_{xy}(\tau)]^2 \leqq \psi_x(0)\,\psi_y(0)\,, \qquad |\psi_x(\tau)| \leqq \psi_x(0)\,, \tag{4.528}$$

$$\psi_x(0) = \sigma_x^2\,. \tag{4.529}$$

Ein zufälliger Prozeß wird *ergodisch* genannt, wenn alle seine statistischen Eigenschaften durch eine einzige seiner Realisierungen bekannt sind. Es berechnet sich dann

$$\overline{x}(t) = \lim_{T\to\infty} \frac{1}{2T} \int_{-T}^{T} x(t)\,\mathrm{d}t \tag{4.530}$$

und

$$\psi_{xy}(\tau) = \lim_{T\to\infty} \frac{1}{2T} \int_{-T}^{T} [x(t) - \overline{x}(t)]\,[y(t-\tau) - \overline{y}(t-\tau)]\,\mathrm{d}t\,. \tag{4.531}$$

Auf die Autokorrelationsfunktion und die Kreuzkorrelationsfunktion kann unter gegebenen stationären Bedingungen die FOURIER-Transformation angewandt werden, wodurch die sogenannten *spektralen Leistungsdichten* gebildet werden

$$S_x(j\omega) = \int_{-\infty}^{\infty} \psi_x(\tau)\, e^{-j\omega\tau}\,\mathrm{d}\tau\,, \tag{4.532}$$

$$S_{xy}(j\omega) = \int_{-\infty}^{\infty} \psi_{xy}(\tau)\, e^{-j\omega\tau}\,\mathrm{d}\tau\,. \tag{4.533}$$

Umgekehrt gilt dann

$$\psi_x(\tau) = \frac{1}{2\pi} \int_{-\infty}^{\infty} S_x(j\omega)\, e^{j\omega\tau}\,\mathrm{d}\omega\,, \tag{4.534}$$

$$\psi_{xy}(\tau) = \frac{1}{2\pi} \int_{-\infty}^{\infty} S_{xy}(j\omega)\, e^{j\omega\tau}\,\mathrm{d}\omega\,, \tag{4.535}$$

$$\sigma_x^2 = \psi_x(0) = \frac{1}{2\pi} \int_{-\infty}^{\infty} S_x(j\omega)\,\mathrm{d}\omega\,. \tag{4.536}$$

Letztere Beziehung ist die spektrale Verteilung der Gesamtstreuung des zufälligen Prozesses $x(t)$.

4.8.2. Erzeugung zufälliger Prozesse, Rauschgeneratoren

Zur Simulation des Systemverhaltens gegenüber zufälligen Einflußgrößen sind zufällige Prozesse mit bestimmten statistischen Eigenschaften (Verteilung, Momente, Spektraldichte) erforderlich. Ein physikalisch-technisches Äquivalent zum mathematisch definierten Begriff des zufälligen Prozesses ist in Form von sogenannten Rauschquellen gegeben (z. B. Widerstandsrauschen, radioaktiver Zerfall, Elektronenemission

u. ä.). In einem hybriden Rechnersystem haben wir drei prinzipielle Möglichkeiten zur Erzeugung eines zufälligen Prozesses, nämlich durch analoge Rauschgeneratoren, durch Schieberegister-Rauschgeneratoren und schließlich mit Hilfe von speziellen Algorithmen im Digitalrechner selbst. Alle Möglichkeiten sind nur innerhalb gewisser Grenzen „echte" zufällige Prozesse, wir werden darauf im einzelnen noch eingehen.

4.8.2.1. Analoge Rauschgeneratoren

Analoge Rauschgeneratoren bauen auf dem Rauschen einer Thyratronröhre oder einer ZENER-Diode auf. Sie sind ähnlich wie feste Funktionsgeber (s. Kap. 2.1.1.5.) an manchen Analogrechnern in der Grundausrüstung vorhanden. Ein analoger Rauschgenerator hat etwa folgende Eigenschaften:

a) stationär und ergodisch,
b) Mittelwertsfunktion $M\{x(t)\} = 0$,
c) GAUSS-Verteilung (Normalverteilung),
d) konstante spektrale Leistungsdichte bis zu einer max. Frequenz (35 — 50 Hz bei niederfrequenten und ca. 4 kHz bei hochfrequenten Rauschgeneratoren).

Ist ein Rauschsignal mit einer anderen als der GAUSS-Verteilung erforderlich, so können wir die Ausgangsamplituden des Rauschgenerators durch einen nachgeschalteten Funktionsgeber verändern. Es seien $f_1(x)$ die Wahrscheinlichkeitsdichte der zufälligen Ausgangsgröße $x(t)$ des Rauschgenerators und $f_2(z)$ die Wahrscheinlichkeitsdichte der erwünschten Funktion $z(t)$. Dann ist der Funktionsgeber so einzustellen, daß die Verteilungsfunktionen $F_1(x)$ und $F_2(z)$ gleich sind. Durch diese Forderung

$$F_1(x) = \int_{-\infty}^{x} f_1(u)\,du = F_2(z) = \int_{-\infty}^{z} f_2(v)\,dv \tag{4.537}$$

wird implizit $z = z(x)$ festgelegt. Für die Einstellung des Funktionsgebers genügt eine Tabelle $z_i = z_i(x_i)$. Die Normalverteilung (GAUSSsches Fehlerintegral) liegt in tabellierter Form vor, $F_2(z)$ ist ebenfalls zu tabellieren und aus dem Vergleich folgt $z_i(x_i)$.

Interessieren für die Simulation keine zufälligen Prozesse, sondern zufällige Parameterwerte (ein- oder mehrdimensionale Zufallsgrößen), so können diese mit Hilfe eines Speichers (s. Kap. 2.1.1.2.) durch Tasten und Halten des Rauschsignals erzeugt werden. Wird das Ausgangssignal $x(t)$ zu den Zeitpunkten $t_0, t_1, t_2, \ldots$ getastet, so erhalten wir eine Folge von Zufallswerten $x_0, x_1, x_2, \ldots$ die wegen der vorhandenen ergodischen Eigenschaften des zufälligen Prozesses $x(t)$ auch dessen statistische Kenndaten besitzen (der zeitliche Mittelwert ist nämlich gleich dem Scharmittelwert). Zu beachten ist, daß die Zeitkonstante des Speichers hinreichend klein ist, um keine unzulässige Verfälschung des Leistungsdichtespektrums zu verursachen. Für einen Rauschgenerator, der eine konstante Leistungsdichte (weißes Rauschen) bis etwa 50 Hz hat, sollte die Zeitkonstante 10^{-3} s nicht überschreiten. Die Zufallswerte $x_0, x_1, x_2, \ldots$ können dann je für einen Simulationslauf als Koeffizienten, Anfangsbedingungen u. ä. benutzt werden.

Sind zur gleichen Zeit mehr als ein Parameter zufällig zu variieren, z. B. k, so benötigen wir nicht unbedingt k statistisch unabhängige Rauschgeneratoren, sondern es reicht aus, wenn wir das Ausgangssignal eines Rauschgenerators nacheinander k-mal tasten und halten. Die k Parameter haben dann gleiche statistische Charakteristika. Durch geeignete Filter vor den k Speichern sind sogar unterschiedliche Charakteristika zu erreichen. Die statistische Unabhängigkeit der k Parameter ist gesichert, wenn die Tastzeitpunkte so weit auseinander liegen ($\tau = t_2 - t_1$), daß die Korrelationsfunktion $\psi_x(\tau)$ praktisch verschwunden ist.

4.8.2.2. Schieberegister-Rauschgeneratoren

Mit einigen logischen Rechenelementen (s. Kap. 2.1.2.) des Analogrechners ist es möglich, einen Schieberegister-Rauschgenerator aufzubauen, der binäre *Pseudo-Zufallszahlen* liefert. Wenn das Schieberegister n Flip-Flop besitzt, so erzeugt es eine Folge von binären Werten (Nullen oder Einsen), die durch die Beziehung

$$a_i = \sum_{k=1}^{n} c_k a_{i-k} \,(\text{mod } 2)\,, \quad i = n + 1(1) \ldots\,, \tag{4.538}$$

beschrieben wird. Die Werte a_i, $i = 1(1)\,n$ werden als Anfangswerte in das Schieberegister gebracht und dürfen nicht alle gleichzeitig Nullen sein. Die erzeugten Werte a_i, $i = n + 1(1) \ldots$ werden an den Eingang des Schieberegisters zurückgeführt. Die Koeffizienten c_k sind selbst Null oder Eins und ergeben bei geschickter Wahl Folgen von Pseudozufallszahlen mit maximaler Periode $2^n - 1$, d. h., nach $2^n - 1$ Takten des Schieberegisters wiederholt sich die Folge der binären Zufallszahlen.

Es läßt sich zeigen, daß nur zwei Werte c_k verschieden von Null zu wählen sind, nämlich c_n und ein zugeordnetes c_j, die eine maximale Periode $2^n - 1$ sichern. Solche Werte für n und j sind

n	10	11	15	17	18	20	21	22	23	25	28	31	33
j	3	2	1	3	7	3	2	1	5	3	3	3	13

Für $n = 23$ z. B. sind das ca. 8 Millionen unkorrelierter Zufallszahlen, bis sich ihre Folge wiederholt.

Die modulo 2-Addition ist bei zwei verbleibenden Eingängen durch folgende äquivalente logische Operationen ausführbar

$$(a_{i-n} + a_{i-j})_{\text{mod } 2} = a_{i-n} \not\equiv a_{i-j}\,, \tag{4.539}$$

$$a \not\equiv b = \overline{a} \wedge b \vee a \wedge \overline{b} = (\overline{a} \vee \overline{b}) \wedge (a \vee b) = \overline{a \wedge b} \wedge (a \vee b)\,. \tag{4.540}$$

Sollen die Pseudozufallszahlen auf analoge Rechenelemente wirken, so werden zunächst die nicht genauen Ausgangsimpulse des Flip-Flop durch einen gesteuerten D/A-Schalter (s. Kap. 2.1.3.2.) in Rechteckschwingungen mit definierten Amplituden umgeformt. Durch ein nachgeschaltetes Filter (Tiefpaß) lassen sich daraus analoge Realisierungen mit annähernder Normalverteilung machen. Eine Umformung in eine andere Verteilung ist dann, wie im vorhergehenden Kapitel beschrieben, möglich.

4.8.2.3. Algorithmen für Pseudozufallszahlen

Zur Erzeugung von Pseudozufallszahlen können wir direkt auch den Digitalrechner in einem hybriden Rechnersystem benutzen. Die Erzeugung echter Zufallszahlen sei durch folgendes Vorgehen illustriert. In eine Urne werden 10 gleiche numerierte Kugeln mit den Zahlen 0 bis 9 gelegt. Die Zahl einer gezogenen Kugel wird notiert und die Kugel in die Urne zurückgelegt. Vor der nächsten Ziehung wird gemischt.

Die bekannten Algorithmen für Digitalrechner erzeugen jedoch nur Pseudozufallszahlen. In der Regel werden sie im Dualsystem generiert. Es ist jedoch auch möglich, dezimale Pseudozufallszahlen zu bilden.

Ein heute weniger benutzter Algorithmus, das Quadrierverfahren, nimmt eine n-stellige ganze Zahl, quadriert sie und benutzt die mittleren n Ziffern als neue Zahl. Diese wird wieder quadriert usw.

Weithin angewandt wird das multiplikative Kongruenzverfahren, wobei eine Zufallszahl a_{n+1} aus der vorher erzeugten a_n folgendermaßen berechnet wird

$$a_{n+1} = ca_n(\mathrm{mod}\ 2^r)\,. \tag{4.541}$$

r ist die Länge des Maschinenwortes. Offen ist, wie wählen wir die Konstante c und a_0.

Zunächst, sei erinnert, daß die Notierung

$$a \equiv b(\mathrm{mod}\ m) \tag{4.542}$$

bedeutet, daß $a - b$ durch m ohne Rest teilbar ist. Wir setzen dann

$$\left.\begin{aligned} a_0 &= x\,, \\ a_{n+1} &\equiv ca_n(\mathrm{mod}\ 2^r)\,, \quad r \geqq 3\,. \end{aligned}\right\} \tag{4.543}$$

Für x und c sind ungerade Zahlen einzusetzen. c selbst kann aus den Zahlen $8t - 3$, $8t - 1$, $8t + 1$ und $8t + 3$ bei beliebigem t gewählt werden. Zur Auswahl von t und zu anderen Algorithmen s. [50].

4.8.3. Analyse zufälliger Prozesse

Auf einem Hybridrechensystem können zufällige Prozesse sowohl auf dem Analogrechner als auch auf dem Digitalrechner untersucht werden. Dementsprechend unter. scheiden wir analog-kontinuierliche und diskretdiskontinuierliche zufällige Prozesse- Wir sollten bemüht sein, die statistische Analyse möglichst auf dem Rechner auszuführen, wo der zufällige Prozeß vorhanden ist. Wir können jedoch auch einen analog-kontinuierlichen Prozeß über den ADU in den Digitalrechner überführen und dort die Analyse ausführen.

In der Regel sind die auf Rechnern ermittelten statistischen Funktionen wiederum zufällige Funktionen. Deshalb sind die Messungen z. B. für Wahrscheinlichkeitsdichtefunktionen oder spektrale Leistungsdichten immer nur Schätzungen für diese Funktionen. Wir müssen daher darauf achten, inwieweit die Schätzungen den gewünschten Funktionen nahekommen.

Über die Analyse zufälliger Prozesse existiert eine umfangreiche Literatur. In [43], [99] und [97] sind weitere Quellen anzutreffen. Wir wollen im folgenden nur kurz auf prinzipielle Verfahren zur Messung an zufälligen Prozessen auf einem Hybridrechensystem eingehen.

4.8.3.1. Messungen von Mittelwerten

Es kann sowohl der zeitliche Mittelwert einer Realisierung eines zufälligen Prozesses interessieren als auch der Scharmittelwert einer großen Anzahl von Realisierungen zu einem bestimmten Zeitpunkt, z. B. an der Stelle $t = t_1$. Ist der zufällige Prozeß stationär und ergodisch, so sind Zeit- und Scharmittelwert gleich.

Der Zeitmittelwert eines solchen Prozesses ist nach Gl. (4.530) definiert. Praktisch müssen wir uns mit endlichen Zeiten begnügen. Es gilt dann

$$\overline{x}(t) = \frac{1}{T} \int_0^T x(t) \, dt . \tag{4.544}$$

Die Gl. (4.544) kann a) durch einen Integrierer oder b) durch ein Filter (Tiefpaß) realisiert werden (s. Abb. 4.60).

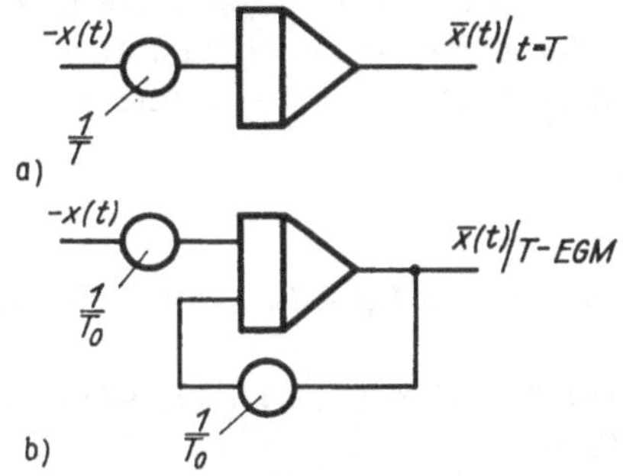

Abb. 4.60. Schaltungen zur Mittelwertbildung
a) Integrierer, b) einfacher Tiefpaß

Bei der Integration mit dem Integrierer ist darauf zu achten, daß die Integrationszeit indirekt proportional dem Frequenzinhalt von $x(t)$ ist. Für niedrige Frequenzkomponenten entstehen dadurch lange Integrationszeiten T, wodurch andererseits starke Fehlerakkumulationen im offenen Integrierer entstehen.

Geeigneter zur Messung ist der Tiefpaß, der das sogenannte exponentiell gewogene Mittel bildet

$$\overline{x}(t)_{T\text{-}EGM} = \frac{1}{T_0} \int_0^T \exp\left[-\frac{T-t}{T_0}\right] x(t) \, dt . \tag{4.545}$$

Für hinreichend große Integrationszeiten ($T \approx 5T_0$) ist dieser Mittelwert gleich dem gesuchten zeitlichen Mittelwert. Die Fehlerakkumulation ist bei dieser Schaltung weitaus geringer.

Der quadratische Mittelwert $\overline{x}^2(t)$ und die Streuung σ_x^2 sind ebenfalls mit analogen Rechenelementen zu bilden. Zur Quadrierung können Multiplizierer benutzt werden.

Ist der Scharmittelwert zur Zeit $t = t_1$ gesucht, so müssen wir alle Realisierungen zu dieser Zeit tasten und halten und erhalten damit eine Folge diskreter Werte $\{x_i(t_1)\}$. Eine Folge diskreter Werte entsteht aber auch, wenn wir eine einzige Realisierung an verschiedenen Zeitpunkten tasten und halten, sie sei durch $\{x(t_i)\}$ ausgedrückt. Bezeichnen wir eine solche diskrete Folge generell durch $\{x_i\}$, so berechnet sich der Mittelwert nach

$$\overline{x}_i = \frac{1}{n} \sum_{i=1}^{n} x_i , \tag{4.546}$$

und für die Streuung erhalten wir

$$\sigma_x^2 = \frac{1}{n-1} \sum_{i=1}^{n} [x_i - \overline{x}_i]^2 = \frac{1}{n-1} \left\{ \sum_{i=1}^{n} x_i^2 - \frac{1}{n} \left[\sum_{i=1}^{n} x_i \right]^2 \right\}. \tag{4.547}$$

Am Analogrechner lassen sich diese Operationen mit einem geeignet gesteuerten Speicherpaar realisieren. Die Programmierung am Digitalrechner bereitet offensichtlich keine Schwierigkeiten, hier stehen entsprechende Unterprogramme zur Verfügung.

Am hybriden Rechnersystem empfiehlt sich folgendes Vorgehen. Die getasteten Werte x_i werden in eine äquivalente Pulsdauer umgewandelt. Während der Pulsdauer werden über ein Tor (logisches UND-Glied) Zählimpulse geleitet, die von einem Zähler gezählt werden. Dabei muß der Zähler vor- und rückwärts zählen, je nachdem, ob die Tastamplitude x_i positiv oder negativ ist. Die resultierende Impulszahl ist dann ein Maß für den Mittelwert.

4.8.3.2. Messungen von Verteilungs- und Dichtefunktionen

Die Messung einer Verteilungsfunktion nach Gl. (4.497) gelingt mit Hilfe einer um u verschobenen Signumfunktion

$$y(t) = 1(x-u) = \begin{cases} 1 & \text{für } x(t) \geqq u\,, \\ 0 & \text{für } x(t) < u\,, \end{cases} \tag{4.548}$$

indem wir den Mittelwert

$$M\{y(t)\} = \int_{-\infty}^{\infty} 1(x-u)\, f(x)\, \mathrm{d}x = \int_{u}^{\infty} f(x)\, \mathrm{d}x = 1 - F(u) \tag{4.549}$$

bilden. Daraus folgt

$$F(u) = 1 - M\{y(t)\}\,. \tag{4.550}$$

Die Eins muß bei der Messung entsprechend dazuaddiert werden.

Die Signumfunktion $y(t)$ kann am einfachsten mit einem Komparator (s. Kap. 2.1.3.1.) realisiert werden. Der Komparator steuert einen D/A-Schalter (s. Kap. 2.1.3.2.), der gleichzeitig Eingangswiderstand eines Integrierers bzw. Tiefpasses zur Mittelwertbildung sein kann. Andererseits kann die Mittelwertbildung durch Diskretisierung und Auszählung (s. Kap. 4.8.3.1.) am Hybridrechnersystem ausgeführt werden. Um die Verteilungsfunktion in einem einzigen Meßgang zu bestimmen, sind mehrere Komparatoren mit verschieden eingestellten Schwellwerten u_i parallel zu betreiben.

Für eine differenzierbare Verteilungsfunktion gilt Gl. (4.498). Am Rechner ist die Differentiation näherungsweise ausführbar

$$f(u) = \lim_{\Delta u \to 0} \frac{F(u + \Delta u) - F(u)}{\Delta u} = \lim_{\Delta u \to 0} \frac{p(u < x < u + \Delta u)}{\Delta u}. \tag{4.551}$$

Unter der Voraussetzung, daß Δu hinreichend klein ist, gilt dann

$$f(u) \approx \frac{1}{\Delta u} p\left(u - \frac{\Delta u}{2} < x \leqq u + \frac{\Delta u}{2}\right). \tag{4.552}$$

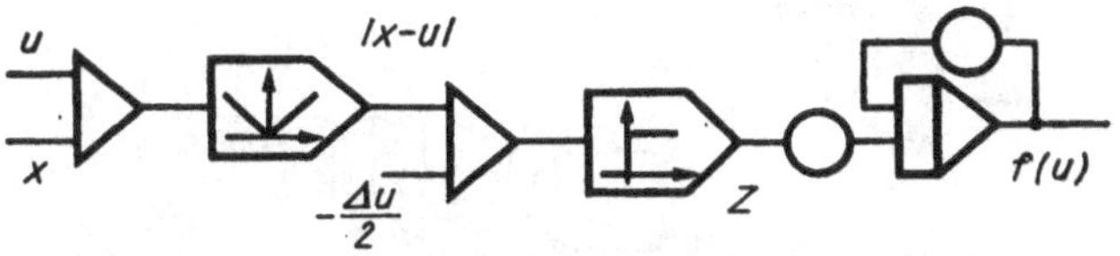

Abb. 4.61. Rechenschaltung zur Bestimmung der Dichtefunktion

Zur näherungsweisen Ermittlung der Dichtefunktion ist also eine Schätzung der Wahrscheinlichkeit, daß die x-Werte in ein Fenster der Höhe Δu symmetrisch zu u fallen, erforderlich.

Zur Messung der Dichtefunktion am Analogrechner dient eine Rechenschaltung, wie sie prinzipiell in Abb. 4.61 dargestellt ist. Für die Funktion $z(x)$ gilt dabei

$$z(x) = \begin{cases} 1 & \text{für } u - \frac{\Delta u}{2} < x \leqq u + \frac{\Delta u}{2}, \\ 0 & \text{sonst}. \end{cases} \tag{4.553}$$

Bei der praktischen Realisierung können wir mit wenigen offenen Verstärkern und Dioden dabei auskommen [43].

Die Funktion $z(x)$ läßt sich natürlich auch diskretisieren und der Mittelwert nach den in Kap. 4.8.3.1. erwähnten Verfahren bestimmen. Empfehlenswert ist eine parallele Verwirklichung solcher Fensterfunktionen, um in einem Lauf die gesamte Dichtefunktion festzulegen.

4.8.3.3. Messungen von Korrelationsfunktionen

Korrelationsfunktionen dienen zur Testung der statistischen Abhängigkeit zwischen zwei zufälligen Prozessen, wir können damit das Vorhandensein von Gleichgliedern und von periodischen Komponenten feststellen usw. Wir erhalten bei der Messung wieder einen zufälligen Schätzwert, dessen Schwankungen bei ergodischen Prozessen mit zunehmendem Versuchsaufwand kleiner werden.

Die Korrelationsfunktionen sind durch Gl. (4.525) und (4.526) definiert, für einen ergodischen Prozeß gilt Gl. (4.531). Da wir praktisch nur mit endlichen Zeiten T operieren können, wird Gl. (4.531) in der Form

$$\psi_{xy}(\tau) = \frac{1}{T} \int_0^T [x(t) - \bar{x}(t)]\,[y(t-\tau) - \bar{y}(t-\tau)]\,\mathrm{d}t \tag{4.554}$$

am häufigsten zur direkten Messung benutzt. Unter der Voraussetzung bekannter Mittelwerte folgt mit den zentrierten Prozessen $x_0(t) = x(t) - \bar{x}(t)$, $y_0(t) = y(t) - \bar{y}(t)$

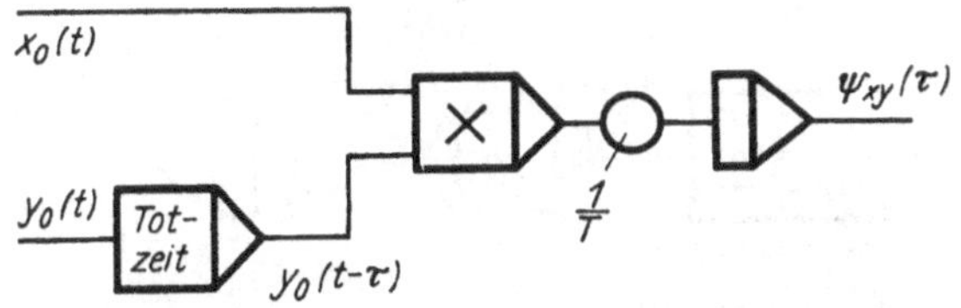

Abb. 4.62. Analog-Kreuzkorrelator

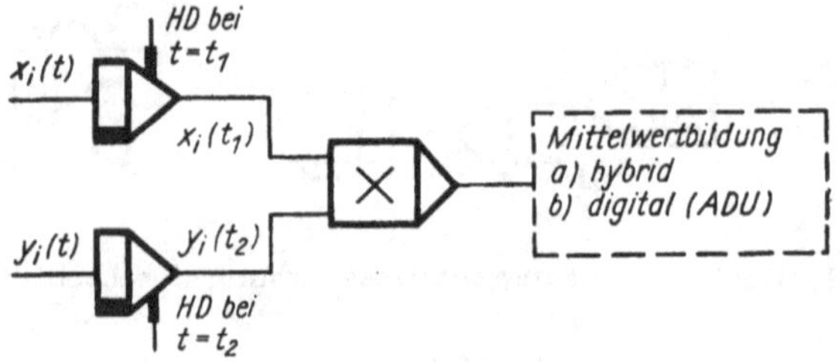

Abb. 4.63. Prinzipschaltbild eines Schar-Kreuzkorrelators

für Gl. (4.554)

$$\psi_{xy}(\tau) = \frac{1}{T} \int_0^T x_0(t)\, y_0(t-\tau)\, \mathrm{d}t\,. \tag{4.555}$$

Die grundsätzliche Rechenschaltung dafür ist in Abb. 4.62 gezeigt.

Interessiert die Kreuzkorrelationsfunktion von zwei Scharen von Realisierungen, so kann die Totzeit einfach durch eine zeitverschobene Abtastung erreicht werden, wie es in Abb. 4.63 dargestellt ist. Die Mittelwertbildung kann entweder in hybrider Weise oder in rein digitaler Weise nach der Umsetzung (ADU), wie in Kap. 4.8.3.1. erwähnt, erfolgen.

Es existieren weiterhin eine Reihe indirekter Korrelationsmeßverfahren [97], die auf die Hybridrechentechnik übertragen werden könnten.

4.8.3.4. Messungen von Spektraldichtefunktionen

Die spektralen Leistungsdichten sind durch die Gl. (4.532) bis (4.536) definiert. Das Leistungsspektrum gibt an, welche Leistung der Prozeß bei verschiedenen Frequenzen hat. Als Hybridverfahren eignen sich hauptsächlich folgende Meßmethoden

a) Filterung (analog) mit Schmalbandfilter,
b) Fourier-Transformation der Korrelationsfunktionen,
c) „Schnelle“ Fourier-Transformation.

Entsprechend Gl. (4.536) gilt

$$\overline{[x(t)]^2} = \frac{1}{2\pi} \int_{-\infty}^{\infty} S_x(\omega)\, \mathrm{d}\omega\,. \tag{4.556}$$

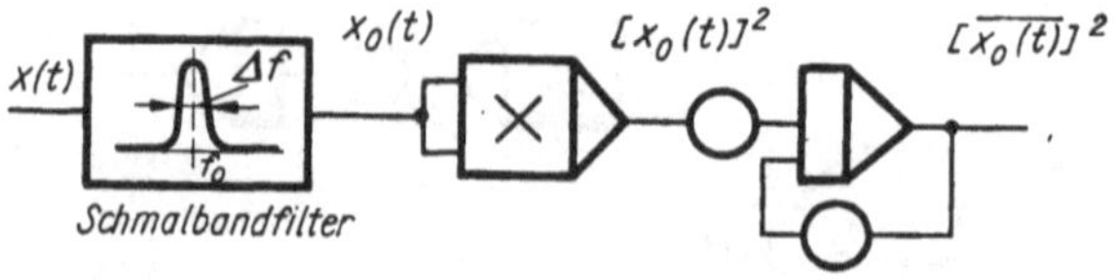

Abb. 4.64. Spektralanalyse mit Schmalbandfilter

Für die Schätzung der Leistungsdichte in einem schmalen Frequenzband $f_0 + \Delta f$ gilt dann näherungsweise (s. Abb. 4.64)

$$\overline{[x_0(t)]^2} = 2 \int_{f_0}^{f_0+f} S_x(\omega_0)\,\mathrm{d}f \cong 2S_x(\omega_0)\,\Delta f\,, \tag{4.557}$$

wenn wir für $x(t, f_0) = x_0(t)$ setzen. Der Ausgang des Tiefpasses liefert also einen Wert, der proportional der Leistungsdichte ist.

Zur Realisierung der Leistungsdichtemessung nach Gl. (4.532) können wir uns folgender Beziehungen bedienen

$$S_x(\omega, T) = \frac{1}{T}\left\{\left[\int_0^T x(t)\cos\omega t\,\mathrm{d}t\right]^2 + \left[\int_0^T x(t)\sin\omega t\,\mathrm{d}t\right]^2\right\} \tag{4.558}$$

bzw.

$$\overline{S_x}(\omega, T) = \frac{1}{T}\int_0^T\left\{\left[\int_0^t x(t)\cos\omega t\,\mathrm{d}t\right]^2 + \left[\int_0^t x(t)\sin\omega t\,\mathrm{d}t\right]^2\right\}\mathrm{d}t\,. \tag{4.559}$$

Die Implementierung am Analogrechner erfordert die Verschaltung von Funktionsgebern für sin- und cos-Funktionen, von Multiplizierern, Integrierern, Summierern.

Am Hybridrechnersystem ist am einfachsten die Korrelationsfunktion über den ADU in den Digitalrechner zu übertragen und dort über ein Programm „Fourier-Transformation" bzw. „Schnelle Fourier-Transformation" das Leistungsdichtespektrum zu berechnen [149].

5. Literaturverzeichnis

[1] ADLER, H. und G. NEIDHOLD: Elektronische Analog- und Hybridrechner. VEB Deutscher Verlag der Wissenschaften, Berlin 1974

[2] ANDRÉ, H.: Extension to the CSDT-Methods for the hybrid solution of partial differential equations. Proc. of 6. AICA-Conf., Munich 1970, 67–73

[3] ANKE, K., H. KALTENECKER und R. OETKER: Prozeßrechner — Wirkungsweise und Einsatz. Akademie-Verlag, Berlin 1971

[4] AOKI, M.: Introduction to optimization technique. The Macmillan Company, New York, Collier-Macmillan Limited, London 1971

[5] ATHANS, M., and P. L. FALB: Optimal control. Mac Graw-Hill Book Company, New York 1966

[6] BANDLER, J. W.: Optimization methods for computer-aided design. IEEE Trans. **MTT-17** (1969) Aug., 533–552

[7] BECKERT, D.: Die automatisierte Vorbereitung hybrider Simulationen (Dissertation). TU Westberlin 1971

[8] BEKEY, G. A.: System identification — an introduction and a survey. Simulation **15** (1970) 4, 151–166

[9] BEKEY, G. A. und W. J. KARPLUS: Hybrid Computation. John Wiley & Sons, Inc., New York, London, Sydney, Toronto 1968

[10] BEKEY, G. A., and R. TOMOVIC: Sensitivity of discrete systems to variation of sampling intervall. IEEE Trans. **AC-11** (1966), April, 284–284

[11] BELLMANN, R. E.: On the iterative solution of two-point boundary value problems. Boll. Un. mat. Ital. II. Ser. 16, pp. 145–149

[12] BELLMANN, R. E., H. H. KAGIWADA and R. E. KALABA: Invariant imbedding and the numerical integration of boundary-value problems for unstable systems of ordinary differential equations. CACM **10** (1967) 2, 100–102

[13] BIES, G., H. ERFURTH and G. ZEIDLER: Optimale Prozesse und Systeme (Reihe MINÖL, Bd. 16). BSB B. G. Teubner Verlagsgesellschaft, Leipzig 1974

[14] BIRTA, L. G.: Parameter optimization in dynamic systems via hybrid computation. Proc. of 6. AICA-Conf., Munich 1970, 93–107

[15] BIRTA, L. G., and P. J. TRUSHEL: A comparative study of four implementations of a dynamic optimization scheme. Simulation **13** (1969) 2, 89–97

[16] BISKOP, K. A.: An application of the hybrid alternating direction implicit procedure to the simulation of an unconfined aquifer. Proc. of AICA **16** (1974) 3, 9–14

[17] BISHOP, K. A., and D. W. GREEN: Hybrid computer implementation of the alternating direction implicit procedure for the solution of two-dimensional, parabolic, partial-differential equations. AICHE Journal **16** (1970) 1, 139–143

[18] BOSGRA, O. H., and J. P. BUIS: Error analysis of a generalized method of lines for the hybrid solution of hyperbolic partial differential equations. Proc. of 7. AICA-Conf., Prague 1973, 152–156

[19] —: Fundamental approach to the selection of implementation parameters in the hybrid serial solution of partial differential equations. Proc. of AICA **16** (1974) 4, 24–34

[20] —: Hybrid computer solution of the hyperbolic equations describing forced-flow steam-generator dynamics. Proc. of 6. AICA-Conf., Munich 1970, 399–407

[21] BRYSON, A. E., and W. F. DENHAM: A steepest ascent method for solving optimum programming problems. Journal applied mechanics **29** (1962) Ser. E, 247–257

[22] COLLATZ, L.: Die numerische Behandlung von Differentialgleichungen. Springer-Verlag, Berlin, Göttingen, Heidelberg 1955

[23] CYPKIN, JA. Z. (Цыпкин, Я. З.): Теория линейних импульсных систем. Гозд.-изд. физ.-мат. литературы, Москва 1963.
[24] DEKKER, L.: Applicability of hybrid computation. Proc. of 6. AICA-Conf., Munich 1970, 11–24
[25] —: Hybrid computation in mathematical programming. Mathematical Programming 4 (1973), 21–43
[26] DENMEAD, J. K., et al.: Analog programming by digital computers. Proc. of 5. AICA-Conf., Brussels 1967
[27] DOBIAS, K., and J. DAMBORSKÝ: The hybrid system ADT 3000/ADT 4000. Proc. of 7. AICA-Conf., Prague 1973, part 2.
[28] DÖRSCHEL, W., J. GÜNTHER und G. HÜBEL: Die Systemunterlagen und Programmierung des Hybridrechnersystems HRA 4241. msr **16ap** (1973) 5, 112–115
[29] EAI PACER — Scientific and Engineering Computer Systems. Firmenschrift 1975
[30] EBERSBACH, I.: Praktische Anwendbarkeitsuntersuchungen von Verfahren zur Lösung partieller Differentialgleichungen mit dem Hybridrechner (Diplomarbeit, unveröffentlicht). TH Ilmenau 1975
[31] ELSTER, K.-H., R. REINHARDT, M. SCHÄUBLE und G. DONATH: Einführung in die nichtlineare Optimierung. BSB B. G. Teubner Verlagsgesellschaft, Leipzig 1977
[32] ELZAS, M. S.: An iterativ hybrid computing method for the solution of boundary value problems. Proc. of 4. AICA-Conf., Brighton 1964, p. 166
[33] ELZAS, M. S., and D. KETTENIS: Languages for hybrid/digital simulation. Proc. of AICA **17** (1975) Oct., 245–252
[34] ENTRESS, G.: Die kontinuierliche Logik (Diss. B). TU Dresden 1974
[35] FAHRMEIR, L.: Schwache Konvergenz und eine Monte-Carlo-Methode für lineare elliptische Randwertaufgaben (Dissertation). TU München 1972
[36] FEILMEIER, M.: Hybridrechnen. Birkhäuser Verlag, Basel und Stuttgart 1974
[37] FOGARTY, L. E., and R. M. HOWE: Hybrid computer solution of some optimization problems. Proc. of 6. AICA-Conf., Munich 1970, 127–135
[38] GALAR, R., W. KASPRZAK, and ST. PIESIAK: An ideal of controlled deviation and its usability of analog model parameters optimization. Proc. of AICA-Symposium "Hybrid computation in dynamic systems design", Rome 1974, pp. C3–5
[39] GILBERT, E. G.: Dynamic — error analysis of digital and combined analog-digital computer systems. Simulation **6** (1966) 4, 241–257
[40] GILBERT, E. G., and G. C. VANSTEENKISTE: Dynamic error analysis of hybrid computer loops. Proc. of 6. AICA-Conf., Munich 1970, 227–234
[41] GILOI, W.: Error-corrected operation of hybrid computer systems. Proc. of 6. AICA-Conf., Lausanna 1967, 172–180
[42] —: Hybride Rechnersysteme. Telefunken-Zeitung **39** (1966) 1, 82–100
[43] —: Simulation und Analyse stochastischer Vorgänge. R. Oldenbourg Verlag, München, Wien 1967
[44] GILOI, W., und R. LAUBER: Analogrechnen. Springer-Verlag, Berlin 1963
[45] GONZALES, R. S.: An optimization study on a hybrid computer. Proc. of AICA **12** (1970) 3, 138–148
[46] GORDON, G.: Systemsimulation. R. Oldenbourg Verlag, München, Wien 1972
[47] DE GRAAG, D. P.: Parameter optimization techniques for hybrid computers. Proc. of 6. AICA-Conf., Munich 1970, 136–139
[48] GRÄSSLER, L. und R. MENZEL: Das Hybridrechensystem HRA 4241. msr **16** (1973) 2
[49] GREEN, C., H. D'HOOP and A. DEBROUS: APACHE — A breakthrough in analog computing. IRE Trans. on Electronic Computers **EC-11** (1962) 5, 699–706
[50] HAMMING, R. W.: Numerical methods for scientists and engineers. Mc Graw-Hill Book Company, Inc., New York, San Francisco, Toronto, London 1962
[51] HANDLER, H.: Monte Carlo solution of partial differential equations using a hybrid computer. IEEE Trans. on Comp. **EC-16** (1967) Oct., 603–610
[52] HANNAUER, G.: Grundlagen des hybriden Analogrechnens. R. Oldenbourg Verlag, München, Wien 1973
[53] HELLER, H.: Untersuchung und Programmierung von Verfahren der nichtlinearen Optimierung für Hybridrechner (Diplomarbeit, unveröffentlicht). TH Ilmenau 1975

[54] HENN, E.: Untersuchungen zur Anwendbarkeit der Methode der finiten Elemente zur Lösung partieller Differentialgleichungen auf hybriden Rechnersystemen (Diplomarbeit, unveröffentlicht). TH Ilmenau 1976

[55] HEPP, N.: Verfahren zur Lösung partieller Differentialgleichungen mit Hybridverfahren auf der Grundlage der Monte-Carlo-Methode (Diplomarbeit, unveröffentlicht). TH Ilmenau 1974

[56] HRUSKA, M., C. NILENKOVIĆ and A. SPIRO: The interface of the hybrid computing system HRS-100. Proc. of 7. AICA-Conf., Prague 1973, part 2.

[57] HSU, S. K., and R. M. HOWE: Preliminary investigation of a hybrid method for solving partial differential equations. Fall Joint Computer Conf. 1968, 601—609

[58] HÜBEL, G., H. SCHEFFEL und H.-P. SCHRÖDER: AVOR — eine Sprache zur automatischen Analogrechnervorbereitung. Broschüre des Weiterbildungszentrums für mathematische Kybernetik und Rechentechnik (1977) 26

[59] Hybrider Analogrechner ADT 3000 — Technische Beschreibung und Testschaltungen, Programmierhandbuch. 1975

[60] JACKISCH, P.: Digitale Funktionsgeber für HRA 7000 (unveröff.) 4. Jahrestagung „Grundlagen der Modellierung und Simulationstechnik", Rostock Dez. 1975

[61] JANAČ, K.: CSDT hybrid-methods for parabolic equations in several space dimensions. Preprints of 8. AICA-Conf. "Simulation of systems", Delft 1976, pp. 91—100

[62] JANENKO, N. N.: Die Zwischenschrittmethode zur Lösung mehrdimensionaler Probleme der mathematischen Physik. Springer Verlag, Berlin-Heidelberg-New York 1969

[63] JERMAN, W. H., M. D. CALHOUN and R. C. THOMAS: Hybrid Monte-Carlo techniques with a minimal interface. Simulation **17** (1971) 6, 225—233

[64] JUST, E.: Anwendungsmöglichkeiten der elektronischen Analogietechnik. Wiss. Z. TH Ilmenau **16** (1970) 1

[65] KELLER, H. B.: Numerical methods for two-point boundary value problems. Blaisdell Publ. Comp., London 1968

[66] KELLEY, H. J.: Gradient theorie of optimal flight paths. Yournal Amerc. Rocket Soc. **30** (1960), 947—953

[67] KERCKHOFFS, E. J. H., L. DEKKER and J. A. GELDEREN: A blockiteration method for the solution of large systems of ordinary differential equations. Proc. of 7. AICA-Conf., Prague 1973, part 1

[68] KHARKAR, A. N., and G. A. COULMAN: Hybrid generation of smooth functions by spline interpolation. Simulation **18** (1972) 5, 171

[69] KÖHNE, M., and M. ZEITZ: Modal Simulation method modifications and implementations. Proc. of AICA **16** (1974) 4, 35—38

[70] KOGAN, B. JA., и R. KRTOLICA (Коган, Б. Я., и Р. Кртолица): О решении на гибридном комплексе нестационарных краевых задач с переменными граничными условиями. Proc. of 6. AICA-Conf., Munich 1970, 241—247

[71] KOGAN, B. JA., и P. WRBAWAC (Коган, Б. Я., и П. Врбавац): Гибридная вычислительная система **ГВС-100**. Proc. of 7. AICA-Conf., Prague 1973, part 2

[72] KORN, G. A.: Enforcing Pontryagin's maximum principle by continuous steepest descent. IEEE Trans. Electr. Comp. **EC-13** (1964) Aug., 475—476

[73] —: Hybrid computer Monte-Carlo-techniques. Simulation **5** (1965) Oct., 234—245

[74] —: Table-lookup/interpolation function generation for fixed-point computations. IEEE Trans. on Comp. **18** (1969) Aug.

[75] KORN, G. A., and T. M. KORN: Electronic Analog and Hybrid Computers. Mc Graw-Hill Book Company, New York-San Francisco-Toronto-London 1964

[76] KORN, H. A., and H. KOSAKO: A proposed hybrid-computer method for functional optimization. IEEE Trans. on Comp. **19** (1970) Febr., 149—153

[77] KRAFT, D., and N. SANDER: A quasi-newton algorithm for solving optimal control problems on a hybrid computer. Proc. of AICA-Symposium "Hybrid computation in dynamic systems design", Rome 1977, pp. B2—1

[78] LANDAUER, J. P.: Programm generation system for modern hybrid computers. Proc. of AICA **17** (1975) Oct., 294—299

[79] Lauermann, W.: Hybride Verfahren zur Lösung partieller Differentialgleichungen auf der Grundlage der Methode der Charakteristiken (Diplomarbeit, unveröffentlicht). TH Ilmenau 1973
[80] Lerner, A. Ja.: Grundzüge der Kybernetik. VEB Verlag Technik, Berlin 1970
[81] Lerner, A. Ja., und E. A. Rosenman: Optimale Steuerungen. VEB Verlag Technik, Berlin 1973
[82] Little, W. D.: Hybrid computer solutions of partial differential equations by Monte-Carlo-methods. Proc.-Fall Joint Computer Conf. 1966, pp. 181—190
[83] Marjanowic, S., D. Popowic и N. N. Michajlow (Марянович, С., Д. Попович и Н. Н. Михайлов): Аналоговая часть ГВС-100. Proc. of 7. AICA-Conf., Prague 1973, part 2
[84] Mawson, J. B.: A continuous system simulation language for an advanced hybrid computing system (AHCSSL). Proc. of AICA **17** (1975) Oct., 283—293
[85] Maybach, R. L.: Solution of optimal control problems on a highspeed hybrid computer. Simulation **7** (1966) 5, 238—245
[86] Mc Avoy, T. J.: Solution of hyperbolic partial differential equations via a hybrid implementation of the method of characteristics. Simulation **18** (1972) 3, 91—98
[87] Meier, H. W.: Aufbau und Entwicklung von Rechnernetzwerken (Beiträge zur Informationsverarbeitung — Schriftenreihe Informationsverarbeitung, Teubner Leipzig 1977)
[88] Michaels, G. C., and V. Gourishankar: Hybrid computer solution of optimal control problems. IEEE Trans. on Comp. **20** (1971) 2, 209—211
[89] Miura, T., and J. Iwata: Time-sharing computation utilizing analog memory. Proc. of AICA **5** (1963) 3, 141—149
[90] Miura, T., J. Tsuda and J. Iwata: Hybrid computer solution of optimal control problems by the maximum principle. IEEE Trans. on Electr. Comp. **EC-16** (1967) Oct., 666—670
[91] Neustadt, L. W.: Synthesizing time optimal control systems. Journal of math. analysis and applications **1** (1960) pp. 484—493
[92] News of the Computing techniques. Publication of the Research Institute for Mathematical Machines, Prague (1973) 3
[93] Nomura, T., and R. M. Deiters: Improving the analog simulation of partial differential equations by hybrid computation. Simulation **11** (1968) 2, 73—80
[94] Oelschlägel, D., und W.-G. Matthäus: Numerische Methoden. BSB G. B. Teubner Verlagsgesellschaft, Leipzig 1974
[95] Ojdanic, S. et al.: The digital section of the hybrid computing systems HRS-100. Proc. of 7. AICA-Conf., Prague 1973, part 2.
[96] Ostrowskij, G. M. (Островский, Г. М.): Метод приближенного решения уравнений, порядок которых превышает возможности моделирующих установок. Автоматика и телемеханика 1959, 8
[97] Otto, H. und M. Peschel: Anwendung statistischer Methoden in der Regelungstechnik — Korrelations- und Spektralanalyse (Reihe Automatisierungstechnik Bd. 106). VEB Verlag Technik, Berlin 1970
[98] Peaceman, D. W., and H. H. Rachford: The numerical solution of parabolic and elliptic difference equations. Journal soc. Ind. Appl. Math. **3** (1955) 1, 28—41
[99] Peschel, M.: Statistische Methoden in der Regelungstechnik (Reihe Automatisierungstechnik, Bd. 61). VEB Verlag Technik, Berlin 1967
[100] Petrov, A. A. (Петров, А. А.): Гибридный метод решения дифференциальных уравнений в частных производных параболического типа. Автоматика и телемеханика (1975) 3, 163—170
[101] Piceni, H. A. L., and P. Eykhoff: The use of hybrid computers for systemparameter estimation. Proc. of AICA **17** (1975) Jan., 9—22
[102] Polak, E.: Computational methods in optimization. Academic press. New York and London 1971
[103] Pontrjagin, L. S.: Gewöhnliche Differentialgleichungen. VEB Deutscher Verlag der Wissenschaften, Berlin 1965

[104] PONTRJAGIN, L. S., u. a.: Mathematische Theorie optimaler Prozesse. Akademie-Verlag, Berlin 1964
[105] POWELL, M. J. D.: An efficient method for finding the minimum of a function of several variables without calculating derivatives. Comp. J. 7 (1964) July, 155—162
[106] RASTRIGIN, L. A. (Растригин, Л. А.): О сходимости метода случайного поиска при экстремальном регулировании многопараметрических систем. Автоматика и телемеханика (1963) 11, 1467—1473
[107] REINISCH, K.: Kybernetische Grundlagen und Beschreibung kontinuierlicher Systeme. VEB Verlag Technik, Berlin 1974
[108] RESCHKE, D., H. SCHEFFEL und RE. SCHÖNEFELD: Einsatz von Robotron 4200 und Robotron 4000 in Hybriden Rechnersystemen. Rechentechnik/Datenverarbeitung **13** (1976) 1, 25—30
[109] ROGGE, E.: Untersuchungen zur Berücksichtigung linearer Restriktionen in einem Programmpaket „Gradientenverfahren" (Diplomarbeit, unveröffentlicht). TH Ilmenau 1976
[110] ROSEN, J. B.: The gradient projection method for nonlinear programming (Part I, Linear constraints). J. SIAM 8 (1960) March, 181—217
[111] —: The gradient projection method for nonlinear programming (Part II, Nonlinear constraints). J. SIAM **9** (1961) Dec. 514—532
[112] ROTH, M., R. REIF und D. RESCHKE: Programmbibliothek für elektronische Analogrechner. VEB Verlag Technik, Berlin 1970
[113] RUBIN, A. J.: Hybrid techniques for generation of arbitrary functions. Simulation 7 (1966) 6, 293
[114] RUPPEL, W., and M. ZEITZ: Implicit simulation method for distributed parameter. Proc. of AICA **17** (1975) 3, 171—177
[115] SCHEFFEL, H.: Hybridspezifische Systemunterlagen im Betriebssystembereich der Rechnersysteme HRA 7000/7200. 21. IWK, TH Ilmenau 1976, Reihe B3 „Hybrid- und Digitalsimulation"
[116] SCHÖNE, A. (Hrsg.): Simulation technischer Systeme (Sammelwerk in 3 Bdn.). Carl-Hanser Verlag, München, Wien 1974
[117] SCHÖNEFELD, RE.: Der Stand der Hybridrechentechnik nach dem 8. AICA-Kongreß. ZfR-Informationen (1976) ZfR-C-76, 20, 29—47
[118] —: Die Anwendung der Empfindlichkeitsanalyse bei der kontinuierlichen Parameteridentifizierung dynamischer Systeme. Wiss. Z. TH Ilmenau **15** (1969) 4/5, 201—206
[119] —: Die Hybridrechentechnik — Stand und Entwicklungstendenzen. Wiss. Z. TH Ilmenau **20** (1974) 2, 9—23
[120] —: Empfindlichkeitsanalyse dynamischer Systeme (Taschenbuch Elektrotechnik, Bd. 2, Abschn. 9, Hrsg. Philippow, E.). VEB Verlag Technik, Berlin 1977
[121] —: Simulation auf Rechnern — eine Arbeitsmethode in Wissenschaft und Technik (Beiträge zur Informationsverarbeitung — Schriftenreihe Informationsverarbeitung, Teubner Leipzig 1977)
[122] —: Systemunterlagen für Hybride Rechnersysteme. Wiss. Z. TH Ilmenau **22** (1976) 2, 77—98
[123] SCHÖNEFELD, RO.: DS 4000 ein interaktives digitales Simulationssystem für zeitkontinuierliche Systeme. Wiss. Z. TH Ilmenau **22** (1976) 5, 75—92
[124] —: Ein Beitrag zur digitalen Simulation kontinuierlicher Systeme auf Kleinrechnern (Dissertation). TH Ilmenau 1977
[125] SCHORNECK, H.: Das Verfahren der Funktionalapproximation zur Lösung partieller Differentialgleichungen mit dem Hybridrechner (Diplomarbeit, unveröffentlicht) TH Ilmenau 1974
[126] SCHWARZ, W.: Analogprogrammierung. VEB Fachbuchverlag, Leipzig 1971
[127] SCHWARZE, G.: Simulation — kontinuierliche Systeme (Reihe Automatisierungstechnik 177). VEB Verlag Technik, Berlin 1976
[128] SPÄTH, H.: Spline-Algorithmen zur Konstruktion glatter Kurven und Flächen. R. Oldenbourg Verlag, München, Wien 1973

[129] Steinbrich, G.: Hybride Rechnersysteme. Elektronische Datenverarbeitung **12** (1970) 1, 1–11

[130] Strang, G., and G. J. Fix: An analysis of the finite element method. Prentice-Hall, New York 1973

[131] Strauss, J. C.: The SCi continuous systems simulation language (CSSL). Simulation **9** (1967) 6

[132] Sydow, A.: Elektronisches Hybridrechnen (Reihe Automatisierungstechnik Bd. 113). VEB Verlag Technik, Berlin 1971

[133] —: Numerische Analysis des Hybridrechnens. VEB Verlag Technik, Berlin 1970

[134] Теория аналоговых и комбинированных вычислительных машин. Изд. наука, Москва 1969

[135] Tomovic, R., and G. A. Bekey: Adaptive sampling based on amplitude sensitivity. IEEE Trans. **AC-11** (1966) April, 282–284

[136] Troch, I.: On hybrid optimization methods using pseudo-gravitation fields. Proc. of AICA-Symposium "Hybrid computation in dynamic systems design", Rome 1974, pp. B2–2

[137] Ung, M. T., and G. A. Bekey: Analysis of hybrid computer interface errors on the solution of partial differential equations. Proc. of AICA **16** (1974) July, 47–58

[138] Vansteenkiste, G. C.: Precision and efficiency of some hybrid algorithms. Proc. of 7. AICA-Conf., Prague 1973, part 1

[139] Vansteenkiste, G. C., and F. De Schutter: Implementation of the modal technique to diffusion processes. Proc. of AICA **16** (1974) 3, 31–34

[140] Vichnevetsky, R.: A new method of analysing the truncation error in the finite representation difference of partial differential operators. Simulation **4** (1965) 3, 190–199

[141] —: A new stable computing method for the serial hybrid computer integration of partial differentical equations. Proc. AFIPS Conf. **32** (1968) Spring Joint Comp. Conf., 143–150

[142] —: Generalized finite-difference approximations for the parallel solution of initial value problems. Simulation **12** (1969) 5, 233–237

[143] —: Physical criteria in computer methods for partial differential equations. Proc. of AICA **16** (1974) 1

[144] —: Serial solution of parabolic partial differential equations: The decomposition method for non-linear and space-dependent problems. Simulation **13** (1969) 1, 47–48

[145] —: Use of functional approximation methods in the computer solution of initial value partial differential equation problems. IEEE Trans. on Comp. **C-18** (1969) June, 499–512

[146] Vichnevetsky, R., and F. De Schutter: A frequency analysis of finite difference and finite element methods for initial value problems. Proc. of AICA **17** (1975) 3, 179–185

[147] Vichnevetsky, R., and A. W. Tomalesky: Computer Algorithm for hyperbolic equations with application to the simulation of electrical-transmission lines. Proc. of AICA **16** (1974) April, 20–25

[148] Vidal, J., W. J. Karplus and G. Keludjian: Sensitivity coefficients for the correction of quantization errors in hybrid computer systems. Proc. of the IFAC-Symp. on sensitivity analysis, Dubrovnik Jugoslavia 1964

[149] Weber, K.: Ein Beitrag zur numerischen Optimierung von Informationsübertragungssystemen (Dissertation). TH Ilmenau 1975

[150] Weinel, E.: Über lineare Randwertprobleme und ihre Behandlung auf Analogrechnern. ZAMM **44** (1964) T. H., 74–78

[151] White, R. C.: A survey of random methods for parameter optimization. Simulation **17** (1971) 5, 197–205

[152] Wiesenbarth, D.: Das Automatic Patchbord: Struktureller Aufbau, graphentheoretische Beschreibung, praktische Realisierung (Dissertation). TU München 1974

[153] Wilde, D. J.: Optimum seeking methods. Prentice-Hall, Inc. Englewood Cliffs, N.J. 1964

[154] Winter, W.: Verfahren zur Lösung partieller Differentialgleichungen mit Hybridrechnern auf der Grundlage der Monte-Carlo-Methode (Diplomarbeit, unveröffentlicht). TH Ilmenau 1974

[155] Witenberg, I. M. (Витенберг, И. М.): Программирование аналоговых вычислительных машин. Изд. „Машиностроение", Москва 1972

[156] Zangwill, W. I.: Minimizing a function without calculating derivatives. Comp. J. **10** (1967) Nov., 293–296

[157] Zienkiewicz, O. C.: Methode der finiten Elemente. VEB Fachbuchverlag, Leipzig 1974

[158] Zoutendijk, G.: Nonlinear programming: A numerical survey. J. SIAM control **4** (1966) Febr., 194–210

Sachwortverzeichnis

FSC
www.fsc.org
MIX
Papier | Fördert gute Waldnutzung
FSC® C083411

Kolibri 360 GmbH
Ferdinand-Jühlke-Straße 7
99095 Erfurt, Deutschland
produktsicherheit@kolibri360.de